# 半導体戦争

# CHIP WAR

THE FIGHT FOR THE WORLD'S
MOST CRITICAL TECHNOLOGY

クリス・ミラー〔著〕
千葉敏生〔訳〕

世界最重要
テクノロジー
をめぐる
国家間の攻防

ダイヤモンド社

CHIP WAR
by
Chris Miller


Published by arrangement with the original publisher, Scribner, a Division of Simon & Schuster, Inc.,
through Japan UNI Agency, Inc., Tokyo.

リヤに捧ぐ

半導体戦争　目次



## 第I部　半導体の黎明期

## 第Ⅱ部　半導体産業の基軸になるアメリカ



## 第Ⅲ部　日本の台頭

## 第Ⅳ部　アメリカの復活

## 第Ⅴ部　集積回路が世界をひとつにする



## 第Ⅵ部　イノベーションは海外へ

## 第VII部　中国の挑戦



## 第VIII部　武器化する半導体

本文中の（　）は原注を、〔　〕は訳注を表す。

## 登場人物

**モリス・チャン**　世界一重要な半導体メーカー、ＴＳＭＣ（台湾積体電路製造）の創設者。テキサス・インスツルメンツの元上級幹部。

**アンディ・グローブ**　１９８０年代から１９９０年代にかけてのインテルの社長兼ＣＥＯ。強引な経営スタイルには反発も多かったが、見事にインテル復興を成し遂げた。『パラノイアだけが生き残る』の著者。

**パトリック・ハガティ**　テキサス・インスツルメンツ元会長。米軍向けのものを含むマイクロエレクトロニクス開発を専門に行なっていた時代に、同社を率いた。

**ジャック・キルビー**　１９５８年の集積回路の共同発明者。テキサス・インスツルメンツの長年の従業員で、ノーベル賞受賞者。

**ジェイ・ラスロップ**　特殊な化学薬品と光を用いてトランジスタのパターンを焼きつけるフォトリソグラフィ工程の共同発明者。テキサス・インスツルメンツの元従業員。

**カーバー・ミード**　カリフォルニア工科大学教授。フェアチャイルドセミコンダクターとインテルの顧問。テクノロジーの未来を見通す先見性には定評がある。

**ゴードン・ムーア**　フェアチャイルドセミコンダクターとインテルの共同創設者。１９６

5年、集積回路の部品の数は年々2倍になる、と予測する「ムーアの法則」を提唱した。

**盛田昭夫**　ソニーの共同創設者。『「NO《ノー》」と言える日本』の共著者。1970年代から1980年代にかけて、日本のビジネス界を代表して国際舞台で活躍した。

**ロバート・ノイス**　フェアチャイルドセミコンダクターとインテルの共同創設者。1959年の集積回路の共同発明者。「シリコンバレーの主」と称される。セマテックの初代会長。

**ウィリアム・ペリー**　1977年から1981年まで国防総省《ペンタゴン》の高官を務める。1994年から1997年までは国防長官として、半導体を用いた精密誘導兵器の開発を推進した。

**ジェリー・サンダース**　AMDの創設者およびCEO。シリコンバレー一派手なセールスマンとして知られた。1980年代に日本の貿易慣行を不公正だと訴え、厳しく糾弾した人物。

**チャールズ・スポーク**　フェアチャイルドセミコンダクターの製造業務を統括するかたわら、半導体の組立のオフショアリングを進めた。のちのナショナルセミコンダクターCEO。

**任正非《じんせいひ》**　中国の大手通信・半導体設計会社、ファーウェイ（華為技術）の創設者。娘の孟《もう》晩舟《ばんしゅう》が、アメリカの法律に違反し、同国の制裁を回避しようとした容疑で、2018年にカナダで逮捕された。

# 用語集

**アーム**　半導体設計会社に命令セット・アーキテクチャ（チップの動作方法を定めた基本的な規則の集まり）のライセンスを供与するイギリスの企業。同社のＡｒｍアーキテクチャは携帯機器市場を独占しており、ＰＣやデータ・センターにおいても徐々に市場シェアを伸ばしつつある。

**チップ（または「集積回路」「半導体」）**　数百万個、数十億個単位の微細なトランジスタが刻まれた小さな半導体材料（通常はシリコン）のかたまり。

**CPU**　Central Processing Unit（中央処理装置）。ＰＣ、携帯電話、データ・センターにおける計算を担う「汎用」チップの一種。

**DRAM**　Dynamic Random Access Memory（ダイナミック・ランダム・アクセス・メモリ）。２種類の主なメモリ・チップのうちの一種で、データの一時的な保持に使われる。

**EDA**　Electronic Design Automation（電子的な半導体設計の自動化）。数百万個や数十億個のトランジスタをチップ上にどう配置するかを設計し、その動作をシミュレーションするのに使われる特殊なソフトウェア。

**FinFET**《フィンフェット》　トランジスタがナノメートル単位まで微細化していくなか、トランジスタの動作をより精密に制御するため、２０１０年代初頭に初めて実装された、新たな3次元のトランジスタ構造。

**GPU**　Graphics Processing Unit（画像処理装置）。並列処理が可能なチップ。グラフィックスや人工知能といった用途に役立つ。

**ロジック・チップ**　データを処理するためのチップ。

**メモリ・チップ**　データを記憶するためのチップ。

**NAND**　「フラッシュ」とも呼ばれる。ＤＲＡＭと並ぶ主なメモリ・チップの一種で、長期的なデータの記憶に使われる。

**フォトリソグラフィ**　単に「リソグラフィ」とも。回路パターンが描かれたマスクを通して可視光線や紫外線を照射する工程。マスクを通過した光がシリコン・ウェハー上のフォトレジストという化学薬品と反応すると、ウェハー上にパターンが焼きつけられる。

**RISC‐V**　Ａｒｍやｘ86とちがって無料なことから、人気上昇中のオープンソース・アーキテクチャ。アメリカ政府がＲＩＳＣ‐Ｖの開発を部分的に助成したが、アメリカの輸出規制の対象外だったため、現在中国で人気を博している。

**シリコン・ウェハー**　超高純度シリコンの薄い板。通常は直径8インチまたは12インチの円盤状をしており、そこからチップが切り出される。

**トランジスタ**　オン（1）とオフ（0）に切り替わることで、すべてのデジタル計算のもとである1と0を生成する微細な電気的〝スイッチ〟。

**x86**　PCやデータ・センター市場を独占している命令セット・アーキテクチャ。インテルとAMDの2社が主に提供している。

# 序章

# 原油を超える世界最重要資源

2020年8月18日、米海軍駆逐艦《くちくかん》マスティン号が、5インチ砲を南に向けながら台湾海峡の北端に進入した。それは、台湾海峡を通過し、その国際水域が少なくともまだ中国の支配下にはないことを改めて確認するための単独作戦だった。

南行するマスティン号の甲板上を、強い南西の風が吹き抜けた。高い雲が海上に落とす影は、はるか彼方《かなた》の福州《ふくしゅう》、廈門《アモイ》、香港といった巨大な港湾都市や、中国南岸に点在する多くの港にまで広がっているようだった。東側には、遠く台湾島が見え、人口の密集する沿岸部の広野の背後には、山頂に雲をかぶった山脈がそびえていた。艦上では、海軍の野球帽とマスクを着けたひとりの軍人が双眼鏡を上げ、水平線を見渡している。海上は、アジアの工場から世界中の消費者へと商品を輸送する商用貨物船でいっぱいだ。

マスティン号の艦内では、色鮮やかなスクリーンの並ぶ暗い部屋に、軍人たちが何列にもわたって座っていた。[1] 画面に映し出されているのは、インド太平洋全体の動向を追跡する航空機、無人機、船舶、人工衛星から収集されたデータだ。マスティン号の艦橋《ブリッジ》上では、レーダーの数々から艦内のコンピュータへとデータが集められていた。甲板上には96個のミサイル発射用のセルが並び、その一つひとつが、数十キロメートル、ときには数百キロメートル先の航空機、艦船、潜水艦を正確に狙い撃ちするミサイルを発射する能力を持つ。冷戦中に起きた数々の危機では、米軍は核戦力の使用をちらつかせて台湾を守ったが、今ではマイクロエレクトロニクスや精密誘導兵器が頼みの綱になっている。

コンピュータ化された兵器をいっぱいに搭載したマスティン号が台湾海峡を通過すると、中国人民解放軍は、報復として台湾周辺で一連の実弾演習を行なうことを発表する。それは、ある中国政府系の新聞の表現を借りるなら、「武力統一作戦」の予備訓練の一環であった。[2]

しかし、その日、米海軍よりも中国指導部の頭を悩ませているものがあった。それは「エンティティ・リスト」と呼ばれる、アメリカの技術の国外移転を制限する米商務省の曖昧模糊《あいまいもこ》とした規制だった。これまでのエンティティ・リストは主に、ミサイル部品や核物質といった軍事システムの販売を阻止するために用いられていた。ところが、アメリカ政府は今、軍事システムと消費者向け商品の両方で広く使われるようになったコンピュータ・チップの輸出規制を、劇的に強化しようとしていた。

規制の標的にされたのが、スマートフォン、通信機器、クラウド・コンピューティング・サービス、その他の先進技術を販売する中国のテクノロジー大手、ファーウェイ（華為技術）である。アメリカが危惧を抱いたのが、ファーウェイ製品の価格だった。アメリカは、中国政府の補助金のおかげであまりに安価で販売されていたファーウェイ製品が、近い将来、次世代通信ネットワークの屋台骨を担うようになるのではないか、と恐れていた。そうなれば当然、世界の技術インフラに対するアメリカの支配力は揺らぎ、逆に中国の地政学的な影響力は高まるだろう。その脅威に対抗するため、アメリカの技術でつくられた先進的なコンピュータ・チップを、ファーウェイが購入できなくなるよう規制をかけたのだ。たちまち、ファーウェイの世界的な拡大はピタリと止まった。製品ライン全体が製造不能に陥り、収益は激減した。いわば技術的な〝窒息〟症状に見舞われたのだ。こうして、ファーウェイは、ほかの中国企業と同様、現代のあらゆる電子機器が依存している半導体の製造を、外国企業に大きく頼っているという事実に気づかされたのである。

アメリカは、シリコンバレーの名前の由来となったシリコン・チップを現時点ではまだ支配しているが、近年、その地位は危険なほど弱まっている。現在、中国は半導体の輸入に、石油の輸入以上の額を毎年つぎ込んでいる状況だ。こうした半導体は、中国が国内で消費したり全世界に輸出したりするスマートフォンから冷蔵庫にいたるまで、ありとあらゆる機器に組み込まれている。

実務経験に乏しい机上の戦略家たちは、中国の抱える「マラッカ・ジレンマ」（太平洋とインド洋を結ぶ主要な輸送路であるマラッカ海峡の脆弱性のこと）について盛んに論じ、危機下における石油などの必需品の入手能力に懸念を示しているが、実際に中国政府の頭を悩ませているのは、[3]バレル単位ではなくバイト単位で測った封鎖のほうなのだ。中国は今、アメリカによる半導体の供給遮断から逃れるべく、独自の半導体技術の開発に一流の人材と数十億ドルの補助金を投じている。

もしこの戦いに中国政府が勝てば、いったいどうなるだろうか？　世界経済は再編され、軍事力のバランスはリセットされるだろう。第二次世界大戦を決着させたのは鉄とアルミニウムであり、その直後の冷戦を特徴づけたのは核兵器だった。

しかし、現在の米中対立の命運を決するのは、おそらく計算能力《コンピューティング・パワー》と見ていいだろう。米中両政府の戦略家たちは今や、機械学習からミサイル・システム、自動運転車、武装無人機にいたるまで、先進技術には最先端のチップ（より正式な名称を使うなら、半導体または集積回路）が不可欠であることを認識している。ところが、その製造を支配しているのは、実はごく少数の企業なのだ。

私たちがチップについて考えることは少ない。それでも、チップが現代世界を形づくってきたことはまぎれもない事実だ。国家の命運は、常に計算能力を活かせるかどうかにかかっている。半導体やそれが実現する電子製品の貿易なくしては、私たちの知るグローバル化は今ごろ存在していないだろう。アメリカの軍事力は主に、半導体を軍事目的に応用する能力から生まれているといっても過言ではない。そして、アジアの過去半世紀のすさまじい台頭は、シリコンの土台の上に成り立っている。経済成長の著しいアジアの国々は、半導体の製造や、集積回路が実現するコンピュータやスマートフォンの組立をお家芸とすることで、成長を遂げてきたからだ。

コンピューティングの根底には、無数の０と１の存在があり、デジタル世界全体がこのふたつの数値で構成されている。ｉＰｈｏｎｅ上のボタン、電子メール、写真、ユーチューブ動画。そのすべてが、最終的には０と１の長大な列でコード化される。しかし、こうした数値は実在するわけではない。電流のオン（１）とオフ（０）を数値で表現したにすぎないのだ。チップは、数百万個、多ければ数十億個の「トランジスタ」が格子状に並んだものだ。トランジスタとは、オンとオフが切り替わることにより、ふたつの数値を処理したり、記憶したり、画像、音、電波といった実世界の知覚を無数の0と1に変換したりする、いわば微細な電気的スイッチだ。

マスティン号が南行するあいだ、台湾海峡の両側にある工場や組立施設では、わずか2カ月後の2020年10月に発売を控えたiPhoneの部品が量産されていた。半導体産業の収益のおよそ4分の1は携帯電話で占められる。[4] つまり、新型携帯電話の価格の大部分が内部の半導体の価格なのだ。実際、この10年間のどの世代のiPhoneも、世界最先端のプロセッサ・チップによって動いている。スマートフォンが機能するには、合計で数十個の半導体が必要で、各チップが、バッテリー、ブルートゥース、Wi-Fi、セルラー・ネットワーク接続、オーディオ、カメラなど、別々の機能を担っている。

ところが、実は、アップルはこうしたチップをいっさい製造してはおらず、ほとんどを既製品の購入でまかなっている。[5] メモリ・チップは日本のキオクシアから。無線周波数チップはカリフォルニア州のスカイワークスから。オーディオ・チップはテキサス州オースティンのシーラス・ロジックから。アップルは、iPhoneのOSを動作させる超複雑なプロセッサを社内で設計してはいるが、カリフォルニア州クパチーノに本社を置くその巨大企業をもってしても、その製造は不可能なのだ。

もっといえば、アメリカ、ヨーロッパ、日本、中国のどの企業をもってしても不可能だ。現在、アップルの最先端のプロセッサ、つまりまちがいなく世界最先端といえる半導体は、たったひとつの企業のたったひとつの建物でしかつくれない。それは人類史上もっとも高額な工場であり、[6] 2020年8月18日の朝、マスティン号の左舷《さげん》船首からわずか数十キロメートルの距離にあった。

半導体の製造と微細化（より小さくすること）は、現代のモノづくりにおける最高の難題といっていい。

現在、台湾積体電路製造（ＴＳＭＣという略称のほうが有名）を超える精度でチップを製造できる会社は、世界にひとつも存在しない。２０２０年、世界が直径約１００ナノメートル（1ナノメートル＝10億分の1メートル）のウイルスに端を発するロックダウンに右往左往するころ、ＴＳＭＣの世界最先端の工場「Ｆａｂ18」では、迷路のように入り組んだ微細なトランジスタのパターンが刻まれていた。その大きさは、新型コロナウイルスの直径の半分以下、ミトコンドリアの直径の１００分の1にすぎない。

ＴＳＭＣはこのプロセスを人類史上空前の規模で繰り返すことに成功した。アップルのｉＰｈｏｎｅ12は1億台以上を売り上げたが、[7] その1台1台が、シリコン上に１１８億個の微細なトランジスタを刻み込んだＡ14プロセッサ・チップで動いていた。

つまり、わずか数カ月間で、ｉＰｈｏｎｅ内の十数種類のチップのうちのたったひとつのために、ＴＳＭＣのＦａｂ18は１００京《けい》（1の後ろに0が18個つく数）個をゆうに超えるトランジスタを製造したわけだ。昨年、半導体産業は、ほかの全産業の全企業が人類史上製造してきた全商品の合計数を上回る数のトランジスタを生産した。ほかにこんな商品があるだろうか。

わずか60年前には、最先端のチップに搭載されたトランジスタの数は１１８億個どころか、たったの4個だった。[8] １９６１年、サンフランシスコの南にある小さな企業、フェアチャイルドセミコンダクターが、「マイクロロジック」という新製品を発表した。4個のトランジスタを搭載したシリコン・チップだ。すぐさま、同社は1枚のチップ上に十数個、さらには１００個のトランジスタを搭載する方法を考案した。

フェアチャイルド共同創設者のゴードン・ムーアは１９６５年、1枚のチップ上に搭載可能な部品の数は、トランジスタがどんどん微細化していくにつれ、年々2倍ずつになっていっていることに気づいた。チップの計算能力が指数関数的に増加していくというこの予測は、「ムーアの法則」と呼ばれるようになる。

そして、彼は、「電子腕時計」「家庭用コンピュータ」「個人用の携帯通信機器」など、1965年当時には先進的すぎて妄想としか思えなかった装置が発明されると予言した。彼は1965年から見て10年間は指数関数的な成長が続くと予測したのだが、蓋を開けてみれば、この驚異的な成長率は半世紀以上にわたって続くこととなる。1970年、彼が創設した第二の企業、インテルは、1024個の情報（「ビット」）を記憶できるメモリ・チップを世に送り出した。価格はおよそ20ドルで、1ビット当たりに換算するとおおよそ2セントだ。[9] 今なら同じ20ドルで、記憶容量が10億ビットをゆうに超えるUSBメモリが買える。

今日、シリコンバレーと聞くと、私たちはその名の由来となった物質よりもむしろ、ソーシャル・ネットワークやソフトウェア企業を思い浮かべる。しかし、インターネット、クラウド、ソーシャル・メディア、そしてデジタル世界全体が今こうして存在するのは、ひとえに、シリコン基板上を駆け巡る電子のごく微細な動きを制御するすべを学んできた技術者たちのおかげなのだ。この半世紀で、1と0の処理や記憶にかかるコストが10億分の1になっていなければ、「ビッグ・テック」と呼ばれる巨大IT企業の数々は今ごろ存在しないだろう。

この信じられないような進歩は、ひとつに聡明な科学者やノーベル賞級の物理学者たちの努力の結晶であるといってまちがいない。しかし、発明が常に成功する新興企業《スタートアップ》を生み出すわけではないし、新興企業が常に世界を変える新しい産業を生み出すわけでもない。

半導体がこれほど社会に広がったのは、さまざまな企業が半導体を数百万個単位で製造する新たな手法を発見したからであり、挑戦的な経営者たちがひたすらコストを下げ続けたからでもあり、クリエイティブな起業家たちが半導体の新たな活用方法を思い描いたからでもある。ムーアの法則の進化の歴史とは、物理学者や電気工学者たちの物語であると同時に、また製造、サプライ・チェーン（供給網）、マーケティングの専門家たちの物語でもある、ということだ。

科学的知識、製造のノウハウ、先見的なビジネス思考を組み合わせ、この革命の中心地となったのが、1970年代までシリコンバレーという呼び名さえなかった、サンフランシスコの南にある町々だった。カリフォルニア州には、スタンフォード大学やカリフォルニア大学バークレー校を卒業し、航空産業やラジオ産業で経験を積んだ技術者たちがたくさんいた。ちょうど米軍が技術的な優位性を強化しようとしていたこともあり、両大学には潤沢な軍事マネーが流れ込んでいた。

しかし、こうした経済構造と同じくらい、カリフォルニアの文化も大きな役割を果たした。アメリカの東海岸、ヨーロッパ、アジアを離れ、半導体産業を築き上げた人々の多くは、無限にチャンスがあると感じてシリコンバレーに移住したと話す。世界でもっとも聡明な技術者やクリエイティブな起業家たちにとって、シリコンバレーほど興奮に満ちた場所はほかになかったのだ。

いったん半導体産業が形成されると、それをシリコンバレーから切り離すのは事実上不可能になった。今日の半導体のサプライ・チェーンには、多くの都市や国々の部品が必要不可欠だが、いまだにシリコンバレーとのつながりや、カリフォルニアで設計・製造された装置がなければ、チップを製造するのはほぼ不可能といっていい。アメリカ政府の研究助成によってはぐくまれ、他国から一流の科学者を引き抜くことで強化されてきたアメリカの豊富な科学の専門性こそが、技術を進歩させる中核的な知識を担ってきたのだ。

アメリカのベンチャー・キャピタル会社のネットワークや株式市場は、新しい会社に開業資金を提供し、弱体化した企業を容赦なく強制退場させてきた。一方で、アメリカの世界最大の消費者市場は、数十年にわたる新型チップの研究開発を促す成長の原動力となってきたのだ。

独力でシリコンバレーと互角に渡り合うのは不可能だと気づきつつも、シリコンバレーのサプライ・チェーンと深く一体化することで成功を遂げた国々もある。ヨーロッパは、特にチップの生産に必要な工作機械の製造やチップ・アーキテクチャの設計といった分野で、半導体の専門知識を獲得していった。台湾、韓国、日本といったアジア諸国の政府は、企業に補助金を支払ったり、訓練プログラムに資金を提供したり、為替レートを過小評価の状態に保ったり、輸入半導体に関税を課したりするなどの方法を駆使して、半導体産業へと強引に割り込んでいった。

この戦略は他国がまねできない一定の強みを生み出したが、こうした国々が成功したのは、シリコンバレーとの提携があったからこそであり、アメリカ製の装置、ソフトウェア、顧客に頼ることは不可欠だった。一方、アメリカで大成功を遂げた半導体メーカーは、全世界に広がるサプライ・チェーンを構築することで、コストを押し下げ、ムーアの法則を実現する専門知識を次々と生み出していった。

今日では、ムーアの法則のおかげで、半導体は計算能力を必要とするすべての機器に組み込まれるようになった。そして、「モノのインターネット」（あらゆるモノ同士がインターネットでつながり、通信し合っている状態〕が実現した時代においては、それはほぼすべてのデバイスを意味する。今では、１００年前からある自動車のような製品でさえ、その多くが１０００ドル相当のチップを搭載している。また、世界のＧＤＰの大部分が、半導体を用いた機器によって生み出されている。75年前まで存在すらしなかった製品にとっては、異例の大出世としかいいようがない。

２０２０年8月、マスティン号が南行していたころ、世界はようやく私たちの半導体依存について真剣に考え始めたばかりだった。そして、私たちが毎年利用する新たな計算能力の3分の1を生み出すチップを製造する台湾への依存についても。[10] 台湾のＴＳＭＣは、世界の最先端のプロセッサ・チップのほぼすべてを製造している。[11]

２０２０年に世界を襲った新型コロナウイルスは、半導体産業をも混乱に陥れた。一部の工場が一時的に閉鎖され、自動車向けの半導体の購入が落ち込んだ。世界がいっせいに在宅勤務の準備を進めると、ＰＣやデータ・センター向けのチップの需要が急増した。すると、２０２１年、こうした混乱に拍車をかける災難が次々と起こる。日本の半導体工場で起きた火災。アメリカの半導体製造の中心地であるテキサス州の大寒波。多くの半導体の組立やテストが行なわれるマレーシアでの新たなロックダウン。

突然、シリコンバレーから遠く離れた多くの産業が、半導体不足にあえいだ。トヨタ自動車やゼネラルモーターズといった大手自動車メーカーが、必要な半導体を入手できずに何週間も工場を閉鎖するはめになった。[12] ごく単純なチップの不足が、世界の反対側で工場の閉鎖を引き起こす——それはグローバル化の瓦解《がかい》を完璧に象徴する出来事に思えた。

アメリカ、ヨーロッパ、日本の政治的リーダーたちは、もう何十年と、半導体について深く考えてこなかった。一般の人々と同じく、彼らも「テクノロジー」といえばシリコン・ウェハーではなく、検索エンジンやソーシャル・メディアの同義語だとしか考えていなかったのだ。ジョー・バイデンやアンゲラ・メルケルが、国内の自動車工場が閉鎖された理由をたずねたとき、その答えは恐ろしく複雑な半導体のサプライ・チェーンによって覆われ、見えなくなった。

典型的なチップは、日本企業が保有するイギリス拠点の企業「アーム」の設計図を使い、カリフォルニア州とイスラエルの技術者チームによって、アメリカ製の設計ソフトウェアを用いて設計される。完成した設計は、超高純度のシリコン・ウェハーや特殊なガスを日本から購入している台湾の工場へと送られる。その設計は、原子数個分の厚さしかない材料のエッチング、成膜、測定が可能な世界一精密な装置を用いて、シリコンへと刻み込まれる。こうした装置を生産しているのは主に5社で、1社がオランダ、1社が日本、3社がカリフォルニアの企業だ。その装置がなければ、先進的な半導体を製造することは基本的に不可能だ。製造が終わると、半導体はたいてい東南アジアでパッケージングとテストが行なわれ、次に中国へと送られて携帯電話やコンピュータへと組み立てられる。

この半導体の生産工程のうち、どのステップが滞っても、新たな計算能力の世界的な供給が危機に瀕する。AI時代においては、データこそが新たな石油だとよく言われる。しかし、私たちが直面している真の制約は、データではなく処理能力の不足にある。データの保存や処理ができる半導体の数は限られており、その製造工程は目が回るほど複雑で、恐ろしいまでのコストがかかる。いろいろな国から購入できる石油とはちがって、計算能力の生産はいくつかの決定的な急所にまるまるかかっている。それは、一握りの企業、ときにはたった1社でしか生産できない装置、化学薬品、ソフトウェアである。

今日の経済のなかで、これほど少数の企業に依存しきっている分野は、半導体産業をおいてほかにないだろう。実際、台湾製のチップは毎年世界の新たな計算能力の37％を生み出している。2社の韓国企業は、世界のメモリ・チップの44％を生産している。[13] オランダのＡＳＭＬという企業は、最先端の半導体の製造に欠かせない極端紫外線リソグラフィ装置を１００％製造している。それと比べると、ＯＰＥＣの産油量の世界シェアなどとたんに色褪せて見えてくる。

ナノメートル規模のチップを年間１兆個製造する世界規模の企業ネットワークは、効率性の勝利の見本といっていい。その一方で、恐るべき脆弱性もはらんでいる。パンデミックがもたらした混乱は、絶妙な位置で起きたたったひとつの地震が世界経済に及ぼしうる影響を、少しだけ垣間見させてくれる。実際、台湾は、１９９９年にマグニチュード７・３の地震を引き起こした断層線の真上に位置している。幸い、その地震では半導体生産が数日間ストップしただけですんだが、もっと強い地震が台湾を襲うのは時間の問題だ。壊滅的な地震は、世界の半導体の17％を生産する地震大国の日本や、今でこそ半導体の生産量は少ないが、サンアンドレアス断層の直上に位置する工場で半導体製造に不可欠な装置をつくっているシリコンバレーでも十分に起こりうるのだ。

しかし、現代において、何よりも半導体供給を危機に追いやる激震といえば、地殻プレート同士の衝突ではなく、むしろ大国同士の衝突だ。優位性をめぐって争い合う米中政府は、コンピューティングの未来を手中に収めるべく腐心している。そして、その未来というのは、中国が離反する省とみなし、アメリカが武力で防衛すると約束したたったひとつの小島《しょうとう》に、恐ろしいくらい依存しているのである。

アメリカ、中国、台湾の半導体産業の相互関係は、めまいがするほど複雑だ。そのことを誰より体現しているのが、２０２０年まで米アップルと中国ファーウェイを2大顧客としていたＴＳＭＣの創設者だ。その人物、モリス・チャン（張忠謀）は、中国本土で生まれ、第二次世界大戦時代の香港で育った。彼はハーバード大学、マサチューセッツ工科大学（ＭＩＴ）、スタンフォード大学で教育を受け、ダラスのテキサス・インスツルメンツで働きながら、アメリカの初期の半導体産業の構築に尽力した。米軍向けの電子機器を開発するための機密情報取扱許可《セキュリティ・クリアランス》をアメリカで取得し[14]、のちに台湾を世界の半導体製造の中心地へと押し上げた。

　米中両政府の外交政策の戦略家たちのなかには、両国の技術部門を完全に切り離すことを夢見る者もいるが、それは空論というものだ。チャンのような人たちが築き上げた半導体設計会社、化学薬品の供給業者、工作機械メーカーの超効率的な国際ネットワークは、そう簡単にほどけるわけがない。

　もちろん、何かが暴発すれば話は別だ。中国政府は、台湾を大陸中国と〝再統一〟するための台湾侵攻の可能性を放棄することを、頑《がん》として拒んできた。しかし、実のところ、半導体を震源とした衝撃波を世界経済に轟《とどろ》かせるのに、水陸両用作戦ほど劇的な出来事が必要なわけではない。中国軍が部分的な封鎖を行なうだけでも、おそらく破滅的な混乱が生じるのには十分だろう。ＴＳＭＣの最先端の半導体製造工場にミサイルが1発撃ち込まれただけで、携帯電話、データ・センター、自動車、通信ネットワーク、その他のテクノロジーの生産の遅延が累積し、あっという間に何千億ドルという損害が生じかねないのだ。

　世界経済を世界一危険な政治的紛争の人質に取るのは、一見すると歴史的な過ちに思えるかもしれない。しかし、先進的な半導体製造が台湾や韓国、東アジアのその他の地域に集中しているのは、決して偶然ではない。今日の私たちが依存する広範なサプライ・チェーンを生み出したのは、政府官僚や企業幹部たちの意図的な決断の数々だった。アジアの底なしの安価な労働力は、安価な工場労働者を求める半導体メーカーを惹き寄せた。アジアの政府や企業は、外国からオフショアリングされた半導体の組立工場から、先進技術を学び、やがては国産化していった。アメリカ政府の外交政策の戦略家たちは、複雑な半導体サプライ・チェーンを、アジアをアメリカ中心の世界へと縛りつける道具として受け入れた。

ひたすら経済効率を求める資本主義の飽くなき要求は、コスト削減や企業合併をどこまでも推し進めた。ムーアの法則を下支えする着実な技術革新には、世界市場を通してしか供給しえない、ますます複雑化する材料、装置、工程が欠かせなかった。そして、計算能力に対する私たちの需要は、肥大化していく一方だ。

本書は、台北からモスクワまで、3つの大陸にまたがる歴史的文書の調査や、100人を超える科学者、技術者、CEO、政府官僚へのインタビューに基づき、こう結論づけた。国際政治の形、世界経済の構造、軍事力のバランスを決定づけ、私たちの暮らす世界を特徴づけてきた立役者は、半導体なのだ。

とはいえ、この超現代的なデバイスには、複雑で物議を醸す歴史がある。半導体の発展は、大企業や消費者だけでなく、野心的な政府や戦争の要請によっても形づくられてきたのだ。私たちの世界は、いったいどのようにして、100京個のトランジスタと替えのきかない一握りの企業によって特徴づけられるようになったのか？　それを理解するには、まずシリコン時代の起源までさかのぼる必要があるだろう。

# 第I部

# 半導体の黎明期

第1章

# 戦後の技術者たち

「鉄の暴風」――日本の兵士たちは第二次世界大戦をそう表現した。代々続く造り酒屋の長男として生まれた勤勉な若き技術者、盛田昭夫にとって、大戦はまちがいなくそう感じられたにちがいない。[1] 日本海軍の技術研究所に配属された彼は、かろうじて前線に立たずにすんだが、鉄の暴風は彼の故郷にも吹き荒れた。

アメリカのB－29スーパーフォートレス爆撃機が日本の都市を次々と攻撃すると、東京などの都心は大部分が焦土と化した。爆撃による荒廃に加えて、アメリカの経済封鎖が広範囲の食糧不足を生み出し、日本を自暴自棄へと追いやった。戦争が終結したとき、彼の兄弟たちはちょうど神風特攻隊員になるための訓練を受けているところだった。

東シナ海の向こうでは、モリス・チャンの少年時代もまた、爆撃が近いことを知らせる空襲警報や砲撃音によって寸断されていた。[2] 10代のころ、彼は中国全土で猛威を振るう日本軍から逃れ、まずは広州《こう しゅう》、続いてイギリスの植民地である香港、戦時中の中国の首都である重慶《じゅうけい》へと移り、日本の敗戦後に再び上海へと戻った。それでも、戦争は本当の意味で終わったわけではなかった。共産ゲリラが中国政府との闘争を再開したからだ。たちまち、毛沢東率いる軍が上海を行進し始めた。チャンは再び難民となり、香港への2度目の避難を余儀なくされる。

ブダペストは世界の反対側にあったが、アンディ・グローブもまた、アジアに吹き荒れた鉄の暴風のなかを生き抜いた。[3] アンディ（当時の名前はグローフ・アンドラーシュ）はたび重なるブダペスト侵攻を生き延びた。ハンガリーの極右政府は、グローブ家のようなユダヤ人を二流市民として扱ったが、ヨーロッパで戦争が勃発すると、彼の父はどのみち徴兵され、ナチス同盟国とともにソ連と戦った末、スターリングラードで行方不明となる。すると、１９４４年、ナチスは同盟国であるはずのハンガリーに侵攻し、ブダペストに戦車隊を送り込み、グローブのようなユダヤ人たちを工業的規模の強制収容所に送る計画を発表する。

その数カ月後、まだ子どもだった彼は再び砲撃音を耳にした。赤軍の軍隊がハンガリーの首都へと行進し、国家を〝解放〟して、彼の母親を強姦し、ナチスの代わりに残虐な傀儡《かいらい》政権を樹立した。

無数の戦車隊や航空機。上空から投下される何千トンという爆弾。トラック、戦闘車両、石油製品、機関車、気動車、大砲、弾薬、石炭、鉄を輸送する船団。第二次世界大戦は、互いの産業を削り合う消耗戦にほかならなかった。それはアメリカの思うつぼだった。産業戦争となれば、アメリカに分《ぶ》があるのは明白だ。アメリカ政府の戦時生産局のエコノミストたちは、銅や鉄、ゴムや原油、アルミニウムやスズで成功を測っていた。アメリカは製造力を軍事力へと換えていたのだ。

アメリカはすべての枢軸国の合計を上回る戦車、艦船、航空機を製造していた。大砲や機関銃にいたっては枢軸国の2倍だ。工業製品がアメリカの港から大西洋や太平洋へと続々と出荷されては、イギリス、ソ連、中国、その他の同盟国へと重要な物資が供給されていった。実際に前線で戦っていたのはスターリングラードの兵士やミッドウェー島の水兵たちだったが、戦力を供給していたのは、アメリカのカイザー造船所やリバー・ルージュ工場の組立ラインだったのである。

そして、１９４５年、世界中のラジオ放送がとうとう戦争終結を告げた。当時、東京を出ていた若き技術者の盛田は、慌てて軍服に正装し、昭和天皇の玉音放送を聞いたのだが、切腹を強要されないよう、海軍のほかの将校たちと一緒にではなく、ひとりきりで放送に耳を傾けたという。[4] そのころ、東シナ海の向こう側では、チャンが戦争終結と日本の敗戦を祝い、友人とテニス、映画鑑賞、トランプ遊びに明け暮れる、10代らしい自由気ままな生活に戻っていた。[5] ハンガリーでは、グローブと彼の母親がゆっくりと防空壕から這い出たが、ふたりにとって、ソ連統治時代は戦時中と同じくらい悲惨なものだった。

第二次世界大戦の命運を分けたのは、まぎれもなく工業生産高だったが、そのころにはもう、新たなテクノロジーが軍事力を一変させつつあった。大国は航空機や戦車を何千、何万台と製造したが、ロケットやレーダーといった新しい装置を開発する研究所も建造していた。広島と長崎を壊滅させたふたつの原子爆弾は、生まれかけの核時代が、石炭と鉄の時代に取って代わるのではないか、という憶測を盛んに生み出した。

チャンとグローブは、１９４５年当時はまだ学童だったので、テクノロジーや政治について真剣に考える年齢には達していなかった。しかし、盛田はすでに20代前半の青年で、大戦末期の数カ月間を、熱線誘導ミサイルの開発に費やしていた。[6] 当時の日本は実用可能な誘導ミサイルを配備するには程遠い状態だったが、このプロジェクトを通じて、彼は未来を少しだけ垣間見ることになる。組立ラインのリベット工ではなく、標的を識別して自動追尾できる兵器が戦争を勝利に導く――そんな未来を思い描けるようになりつつあったのだ。

まるでSFのような考えだったが、彼は電子計算分野の新たな進展にうすうす気づき始めていた。機械が足し算、掛け算、平方根といった数学的計算を行ない、みずから〝思考〟するようになるのも、決してありえない未来ではなかった。

もちろん、なんらかの道具を使って計算する、という考え自体は新しいものではない。ホモ・サピエンスが初めてモノを数えることを覚えて以来、人間は指を開いたり閉じたりして数を数えてきた。古代バビロニア人が大きな数を扱うためのそろばんを発明して以来、人間は何世紀にもわたって、木製の珠《たま》を上下に動かして掛け算や割り算を行なってきた。

19世紀終盤から20世紀初頭にかけて、政府やビジネス界で事務作業が劇的に増えると、人間の〝計算者《コンピュータ》〟、つまりペンと紙、ときには単純な機械式計算機を携えた事務員たちが、大量に必要になった。そうした計算機では、四則演算に加えて、簡単な平方根の計算もできたという。[7]

この生きて呼吸をする人間の計算者たちは、給与の表をつくり、売上を記録し、国勢調査の結果を集計し、保険の価格決定に必要な火災や干ばつのデータを分析することができた。すると、世界恐慌の最中、アメリカの公共事業促進局が、失業した事務員たちの雇用を生み出すために、数表プロジェクト

(Mathematical Tables Project) なるものを立ち上げた。マンハッタンのオフィス・ビルに、何百人という人間の〝計算者《コンピュータ》〟が並んで座り、対数や指数関数の数値表をつくり上げていく。

こうして、複雑な関数の計算結果をまとめた全28巻の数値表が刊行された。たとえば、「10000から200009までの整数の逆数の表」と題する巻は、201ページにおよぶ数値表で埋め尽くされている。

整然とした人間の計算者集団は、計算に秘められた将来性を予感させたが、その一方で、人間の脳を使って計算することの限界も浮き彫りにした。たとえ機械式計算機で脳を補ったとしても、人間の動きは鈍重だった。数表プロジェクトの結果を使おうとする人は、28巻のうちのどれかを取り出し、その膨大な量のページをめくって、特定の対数や指数の計算結果を見つける必要があった。当然、必要な計算の数に比例して、めくらなければならないページも増えていく。

その一方で、計算の需要は高まり続けた。第二次世界大戦前でさえ、より高性能な機械式計算機の開発プロジェクトには湯水のごとく資金が流れ込んだが、戦争は計算能力の追求をいっそう加速させた。すると、空軍の飛行士が正確に爆弾を投下できるようにする機械式爆撃照準器を開発する国々が現われた。爆撃機の搭乗員がノブを回して風速と高度を入力すると、ガラスのミラーを調整する金属のレバーが動く。こうしたノブやレバーが、どの操縦士よりも正確に高度や角度を〝計算〟し、標的に向かって進む爆撃機の照準を定めるのだ。

しかし、限界は目に見えていた。こうした爆撃照準器は、ほんのいくつかの入力だけを処理し、たったひとつの出力、つまり爆弾投下のタイミングを返すにすぎない。完璧なテスト条件下であれば、アメリカの爆撃照準器はパイロットの直感より正確だった。ところが、いざドイツ上空に配備されると、標的から300メートル以内に着弾したアメリカの爆弾は全体の2割にとどまった。[8] 結局、戦争の命運を決めたのは、投下された爆弾や発射された砲弾の「量」だった。その爆弾の誘導を試み、8割方失敗に終わった機械式計算機のノブではなかったのだ。

精度を高めるには、もっと多くの計算が必要だった。やがて、技術者たちは、初期の計算機の機械式装置を電気で置き換え始める。初期の電子計算機は、電球に使われるような金属製フィラメントをガラス管に収めた、真空管と呼ばれるものを用いていた。真空管の内部を流れる電流は、オンとオフの切替えが可能で、木の棒を上下に移動するそろばんの珠と似たような働きをする。オンの真空管は1、オフの真空管は0とコード化され、2進法を使えばこのふたつの数値の組み合わせでどんな数も表わすことができた。よって、理論上、さまざまな種類の計算が実行できるというわけだ。

さらに、真空管のおかげで、このデジタル・コンピュータを何度となくプログラミングし直すことが可能になった。爆撃照準器に搭載されていたような機械式装置は、1種類の計算しか実行できない。それぞれのノブがレバーや装置へと物理的に固定されていたからだ。ちょうど、そろばんの珠が木の棒の上を行き来することしかできないのと同じ原理である。しかし、真空管同士の接続はあとから構成し直すことが可能で、それによって多種多様な計算が実行できた。

これはコンピューティングの飛躍的な前進だった。いや、蛾さえいなければ、そうなるはずだった。真空管は電球のように白熱したので、どんどん虫が寄ってきてしまい、定期的な〝デバッギング（虫取り）〟が欠かせなかったのだ。[9] そしてまた、電球と同じように、たびたび焼き切れてしまうという難点もあった。

アメリカ陸軍の弾道計算のため、１９４５年にペンシルベニア大学で開発された当時最先端の電子計算機ＥＮＩＡＣには、１万８０００本の真空管が使われており[10]、平均で２日に１本の真空管が故障に見舞われた。そのたびに、計算機全体が停止してしまい、故障した部分を大急ぎで特定して交換するために技術者が派遣されることになる。ＥＮＩＡＣはどの数学者よりも速く、１秒間に何百個という数値を掛け算することができた。それでも、１万８０００本の真空管の１本１本が拳《こぶし》くらいの大きさだったので、計算機だけで部屋がまるまる占有されるほどだった。

明らかに、真空管技術はあまりに扱いづらく、鈍重で、当てにならなかった。蛾にまみれた巨大な箱であるかぎり、計算機は暗号解読のような限定的な用途にしか使えないだろう。一刻も早く、もっと小さく、高速で、安価なスイッチを見つける必要があった。

第2章

# トランジスタの誕生

ウィリアム・ショックレーは、より効率的な〝スイッチ〟が見つかるとすれば、それは半導体と呼ばれる物質の力を借りてのことだろう、とずっと思っていた。[1]世界を股にかける鉱山技師の父のもと、ロンドンで生まれた彼は、カリフォルニア州のパロアルトというのどかな町で、果樹園に囲まれて育った。ひとりっ子の彼は、自分が誰より優れていると確信していて、おまけにそのことを隠すそぶりもなかった。

彼は南カリフォルニアのカリフォルニア工科大学に進学したのち、マサチューセッツ工科大学（MIT）で物理学の博士号を取得し、当時科学技術の世界有数の中心地であったニュージャージー州のベル研究所で働き始める。同僚たちはみなショックレーのことを鼻持ちならないヤツだと思っていたが、理論物理学者としては一目置いていた。彼の直感はあまりに鋭く、金属内を動き回る電子や、原子同士を結合させる電子が実際に見えるんじゃないか、と噂する同僚たちもいたという。[2]

ショックレーの専門分野である半導体とは、実に特殊な分類の物質だ。ほとんどの物質は、電流が自由に流れるか（銅線など）、電流が流れないか（ガラスなど）のふたつにひとつなのだが、半導体は違う。シリコンやゲルマニウムのような半導体材料は、それ自体はガラスと同じでほとんど電気を通さない。ところが、特定の物質を混ぜ、電圧をかけると、電流が流れるようになる。たとえば、シリコンやゲルマニウムなどの半導体材料にリンやアンチモンを加えると、負の電流が流れるようになる。

半導体材料にほかの元素を添加すること（「ドーピング」という）によって、電流を生み出して制御することができる新種の装置を開発する可能性が見えてきた。ところが、シリコンやゲルマニウムなどの半導体材料内の電子の流れを操るのは、半導体の電気的性質が謎に包まれ、未解明のままであるかぎり、遠い夢でしかなかった。ベル研究所に物理学の頭脳が集結していたにもかかわらず、１９４０年代終盤まで、半導体材料の板がこれほど奇妙なふるまいを見せる理由を、誰ひとりとして説明できないままだった。

１９４５年、ショックレーは90ボルトの電池に接続したシリコンの結晶をノートにスケッチし、初めて「ソリッドステート電子管」なる理論を提唱する。[3] 彼の立てた仮説とはこうだ。電場の存在する場所に、シリコンなどの半導体材料を置くと、内部の「自由電子」が一方に引きつけられ、半導体の端の近くに集まる。十分な量の電子が電場によって引きつけられると、半導体の端の部分は、常に大量の自由電子を持つ金属のような導体（電気を通す物質）へと変わるだろう。だとすれば、それまでまったく電気を通さなかった物質にも、電流が流れるようになるはずだ。

彼は、シリコンの結晶に電圧をかけたり止めたりすれば、シリコン上の電子の流れを開閉するバルブのように機能させられると考え、さっそくそういう装置をつくった。ところが、いざ実験を行なうと、なんの結果も検出できなかった。「測定可能なものはなし」と彼は説明した。「不可解というしかなかった」。実は、1940年代のシンプルな機器は、精度が低すぎて微弱な電流を測定できなかったのだ。

2年後、ベル研究所のショックレーのふたりの同僚が、別の種類の装置を使って似たような実験を考案した。自信家で鼻持ちならない性格のショックレーに対し、ワシントン州の田舎の牧場で育った優秀な実験物理学者のウォルター・ブラッテンと、のちに2度のノーベル物理学賞を受賞した唯一の人物となったプリンストン大学卒の科学者のジョン・バーディーンは、ふたりとも謙虚で物腰の柔らかい性格だった。

ショックレーの理論に触発され、ふたりはゲルマニウムの結晶に金でできた2本の針を押しつけた装置をつくった。2本の針は針金を通じて各々が電源と金属に結ばれており、互いが1ミリメートルにも満たない距離でゲルマニウムに接触している。1947年12月16日の午後、ベル研究所の本部で、いよいよ電源を入れたふたりは、ゲルマニウムを流れる電流を制御することに成功した。[4] 半導体材料に関するショックレーの理論は、正しいと証明されたのだ。

ベル研究所を所有していたAT&Tは、コンピュータ事業ではなく電話事業を営んでいたが、すぐさま「トランジスタ」と命名されたこの装置が、主に同社の広大な電話網へと電話の音声を伝送する信号を増幅するのに役立つと気づいた。トランジスタは電流を増幅できたので、同じく信号の増幅に使われていた不安定な真空管の代わりに、補聴器やラジオなどの装置で使える、ということがすぐにわかった。

ベル研究所はさっそく、この新たな装置の特許申請に取りかかり始めた。

ショックレーは同僚たちが先に自身の理論を証明する実験を発見したことに激怒し、なんとしてもふたりを出し抜こうと決意する。クリスマス・シーズンに２週間シカゴのホテルにこもった彼は、半導体物理学に関する並外れた知識を頼りに、別のトランジスタ構造を想像し始めた。１９４８年1月を迎えるころには、彼は３つの半導体材料で構成される新種のトランジスタを概念化していた。その構造とはこうだ。外側のふたつの半導体の層は電子が余っていて、真ん中は不足している。その真ん中の層に微弱な電流を流すと、全体にずっと大きな電流が流れる。この微弱な電流から巨大な電流への変換こそ、ブラッテンとバーディーンのトランジスタが実証したのと同じ増幅プロセスだ。

しかし、ショックレーは、自身が以前に提唱した「ソリッドステート電子管」理論に沿った別の用途に気づき始めた。トランジスタの真ん中の層にかける微弱な電流を操ることで、より大きな電流のほうをオンやオフに切り替えることができるのだ。オン、オフ。オン、オフ。そう、彼が設計したのは、スイッチそのものだった。[5]

１９４８年6月、ベル研究所がトランジスタの発明を発表する記者会見を行なったときには、その配線つきのゲルマニウム結晶が特別な発表に値する理由はいかんとも理解しがたかった。実際、『ニューヨーク・タイムズ』紙はその記事を第46面に埋没させている。『タイム』誌はもう少しましで、その発明を「小さな脳細胞」との見出しで報じた。しかし、いかに自信家のショックレーでも、近い将来、数千、数万、数億という微細なトランジスタが、人間の脳に代わって計算作業を担うようになることなど、まったく想像していなかった。[6]

# 第3章

# シリコンバレーの始祖と集積回路

トランジスタが真空管を駆逐《くちく》しうるとしたら、それはトランジスタを簡略化し、大量に販売できるようになってからの話だろう。トランジスタの理論化と発明はその第一歩にすぎなかった。トランジスタが発明された今、最大の課題は何千、何万個という単位でトランジスタを量産することだった。

とはいえ、ウォルター・ブラッテンとジョン・バーディーンは、ビジネスや量産にはまったくといっていいほど興味がなかった。根っからの研究者だったふたりは、ノーベル賞受賞後、教師の仕事や実験にいそしんだ。

対照的に、ウィリアム・ショックレーの野望は膨らむばかりだった。彼は名声だけでなく大金も求めていた。友人たちには、『フィジカル・レビュー』誌のような学術誌だけでなく、『ウォール・ストリート・ジャーナル』紙にも名前が載る日を夢見ている、と嘯《うそぶ》くほどだった。[1] そして、1955年、彼はカリフォルニア州サンフランシスコ郊外のマウンテンビューにショックレー半導体研究所を設立する。そこは高齢の母がいまだ暮らすパロアルトの目と鼻の先だった。

ショックレーは、世界最高のトランジスタ開発を目指した。それが可能だったのは、ベル研究所の親会社であり、トランジスタの特許を保有していたAT&Tが、最先端のエレクトロニクス技術にしては破格の2万5000ドルで、他社にトランジスタのライセンスを供与していたからだ。[2] 彼は、少なくとも既存の電子機器における真空管の代用品として、トランジスタの市場はまちがいなくあると考えていた。

しかし、よくわからなかったのは、そのトランジスタ市場の潜在規模のほうだ。トランジスタが最先端の物理学に基づく巧妙な技術であることは誰もが認めていたが、真空管より高性能であるか、より安価に生産できるかでないかぎり、トランジスタが世の中に普及することはないだろう。彼はすぐに、半導体について理論化した功績でノーベル賞を受賞することになるが、いかにしてトランジスタを実用的で有用なものにするのかというのは、理論物理学の問題ではなく、むしろ技術的な課題だった。

トランジスタは、またたく間にコンピュータで真空管の代わりに使われ始めたが、何千個というトランジスタ同士の配線は、ジャングルのような複雑さを生み出した。1958年夏、テキサス・インスツルメンツの技術者、ジャック・キルビーは、自身のテキサス州の研究所にこもり、トランジスタを用いたシステムに必要な無数の複雑な配線を簡略化する方法を探した。[3]

彼の同僚のひとりは、物腰が柔らかく、仲間思いで、好奇心が強く、静かなる才気を放っていたキルビーについて、「彼は自分からあれこれと要求するタイプではなかった」と振り返る。「まわりの人が彼の望みを汲み取って、必死で望みを叶えようと努力してしまうんだ」。キルビーとの定期的なバーベキュー・ランチを楽しみにしていた別の同僚は、こう言う。「つい会いたくなるような魅力的な男だった」

キルビーは、最初の勤め先であるミルウォーキーのセントララブがAT&Tからライセンスを取得すると、ベル研究所外で初めてトランジスタを利用した人物のうちのひとりとなった。[4] 1958年、彼はセントララブを去り、テキサス・インスツルメンツのトランジスタ部門で働き始める。

ダラスに本社を構えるテキサス・インスツルメンツはもともと、地震波を用いて石油の掘削場所を決める機器を製造する目的で創設された。第二次世界大戦中は、アメリカ海軍の依頼で、敵国の潜水艦を追跡するためのソナー装置を製造していた。[5] 戦後、同社の経営幹部は、この電子機器に関する専門知識がほかの軍事システムの開発にも役立つと気づき、その製造のためにキルビーのような技術者を雇い入れたわけだ。

キルビーは、同社の7月の夏期休暇期間にダラスへと着いたのだが、まだ有給休暇の日数が貯まっておらず、数週間、研究所にひとり残ることになった。試行錯誤の時間が十分にあった彼は、多くのトランジスタの接続に必要な配線の数を削減する方法について、考えを巡らせ始めた。それぞれのトランジスタをつくるのに、別々のシリコンやゲルマニウムの結晶を用いる代わりに、複数の要素をひとつの半導体上にまとめてしまうのはどうだろう。[6]

夏休みから戻った同僚たちは、キルビーのアイデアを耳にするなり、革命的だと思った。これなら、複数のトランジスタを1枚のシリコンやゲルマニウムの基板に組み込める。キルビーはこの発明を「集積回路」と名づけたが、やがて俗に「チップ」として知られるようになった。集積回路が円盤状のシリコン・ウェハーから〝切り出した《チップ・オフ》〟シリコンでつくられるようになったことに由来する。

その1年ほど前、カリフォルニア州パロアルトでは、ショックレーの半導体研究所に雇われた8人の技術者が、ノーベル賞受賞者の上司に退職を申し出ていた。才能発掘に長《た》けていたショックレーだが、上司としては最悪だった。彼は口喧嘩を飯《めし》のおかずにするような男で、自身の集めた若くて聡明な技術者たちを遠ざけるようなギスギスした雰囲気をつくり出していた。

そこで、その8人の技術者たちはショックレー半導体研究所を去り、東海岸の百万長者が出資してくれた開業資金を元手に、自分たちの会社、フェアチャイルドセミコンダクターを興《おこ》すことを決意する。[7] ショックレーの研究所を飛び出したその8人は、現在、シリコンバレーの始祖として広く認められている。そのなかのひとりのユージーン・クライナーは、のちに世界最大のベンチャー・キャピタル会社のひとつであるクライナー・パーキンスを創設することになる。

また、ゴードン・ムーアは、フェアチャイルドの研究開発プロセスを取り仕切り、のちに計算能力の指数関数的成長について述べたムーアの法則の概念を生み出した。

なかでも最重要人物に挙げられるのが、この通称「8人の反逆者」のリーダー的存在であるロバート・ノイスだ。彼はカリスマ性とマイクロエレクトロニクスに対する先見的な熱意を持ち、小さく安価で信頼性の高いトランジスタの開発に必要な技術革新に対する鋭い直感も備えていた。新しい発明をビジネスチャンスに結びつける能力——それこそ、フェアチャイルドのような新興企業《スタートアップ》が成功するために欠かせない要素であり、半導体産業が花開くのに必要な条件だった。

フェアチャイルドが創設されるころには、トランジスタの科学的性質は広く解明されていたが、トランジスタを安定して製造するのは至難の業《わざ》だった。初の商用トランジスタは、ゲルマニウムの結晶の上に、さまざまな物質をアリゾナ州の砂漠に見られるメサ〔周囲が急な崖になっている台形状の地形〕に似た形で何層も積み重ねた構造をしていた。

その層のつくり方とは、まずゲルマニウムの一部を黒いワックスの小滴で覆い、次にワックスで覆われていないゲルマニウム部分を化学薬品で除去してから、ワックスを取り除く。すると、ゲルマニウムの上にメサ型の形状ができあがるという仕組みだ。

このメサ構造の欠点は、埃《ほこり》やその他の粒子などの不純物がトランジスタ上に付着すると表面の物質と反応してしまう、という点だった。

ノイスの同僚であり、熱心な登山家でもあったスイスの物理学者、ジーン・ハーニーは、トランジスタ全体をゲルマニウムの上ではなく内部に埋め込むことができれば、メサ型にする必要はないことに気づいた。そこで、彼は、シリコン基板の表面を二酸化ケイ素の被膜で保護し、必要に応じて穴を開け、さらに追加の物質で覆うことによって、トランジスタの全部品をつくる手法を思いついた。この保護膜で覆うという手法のおかげで、半導体の故障につながる外気や不純物にさらされずにすむようになった。信頼性が大きく向上したのだ。

数カ月後、ノイスは、「プレーナー型」〔プレーナーは「平面的な」という意味〕と呼ばれることになるハーニーの手法を使えば、同一のシリコン結晶上に複数のトランジスタをつくれることに気づく。[8] キルビーがノイスの知らないところでゲルマニウム基板上にメサ型トランジスタをつくり、それを針金と接続していた一方で、ノイスはハーニーのプレーナー・プロセスを用い、同一のチップ上に複数のトランジスタを構築していった。プレーナー・プロセスの場合、トランジスタを二酸化ケイ素の絶縁層で覆うため、チップ上に金属線の薄膜をつくり、直接〝配線〟を施すことで、チップ上のトランジスタ間に電気を通すことができた。ノイスはひとつの半導体材料の上に複数の電子部品をまとめることで、キルビーと同じく、集積回路を生み出していたのだ。

しかし、ノイスの集積回路には独立した配線がまったくなかった。ひとつの半導体材料の結晶の内部にトランジスタが埋め込まれていたからだ。たちまち、キルビーとノイスが開発した「集積回路」は、「半導体」、あるいは単に「チップ」と呼ばれるようになる。

ノイス、ムーア、そしてフェアチャイルドセミコンダクターの同僚たちは、自分たちの集積回路のほうが、ほかの電子機器が用いている迷路のような配線よりも、断然信頼性が高いことに気づく。おまけに、フェアチャイルドの開発した「プレーナー型」のほうが、設計上、標準的なメサ型トランジスタよりもはるかに微細化しやすく思えた。と同時に、回路が小型になればなるほど電力消費も少なくてすむ。

ノイスとムーアは、微細化と電力効率が強力なコンビネーションになりうると悟り始めた。小型のトランジスタに、少ない電力消費――このふたつは彼らの集積回路に新たな用途を生み出す可能性を秘めていたのだ。

しかし、当初、ノイスの集積回路をつくるには、別々の部品同士を配線してつなげただけのシンプルな機器と比べて50倍のコストがかかった。[9]ノイスの発明が巧妙で、もっといえば天才的であることは、誰もが認めていた。必要なのは、それを購入してくれる市場だけだった。

# 第4章
# 軍に半導体を売りつける

ロバート・ノイスとゴードン・ムーアがフェアチャイルドセミコンダクターを創設してから3日後（1957年10月4日）の午後8時55分、「集積回路を購入してくれるのは誰なのか?」という疑問への答えが、ふたりの頭上、カリフォルニアの夜空を駆け抜けた。ソ連が打ち上げた世界初の人工衛星スプートニクが、時速2万9000キロメートルで、地球を西から東へと周回していた。『サンフランシスコ・クロニクル』紙は、「ロシア製の〝月〟が地球を回る」との見出しで、この衛星がロシアに戦略的な優位性をもたらすのではないか、というアメリカ人の不安を代弁した。[1] その4年後、宇宙飛行士のユーリイ・ガガーリンが人類初の有人宇宙飛行を成し遂げると、ソ連はスプートニクに続いてアメリカに衝撃を与えた。

ソ連の宇宙計画は、アメリカ全土に自信喪失の危機を巻き起こした。[2] 宇宙の支配権は、深刻な軍事的影響を及ぼす。アメリカはずっと科学大国であることを自負してきたが、今ではソ連の後塵《こうじん》を拝しているようだった。政府はソ連のロケット計画やミサイル計画に追いつくための緊急プログラムを立ち上げ、ジョン・Ｆ・ケネディ大統領は人類を月面に送り込むことを宣言した。その瞬間、ノイスは集積回路のこれ以上ない市場を見つけた。ロケットである。

ノイスが開発したチップへの最初の大口注文は、ＮＡＳＡからのものだった。１９６０年代、ＮＡＳＡは宇宙飛行士の月面着陸を実現するための膨大な予算を握っていた。アメリカが月面着陸に照準を合わせるなか、マサチューセッツ工科大学（ＭＩＴ）器械工学研究所の技術者たちがＮＡＳＡから託されたのは、アポロ宇宙船の誘導コンピュータの設計であった。

まちがいなく、それは史上最高級に複雑なコンピュータになるにちがいない。トランジスタベースのコンピュータのほうが、第二次世界大戦中に多くの暗号を解読し、大砲の軌道を計算した真空管ベースのコンピュータよりはるかに勝るということは、誰もが認めていた。

しかし、そのコンピュータで本当に宇宙船を月まで導けるのか？　ＭＩＴのある技術者の計算では、アポロ計画の要件を満たすには、冷蔵庫大のコンピュータと、アポロ宇宙船全体が生み出すとされる以上の電力が必要だった。[3]

ＭＩＴ器械工学研究所が初めてテキサス・インスツルメンツ製の集積回路を受け取ったのは、ジャック・キルビーの発明からわずか1年後の１９５９年のことだった。アメリカ海軍のミサイル計画の一環として、チップをテストするため、64枚のチップを１０００ドルという価格で購入したのだ。

結局、ＭＩＴのチームはそのミサイルではチップを使わなかったが、集積回路という概念に興味を持った。同時期に独自の「マイクロロジック」チップを発売したのがフェアチャイルドだ。MITのある技術者は、1962年1月、同僚にこう頼んだ。「あいつを大量に買ってきてくれないか。本物かどうかを確かめたい」[4]

フェアチャイルドは、実績のない30歳前後の技術者たちが経営する真新しい会社だったが、同社のつくるチップは信頼性が高く、納期どおりに納品された。1962年11月を迎えるころには、MIT器械工学研究所を率いる著名な技術者、チャールズ・スターク・ドレイパーは、アポロ計画でフェアチャイルド製のチップに賭けてみようと腹をくくっていた。

計算によれば、ノイスの集積回路を使ったコンピュータは、個別のトランジスタを使ったコンピュータと比べ、サイズや重量が3分の1ほど少なく、[5] おまけに消費電力も抑えられた。

最終的にアポロ11号を月まで誘導したコンピュータは、重量30キログラムあまり、容積は1立方フィート〔実際の寸法は約61×32×17センチメートル〕程度しかなかった。これは、第二次世界大戦中、大砲の軌道を計算したペンシルベニア大学のENIACコンピュータの1000分の1にすぎない。

MITは、アポロ誘導コンピュータを自身の最大の功績のひとつとみなしたが、ノイスは内心、アポロのコンピュータを動かしていたのは自分のチップだと思っていた。1964年になると、彼はアポロ・コンピュータの集積回路が1900万時間で2回しか故障を起こしていない、と自慢げに語るようになっていた。しかも、うち1回は、コンピュータを運んでいるときの物理的な損傷が原因だった。

アポロ計画へのチップの販売は、フェアチャイルドをしがない新興企業《スタートアップ》から、1000人の従業員を抱える大企業へと成長させた。売上も1958年の50万ドルから、たった2年で2100万ドルへと急増することになる。[6]

ノイスは、ＮＡＳＡ向けの生産を増強する一方で、ほかの顧客たちへの価格を引き下げた。１９６１年12月に１２０ドルで販売されていた集積回路は、翌年10月には15ドルまで値引きされていた。[7]

ＮＡＳＡが宇宙飛行士たちを月まで誘導する集積回路に示した信頼は、ある種の貴重な太鼓判になった。フェアチャイルドのマイクロロジック・チップは、もはや実績のない新技術などではなくなっていた。宇宙というもっともミスの許されない苛酷な環境で使われたのが何よりの証拠だった。

テキサス・インスツルメンツ製のチップはアポロ計画では大きな役割を果たさなかったとはいえ、集積回路の成功はキルビーと同社にとって吉報だった。ダラスにある本社では、キルビーと社長のパトリック・ハガティが、自社の集積回路を購入してくれる大口顧客を探していた。ノースダコタ州の小さな町で、鉄道の電信技師をしていた父のもとに生まれたハガティは、電気工学を学んだのち、第二次世界大戦中はアメリカ海軍向けの電子機器の開発に取り組んだ。１９５１年にテキサス・インスツルメンツにやってきてからは、軍への電子システムの販売に力を注いでいた。[8]

ハガティは、キルビーの発明した集積回路が、いずれ米軍の電子機器すべてに組み込まれるようになるだろう、と直感的に悟った。[9] 彼は聴衆の心をわしづかみにする雄弁家だった。テキサス・インスツルメンツの従業員たちの前で、電子機器の未来について説いたときの彼について、ある元従業員はこう振り返る。「山頂から説法をする救世主のようだった。まるですべてを予言する力を持っているように見えた」[10]

初めは分割したベルリンの支配をめぐって、次にキューバ・ミサイル危機をめぐって、米ソが核問題に揺れていた1960年代、ハガティにとって国防総省《ペンタゴン》以上の優良顧客はいなかった。

キルビーが集積回路を発明してからわずか数カ月後、彼がキルビーの発明について国防総省の職員に報告を行なうと、翌年、アメリカ空軍航空電子工学研究所から、テキサス・インスツルメンツの半導体研究の支援を約束された。続けて、軍用機器開発の小さな契約もいくつか舞い込んできた。しかし、ハガティが狙っていたのは、もっと大きな魚だった。

1962年秋、空軍は、核弾頭を宇宙空間へと発射してからソ連を攻撃するミニットマンⅡミサイルの新たな誘導コンピュータを模索し始めた[11]。ミニットマンⅠは運用開始されて間もなかったが、あまりの重量により、アメリカ西部に点在する発射場からモスクワを攻撃するのが精一杯だった。ミニットマンⅠ搭載の誘導コンピュータは、個別のトランジスタを用いた巨大な代物で、パンチカードのような穴の開いたポリエステル・テープを使って誘導コンピュータに標的設定のプログラムを入力する仕組みになっていた[12]。

ハガティは、キルビーの集積回路を使ったコンピュータなら半分の重量で2倍の量の計算が実行できる、と空軍に約束した。彼が思い描いていたのは、22種類の集積回路を使ったコンピュータだった。彼の想像では、そのコンピュータの機能の95%は、シリコンに刻まれた合計重量60グラムほどの集積回路で実行できた。残り5%のコンピュータ・ハードウェアは、テキサス・インスツルメンツの技術者たちにはまだチップに搭載する方法が見えておらず、重量16キログラムにおよんだ。

このコンピュータを設計した技術者のひとり、ボブ・ニースは、集積回路を使うという決定についてこう説明した。「すべては大きさと重量の問題だった。実質的には、選択の余地はあまりなかった」[13]

ミニットマンⅡの契約を勝ち取ったことで、テキサス・インスツルメンツの半導体事業は激変した。それまで、同社の集積回路の販売はダース単位だったが、米ソのいわゆる〝ミサイル・ギャップ〟に対する不安を追い風に、数千、数万単位へと成長していった。

それから1年足らずで、同社の空軍への出荷額は、それまでの半導体売上額全体の6割を占めるようになっていた。そして、1964年末までに、同社はミニットマン計画に10万個の集積回路を供給していた。1965年には、その年に販売された集積回路の2割がミニットマン計画へと流れた。[14]

軍に半導体を売りつける、というハガティの一世一代の賭けは、結果的に実を結んだのだ。残る問題はただひとつ――テキサス・インスツルメンツは集積回路を量産できるのか？

# 第5章 半導体を量産せよ

出社初日、ジェイ・ラスロップは、テキサス・インスツルメンツの駐車場へと車を入れた。[1] その日は1958年9月1日。同社の研究所にこもって試行錯誤していたジャック・キルビーの運命的な夏が、ちょうど終わりを迎えようとしているころだった。

ラスロップは、ロバート・ノイスと同時期に通学していたマサチューセッツ工科大学（MIT）を卒業後、アメリカ政府の研究所で働き、81ミリ迫撃砲《はくげきほう》が標的の真上で自動的に爆発できるようにする近接《きんせつ》信管《しんかん》の開発に携わった。フェアチャイルドの技術者たちと同様、彼もまた微細化の難しいメサ型トランジスタと格闘していた。

既存の製造工程では、半導体材料の特定部分に特殊な形状のワックスの小滴を垂らしてから、特殊な化学薬品を使って、ワックスに覆われていない部分を洗い流すことになる。トランジスタを微細化するには、より小さなワックスの小滴が必要だったが、そうした小滴を正確な形状に保つのは至難の業《わざ》だった。

しかし、ラスロップと、助手で化学者のジェームズ・ノールは、トランジスタを顕微鏡で眺めているうちにあるアイデアをひらめいた。顕微鏡のレンズを使うと、小さなモノが大きく見える。逆に、顕微鏡を上下逆さまにすれば、レンズの効果で大きなモノが小さく見える。なら、レンズを使って大きなパターンをゲルマニウム上に〝プリント〟し、ゲルマニウム結晶上にメサ型トランジスタの縮小版をつくれないか？　折しも、カメラ会社のイーストマン・コダックは、感光すると反応する「フォトレジスト」と呼ばれる化学薬品を販売していた。

ラスロップは、ゲルマニウム結晶を、感光すると消えるコダック製のフォトレジストで覆った。次に、顕微鏡をひっくり返して、光が長方形の領域だけを通過するように、レンズを特定のパターンで覆った。光がそのパターンに入ると、レンズを通して長方形の形に照射され、上下逆さまの顕微鏡の効果で大きさが縮小した。フォトレジストで覆われたゲルマニウムの上に集束した光線は、長方形のパターンの完璧な縮小版をつくり出した。

光がフォトレジストの膜に当たった部分は、その化学構造が変化し、フォトレジストが洗い流せる状態になる。そして、フォトレジストを洗い流すと、ワックスの小滴では不可能なくらい小さく、完璧な形状をした長方形の穴が残るのだ。すると彼は、非常に薄いアルミニウム膜を追加して、ゲルマニウムを外部電源と接続すれば、〝配線〟自体をプリントすることもできる、とすぐに気づいた。

ラスロップは、この工程を「フォトリソグラフィ」と名づけた。要するに、光を使ったプリント技術である。こうして、彼は高さ0・01ミリメートル、直径わずか2・5ミリメートルほどという、それまででは考えられないくらい微細なトランジスタを製造することに成功した。フォトリソグラフィは、微細なトランジスタを量産する可能性を切り開いたのだ。

1957年、彼はこの手法に関する特許を申請する。陸軍はこの研究の功績を称え、楽隊の演奏をバックに、彼に勲章と2万5000ドルの報奨金を授与した。彼はそのお金で家族のために「ナッシュ・ランブラー」ステーション・ワゴンを購入したそうだ。

パトリック・ハガティとキルビーは、ラスロップのフォトリソグラフィ工程に、陸軍の授与した2万5000ドルの報奨金とは比べ物にならないほどの価値があることを一瞬で悟った。ミニットマンⅡミサイル計画には、何千個という集積回路が必要だった。アポロ宇宙船なら数万個だ。ふたりは、光線とフォトレジストを使えば、半導体製造を機械化および微細化し、量産の問題を一挙に解決できると気づいた。それは手作業によるはんだづけではとうてい叶わないことだった。

しかし、ラスロップの発明したリソグラフィをテキサス・インスツルメンツに取り入れるには、新しい材料、新しい工程が不可欠だった。コダック製のフォトレジストは、半導体を量産するには純度が不十分だったので、同社は独自に遠心分離機を購入し、コダック製の化学薬品を処理し直した。

さらに、ラスロップは、列車に乗って全国での「マスク」探しの旅を始める。マスクとは、フォトレジストを塗布《とふ》した半導体材料の基板へと精密な光のパターンを照射し、回路を焼きつけるのに使われる透明な板のことだ。結局、既存のマスク・メーカーでは精度が不十分だと結論づけられたため、テキサス・インスツルメンツはマスク自体も自社で製造することを決めた。

さらに、キルビーの集積回路に必要なシリコン基板は、どの会社が販売しているものよりも超高純度でなければならなかったので、同社はシリコン・ウェハーも自社で製造し始めた。

量産は、すべてが標準化されてこそ成り立つ。ゼネラルモーターズが、組立ラインから出てくるシボレーの全車に同一部品を多く組み込んだことは有名だ。

しかし、半導体に関していうと、テキサス・インスツルメンツのような企業には、集積回路の全部品が同一なのかどうかを確かめる手立てがなかった。当時の化学薬品には検査しようのない不純物が含まれていたし、気温や気圧の変化は思いがけない化学反応を引き起こした。また、光を通過させるマスクは、埃《ほこり》の粒子で汚染される可能性があった。たったひとつの不純物が、生産工程全体を台無しにしかねない。唯一の改善方法といえば、試行錯誤しかなかった。

そこで、テキサス・インスツルメンツは、何千回という実験を繰り返し、さまざまな気温、化学薬品の組み合わせ、生産工程が及ぼす影響を評価していった。同社の廊下には、毎週土曜、技術者たちの実験の様子を確かめるキルビーの姿があったという。[2]

テキサス・インスツルメンツの生産技術者のメアリー・アン・ポッターは、何カ月と夜通しのテストを続けた。[3] 彼女はテキサス工科大学で物理学の学位を取得した初の女性として、同社に入社し、ミニットマン・ミサイル向けのチップ増産に取り組んだ。

実験が計画どおりに進むよう、午後11時から午前8時まで夜勤につくことも多かった。彼女は何日も実験を繰り返してデータを集めると、それを回帰分析にかけた。計算尺を使って累乗や平方根を計算し、結果をグラフ化して、解釈していった――それも、すべて手作業で。

それは、ひたすら人間の〝計算者《コンピュータ》〟に頼って数値を処理していく、手間暇のかかるきつい作業だった。それでも、試行錯誤だけがテキサス・インスツルメンツに残された唯一の道だったのだ。

一方、ラスロップと同じ1958年にテキサス・インスツルメンツへとやってきたモリス・チャンは、トランジスタの製造ラインの管理を任された。[4] 彼が進軍してくる共産党軍から逃れるために上海を離れ、初めに香港、次にボストンへと移り、ハーバード大学に進学したのは、その10年近く前のことだ。

当時、中国人の新入生は彼ひとりだったという。ところが、シェイクスピアを1年間学んだころ、ふと将来に不安を覚え始めた。「中国系アメリカ人の洗濯屋、中国系アメリカ人の料理店員はいた」と彼は回顧する。「だが、1950年代初頭、中国系アメリカ人が目指せる中産階級のまともな職業といえば、技術屋くらいのものだった」。機械工学のほうが英文学よりは無難そうだと感じた彼は、MITに編入する。

卒業後、チャンはボストン郊外に工場を持つ大手電機メーカー、シルバニアに入社する。彼の仕事は、同社の〝歩留《ぶど》まり〟、つまり実際に機能する良品のトランジスタの割合を向上させることだった。昼は同社の生産工程の改善に勤しみ、夜は初期の半導体電子工学のバイブルであるウィリアム・ショックレーの著書『半導体物理学』〔原題は*Electrons and Holes in Semiconductors*で、直訳すると「半導体における電子と正孔」〕を読みあさる日々。

シルバニアに3年勤めたあと、彼はテキサス・インスツルメンツから求人のオファーを受け取り、テキサス州ダラスへと移った。彼の言葉を借りるなら、「カウボーイと95セント・ステーキの地」だ。そこで、彼はIBMコンピュータに使われるトランジスタの生産ラインの管理を任された。

当時、その種のトランジスタは非常に信頼性が低く、テキサス・インスツルメンツの歩留まりはほとんどゼロに近かったという。ほぼすべてのトランジスタに、回路のショートや異常を引き起こす欠陥が含まれていた。そういう不良品は廃棄するしかなかった。[5]

ブリッジの達人だったチャンは、その大好きなトランプ・ゲームと同じくらい、筋道を立てて製造の問題に挑んだ。テキサス・インスツルメンツに入社するやいなや、彼はさまざまな化学薬品を組み合わせる温度や圧力を体系的に変化させ、最適な組み合わせを判断していった。

彼がデータに直感を働かせていく様子に、同僚たちは感心するとともに、恐れ入るばかりだった。「彼と仕事をするときは、一時として気が抜けない」と同僚のひとりは振り返る。「彼は椅子に座ってパイプをふかし、煙の奥からこちらを見つめてくる」。部下たちはそんな彼のことを「まるでブッダのようだと感じていた。しかし、タバコの煙の向こうには、比類なき頭脳があった。

「固体物理学について熟知していた彼は、誰にでも威張り散らしていた」とある同僚は振り返る。彼は厳しい上司で有名だった。「モリスは部下いじめで悪名が高かった」とある部下は言う。「モリスに怒鳴られた経験がないなら、それはテキサス・インスツルメンツにいなかったということだ[6]」

とはいえ、チャンの手法は実を結んだ。数カ月足らずで、彼が監督するトランジスタの生産ラインの歩留まりは25%まで跳ね上がった。[7] すると、アメリカ最大のテクノロジー企業、IBMの経営幹部たちが、彼の手法について学ぶため、ダラスにやってきた。[8] すぐさま、彼はテキサス・インスツルメンツの集積回路事業全体を監督することになる。

チャンと同じく、ノイスとゴードン・ムーアもまた、量産の問題さえ解決できれば、半導体産業の成長に限界などないと考えた。そんなとき、ノイスは、大学院時代にニューハンプシャーの山々をよく一緒にハイキングしたMITの級友ラスロップが、トランジスタの製造に革命を巻き起こす手法を発見したと知る。そこで、フェアチャイルドでフォトリソグラフィを進化させるため、すぐにラスロップの研究仲間である化学者のノールを雇った。「フォトリソグラフィを成功させないかぎり、会社の存続はない」とノイスは結論づけた。[9]

フェアチャイルドの製造工程の改善は、アンディ・グローブのような生産技術者たちの手に託された。1956年にハンガリーの共産主義政府から逃れ、難民としてニューヨークに到着した彼は、必死の努力の末にカリフォルニア大学バークレー校の博士課程へと進んだ。

その後、1962年に、フェアチャイルドの面接に応募したのだが、日を改めるよう言われたという。「ほかの企業との面接をすべて終えてから、弊社の面接に応募していただければ幸いです」と不採用通知には書かれていた。彼はフェアチャイルドの不採用通知を見て、「何様のつもりだろうと思った」と話す。それはその後のシリコンバレーを特徴づける傲慢さの初期の表われだった。

しかし、フェアチャイルドの半導体需要が高まるにつれ、同社で化学技術者のニーズが急増した。同社のある経営幹部は、カリフォルニア大学バークレー校に電話をかけ、化学部の一流の学生たちのリストを見せてほしいと頼んだ。そのリストの一番上に名前があったのがグローブで、さっそくムーアとの面接のためにパロアルトへと呼ばれた。「一目惚れだった」とグローブは振り返る。[10] こうして、1963年、彼は同社に雇われ、ノイスやムーアとともに、残りの人生を半導体産業の構築に費やすことになる。

ショックレー、バーディーン、ブラッテンは、トランジスタの発明でノーベル賞を受賞した。キルビーは、のちに世界初の集積回路を発明した功績でノーベル賞を受賞することになる。62歳で死んでいなければ、ノイスもまた、キルビーとノーベル賞を分け合っていたことだろう。

確かに、こうした発明は重要だったが、科学だけでは、半導体産業を築くのには足りなかった。半導体の普及には、学問としての物理学と同じくらい、巧妙な製造技術も一役買ったといえる。

ＭＩＴやスタンフォード大学のような大学は、半導体に関する知識の発展に不可欠な役割を果たしたが、半導体産業が花開いたのは、こうした教育機関の卒業生たちが、何年もかけて生産工程を改良し、半導体の量産を可能にしたからこそなのだ。科学理論だけでなく、実際のモノづくりや直感もまた、ベル研究所の特許を、世界を変える一大産業へと変えるきっかけになったのだ。

当時の最高の理論物理学者のひとりとして広く認められたショックレーは、結局、金持ちになって『ウォール・ストリート・ジャーナル』紙に名前を載せるという夢をあきらめた。確かに、トランジスタを理論化するうえでの彼の貢献は多大なものだった。しかし、ショックレーの発明したトランジスタを半導体という実用的な製品に変え、米軍に販売すると同時に、量産の方法を学んでいったのは、彼の会社を辞めた8人の若き反逆者たちと、テキサス・インスツルメンツの技術者たちだった。

こうして、量産の能力を身につけたフェアチャイルドとテキサス・インスツルメンツは、新たな課題を携えて１９６０年代中盤を迎えた。それは、半導体を大衆市場向けの製品に変えることだ。

第6章

# 民間市場は存在するか

アポロ宇宙船とミニットマンⅡミサイルを誘導したコンピュータは、アメリカの集積回路産業にとって最初の推進力となった。1960年代中盤になると、米軍は人工衛星からソナー、魚雷、遠隔測定システムまで、あらゆるタイプの兵器に半導体を導入していた。[1] ロバート・ノイスは、軍事・宇宙計画がフェアチャイルドの初期の成功に不可欠だと気づいており、1965年には、軍事と宇宙のふたつの用途が「その年に生産される回路の95%以上を占める」ことを認めた。[2]

しかし、彼が常に思い描いていたのは、自身の半導体を購入してくれるいっそう大きな民間市場だった。とはいえ、1960年代初頭にそんな市場が存在するわけがなく、なんとかして創出する必要があった。つまり、国防総省《ペンタゴン》ではなく自分自身がフェアチャイルドの研究開発の優先順位を定められるよう、軍と少し距離を置く必要があったのだ。

彼は研究開発予算の4％以上を国防総省に頼るまい、と決意し、軍との研究契約の大半を断った。「フェアチャイルドの活動を正しく評価するという仕事にふさわしい研究責任者は、世界中を見渡してもほとんどいない」とノイスは自信満々で説明した。「そして、十中八九、それは職業軍人ではない」[3]

ノイスは、大学院を卒業直後、巨大な防衛部門を持つ東海岸のラジオ・メーカー、フィルコで働いていたころ、政府が主導する研究開発活動を経験したことがあった。「研究の方向性は無能な人間たちによって決められていた」と彼は振り返り、軍に提出する進捗報告書の作成というムダな時間についての不満をぶちまけた。

しかし、百万長者の出資する開業資金を手に、フェアチャイルドの経営者となった今、彼はようやく軍を上司ではなく顧客として扱うだけの自由裁量を手に入れた。そこで、彼はフェアチャイルドの研究開発活動の大部分を、軍ではなく大衆市場向けの製品に向けることを選んだ。

ロケットや人工衛星に使われているチップのほとんどには、民間向けの用途もあるはずだ、と彼は考えた。実際、ゼニスの補聴器に使われた初の商業市場向けの集積回路は、もともとNASAの人工衛星のために設計されたものだ[4]。

最大の問題は、一般市民でも買えるチップをつくる、という部分だ。軍は太っ腹だったが、消費者は価格にうるさい。しかし、相変わらず魅力的だったのは、そんな冷戦時代の国防総省の膨れ上がった予算よりも、民間市場のほうが桁違いに巨大である、という点だった。「政府に研究開発を売り込むのは、ベンチャー・キャピタルをそのまんま預金口座に入れるようなものだ」とノイスは言った。「だが、ベンチャーとは読んで字のごとくだ。危険を冒さなければ、ベンチャーとはいえない」[5]

パロアルトのフェアチャイルドセミコンダクターの周囲には、航空機から弾薬、ラジオ、レーダーまで、国防総省に製品を供給する会社がたくさんあった。軍はフェアチャイルドからチップを購入していたが、国防総省は機敏な新興企業《スタートアップ》よりも、巨大なお役所的企業と取引するほうが快適だったのだろう。その結果、フェアチャイルドなどの半導体関連の新興企業がエレクトロニクス産業に巻き起こしている変革のスピードを、正当に評価しきれていなかったのだ。

1950年代終盤の国防総省の評価を見てみると、大手ラジオ会社のRCAについて「もっとも大胆な超微細化計画が進行中」と絶賛する一方、フェアチャイルドについては、同社の先進的な集積回路プログラムに携わっているのは2名の科学者だけだ、と一蹴している。

すぐ近くのパロアルトに研究施設を持つ軍需企業のロッキード・エアクラフト・コーポレーション（現ロッキード・マーチン）には、国防総省の報告によれば、マイクロシステム電子工学部門に50名超の科学者が所属していた。まるで、ロッキードのほうがはるかに先を行っている、と言わんばかりだ。[6]

しかし、ゴードン・ムーアの指揮のもと、新たな技術を開発するのみならず、新たな民間市場まで切り開いたのは、実際にはフェアチャイルドの研究開発チームのほうだった。1965年、『エレクトロニクス』誌から、集積回路の未来についての短い論文の執筆を依頼されたムーアは、少なくとも今後10年間、1枚のシリコン・チップ上に搭載可能な部品の数は年間2倍ずつになっていくだろう、と予測した。

この予測が正しいとすれば、1975年までに、集積回路あたり6万5000個の微細なトランジスタが刻み込まれることになる。そうなれば、計算能力が増大するのは当然のこと、トランジスタの単価も低下していくだろう。そして、単価が下がれば、利用者の数は増えるはずだ。この計算能力の指数関数的な成長予測は、たちまち「ムーアの法則」として知られることになる。[7] それは20世紀最大の技術的予測だった。

もしチップ1枚あたりの計算能力が指数関数的に成長し続ければ、集積回路はロケットやレーダーよりはるかに大きな革命を社会にもたらすことになる、とムーアは気づいた。1965年の時点では、その年に生産された集積回路全体の72％が防衛費で購入されていた。しかし、軍が集積回路に求める機能は、ビジネスにも応用がきくものばかりだった。

「微細化と耐久性はよいビジネスになる」と、あるエレクトロニクス系の出版物は断言した。[8] 当時の軍需企業が、主に軍のシステムで使われている旧式の電子機器の代替品としてチップをとらえていたころ、フェアチャイルドのノイスとムーアは、すでにＰＣや携帯電話のある未来を夢見ていたのである。

1960年代初頭、当時のアメリカ国防長官のロバート・マクナマラが、国防費削減のために軍事調達の改革を行なうと、エレクトロニクス業界の一部の人々がいう「マクナマラ不況」が起きた。民間向けのチップを生産するというフェアチャイルドのビジョンは、まるでそんな未来を予見していたかのようだった。

同社は世界で初めて、民間の顧客向けに既製の集積回路をすべて取り揃えて販売した。また、民間の半導体市場が劇的に拡大すると見込んで、思い切った値下げも行なった。1960年代中盤、それまで20ドルで販売されていたフェアチャイルド製のチップが2ドルまで引き下げられた。それどころか、より多くの顧客に試してもらえるよう、製造原価未満で販売することもあった。[9]

値下げの甲斐あり、フェアチャイルドは民間部門で大口の契約を勝ち取り始めた。アメリカの年間のコンピュータ販売台数は、１９５７年の１０００台から、その10年後には１万８７００台まで増加。１９６０年代中盤になると、そうしたコンピュータの大半が集積回路を用いるようになった。

１９６６年、コンピュータ企業のバロースは、フェアチャイルドに２０００万枚のチップを発注する。これはアポロ計画で使用された量の20倍以上だ。１９６８年になると、コンピュータ業界のチップ購入量が軍と遜色なくなった。そのコンピュータ市場の８割がフェアチャイルド製のチップで占められた[10]。

ノイスの値下げ戦略は見事成功し、それから何十年とチップの販売を押し上げる民間コンピュータの新たな市場を切り開いた。ムーアは後年、ノイスの値下げ戦略はフェアチャイルドの集積回路の内部のテクノロジーと同じくらい大きなイノベーションだった、と絶賛した[11]。

１９６０年代終盤になると、10年間の開発の末、アポロはとうとうフェアチャイルド製の集積回路を搭載した誘導コンピュータを使って人類初の月面着陸を行なう準備が整った。カリフォルニア州サンタクララ・バレーの半導体技術者たちは、初期の重要な顧客をもたらした宇宙開発競争から多大な恩恵を受けたが、人類初の月面着陸のころには、防衛や宇宙開発関連の契約に頼ることはすっかり少なくなり、より俗世間的な関心に目を向けるようになっていた。

半導体市場は膨張を続け、フェアチャイルドの成功を呼び水に、一流の従業員たちがすでに１人、２人、３人と、競合する半導体メーカーに逃げ出していった。そして、ロケットではなく企業向けコンピュータに照準を合わせる新興企業へと、ベンチャー・キャピタル・マネーが続々と注ぎ込まれた。

ところが、フェアチャイルドはいまだに東海岸の百万長者が所有していた。給料はよかったが、その百万長者は株式を譲り渡すのは「忍び寄る社会主義」〔アイゼンハワー大統領が経済活動への連邦政府の積極的な介入を揶揄《やゆ》して使った言葉〕の一種だなどと言い、従業員に自社株購入権《ストック・オプション》を与えることを拒んだ。[12]

結局、フェアチャイルドの共同創設者のひとりであるノイスさえ、この会社にいて未来はあるのか、と思い悩むようになる。すると、たちまち全員が出口を探し始めた。その理由は明白だった。新たな科学的発見や新しい製造工程だけでなく、大儲けできるチャンスもまた、ムーアの法則を後押しする強力な原動力だったのだ。あるフェアチャイルドの従業員は、退職者アンケートにこう綴ったという。

「金・持ち・に・なり・たい[13]」

# 第II部

# 半導体産業の基軸になるアメリカ

# 第7章 ソ連版シリコンバレー

ロバート・ノイスがフェアチャイルドセミコンダクターで集積回路を発明してから数カ月後、思わぬ訪問客がパロアルトに姿を現わした。[1] 1959年秋、スプートニクが初めて地球を周回してから2年後、ソ連の半導体技術者のアナトリー・トルトコが、クロサーズ記念館というスタンフォード大学の寮に入居する。冷戦の対立はほぼピークを迎えていたが、両大国は交換留学制度の開始に同意していた。彼はソ連が選抜し、アメリカ国務省が承認した数少ない学生のひとりとして、1年間スタンフォード大学に在籍し、アメリカの一流科学者たちとともに、同国の最先端技術について学んだ。

それればかりか、自身の新興企業《スタートアップ》に見切りをつけてスタンフォード大学の教授の座に収まっていたウィリアム・ショックレーの講義に出席したこともあった。ある講義のあと、彼はそのノーベル賞受賞者の代表作『半導体物理学』を持参し、サインを求めた。すると、ショックレーは、「アナトールへ」とサインし、その本のロシア語版の著作権料がソ連から入ってこないのだが、とその若き科学者に愚痴をこぼした。

ソ連に科学技術で肉薄されているのではないか、という当時の不安を考えれば、アメリカがトルトコのようなソ連の科学者に、スタンフォード大学で半導体について学ぶことを認めたのは意外だった。それでも、あらゆる国のエレクトロニクス産業がますますシリコンバレーに傾斜しつつあることは事実だった。

イノベーションの標準やペースを完全に定めていたのはシリコンバレーだったので、残りの国々は、アメリカの敵国でさえも、黙ってあとを追うよりほかに選択肢はなかったのだ。

ソ連はショックレーに著作権料こそ支払っていなかったが、半導体の価値を悟り、刊行からわずか2年後にはショックレーの教科書をロシア語に翻訳した。早くも1956年には、アメリカのスパイたちがソ連製の半導体デバイスを入手し、その品質をテストし、その改善の様子を追跡するよう命じられていた。

1959年のCIAの報告書によれば、アメリカは生産されたトランジスタの質と量の点で、ソ連のわずか2年から4年先を走っているにすぎなかった。[2] おまけに、ソ連の初期の交換留学生のうちの少なくとも数人は、KGB〔ソ連の諜報機関〕のスパイであり（当時はその疑いにすぎなかったが、数十年後に確定)、交換留学制度とソ連の防衛産業の目標を結ぶ太い架け橋を担っていた。

国防総省《ペンタゴン》と同じく、ソ連政府《クレムリン》もまた、トランジスタや集積回路が製造、コンピューティング、軍事力を一変させると気づいた。1950年代終盤以降、ソ連は全国に新たな半導体工場を築き、一流の科学者たちを半導体産業の構築に当たらせた。

ユーリイ・オソキンのような野心的な若き技術者にとって、これほどワクワクする任務は考えにくかった。[3] 彼は黄海に面する都市、大連《だいれん》のソ連軍病院で働いていた父親のもと、幼少期の大部分を中国で過ごした。幼少のころから、地理や有名人の誕生日などをすぐに暗記してしまう百科事典並みの記憶力で異彩を放っていた彼は、学校を卒業すると、モスクワの一流学術機関に入り、半導体を専門とした。すぐさま、オソキンはリガ〔当時ソ連構成国のひとつだった現ラトビア共和国の首都〕の半導体工場に配属され、国内の一流大学の新卒生たちとともに、ソ連の宇宙計画や軍のために半導体デバイスをつくるよう命じられる。

彼が工場長から与えられた仕事は、同一のゲルマニウム結晶上に複数の部品を搭載した回路をつくることだった。当然、ソ連では前例がなかったが、彼は1962年に集積回路の試作品をつくった。オソキンらは、自分たちがソ連の科学の最先端にいることを知っていた。昼間は研究所で試行錯誤を繰り返し、夜になれば固体物理学の理論について議論を交わす日々だった。

ときどき、彼がギターを取り出して、同僚たちを歌へと誘うこともあった。彼らは若く、仕事に興奮していた。ソ連の科学は前途洋々で、彼がギターを置いて夜空を見上げると必ず、頭上を飛び回るソ連のスプートニク衛星が何機か肉眼で見えた。[4]

ソ連の最高指導者のニキータ・フルシチョフは、トウモロコシの生産から人工衛星の打ち上げまで、あらゆる分野でアメリカに勝つことを目標に掲げたが、彼自身は電子工学研究所よりも集団農場にいるほうが性《しょう》に合っていた。テクノロジーについては無知だったが、アメリカに「追いつき、追い越す」という考えに取り憑かれ、何度となく国民にそう約束した。

そんななか、ソ連国家無線電子工学委員会の第一副議長のアレクサンドル・ショーキンは、フルシチョフのアメリカへの対抗心を、マイクロエレクトロニクスへの投資を呼び寄せる道具に使えるのではないか、と気づく。

「ニキータ・セルゲーエヴィチ、想像してみてください」とショーキンはある日、そのソ連の最高指導者に言った。「テレビがタバコの箱くらいの大きさになるところを」[5]。それこそが、ソ連の半導体に秘められた潜在性だった。突然、アメリカに「追いつき、追い越す」ことが、れっきとした可能性のひとつに見えてきたのである。

そして何より、ソ連がアメリカに追いついたもうひとつの分野、つまり核兵器と同じく、ソ連にはとっておきの秘密兵器があった。そう、スパイ組織だ。

ジョエル・バーは、帝政ロシアの迫害を逃れてアメリカに移住したふたりのロシア系ユダヤ人の息子として、ブルックリンの貧しい家で育った。その後、ニューヨーク市立大学シティ・カレッジへの入学を勝ち取り、電気工学を学んだ。学生時代に共産主義グループに出会った彼は、いつしか彼らの資本主義批判や、ナチスに対抗できるのはソ連だけだという主張に、共鳴するようになっていった。

そんなとき、共産党の人脈を通じて紹介されたのが、同じ電気工学者であり、青年共産主義者同盟のメンバーであるアルフレッド・サラントだった。彼らは生涯協力して、共産主義運動を推し進めていくことになる[6]。

1930年代、バーとサラントは、冷戦時代の悪名高いスパイ、ジュリアス・ローゼンバーグ率いるスパイ組織へと取り込まれる。１９４０年代、ふたりはウェスタン・エレクトリックとスペリー・ジャイロスコープというアメリカのふたつの先進テクノロジー企業で、極秘のレーダーや軍事システムの開発に携わる。ローゼンバーグのスパイ組織のほかの面々とはちがって、ふたりは核兵器の秘密は握っていなかったが、新しい兵器システムの電子技術に関する深い知識を得ていた。

１９４０年代終盤、ＦＢＩがアメリカにおけるＫＧＢのスパイ網について解明を始めると、ローゼンバーグは裁判にかけられ、妻のエセルと並んで電気椅子での処刑を言い渡された。一方、サラントとバーは、土壇場でＦＢＩの逮捕を逃れ、最終的にソ連へと逃げ着いた。

バーとサラントはソ連に着くなり、ＫＧＢ当局者たちに、世界最先端のコンピュータをつくりたい、と申し出る。ふたりはコンピュータの専門家でこそなかったが、そもそもソ連にそう名乗れる者などひとりもいなかった。ふたりのスパイという地位は、それ自体が尊敬される肩書きであり、ふたりはその肩書きが醸し出すオーラを武器に、必要な資源を手に入れた。

１９５０年代終盤、ふたりは彼らにとって初となるコンピュータ「ＵＭ」（ロシア語で「知能」）の開発を始める。すると、ふたりの活動は、ソ連のエレクトロニクス産業を統括していたショーキンの耳に届くことになる。

ふたりはショーキンと手を組み、ソ連に独自の研究者、技術者、研究所、生産工場を備えた半導体製造専門の都市をまるまるつくるべきだ、とフルシチョフを説得した。つまり、サンフランシスコの南の半島にある町々がシリコンバレーと総称される以前から（この言葉が生まれたのは１９７１年だ）、ふたりはモスクワ郊外にソ連版シリコンバレーをつくることを夢見ていたわけだ。[7]

この新しい科学都市に資金を提供するようフルシチョフを説得するため、ショーキンはレニングラードにあるエレクトロニクス産業特別設計局へと彼を招いた。その仰々しく官僚的な名称（ソ連の人々はお世辞にもマーケティングが得意とはいえない）に身を隠していたのが、ソ連のエレクトロニクスの最先端を行く機関だった。その設計局はフルシチョフの訪問に備えて数週間前から準備を行ない、すべてが計画どおりに進むよう、前日にリハーサルを行なった。

1962年5月4日、とうとうフルシチョフがやってきた。[8] そのソ連の最高指導者を迎えるため、サラントは濃い眉毛や入念に手入れした口ひげの色に合うダーク・スーツをばっちりと着こなしていた。一方のバーはといえば、薄毛の頭に針金のような眼鏡をちょこんと乗せ、そわそわした様子でサラントの横にへばりついていた。

サラントを先頭に、ふたりの元スパイはフルシチョフにソ連のマイクロエレクトロニクスの成果を披露していった。フルシチョフは、耳に収まる小さなラジオを試し、彼の名前を印字できるシンプルなコンピュータをいじって遊んだ。半導体デバイスはもうじき宇宙船、工業、政府、航空機、さらには「核弾頭ミサイル防衛シールドの開発」にまで使われるようになるだろう、とサラントは自信満々でフルシチョフに告げた。続いて、ふたりは、中央に52階建ての超高層ビルがそびえる半導体製造専門の未来都市が描かれた画架へとフルシチョフを案内した。

フルシチョフは、壮大なプロジェクトの数々、特に後世まで自身の功績として語り継がれそうなプロジェクトに感銘を受け、ソ連に半導体都市を築くというアイデアを熱狂的に支持した。そして、ふたりと熱い抱擁を交わすと、全面的なサポートを約束したのである。それから数カ月後、ソ連政府はモスクワ郊外に半導体都市を築く計画を承認する。「マイクロエレクトロニクスとは、いわば機械の脳だ」とフルシチョフはソ連の指導者仲間たちに説明した。「われわれの未来はそこにある」[9]ソ連はすぐさま、ロシア語で「緑の町」を意味するゼレノグラードの都市開発に着手した。実際、そこは科学の楽園として設計された。

ショーキンはゼレノグラードを、研究所や生産工場だけでなく、学校、託児所、映画館、図書館、病院といった、半導体技術者に必要なあらゆる施設を取り揃えた完璧な科学都市にしたい、と考えた。中心部にはモスクワ国立電子技術学院という大学があり、そのレンガづくりの壁面は、イギリスやアメリカの大学キャンパスを見本にしてつくられた。外から見ると、そこはシリコンバレーと瓜二つに見えた――少しばかり、日照が悪いのを除けば。

# 第8章 コピー戦略

ニキータ・フルシチョフがゼレノグラード建設の全面的な支援を約束したのと同じころ、ペンシルベニアで1年間勉学に励んだボリス・マリンというソ連の学生が、手荷物のなかに小さな装置を忍ばせて帰国した。アメリカで販売されていたテキサス・インスツルメンツ製の最先端の集積回路、SN－51だ。

くぼんだ目をした黒髪で細身の男、マリンは、半導体デバイスに関するソ連有数の専門家だった。彼自身はスパイではなく科学者のつもりだったが、ソ連のマイクロエレクトロニクスを統括するアレクサンドル・ショーキンは、SN－51こそソ連が是が非でも手に入れなければならない装置だと考えていた。

彼は、マリンら技術者の一団を自身の執務室に招くと、そのチップを顕微鏡の下に置き、レンズをのぞき込んだ。「コピーしろ」と彼は技術者たちに命令した。「寸分たがわず、そっくりそのまま。3カ月間やる」[1]

外国の進歩をそっくりそのままコピーしろ、という提案に、ソ連の科学者たちは憤怒した。彼らの科学的知識は、アメリカの化学者や物理学者に引けを取っているわけではなかった。ソ連からアメリカに渡った交換留学生たちは、ウィリアム・ショックレーの講義に、モスクワで学べないような内容はこれといってなかった、と報告した。[2]

実際、ソ連には世界的な理論物理学者たちが何人もいた。2000年、ジャック・キルビーが集積回路を発明した功績でようやくノーベル物理学賞を受賞したときも（集積回路の共同発明者であるロバート・ノイスはすでに死亡）、1960年代に半導体デバイスが光を生み出すメカニズムについて基礎研究を行なったロシアの科学者、ジョレス・アルフョーロフとノーベル賞を分け合ったくらいだ。

1957年のスプートニクの打ち上げ、1961年のユーリイ・ガガーリンの人類初の有人宇宙飛行、1962年のオソキンの集積回路の製造。どれも、ソ連が科学大国になりつつあるという揺るぎない証拠だった。CIAでさえ、ソ連のマイクロエレクトロニクス産業が急速にアメリカに追いつきつつある、と考えていたほどだ。

ところが、ショーキンの「コピー」戦略には、根本的な欠陥があった。コピーするのは、核兵器の開発であれば有効だ。冷戦時代を通じて、米ソが開発した核兵器はせいぜい数万個程度だったからだ。しかし、アメリカでは、テキサス・インスツルメンツとフェアチャイルドがすでに半導体の量産方法を学んでいた。生産拡大の鍵を握るのは信頼性であり、それこそ、1960年代にモリス・チャンやアンディ・グローブのようなアメリカの半導体開発者が腐心してきた課題なのだ。

彼らはソ連の開発者たちとはちがい、先進的な光学機器、化学薬品、高純度材料、製造装置をつくるほかの企業の専門知識に頼ることができた。アメリカの企業が助けにならなくても、独自の先進産業を持つドイツ、フランス、イギリスを当てにできた。

ソ連は石炭や鉄こそ大量に生産していたが、先進的な製造ではほとんどの分野で後れを取っていた。[3]つまり、「量」の面では秀でていたが、半導体の量産にとって重要な「質」と「純度」の面では劣っていたことになる。

おまけに、西側諸国は、対共産圏輸出統制委員会（ココム）という組織を通じて、半導体部品を含めた多くの先進技術の共産主義諸国への移転を禁じていた。中立国であるオーストリアやスイスのダミー会社を通せば、ココムの規制をくぐり抜けられることも多かったが、この抜け道を大規模に使うのは難しい。

そのため、ソ連の半導体工場は、劣悪な装置や純度の低い材料を日常的に使わざるを得ず、結果として、機能するチップはアメリカよりはるかに少なかったのだ。

スパイ活動でできるのはせいぜいそこまでだった。ケーキを盗んでも焼き方まではわからないのと同じで、単純にチップを盗んだだけでは、つくり方まではわからない。半導体製造のレシピは、すでに複雑をきわめていた。

スタンフォード大学のショックレーのもとで学んだ交換留学生は、聡明な物理学者にはなれたかもしれないが、特定の化学薬品の加熱温度やフォトレジストの露光時間を知るのは、グローブやメアリー・アン・ポッターのような技術者だけだった。半導体製造工程のどのステップにも、特定の企業だけが隠し持つ専門知識が必要だった。

この種のノウハウは、書き残されることすら少ない。確かに、ソ連のスパイは、スパイ活動においては一流だったが、半導体の生産工程には、どんなに有能なスパイでさえ盗めない詳細な情報や知識が必要だった。

さらに、技術の最先端は、ムーアの法則が定めるスピードで刻々と変化していた。たとえ、ソ連が首尾よく設計をコピーし、必要な材料や装置を手に入れ、生産工程をそっくり再現したとしても、それには時間がかかる。

テキサス・インスツルメンツやフェアチャイルドは、より多くのトランジスタを用いた新たな設計を、毎年のように生み出していた。1960年代中盤には、最初期の集積回路などすっかり過去の遺物と化していた。あまりに巨大で、電力を食うので、ほとんど使い物にならなかったのだ。

ほかの大半の種類の技術と比べて、半導体技術は猛烈なスピードで進化していた。トランジスタのサイズとエネルギー消費は減小する一方、シリコンに詰め込める単位面積あたりの計算能力はおよそ2年ごとに2倍になっていた。これほど急速に進化する技術など、ほかになかった。半導体部門以上に、昨年の設計を盗むことがこれほど戦略として絶望的な分野はなかったといっていい。

ところが、ソ連指導部は、「コピー」戦略が後退への道だと理解していなかった。ソ連の半導体部門は、全体がまるで軍需企業のように機能していた。秘密主義で、トップダウン。軍事システムを重視し、創造力を発揮する余地はほとんどなく、注文に応《こた》えるだけ。

コピーするプロセスは、ショーキンによって「厳しく管理」されていた、と部下のひとりは振り返る。コピーするという行為は、ソ連の半導体産業のお家芸だった。実際、ソ連国内ではメートル法が使われていたにもかかわらず、一部の半導体製造装置では、アメリカの設計をより正確に模倣できるよう、単位にセンチメートルではなくインチが使われていたという。[4]

しかし、「コピー」戦略のせいで、ソ連はトランジスタ技術でアメリカの数年後ろからスタートすることを運命づけられ、そしてついに追いつくことはなかった。

確かに、ゼレノグラードは、日光が少ないことを除けばシリコンバレーそっくりだったかもしれない。国内の一流の科学者と、盗み出した秘密もあった。それでも、両国の半導体システムには雲泥の差があった。

シリコンバレーの新興企業《スタートアップ》の創設者たちが仕事を渡り歩き、工場のフロアで実務経験を積んでいたころ、ショーキンはモスクワにある大臣用のデスクから采配を振るばかりだった。

一方、ユーリイ・オソキンは、リガで日の目を見ない暮らしを送っていた。同僚たちからは高い尊敬を集めていたが、機密情報取扱許可《セキュリティ・クリアランス》を持たない人と自分の発明について話すのを禁じられていた。[5]オソキンのようになりたくて電気工学の学位の取得を目指すソ連の若い学生などいなかった。誰も彼の存在を知らなかったからだ。出世に必要なのは、新しい製品を発明したり、新しい市場を見つけたりすることではなく、世渡り上手な官僚になることだった。ソ連において、民間製品とは常に、軍需生産に圧倒的な力を注ぐなかでくっついてくる、おまけにすぎなかったのだ。

一方、「コピーしろ」というメンタリティは、奇《く》しくも、アメリカがソ連の半導体のイノベーションの道筋を決めることを意味した。その結果、ソ連でもっとも機密性が高く、秘密主義的な産業のひとつは、シリコンバレーのお粗末な前哨基地のような働きをするようになった。ゼレノグラードもまた、アメリカの半導体メーカーを中心とするグローバル化したネットワークのなかのひとつの結び目にすぎなかった。

第9章

# 日本の経済復興

1962年11月、日本の池田勇人《はやと》首相は、豪華絢爛《けんらん》なエリゼ宮殿でフランスのシャルル・ド・ゴール大統領と会談した際、小さな贈り物を持参した。ソニー製のトランジスタ・ラジオだ。形式や儀礼、伝統を重んじる軍人のド・ゴールは、自分自身をフランスの「偉大さ」の化身とみなしていた。対照的に、日本の有権者を純粋な物質主義者だと見ていた池田は、10年間で所得を倍増すると約束した。日本はただの「経済大国」にすぎない、とド・ゴールは言い放ち、会談のあと、池田はまるで「トランジスタのセールスマン」みたいだった、と側近に愚痴をこぼした。[1] しかし、全世界が日本に羨望《せんぼう》の眼差しを向ける日はそう遠くなかった。その後、半導体のセールスに成功した日本は、ド・ゴールの想像をはるかに超えるほど裕福で強力な国になっていく。

集積回路は電子部品を革新的な方法で結びつけただけでなく、アメリカを中心とするネットワークのなかに、多くの国々を結びつけた。ソ連はシリコンバレーの製品をコピーすることで、図らずもそのネットワークの一部となった。対照的に、日本は、自国のビジネス界の大物とアメリカ政府の支援を受け、あえてアメリカの半導体産業へと溶け込んでいった。

第二次世界大戦が終結すると、一部のアメリカ人は、残酷な戦争を始めた罰として、日本からハイテク産業をむしり取ろうと考えた。しかし、日本の降伏から数年足らずで、アメリカ政府の国防当局者たちは、「弱い日本よりも強い日本のほうがリスクは少ない」という政策を正式に採用する。[2]日本の核物理学研究をつぶそうとする一時的な努力を除けば、アメリカ政府はおおむね科学技術大国としての日本の再生を支えたといっていい。[3]

最大の難問は、日本をアメリカ中心の体制へとつなぎとめたまま、日本の経済復興を支援するという点にあった。日本をトランジスタのセールスマンにするというのは、アメリカの冷戦戦略の肝だった。

最初、トランジスタ発明の知らせは、占領下の日本を統括する米軍当局を通じて日本にもたらされた。東京の電気試験所〔現・産業技術総合研究所〕に所属する日本の一流科学者たちのなかに、新進気鋭の物理学者、菊池誠がいた。ある日、上司が彼を執務室に呼び、面白い知らせを打ち明ける。[4]アメリカの科学者たちがある結晶に2本の金属針を接触させ、電流を増幅させることに成功したというのだ。彼は驚異的な装置が発見された、と一瞬で悟った。

焼け野原と化した東京では、世界の一流物理学者たちからの孤立を感じても、なんら不思議はなかった。しかし、東京にあるアメリカの占領軍本部は、ジョン・バーディーン、ブラッテン、ウィリアム・ショックレーの論文が発表された『ベル・システム・テクニカル・ジャーナル』『ジャーナル・オブ・

アプライド・フィジクス』『フィジカル・レビュー』といった学術誌を、日本の科学者たちが読めるよう取り計らった。
本来であれば、戦後日本でこうした学術誌を手に入れるのは不可能だった。「目次をめくっていて、〝半導体〟とか〝トランジスタ〟という単語を見かけるたび、胸が高鳴りだした」と菊池は語る。[5]
それから数年後の1953年、アメリカの科学者たちが国際純粋・応用物理学連合の会合で蒸し暑い9月の東京を訪れたとき、菊池はバーディーンに会った。バーディーンはまるで有名人のような扱いを受け、写真をせがむ人々の数に驚いた。「人生であんなに多くのフラッシュを浴びたことはないよ」と彼は妻に宛ててしたためたほどだ。[6]
バーディーンが東京に降り立ったのと同じ年、ニューヨークに向けて羽田空港を発《た》ったのが盛田昭夫だった。日本の由緒ある造り酒屋の15代目の跡継ぎだった彼は、生まれたころから当然家業を継ぐものとして育てられた。父は息子に酒屋の第15代当主になってほしかったが、幼少期からの機械いじりへの愛情と物理学の学士号が、彼を別の道へといざなった。戦時中、彼はこの物理学の専門知識のおかげで、前線ではなく研究所に配属され、命拾いをしたともいえる。
盛田の物理学の学位は、戦後の日本においても役立った。1946年5月、いまだ荒廃したままの日本で、彼は元同僚の井深大《いぶかまさる》と一緒に電機メーカーを創業する。その会社はすぐに、ラテン語のsonus（音）と英語のsonny（坊や）にちなんで、ソニー（Sony）と名づけられる。
最初の製品である電気炊飯器は不発に終わったが、テープ・レコーダーは品質がよく、なかなかの売れ行きだった。1948年、彼はベル研究所の新たなトランジスタについて読み知るなり、即座にその潜在性を感じ取った。「奇跡」に思えた、と彼はその革命的な消費者向け装置について振り返った。[7]

1953年にアメリカへと降り立った盛田は、その国の途方もない広さや未開拓の土地の多さ、そして貧困にあえぐ戦後日本とは比較にならないほどの消費者の豊かさにショックを受ける。この国に足りないものなど何ひとつないような気がする、と彼は思った。[8] ニューヨークで彼と会ったAT&Tの幹部たちは、トランジスタ製造のライセンスを供与することに合意したが、これでつくれるのはせいぜい補聴器くらいのものだろう、と彼に告げた。

しかし、盛田は、シャルル・ド・ゴールが理解していないことを理解していた。電子機器にこそ世界経済の未来がある。そして、近い将来、シリコン・チップに埋め込まれるトランジスタは、想像を超える新たな装置を実現するだろう。小型で電力消費の少ないトランジスタは、まちがいなく家電製品に革命を巻き起こす、と彼は悟った。

こうして、彼と井深は、そうした家電を日本の顧客だけでなく、世界一豊かな消費者市場であるアメリカにも販売することに、社運を託すと誓ったのである。

日本政府はハイテク産業の支援を示唆し、盛田がベル研究所を訪れたのと同じ年には、日本の皇太子がアメリカの無線研究所を訪問した。日本の強力な通商産業省〔現・経済産業省〕もまた、国内の電機メーカーを支援しようとしたが、通商産業省の影響は善悪どちらとも言いがたいものだった。

あるとき、ソニーがベル研究所からトランジスタのライセンスを取得するための申請を出したのだが、官僚たちのせいで数カ月遅れるはめになった。通商産業省の承諾なしで外国企業と契約を結ぶなんて「思い上がりにもほどがある」というのがその理由だった。[9]

ソニーは日本の安い人件費から恩恵を受けたが、同社のビジネスモデルの核は結局のところイノベーション、製品設計、マーケティングにあった。盛田の「ライセンス」戦略は、ソ連のショーキンの「コピー」戦術とは似ても似つかなかった。

多くの日本企業は、容赦ない製造効率で有名だった。ソニーは、新たな市場を見つけ、シリコンバレーの最新の電気回路技術を活かした驚異的な製品でその市場を狙い撃ちすることで、他を圧倒した。「大衆にほしい製品をたずねるのではなく、こちらから新製品を提案して大衆を引っ張る、というのがわれわれのやり方だ」と盛田は述べた。「大衆は何が可能なのかを知らない。だが、われわれは知っている」[10]

ソニー初のヒット商品は、池田首相がド・ゴールに贈ったようなトランジスタ・ラジオだった。実はその数年前、テキサス・インスツルメンツがトランジスタ・ラジオを売り出そうとしたことがあった。必要な技術はすべて揃っていたのだが、価格設定とマーケティングに失敗し、早々と店じまいをするはめになっていた。[11]盛田はその空隙《くうげき》を突き、たちまち何万台ものトランジスタ・ラジオを量産しはじめる。

それでも、フェアチャイルドなどのアメリカの半導体メーカーは、企業向けのメインフレーム・コンピュータ関連事業をはじめとして、最先端の半導体生産を独占し続けた。1960年代を通じて、日本企業は知的財産（IP）に関する巨額のライセンス料を支払っており、半導体の全売上の4・5%をフェアチャイルド、3・5%をテキサス・インスツルメンツ、2%をウェスタン・エレクトリックに支払っていた。[12]日本企業が何年も遅れていると思っていたアメリカの半導体メーカーは、喜んで自社の技術を移転し続けた。

しかし、ソニーの専門知識は、半導体設計ではなく、むしろ消費者向けの製品を考案し、消費者のニーズに合わせて電子機器をカスタマイズすることのほうにあった。

電卓もまた、日本企業が変革した消費者向け装置のひとつだ。実は１９６７年に、テキサス・インスツルメンツ会長のパトリック・ハガティが、半導体で動く携帯型電卓の開発をジャック・キルビーに依頼していたのだが、同社のマーケティング部門が、安価な携帯型電卓の市場はない、と考えたため、開発プロジェクトが滞っていた。

そうは考えなかったのが、日本のシャープだった。シャープはカリフォルニア製のチップを使い、誰もが想像しないほどシンプルで低価格な電卓を開発した。このシャープの成功が運命の分かれ道となり、１９７０年代につくられる電卓の大半が日本製となった。

テキサス・インスツルメンツがもっと早くオリジナルブランドの電卓を売り出す方法を見つけ出していたら、同社は「ソニーのような家電メーカーになれただろう」とハガティは嘆いた。[13] しかし、ソニーの製品イノベーションやマーケティングの専門知識を再現するのは、アメリカの半導体の専門知識を再現するのと同じくらい難しかった。

この半導体をめぐる日米の持ちつ持たれつの関係は、絶妙なバランスで成り立っていた。両国とも供給と顧客を相手の国に頼っていたのだ。

１９６４年を迎えるころには、日本は個別のトランジスタの生産でアメリカを上回っていたが、アメリカ企業は最先端のチップを生産していた。アメリカ企業は最高のコンピュータをつくっていたが、ソニーやシャープのような電機メーカーは半導体の消費を押し上げる消費者向け製品をつくっていた。

こうして、半導体と半導体ベースの製品からなる日本の電子機器の輸出額は、１９６５年の６億ドルからおよそ20年後には600億ドルまで激増したのである。[14]

この日米の相互依存の関係は、常に順風満帆というわけではなかった。1959年には、電子工業会が、日本の輸入品が「国家安全保障」や業界の利益を損なうことのないよう、アメリカ政府に支援を求めた。[15] しかし、日本のエレクトロニクス産業を発展させるというのは、アメリカの冷戦戦略の一環だったこともあり、1960年代、アメリカ政府がこの問題で日本政府に大きな圧力をかけることはなかった。

アメリカ企業の肩を持っていてもおかしくない『エレクトロニクス』誌のような業界誌までもが、「日本はアメリカの太平洋政策の要石《かなめいし》である。日本が西半球やヨーロッパと健全な通商関係を築けなければ、〔共産中国やソ連などの〕ほかの場所に経済的な自活の手段を求めることになるだろう」と指摘するほどだった。[16] 日本に先進技術を獲得させ、最先端の企業を築かせることが、アメリカの戦略にはどうしても不可欠だったのだ。

「歴史を持つ国民が、トランジスタ・ラジオをつくるだけで満足するはずがない」とリチャード・ニクソンはのちに述べた。[17] 日本に、より先進的な技術の開発を認めるどころか、積極的に促す必要があったということだ。

他方、日本の経営幹部たちは、この半導体をめぐる共生関係を機能させることに、アメリカほど関心があったわけではない。実際、外国の半導体メーカーとして初めて日本に工場を開設しようとしたテキサス・インスツルメンツは、複雑な規制の壁にぶち当たった。たまたまハガティの友人だったソニーの盛田は、一定の歩合と引き換えに支援を申し出た。彼はテキサス・インスツルメンツの経営幹部たちに、お忍びで東京を訪れ、ホテルに偽名でチェックインし、絶対にホテルの部屋を出るな、と指示した。そして、彼は内密にそのホテルを訪れ、合弁事業を提案したという。テキサス・インスツルメンツが日本でチップを生産し、ソニーが官僚たちを手なずけるという案だった。「われわれがカバーするから」と彼はテキサス・インスツルメンツの経営幹部たちに告げた。[18] とんだ「悪党」だ、と経営幹部たちは思った。もちろん、それは褒め言葉だったのだが。

盛田の協力の甲斐あり、紆余曲折の末、日本の官僚たちはとうとうテキサス・インスツルメンツに日本で半導体工場を開くことを認めた。盛田にとってみれば、太平洋の両側でもっとも有名な日本人実業家のひとりへとのし上がるきっかけとなる大勝利だった。そして、ワシントンの外交政策の戦略家たちにとっては、日米の貿易関係や投資関係の強化は、日本政府をアメリカ中心の体制へといっそう固く縛りつけることを意味した。そして、それは池田首相のような日本の指導者たちにとっての勝利でもあった。

実際、日本人の所得を倍増させるという彼の目標は、予定より2年前倒しで達成された。[19] こうして、盛田のような勇敢なエレクトロニクス起業家たちのおかげで、日本は国際舞台で新たな地位を勝ち取ったのである。トランジスタのセールスマン――それはシャルル・ド・ゴールの想像をはるかに超える影響力を持つ立場だった。

第10章

# どこで半導体を組み立てるか

「服装こそ西洋風だったが、彼女たちの愛の儀式は、東洋の伝統的な快楽に根差していた」。1964年刊行のオーストラリアの三文小説『トランジスタ・ガールズ（*The Transistor Girls*）』の表紙にはそう書かれていた。[1] それは中国人のギャング、国際的な陰謀、そして「夜の仕事で副収入を得る」女性の組立ライン労働者たちが登場する物語で、表表紙《おもてびょうし》には五重塔のシルエットを背にひざまずく半裸の若い日本人女性が描かれている。そして、裏表紙には、さらに東洋的な背景と、いっそう肌を露出した女性が描かれている。

最初期の半導体を設計したのは主に男性たちだが、半導体を組み立てていたのは主に女性たちだった。ムーアの法則は、計算能力あたりのコストが減少していくことを予測していたが、ゴードン・ムーアのビジョンを実現するには、ただチップ上の個々のトランジスタを微細化すればいいというものでもなかった。それを組み立てる安価な労働力が、もっと多く必要だったのだ。

フェアチャイルドセミコンダクターの従業員の多くは、富を求めて、またはモノづくりへの愛情から、同社に加わった。チャールズ・スポークがフェアチャイルドにやってきたのは、前職を追われたあとだった。

葉巻好きで人使いの荒いニューヨーカーの彼は、とにかく効率にこだわった。[2] 頭の切れる科学者や先見性のある技術者がごまんといるテクノロジー業界のなかで、彼の最大の武器といえば、労働者からも機械からも同じように生産性を搾り出す能力だった。彼のような厳しい上司がいたからこそ、計算コストはムーアの予測どおりのペースで減少していったといっても過言ではない。

スポークは、コーネル大学で工学を学んだあと、1950年代中盤にゼネラル・エレクトリック（GE）に入社し、ニューヨーク州ハドソン・フォールズにある工場で働いた。同社のコンデンサ製造工程の改良を任された彼は、工場の組立ラインの工程を変更するよう提案した。

彼はその新しい手法で生産性が向上すると考えたのだが、同社の組立ライン労働者を束ねる労働組合が、彼のことを生産工程に対する主権を脅《おびや》かす危険人物だとみなした。労働組合は反発し、彼をかたどった人形を火あぶりにする抗議活動を繰り広げる。恐れをなした工場の経営陣は、彼の提案した変更を実施しない、と労働組合に約束した。

ちくしょう、とスポークは思った。[3] その夜、帰宅するなり、彼は別の仕事を探し始めた。1959年8月、『ウォール・ストリート・ジャーナル』紙に、フェアチャイルドセミコンダクターという小さな企業の生産管理者の求人広告を見つけ、応募したところ、すぐにニューヨーク市のレキシントン・アベニュー沿いのホテルでの面接に呼ばれた。酒を飲みながらの昼食を終えてすっかり酔っ払っていたフェアチャイルドのふたりの面接官は、即採用を決めた。それは、フェアチャイルドにとって最高の採用決定のひとつだった。

オハイオ州〔アメリカのかなり東寄りにある州〕より西へは行ったことすらなかったスポークだったが、オファーを即諾し、すぐさまマウンテンビュー〔同社の半導体部門があった西海岸のカリフォルニア州の都市〕へと向かった。

カリフォルニアに着くなり、スポークはあることに驚いたという。「労働者や労働組合を管理する能力はないも同然だった。私が新しい雇用先に提供したのは、その能力だった」。最終的に経営陣をかたどった人形が燃やされてしまうような労使関係しか築けない人にそんな「能力」があるといえるかどうかはともかく、シリコンバレーでは、労働組合の力は弱く、彼はその状態を維持したいと考えた。

彼やフェアチャイルドの同僚たちは、労働組合に対して「毅然とした」態度を取ったという。しかし、実践的で地に足の着いた技術者だった彼は、「労働組合つぶし」の典型的なイメージとは少しちがい、兵舎にたとえられるくらい職場を厳格に統制した。

当時、東海岸の古い電機メーカーではほとんど知られていなかった自社株購入権《ストック・オプション》を従業員の大半に与えたことは、彼の自慢のひとつだったが、その代わりに、彼は従業員たちに生産性を最大化するよう厳命した。[4]

労働者が男性中心である東海岸の電機メーカーとは異なり、サンフランシスコの南にある新興半導体メーカーのほとんどは、組立ラインに女性を雇っていた。[5] もともと、サンタクララ・バレーには、何十年も前から女性が組立ラインの仕事についてきた歴史があった。最初は1920年代から1930年代にかけて同地域の経済を牽引した果物の缶詰工場、その次が第二次世界大戦中の航空宇宙産業だ。1965年に、議会が移民の規制緩和を決定したことも、外国生まれの多くの女性たちがサンタクララ・バレーの労働人口に加わる一因となった。

半導体メーカーがこぞって女性を雇ったのは、女性のほうが低賃金で、男性ほどうるさく労働条件の改善を求めない傾向にあったからだ。また、女性の小さな手のほうが半導体の完成品の組立やテストに向いている、と考えられていた面もある。

1960年代、プラスチック基板にシリコン・チップを取りつける工程には、まず、顕微鏡を見ながらシリコンをプラスチック上に配置する作業が必要だった。次に、機械が熱、圧力、超音波振動を加えてシリコンをプラスチック基板に接着するあいだ、ふたつの部品を固定しておく。そうしたら、チップに電気が流れるよう、薄い金線を再び手作業で接続する。最後に、チップをメーターに接続してテストする。これもまた、当時は手作業でしかできなかったステップだ。[6]

したがって、半導体の需要が急増するにつれ、それを組み立てられる人手の需要も急増するのは必然の成り行きだった。

しかし、カリフォルニア中どこを見渡しても、安価な労働力は十分に見つからなかった。フェアチャイルドはアメリカ中を探し回った末、スポークいわく「労働組合嫌い」の労働者が多いメイン州と、税制優遇のあったニューメキシコ州のナバホ居留地〔アメリカの先住民族であるナバホ族の準自治領〕に、工場を開設した。しかし、アメリカの最貧困地域でさえ、人件費はバカにならなかった。

ちょうどそのころ、ロバート・ノイスは、毛沢東率いる共産中国と国境を接するイギリス領香港にあるラジオの組立工場に、個人的に投資していた。現地の賃金はアメリカの平均賃金の10分の1で、時給25セントほど。「いちどその目で見てみるといい」とノイスに言われたスポークは、すぐさま視察のために飛行機に乗った。[7]

懸念を示したのが、フェアチャイルドの一部の同僚たちだった。ある同僚は、香港の北側の国境近くに駐在している何千人という人民解放軍の兵士たちに目をやりながら、「下の中国人たちを見てみろよ。きっと踏みつぶされるぞ」と警告した。

しかし、ノイスが投資していたラジオ工場は、絶好の機会を証明していた。「あそこで働いていた中国人の少女たちは、何もかもが期待以上だった」とスポークの同僚のひとりは振り返った。香港の組立作業員たちは、フェアチャイルドの経営幹部たちの印象では、アメリカ人より2倍仕事が速く、「単調な仕事への忍耐力が強い」ように見えたという。[8]

結局、フェアチャイルドは、旧香港国際空港〔1998年に閉港〕の隣、九龍湾《きゅうりゅうわん》沿いの恒業街に面するサンダル工場にスペースを借りた。すぐに、数階分の高さになるフェアチャイルドの巨大なロゴが建物に設置され、香港の港を航行するジャンク船の数々を照らした。

シリコン・ウェハーは相変わらずカリフォルニアでつくられたが、半導体は最終組立のために香港へと出荷され始めた。1963年、この香港工場では開業1年目にして1億2000万個の組立が行なわれた。品質は申し分なかった。人件費が安かったおかげで、訓練を積んだ技術者を雇い、組立ラインの管理を任せられたからだ。カリフォルニアなら、そんなことはコストがかかりすぎて不可能だっただろう。[9]

フェアチャイルドは、アジアに組立をオフショアリングした初の半導体メーカーだったが、テキサス・インスツルメンツやモトローラなどの企業もすぐあとに続いた。10年とたたないうちに、アメリカの大半の半導体メーカーが外国に組立工場を所有するようになっていた。

そこで、スポークは香港以外に目を向け始めた。香港の時給25セントという賃金は、アメリカと比べれば10分の1ではあったが、アジアでは最高の部類だった。１９６０年代中盤は、台湾の時給が19セント、マレーシアが15セント、シンガポールが11セント、そして韓国にいたってはわずか10セントという有様だった。[10]

スポークの次の立ち寄り先は、華人〔中国国籍を保持したまま外国に移住した「華僑」に対して、移住先の国籍を取得した中国系の住民のこと〕が大部分を占める都市国家、シンガポールだ。同国の指導者のリー・クアンユー（李光耀）は、フェアチャイルドのある元従業員の記憶によれば、労働組合を「事実上非合法化していた」という。[11] フェアチャイルドはその直後、マレーシアの都市・ペナンに工場を開設する。

こうして、半導体産業は、グローバル化という単語が日常語になる数十年前からグローバル化の道を歩みだし、今日の私たちが知るアジア中心のサプライ・チェーンの礎《いしずえ》を築いていったのだ。

とはいえ、スポークのような経営者たちに、グローバル化の戦略があったわけではなかった。人件費が同じなら、彼は同じくらい喜んでメイン州やカリフォルニア州に工場を建設し続けただろう。しかし、アジアには工場労働を希望する小作農民が無数におり、そのことが賃金を低く抑え、しかもその傾向がしばらく続くことを保証していた。

アメリカ政府の外交政策の戦略家たちは、香港、シンガポール、ペナンといった都市の中華系労働者たちのことを、毛沢東を支持する共産主義者による転覆活動の温床と見ていた。しかし、スポークは彼らを資本主義の体現者ととらえていた。「シリコンバレーには労働組合の問題があった」と彼は指摘した。「だが、東洋ではそれがいちどたりともなかった」[12]

第11章

# ベトナム戦争の誘導爆弾

1970年代初頭、香港とシンガポールの半導体工場を飛行機で行き来していたテキサス・インスツルメンツの従業員たちは、その中間あたりまでやってくると、ときどき機窓《きそう》から眼下に目をやった。[1] ベトナムの海岸沿いの平野に、戦場から上がる煙が見えた。同社のアジアの社員たちは、戦争ではなく半導体製造に専心していたが、テキサス州にいる同僚たちの多くは、戦争のことで頭がいっぱいだった。

同社にとって最初の集積回路の大口契約は、ミニットマンⅡなどの大型核弾頭ミサイル向けの集積回路だったが、ベトナムで戦争が勃発すると、さまざまな種類の兵器が必要になった。1965年から1968年まで続いたローリング・サンダー作戦をはじめとして、ベトナムでの初期の空爆作戦では、80万トン以上の爆弾が投下された。これは第二次世界大戦中、太平洋戦域で投下された爆弾の合計を上回る。[2] ところが、この爆撃は北ベトナム軍に微々たる影響しか及ぼさなかった。大半が標的に命中しなかったからだ。

もっと賢く戦う必要がある、と空軍は気づいた。空軍はそれまで、遠隔操作から赤外線追尾まで、ミサイルや爆弾のさまざまな誘導方式を試していた。そのなかには、戦闘機から発射され、レーダーの電波発信源の方向にミサイルを向けるというシンプルな誘導システムを使って敵のレーダー施設へとひたすら突き進む「シュライク」ミサイルのように、一定の効果を発揮した兵器もあった。

しかし、ほかの多くの誘導システムは、ほとんど使い物になりそうになかった。1985年になってようやく、国防総省《ペンタゴン》の調査で、空対空ミサイルが視程外の敵機を撃墜した例が4つだけ発見された程度である。[3]こうした限界を踏まえれば、誘導兵器が戦争の結果を左右することなどありえないように思えた。

多くの誘導兵器の最大の問題は真空管にある、と軍は結論づけた。たとえば、アメリカの戦闘機がベトナム上空で使用した「スパローⅢ」対空ミサイルは、手作業ではんだづけされた真空管に頼っていた。東南アジアのじめじめとした気候、離着陸の衝撃、荒々しい航空戦が、頻繁に故障を誘発した。

その結果、スパロー・ミサイルのレーダー・システムは、平均5~10時間の使用につき1回、故障する始末だった。戦後の調査により、ベトナムで発射されたスパロー・ミサイルのうち、標的に命中したのはわずか9・2%にとどまり、66%が故障、残りが単純に標的をはずしたとわかった。[4]

しかし、ベトナム戦争における米軍の最大の課題は、地上の標的の攻撃にあった。空軍のデータによれば、ベトナム戦争の開戦当初、爆弾の半数必中界《はんすうひっちゅうかい》〔爆弾やミサイルなどの50%が命中する円の半径〕は130メートルだった。[5]ここまで精度が悪いと、爆弾で車両を攻撃するのは基本的に不可能だ。

そんな状況を変えたいと考えたのが、テキサス・インスツルメンツの当時34歳のプロジェクト・エンジニア、ウェルドン・ワードだった。突き刺すような青い目と、うっとりするような野太い声を持つ彼は、戦争の未来について考えるのにふさわしい独特の立場にいた。

彼は1年間、海軍の艦船に乗り、テキサス・インスツルメンツ開発の新型ソナーのためのデータを収集し終えたばかりだった。それは頭がボーッとするくらい単調な任務だったが、適切なセンサーや機器を使えば軍のシステムがどれだけ多くのデータを収集できるのかを実証するよい機会になった。

早くも1960年代中盤には、彼はマイクロエレクトロニクスを用いて軍のキル・チェーン〔目標の識別から破壊にいたるまでの一連の攻撃の段階〕を変革する方法を思い描いていた。人工衛星や航空機搭載の先進的なセンサーが目標をとらえ、追跡し、目標へとミサイルを誘導し、確実に破壊する。まるでSFの世界だ。しかし、テキサス・インスツルメンツはすでに、そのために必要な部品を自社の研究所でつくり上げていた。[6]

テキサス・インスツルメンツ製のチップを搭載した大陸間弾道ミサイルは、誘導の問題としては比較的単純な部類に入る。大陸間弾道ミサイルは、敵の攻撃をよけながら時速数百キロメートルで飛行する戦闘機からではなく、地上の定位置から発射されるし、標的も動かない。ミサイル自体は、音速の数倍のスピードで宇宙から落下するので、風や天候状態の影響をほとんど受けない。巨大な弾頭を搭載しているため、多少標的をはずしたとしても、破壊力は抜群だ。おまけに、数千フィート上空のF－4戦闘機から投下した爆弾をトラックに命中させるよりは、モンタナ州からモスクワにミサイルを命中させるほうが、桁違いにやさしい。

それは複雑な課題だったが、ワードの同僚のひとりの説明によれば、訓練でも実戦でもしょっちゅう使えるような「安価で使いやすい」兵器こそが最高なのだ、と彼は理解していたという。[7]

マイクロエレクトロニクスの設計はなるべくシンプルにする必要があった。はんだづけの必要な箇所の一つひとつが信頼性のリスクを高めるからだ。電子機器の部分がシンプルであればあるほど、そのシステムの信頼性や電力効率は高まるだろう。

多くの軍需企業は国防総省に高価なミサイルを売りつけようとしたが、ワードがチームに告げたのは、お手頃価格の自家用セダンのような兵器を開発することだった。[8] 彼はあらゆるタイプの航空機にすぐさま配備でき、アメリカの各軍や同盟国が容易に導入できるような、シンプルで使いやすい装置を模索していた。

1965年6月、ワードはフロリダ州のエグリン空軍基地へと飛び、ベトナムで使用する新たな機器の調達プログラムを担当するジョー・デイヴィス大佐と面会した。デイヴィスは15歳で飛行機の操縦を覚えると、のちに軍人となり、第二次世界大戦や朝鮮戦争ではパイロットとして戦闘機や爆撃機による作戦に参加した。その後、ヨーロッパと太平洋の両方で空軍部隊の指揮に当たった。空軍の作戦で有効な兵器を理解している人物としては、彼の右に出る者はいなかった。

ワードが執務室にやってきて腰を下ろすなり、デイヴィスは机の引き出しを開け、防空設備の張り巡らされたタンホア橋の写真を取り出した。それは北ベトナムのマー川に架かる全長165メートルの鉄橋であった。

橋の周辺には、命中し損なった米軍の爆弾やロケットによってついた800カ所もの凹《くぼ》みが認められた。ほかにも、川に落ちたために傷痕を残さなかった爆弾が数十、ことによると数百はあっただろう。だが、橋は落ちなかった。何かテキサス・インスツルメンツにできることはないか？　デイヴィスはそうたずねた。[9]

ワードは、テキサス・インスツルメンツの半導体電子工学に関する専門知識を活かせば、空軍の爆弾の命中精度を上げられるのではないか、と考えた。同社は爆弾の設計については専門外だったので、標準的な爆弾を試験台にすることにした。[10]重量340kgのM－117は、すでにタンホア橋周辺に638発投下されたが、すべてが失敗に終わっていた。

彼はそこに降下中の爆弾の飛行を導く小さな翼をつけ加えた。最後に、その翼を制御するシンプルなレーザー誘導システムを取りつければ完成だ。小型のシリコン・ウェハーを4つの区画に分け、レンズの後ろに配置した。標的から反射してきたレーザーがレンズを通ってシリコン上に照射される。爆弾の軌道がずれれば、ひとつの区画だけが残りの3つよりもレーザーのエネルギーを多く受け取ることになる。すると、レーザーがレンズをまっすぐに通過するよう、電気回路が自動的に翼を動かし、爆弾の軌道を調整する、という仕組みだ。

デイヴィス大佐は、テキサス・インスツルメンツに9カ月間の猶予と9万9000ドルの予算を与え、このレーザー誘導爆弾の開発を依頼した。そして、そのシンプルな設計のおかげで、完成した爆弾はすぐに空軍の試験に合格した。

1972年5月13日、それまで何百個というクレーターを残しつつも、20世紀中盤の爆撃戦術のお粗末さを象徴する記念碑のようにそびえていたタンホア橋に、米軍が24発のレーザー誘導爆弾を投下した。

今回は完璧に命中した。そのほかにも、何十という橋、鉄道のジャンクション、戦略上の要衝が、新しい精密爆弾の攻撃を受けた。

シンプルなレーザー・センサーと数個のトランジスタが、命中率638分の0の兵器を、精密破壊兵器へと生まれ変わらせたのである。[11]

結局のところ、ベトナムの地方で繰り広げられたゲリラ戦は、空爆で勝利できる戦いではなかった。テキサス・インスツルメンツ製のレーザー誘導爆弾「ペイブウェイ」の到着は、アメリカ敗戦と時を同じくした。ウィリアム・ウェストモーランド将軍をはじめとする軍事指導者たちが、「リアルタイムまたは準リアルタイムな監視下に置かれた戦闘地域」や「自動化された射撃統制」の到来を予言したとき、多くの人々は、アメリカをそもそもベトナム戦争へと引きずり込んだ過信をそこに感じ取った。[12]

したがって、ごく一部の軍事理論家や電気工学者を除けば、ベトナム戦争が未来の戦争やアメリカの軍事力に革命を巻き起こすような形でマイクロエレクトロニクスと爆発物を融合した兵器の格好の実験場になったことに、気づく者はほとんどいなかった。

第12章

# 太平洋を超えたサプライ・チェーン

テキサス・インスツルメンツの経営幹部のマーク・シェパードは、第二次世界大戦中、アジアで海軍に従軍したが、彼がアジアについてよく知っているのはせいぜい「バーと踊り子」のことだけだ、とモリス・チャンはからかった。[1] ダラスで警官の息子として生まれたシェパードは、6歳で初めて真空管を組み立てたといわれる。[2]

彼はジャック・キルビーが世界初の集積回路を発明したときに勤めていた部門を監督するなど、テキサス・インスツルメンツの半導体事業を発展させるうえで中心的な役割を果たした。広い肩幅に、糊《のり》をきかせたシャツの襟、オールバックの髪に、引き攣《つ》った笑顔。いかにもテキサスの大物経営者らしい風貌だった。その彼が今、同社の半導体生産の一部をアジアにオフショアリングする戦略を率いようとしていた。

チャンとシェパードが初めて訪台したのは1968年のこと。ふたりは新しい半導体組立工場の立地を選定するためにアジアを回っていた。しかし、訪台はこれ以上ないくらい散々な結果に終わった。まず、ステーキがテキサス流ではなく醬油で出されたことに、シェパードが激怒した。さらに、台湾の知略に富む有力な経済部長、李國鼎《りこくてい》（K・T・リ）との最初の会談も、物別れに終わった。彼が知的財産なんてものは「帝国主義者が後進国いじめに使う」道具だと言い放ったのだ。[3]

李がシェパードをアメリカ帝国の工作員だとみなすのは無理もなかった。しかし、アメリカを国内から追放したがっていた北ベトナム人とはちがい、彼は最終的に、アメリカとの結びつきを深めたほうが台湾の利益になる、と気づくことになる。

台湾とアメリカは、1955年以来の条約締結国〔同年発効の米華相互防衛条約のこと〕だったが、ベトナムでの敗戦で、安全保障に関するアメリカの約束がとたんに当てにならなくなった。韓国から台湾、マレーシア、シンガポールまで、反共産主義国の政府は、アメリカのベトナム撤退で自国が孤立しない保証を求めていた。また、一部の人々を共産主義へと傾倒させる経済的な不満を解消するための働き口や投資も求めていた。李経済部長は、テキサス・インスツルメンツがその両方の問題を一挙に解決する糸口になる、と気づいたのだ。

ワシントンにいるアメリカ政府の戦略家たちは、アメリカの支援する南ベトナムが近く崩壊することで、アジア全土に衝撃波が伝わるのを心配していた。アジア中の華人のコミュニティが共産主義に浸食され、ドミノ倒しのように共産主義の影響下に落ちるのではないか、というのが外交政策の戦略家たちの認識だった。

たとえば、マレーシアの少数派の華人たちは同国の共産党の屋台骨になっていたし、シンガポールの反抗的な労働者階級はその大多数が華人だった。中国政府は同盟国を探し、アメリカの弱みを探っていた。

その点でいえば、ベトナムで差し迫る共産主義の勝利にもっとも懸念を抱いていたのが、いまだ中国全土の領有権を主張していた台湾政府だった。1960年代は台湾経済にとっては好調な10年間だったが、外交政策においては壊滅的な時期だった。台湾の独裁者である蔣介石《しょうかいせき》は、いまだ本土の再征服を夢見ていたが、軍事的なバランスは中国のほうへと決定的に傾きかけていた。

1964年、中国政府が初の原爆実験を行なうと、その直後には、熱核兵器の実験も行なった。核武装した中国に直面した台湾にとっては、それまで以上にアメリカの安全保障が欠かせなくなった。

ところが、ベトナム戦争が長引いたことで、アメリカはアジアの友好国への経済援助の削減に踏み切る。[4] それは、アメリカの支援に頼る台湾にとって、不穏な兆候でしかなかった。

そこで、ケンブリッジ大学で核物理学を学び、製鋼所を経営したのち、戦後台湾の経済発展の舵取りを担った李國鼎を中心として、台湾の当局者たちは、アメリカとの経済的な結びつきを強化するための戦略を具体化し始めた。[5]

その計画の中心にあったのが半導体だ。李は手を貸してくれる台湾系アメリカ人の半導体技術者がたくさんいることを知っていた。そのころダラスでは、チャンが、早く台湾に工場を開設するようテキサス・インスツルメンツの同僚たちの尻を叩いていた。

多くの人が、本土生まれのチャンが台湾に〝帰国〟したと表現したが、実は、共産主義者の支配する中国を逃げ出してからずっとアメリカで暮らしてきた彼にとって、台湾の地を踏むのは1968年が初めてのことだった。しかし、彼のスタンフォード大学博士課程時代の級友に、台湾出身者がふたりいた。台湾のビジネス環境は良好だし、人件費もしばらくは安いままだろう、とチャンを説得したのはそのふたりだった。[6]

当初はシェパードを帝国主義者呼ばわりした李経済部長だったが、すぐに態度を翻した。テキサス・インスツルメンツとの関係が産業の発展や技術的ノウハウの移転を促し、台湾経済を変革に導く、と気づいたのだ。

一方、電子機器の組立は、ほかの投資の呼び水となり、台湾がより付加価値の高い商品を生産する助けとなるだろう。アメリカ国民がアジアへの軍事的関与にますます懐疑的になるなか、台湾はなんとしてでもアメリカとの結びつきを多様化する必要があった。台湾防衛にまるきり関心のないアメリカ国民も、テキサス・インスツルメンツなら守ろうとするかもしれない。台湾に半導体工場が増えれば増えるほど、アメリカとの経済的な紐帯《ちゅうたい》は強まり、台湾がより安全になる、というわけだ。

1968年7月、台湾政府との関係を丸く収めたテキサス・インスツルメンツの取締役会は、台湾新工場の建設を承認する。そして、1969年8月を迎えるころには、その工場で最初の半導体が組み立てられていた。そして、1980年の時点で、同工場は10億個の半導体を出荷していた。[7]

半導体のサプライ・チェーンが経済成長を促し、政治的な安定を強化すると考えたのは、台湾だけではなかった。1973年、シンガポールの指導者のリー・クアンユー（李光耀）は、アメリカのリチャード・ニクソン大統領に対し、輸出がシンガポールの「失業を吸収する」ことを期待していると告げた。[8]

シンガポール政府の支援を受け、テキサス・インスツルメンツとナショナルセミコンダクターは同国に組立工場を建設した。

すると、多くの半導体メーカーがその動きにならった。１９７０年末までに、アメリカの半導体メーカーは、韓国、台湾、東南アジアを中心として、世界全体で数万人の労働者を雇った。[9] こうして、テキサス州やカリフォルニア州の半導体メーカー、アジアの支配者たち、そしてアジアの半導体組立工場の多くで働いていた中華系労働者のあいだに、新たな国際同盟が生まれたのだ。

半導体は、アジア地域におけるアメリカの友好国の経済や政治を一変させたといっていい。それまで政治的な急進主義の温床だった都市は、失業状態や自給自足農業から抜け出し、好待遇の工場労働に就きたいと願う勤勉な組立ライン労働者たちによって様変わりした。

１９８０年代初頭には、エレクトロニクス産業がシンガポールのＧＮＰの７％、製造業の仕事の４分の１を占めるまでになっていた。電子機器の生産の６割が半導体デバイスで、残りの大部分は半導体なしでは機能しない商品だった。香港では、電子機器の製造が、繊維を除くどの部門よりも多くの仕事を生み出した。マレーシアでは、ペナン、クアラルンプール、ムラカで半導体生産が急増し、１９７０年から１９８０年にかけて農村から都市へ移住した15％のマレーシア人労働者の多くに、新たな製造の仕事を提供した。こうした大量移住は、政治不安につながることが多いのだが、比較的条件のよい電子機器の組立の仕事のおかげで、マレーシアは失業率を低く保つことができたのである。[10]

韓国から台湾、シンガポール、フィリピンに点在する半導体組立工場のマップを見ていると、まるでアジアの米軍基地のマップを見ていると錯覚するようだった。しかし、アメリカがとうとうベトナムで敗北を認め、同地域での駐留を縮小したあとでさえ、この太平洋を越えたサプライ・チェーンは破壊されなかった。1970年代末を迎えるころには、ドミノ倒しのような共産主義への寝返りが起こる代わりに、アメリカとアジアの同盟国との結びつきはいっそう強いものになっていた。

1977年、シェパードは台湾に戻り、再び李國鼎と会談した。初回の会談から10年近くがたっていた。台湾は相変わらず中国による侵攻リスクを抱えていたが、シェパードは李にこう約束した。「このリスクは、台湾経済の力強さと活気によって十分に相殺されたと見ている。テキサス・インスツルメンツは台湾に残り、成長を続けていく所存だ」[11]。今でも、台湾には同社の工場がある。そのあいだに、台湾はシリコンバレーにとって欠くことのできないパートナーになっていった。

第13章

# インテルの革命

1968年は、一言でいえば革命の年だったといっていい。北京から、ベルリン、バークレー〈60年代後半にフリースピーチ運動が盛んだったカリフォルニア大学バークレー校のこと〉まで、過激派や左翼たちが体制の破壊を目論んでいた。北ベトナムのテト攻勢はアメリカの軍事力の限界を試す試金石となった。それでも、世界の大手新聞の数々を出し抜き、あるスクープ記事を報じたのは、『パロアルト・タイムズ』紙だった。同紙は第6面で、あとから振り返るとその年のもっとも革命的な出来事を報じていた。「創設メンバーがフェアチャイルドを去り、独自の電機メーカーを設立」[1]

ロバート・ノイスとゴードン・ムーアによる謀反《むほん》は、カリフォルニア大学バークレー校の学生やブラックパンサー党が過激な暴動を企み、資本主義の廃絶を夢見ていたカリフォルニア州イーストベイの抗議活動と比べれば、かわいいものだった。フェアチャイルドのノイスとムーアは、自社株購入権《ストック・オプション》が与えられていないことに不満を抱き、ニューヨーク本社からのたび重なる干渉にうんざりしていた。ふたりの夢は体制を破壊することではなく、築き直すことだった。

ノイスとムーアはその10年前にウィリアム・ショックレーの新興企業《スタートアップ》を去ったときと同じくらいあっさりとフェアチャイルドに見切りをつけ、「集積されたエレクトロニクス（Integrated Electronics）」の略である「インテル（Intel）」を創設する。

ふたりは、トランジスタが史上最安の製品となり、世界中で数兆の数兆倍という個数が消費される未来を思い描いていた。人間は半導体に力を授かる一方で、骨の髄まで半導体に依存するようになるだろう。世界とアメリカを結ぶ回路が形成されつつあるなか、アメリカ国内の回路もまた変化しようとしていた。工業化時代は終焉に向かい、これからはシリコンにトランジスタを刻む専門技術が世界経済を形づくるようになる。パロアルトやマウンテンビューといったカリフォルニアの小さな町々は、世界の新たな権力中枢になろうとしていた。

創設から2年後、インテルは最初の製品を発売する。それはダイナミック・ランダム・アクセス・メモリ（DRAM）と呼ばれるチップだった。1970年代より以前、コンピュータはシリコン・チップではなく、磁気コアと呼ばれる装置を使ってデータを〝記憶〟していた。磁気コアとは、格子状に並んだ微細な金属のリングをワイヤーで接続したもので、リングが磁化されると1、磁化されていないと0というデータが蓄えられる。リング同士を結びつけるジャングルのようなワイヤーは、各リングの磁気をオンやオフに切り替えることもできるし、各リングの磁気が1なのか0なのかを〝読み出す〟こともできる。

ところが、1と0の記憶の需要が爆発的に膨らむ一方で、ワイヤーやリングの微細化には限界があった。部品がこれ以上小さくなれば、手作業で組み立てるのは不可能になる。つまり、磁気コアでは、コンピュータ・メモリの爆発的な需要増にとうていついていくことはできないのだ。[2]

1960年代、IBMの技術者たちが、小さな金属リングよりも効率的にデータを〝記憶〟できる集積回路の構想を描き始めた。そのひとりがロバート・デナードだ。耳の下あたりまで伸びた長い黒髪が、地面と平行な方向にぴょこんと跳ね上がったその風貌は、まるで奇人と紙一重の天才を絵に描いたようだった。

彼は微細なトランジスタを、電荷を蓄えたり（1）放出したり（0）するコンデンサと呼ばれる小型の記憶素子と組み合わせた。コンデンサは時間がたつと放電してしまうので、彼はトランジスタを通じてコンデンサに繰り返し帯電させ続けることを思いついた。このチップは、繰り返しの帯電が必要になることから、ダイナミック（動的）・ランダム・アクセス・メモリ（DRAM）と呼ばれることになる。DRAMは今日に至るまで、コンピュータ・メモリの根幹を担っている。

DRAMチップは、電流の助けを借りて1と0を蓄えるという点で、旧来の磁気コアと機能は同じだったが、ワイヤーとリングを用いる代わりに、DRAMの回路はシリコンに刻み込まれた。手作業での配線が不要だったので、故障は少なく、はるかに微細化が可能だった。

インテル創業者のノイスとムーアは、デナードのアイデアを磁気コアよりもはるかに高い密度でチップ上に集積できると確信した。ムーアの法則のグラフを一目見れば、トランジスタの微細化が進むかぎり、DRAMチップがコンピュータ・メモリ業界を征服できることは明白だった。

こうして、インテルはＤＲＡＭチップ事業を独占する計画を立てた。メモリ・チップには専門化が不要なので、同一の設計のチップを多種多様なデバイスで使い回すことができ、量産が可能になる。対照的に、もうひとつの主な種類のチップ、つまり「記憶」ではなく「計算」を担うチップは、それぞれの機器に特化した設計となっていた。計算の問題は一つひとつ異なるからだ。

たとえば、電卓とミサイルの誘導コンピュータでは機能が異なるので、１９７０年代までそれぞれ別の種類のロジック・チップが使われていた。この専門化はコストを押し上げるだけなので、インテルは量産が規模の経済性〔生産規模が大きくなるほど製品当たりの単価が安くなり、競争上有利になること〕につながるメモリ・チップに専念することを決めたのである。

しかし、ノイスは、エンジニアリングの難問が持つ魅力に逆らえなかった。彼はメモリ・チップを開発するという約束で数百万ドルを調達したばかりだったが、すぐさまある製品ラインを追加することを決意する。

１９６９年、日本の計算機会社のビジコンから、同社の最新型電卓に使う複雑な回路の設計依頼がノイスのもとに舞い込む。いわば１９７０年代のｉＰｈｏｎｅだった携帯型電卓は、最先端の計算技術を使って価格を押し下げ、プラスチック製の強力な製品を人々のポケットへと届けていた。多くの日本企業が電卓を開発していたが、チップの設計と製造はシリコンバレーに頼ることが多かった。

そこで、ノイスがビジコンの依頼への対応を一任した相手が、ニューラル・ネットワークの研究者を経てインテルに入社した温和な技術者、テッド・ホフだった。チップ上を動き回る電子を血眼になって追いかけていた物理学者や化学者ばかりのインテル社員たちとはちがい、コンピュータ・アーキテクチャの専門知識を持つ彼は、半導体によって動く「システム」の観点から、半導体をとらえる独特の視点を持っていた。[3]

2万4000個のトランジスタを搭載した12種類のチップを、すべて特注でつくってほしい、とビジコンから依頼された彼は、インテルのような小さな新興企業には複雑すぎて不可能だ、と内心思った。

ビジコンの電卓について考えるうち、ホフは特別に設計された論理回路と特別に設計されたソフトウェアのあいだにある二律背反の関係に気づいた。半導体製造というのは、それぞれの機器に特化した専用の回路を提供する、いわば特注ビジネスなので、顧客がソフトウェアについて深く考えることはなかった。しかし、インテルがこれまでメモリ・チップ分野で成し遂げてきた進展や、今後メモリ・チップが指数関数的に強力になっていく可能性を踏まえれば、コンピュータは近い将来、複雑なソフトウェアの処理に必要な記憶容量を備えるようになるだろう。

彼は近いうちに、標準化されたロジック・チップを安価に設計できるようになる、と考えた。そのロジック・チップを、さまざまな種類のソフトウェアがあらかじめプログラミングされた強力なメモリ・チップと組み合わせて使えば、多種多様な計算が実行できるようになる。そして何より、彼の知るかぎり、インテルより強力なメモリ・チップをつくっているところはほかになかった。[4]

汎用的なロジック・チップをつくることを考えた企業は、インテルが初めてではなかった。ある軍需企業は、F－14戦闘機のコンピュータのため、インテルと同様のチップをすでにつくっていた。ところが、その性質ゆえ、チップの存在は1990年代まで秘匿《ひとく》にされたのだ。

しかし、インテルは4004というチップを発売すると、世界初のマイクロプロセッサを謳《うた》った。同社の広告キャンペーンの表現を借りるなら、「チップ上のマイクロプログラミング可能なコンピュータ」である。さまざまな種類の機器で使用可能なそのチップは、コンピューティングに革命を巻き起こした。[5]

１９７２年、ノイスは両親の結婚50周年記念パーティで、祝宴をさえぎり、シリコン・ウェハーを高く掲げて、「こいつは世界を変えるぞ」と家族たちに宣言した。[6] 今や、汎用ロジック・チップは量産が可能になった。コンピューティング産業は独自の産業革命を迎えようとしていた。そして、そのための世界最先端の組立ラインを所有していたのがインテルだった。

計算能力の量産が社会に革命を巻き起こすことを誰より理解していた人物が、カリフォルニア工科大学の教授、カーバー・ミードその人だった。突き刺すような眼光と、ヤギのようなあごひげがトレードマークの彼は、電気工学者というよりは、まるでカリフォルニア大学バークレー校の哲学者のようだった。

彼とムーアは、ムーアがフェアチャイルドを創設した直後からの仲だった。ムーアがカリフォルニア工科大学のミードのオフィスを訪れ、レイセオン製の２Ｎ７０６トランジスタが詰まった靴下を取り出し、電気工学の授業で使えるよう彼にプレゼントしたことがきっかけだった。[7]

ミードはすぐさまムーアにコンサルタントとして雇われ、毎週水曜日をシリコンバレーのインテルの施設で過ごすことになる。１９６５年の有名な論文のなかでトランジスタの集積密度の指数関数的な増加を初めてグラフで表わしたのはムーアだったが、それを表現する「ムーアの法則」という用語をつくったのは、実はミードのほうだった。

「今後10年間で、社会のあらゆる側面がある程度自動化されるだろう」とミードは１９７２年に予言した。彼は「私たちの電話、洗濯機、自動車の奥深くに埋め込まれた微細なコンピュータ」を思い描いていた。そうしたシリコン・チップはどんどん普及し、安価になっていたからだ。「過去２００年間で、商品の製造能力や人間の移動能力は１００倍になった。しかし、この20年間で、情報の処理や読み取りの速度は１００万倍から１０００万倍になったのだ」。データ処理能力の革命的な急増が迫っていた。「われわれにはありあまるほどの計算能力がある」[8]

ミードが予言していたのは、社会や政治に深い影響を及ぼすような革命だった。その新世界で影響力を握るのは、計算能力を生み出し、それをソフトウェアで操れる人間になるだろう。その点、シリコンバレーの半導体技術者たちには、未来のルール、誰もが従わざるをえないルールを書き上げられるだけの専門知識、人脈、そして自社株購入権があった。

これまでの工業社会は、社会全体に広がる無数のシリコン基板の上で1と0が記憶され、処理されるデジタル世界へと道を譲りつつあった。そう、ハイテク王たちの時代が幕を開けようとしていたのだ。「社会の運命は不安定な状態になるだろう」とミードは断言した。「鍵を握るのは、マイクロエレクトロニクス技術と、より狭いスペースにより多くの部品を詰め込む能力だ」

業界の部外者たちは、世界の変わりつつある様子におぼろげながらにしか気づいていなかったが、インテルのリーダーたちは、計算能力の供給を大幅に拡大することさえできれば、きっと劇的な変化が訪れる、と確信していた。「現代世界の本当の革命家はわれわれだ」とムーアは１９７３年に述べた。「何年か前に学校を破壊した長髪やひげ面《づら》の学生たちなんかじゃなく」[9]

第14章

# チップを載せたスマート兵器

ロバート・ノイスとゴードン・ムーアの革命からもっとも大きな恩恵を受けたのは、旧世界秩序の礎石である国防総省《ペンタゴン》だった。１９７７年に政界に進出したとき、ウィリアム・ペリーはまるで「駄菓子屋にやってきた子どものような」気分だったという。彼のようなシリコンバレーの起業家にとって、研究・工学担当国防次官の職は「世界最高の仕事」だったと彼は話す。国防総省以上に、テクノロジーの購入予算を握る組織はなかった。

そして、マイクロプロセッサや強力なメモリ・チップに、国防総省が頼る兵器やシステムを一変させる能力があることを彼ほど明確に理解している者は、アメリカ政府にはほとんど見当たらなかった。

政府にさっさと見切りをつけ、市販の電卓やメインフレーム・コンピュータ向けのチップを販売して荒稼ぎしていたノイスやムーアとはちがい、ペリーは国防総省をよく知る人物だった。ペンシルベニア州のパン屋の息子として生まれた彼は、シルバニア・エレクトロニック・ディフェンス・ラボラトリーズで働くシリコンバレーの科学者としてキャリアを開始させた。モリス・チャンがマサチューセッツ工科大学（ＭＩＴ）卒業後に就職した電機メーカー、シルバニアの一部門だ。

カリフォルニア州のシルバニアで働くペリーは、ソ連のミサイル発射を監視する極秘の電子機器の設計に携わった。１９６２年秋、Ｕ－２偵察機が撮影したキューバのソ連製ミサイルの新たな写真について検証するため、ワシントンへと緊急招集された10人の専門家のなかに、彼の姿もあった。つまり、彼は若くして、すでにアメリカの軍事に関する第一人者と認められていたことになる。[1]

シルバニアの仕事を通じて、アメリカの国防当局へと一気に足を踏み入れることになったペリーだが、いまだマウンテンビューに住んでいた。数々の新興企業《スタートアップ》に囲まれた技術者にとって、旧態依然としたシルバニアは、どんどん官僚的で退屈な場所に感じられ始めた。同社の技術は急速に時代から取り残されつつあり、シリコンバレーの半導体メーカーが集積回路を量産し始めたずっとあとになっても、同社の消費者向け製品と軍事製品はどちらも真空管に頼っている有様だった。

しかし、彼は世の中の固体電子工学の進歩について熟知していて、おまけにノイスと同じパロアルトのマドリガーレ〔イタリア発祥の多声歌曲〕の合唱団で歌をうたっていた。そこで、革命を察知した彼は、１９６３年、軍用の監視装置を設計する会社を独力で興《おこ》した。そして、必要な処理能力を得るため、合唱のパートナーであるインテルＣＥＯのノイスからチップを購入したのである。[2]

陽光の降り注ぐシリコンバレーでは、「何もかもが新しく、何もかもが可能」に思えた、とペリーはのちに振り返った。しかし、１９７７年に彼がやってきた国防総省から見た世界は、それよりもはるかに暗い姿をまとっていた。アメリカはベトナム戦争に負けたばかりで、おまけにソ連はアメリカの軍事的な優位性を完全にむしばみかけていた。

そんな状況に危機感を抱いたのが、国防総省アナリストのアンドリュー・マーシャルだった。デトロイト生まれの彼は、薄毛の頭とワシのようにとがった鼻を持ち、得体の知れない眼差しで眼鏡の奥から世界を見つめる、小柄な男だった。第二次世界大戦中は工作機械工場で働いていたが、のちに過去半世紀でもっとも有力な政府官僚のひとりにまでのぼり詰めた。[3] １９７３年、国防総省総合評価局の初代局長に任命されると、戦争の未来像を予測するという役目を任された。

10年間におよぶ東南アジアでの無益な戦いの末、アメリカは軍事的な優位性を失ってしまった、というのがマーシャルの出した悲観的な結論であった。彼は優位性を取り戻すことに腐心した。

アメリカ政府はスプートニク打ち上げやキューバ・ミサイル危機に不意打ちを食らってきたが、ソ連が十分な量の大陸間弾道ミサイルの備蓄を築いたのは、１９７０年代初頭になってからのことだった。それだけの備蓄があれば、ソ連の核兵器の多くがアメリカの核攻撃に耐え抜き、報復として壊滅的な核攻撃を加えるには十分だ。

さらに心配だったのは、圧倒的に数で勝るソ連軍の戦車や航空機が、すでにヨーロッパの潜在的な戦場に配備されていたことだ。国内で軍事費削減の圧力にさらされていたアメリカに、追いつくすべはなかった。

マーシャルをはじめとする戦略家たちは、ソ連の量的な優位性に対抗する唯一の策は、より高品質な兵器をつくることだ、と気づいていた。しかし、どうやって？　早くも１９７２年に、彼はアメリカがコンピュータ分野で保っている「持続的で大きなリード」を活かすべきだ、と記している。[4]「そのリードを伸ばし、活かすような形で戦争の概念を変化させるのが得策だろう」

そのうえで、彼は「すばやい情報収集」や「高度な指揮統制」、ミサイルの「ターミナル誘導」などを構想し、ほぼ百発百中で標的を攻撃できる武器を思い描いた。未来の戦争が精度をめぐる争いになるのなら、ソ連はきっと後れを取るにちがいない、と考えたわけだ。

ペリーは、マーシャルの思い描く戦争の未来像が、計算能力の微細化によって近い将来実現するだろう、と感じた。自身の会社の装置でインテル製のチップを使っていたペリーは、シリコンバレーの半導体革命を身にしみて実感していた。ベトナム戦争で使われた兵器システムは相変わらず真空管に頼っていたが、最新の携帯型電卓に搭載されたチップは、かつてのスパローⅢミサイルよりもはるかに高い計算能力を誇った。そのチップをミサイルに搭載すれば、米軍はソ連軍を一瞬にして追い越すはずだ、と彼は考えた。

誘導ミサイルはソ連の量的な優位性を〝相殺《オフセット》〟するだけではない、とペリーは推測した。それに対抗して、ソ連は破滅的なコストのかかるミサイル防衛活動に着手せざるをえなくなるだろう。彼の計算によると、国防総省が配備を予定している3000発の巡航ミサイルに対して防衛網を張るには、ソ連政府に5～10年の期間と300～500億ドルの資金が必要になると算定された。[5]そこまでしても、ソ連に向けてすべてのミサイルが発射された場合、その半数しか破壊できないのだ。

これこそ、アンドリュー・マーシャルが探し求めていたテクノロジーだった。ペリーとマーシャルは、ジミー・カーター政権下の国防長官であるハロルド・ブラウンと協力して、新しいテクノロジーに本格的な投資を行なうよう国防総省に働きかけた。それは真空管ではなく集積回路を用いた新世代の誘導ミサイル、地球上の任意の地点に位置座標を送信できる一連の人工衛星、そして何より、アメリカの技術的な優位性を保つための次世代のチップを開発する新たなプログラムである。

ペリーを旗振り役に、国防総省はマイクロエレクトロニクス分野でのアメリカの優位性を活かす新しい兵器システムの開発に資金をつぎ込んでいった。こうして、巡航ミサイルから砲弾まで、あらゆる種類の誘導兵器と同じく、ペイブウェイのような精密兵器の開発プログラムも推進された。

また、センサーや通信の技術も、計算能力の微細化を活かすことで飛躍し始めた。たとえば、敵の潜水艦を探知するには、正確なセンサーを開発し、ますます複雑化するアルゴリズムを通じて収集された情報を処理する必要があった。米軍の音響専門家たちは、十分な処理能力さえあれば、何キロメートルも先からクジラと潜水艦を区別することもできるはずだ、と考えていた。[6]

誘導兵器はますます複雑化をきわめた。トマホーク巡航ミサイルなどの新しい兵器システムは、ペイブウェイよりもはるかに高度な誘導システムに頼っていた。[7] レーダー高度計を使って地表をスキャンし、それをミサイルのコンピュータに事前入力された地形図と照合するというものだ。こうすれば、たとえミサイルが針路をはずれたとしても、ただちに軌道修正できる。この種の誘導手法は数十年前から理論化されてはいたが、強力なチップが巡航ミサイルに収まるくらい微細化してようやく実現可能になったのだ。

個々の誘導兵器だけでも強力なイノベーションだが、兵器同士で情報を共有できればいっそう強力なものになるだろう。こうした最新のセンサー、誘導兵器、通信機器を統合したらいったいどうなるのか？

それを確かめるため、ペリーは国防総省の国防高等研究計画局（DARPA）が運営する特別なプログラムを立ち上げるよう依頼した。

この「アサルト・ブレーカー」プログラムの構想とはこうだ。[8] 航空レーダーが敵軍の標的を識別し、地上の処理センターへと位置情報を送ると、処理センターがレーダーの詳細とほかのセンサーからの情報を融合する。すると、地上配備型ミサイルが自身を標的へと誘導する航空レーダーと通信を行なう。そして、最後の降下中、ミサイルが個々に標的へと向かう小爆発体を発射するのだ。

誘導兵器は、過去に想像しえない方法で計算能力を個々のシステムへと分配する、「自動化された戦争」というビジョンに置き換わりつつあった。それが可能になったのは、アメリカが「半導体の集積密度を10～100倍に増大」させようとしていたからだ。

ペリーは1981年のインタビューで、その規模の計算能力の増大を確約した。「ほんの10年前には部屋を埋め尽くすほどの大きさだったコンピュータを、1枚のチップに搭載し、〝スマート〟兵器をあらゆるレベルで配備できるようになるだろう」[9]

ペリーのビジョンは、シリコンバレーがそれまで吹聴《ふいちょう》してきたどんな物事にも負けず劣らず過激だった。国防総省は本当にハイテク・プログラムを実行できるのか？　1981年、彼がカーター政権の終わりとともに政界を去るころには、精密誘導攻撃に国防の命運を託した彼の賭けを、ジャーナリストや議員たちが一斉に叩いていた。

「巡航ミサイル――驚異の兵器か、不発弾か？」とあるコラムニストは1983年に問いかけた。別のコラムニストは、ペリーの先進技術を「お飾り」呼ばわりし、真空管ベースのスパロー・ミサイルのような〝スマート〟兵器の故障の多さやお粗末な殺傷率を槍玉に挙げた。[10]

ペリーのビジョンの実現に必要な計算能力の進歩は、戦車や航空機の変化が遅いのだから誘導ミサイル技術の進歩にも時間がかかるだろう、と考える多くの反対派たちにとって、まるでＳＦ世界の話に思えた。ムーアの法則が述べるような指数関数的な増大は、ほとんど実例がないし、理解しがたい。

しかし、「10〜１００倍」の改善を予言したのは彼だけではなかった。インテルも顧客にまったく同じ約束をしていたのだ。彼は議会の反対派たちを、半導体の進化のスピードを理解していない「ラッダイト〔技術革新に反対する人々〕」呼ばわりし、不満をこぼした。[11]

ペリーが政界を去ったあとも、国防総省は先進的なチップやそれによって動く軍事システムに資金を投じ続けた。マーシャルはすでにこうした次世代のチップが実現する新しいシステムを夢見て、国防総省でペリーの仕事を引き継いでいた。

果たして、半導体技術者たちはペリーの約束した進歩を実現できるのか？　ムーアの法則の予測によればそうだ。ただし、それはあくまで予測であって、保証ではなかった。さらに、集積回路が初めて発明された当時と比べると、半導体産業は兵器の生産にさほど重きを置いていなかった。実際、インテルのような企業は、ミサイルではなく企業向けコンピュータや消費者向け商品に照準を合わせていた。ムーアの法則の実現に欠かせない大規模な研究開発プログラムの資金源になりうるのは、消費者市場以外にありえなかった。

１９６０年代初頭であればまだ、国防総省がシリコンバレーをつくったと言い張ることはできた。しかし、その後の10年間で、状況は逆転した。米軍はベトナム戦争に敗れたが、半導体産業は、急速に拡大する投資関係やサプライ・チェーンを通じて、シンガポールから、台湾、日本まで、残りのアジアをアメリカにがっちりと縛りつけることで、その後の平和を勝ち取った。

全世界がアメリカのイノベーション・インフラへといっそう固く結びつき、ソ連のような敵国さえもが、アメリカ製のチップや半導体製造装置をコピーすることに腐心するようになった。一方、半導体産業は、米軍の未来の戦争のしかたをつくり替える新しい兵器システムの開発を促していた。アメリカの持つ力は形を変えつつあった。今や、アメリカという国家全体の命運が、シリコンバレーの成功にかかっていたのである。

# 第III部

# 日本の台頭

第15章

# 成功しすぎた日本

「あなたが例の論文を書いて以来、私の人生は地獄ですよ！」[1]。ある半導体のセールスマンが、ヒューレット・パッカード（ＨＰ）の経営幹部のリチャード・アンダーソンに愚痴をこぼした。業界一厳しいといわれる同社の基準を満たすチップを判断するのが、彼の仕事だった。

１９８０年代は、アメリカの半導体部門全体にとって地獄のような10年間だった。シリコンバレーはすっかり世界のテクノロジー業界の雄《ゆう》のような気分でいたが、20年間にわたる急成長は止まり、今では存亡の危機と向き合っていた。日本との熾烈な競争である。

１９８０年3月25日、ワシントンの由緒あるメイフラワー・ホテルで開かれた業界会議で、アンダーソンが舞台に上がると、聴衆は固唾《かたず》をのんで彼の話に耳を傾けた。全員が彼に自社の半導体を売りつけようと考えていたからだ。彼の勤めるＨＰは、スタンフォード大学の卒業生のデビッド・パッカードとウィリアム・ヒューレットがパロアルトのガレージで電子機器をいじり始めた1930年代に、シリコンバレーの新興企業《スタートアップ》という概念を発明した会社として知られる。その会社が今では、アメリカ最大のテクノロジー企業のひとつ、そしてアメリカ最大の半導体の買い手のひとつになっていた。

チップに関するアンダーソンの購入判断は、ひとつの半導体メーカーの社運を左右するほどの影響力を持っていたが、シリコンバレーのセールスマンたちは、彼との接待を禁じられていた。「昼食の誘いに応じることはたまにあったがね」と彼は恐縮した様子で認めた。しかし、彼こそがほとんどの人にとっての最重要顧客であるHPの門番であることは、シリコンバレーでは周知の事実だった。彼はその仕事を通じて、各企業の業績も含めた半導体業界の全景を見渡すことができる立場にいた。

今や、インテルやテキサス・インスツルメンツなどのアメリカ企業に加えて、東芝やNECといった日本企業までもがDRAMチップをつくっていたが、日本企業のことを深刻にとらえる者はシリコンバレーにほとんどいなかった。アメリカの半導体メーカーを経営するのは、ハイテクを発明した張本人たちだった。

彼らは冗談で、日本のことを「カシャ、カシャ」の国、と呼んだ。[2] 日本の技術者たちが、アイデアを〝丸写し〟するために半導体会議へと持ち込むカメラのシャッター音になぞらえた表現だ。アメリカの大手半導体メーカーが日本のライバル企業との知的財産訴訟をいくつも抱えているという事実は、シリコンバレーのほうがまだかなり先を走っている証拠としてとらえられた。

しかし、HPのアンダーソンは、東芝やNECを深刻にとらえていただけではなかった。日本製のチップをテストした結果、アメリカの競合企業よりはるかに高品質だという事実に気づいてしまったのである。

彼の報告によれば、3社の日本企業のうち、最初の1000時間の使用で故障率が0・02%を上回った企業はひとつもなかった。対して、3社のアメリカ企業の故障率は最低でも0・09%。つまり、アメリカ製のチップのほうが4・5倍も故障が多い、ということになる。最下位のアメリカ企業は、故障率が0・26%にもおよんだ。これは日本の平均の10倍以上悪い数字だ。[3] 性能は同じ。価格も同じ。でも故障ははるかに多い。いったい誰がそんなものを買うというのか?

高品質で超効率的な日本の競合企業からプレッシャーを受けていたアメリカの産業は、半導体産業だけではなかった。終戦直後は、「メイド・イン・ジャパン」といえば「安物《チープ》」と同義語だった。しかし、この安物という評判をはねのけ、アメリカ企業と同じくらい高品質な製品というイメージに置き換えたのが、ソニーの盛田昭夫のような起業家たちだ。彼のトランジスタ・ラジオはアメリカの経済的な卓越性にとって初めて重大な脅威となり、その成功から自信を得た盛田や日本の同志たちは、目標をいっそう高く定めた。こうして、自動車から製鉄まで、アメリカの産業は日本との激しい競争にさらされることになる。

1980年代になると、家電製品づくりはすっかり日本のお家芸となり、ソニーがその先頭に立って新たな消費者向け商品を続々と発売し、アメリカのライバル企業から市場シェアをもぎ取っていった。最初、日本企業は、アメリカのライバル企業の製品をまね、それをより高品質、より低価格で製造することによって成功を築いた。

実際、イノベーションを得意とするのがアメリカなら、それを取り入れて活かすのに秀でているのが日本人だ、という考えを強調する日本人もいた。「わが国にはノイス博士もショックレー博士もいない」とある日本人ジャーナリストは記した。

現実には、日本人のノーベル賞受賞者の数は着々と増え始めていたのに、著名な日本人たちが、特にアメリカ人の聴衆に向けて話をするとき、自国の科学的な成功を卑下し続けた。ソニー中央研究所所長で、有名な物理学者の菊池誠は、アメリカのジャーナリストに対してこう語ったことがある。日本には、「飛び抜けたエリートたち」を擁するアメリカと比べて天才が少ない。しかし、アメリカには、「標準的な知的水準に満たない」人々もまた「長く尾を引いている」。日本が量産を得意とするのはそのためだ、と彼は説明した。[4]

アメリカの半導体メーカーは、イノベーションの面でアメリカが優位である、という菊池の意見が正しいと信じて疑わなかった。それとは正反対のデータを目の前に積み上げられてもなお、である。日本は「イノベーター」というより「実行者」である、という説を否定する何よりの証拠が、菊池の上司であるソニーCEOの盛田だった。彼は人まねが二流の地位や平凡な利益率の元凶だと考え、最高のラジオやテレビをつくるだけでなく、まったく新しい種類の製品を想像するよう技術者たちを鼓舞した。

1979年、アンダーソンがアメリカ製チップの品質問題についてプレゼンテーションを行なうわずか数カ月前、ソニーが同社の5つの最先端の集積回路を組み込み、音楽業界に革命を巻き起こした携帯音楽プレーヤー「ウォークマン」を発売する。[5]

たちまち、世界中のティーンエイジャーが、シリコンバレーで発明され日本で開発された集積回路のおかげで、お気に入りの音楽をポケットに入れて持ち歩けるようになった。こうして、世界で3億8500万台を売り上げたソニーのウォークマンは、史上もっとも人気のある家庭用電子機器のひとつへとのぼり詰める。[6]これはまぎれもないイノベーションだ。そして、それをつくったのは日本だった。

戦後、日本がトランジスタのセールスマンへと転身するのを後押ししたのはアメリカだ。アメリカの占領軍がトランジスタ発明に関する知識を日本の物理学者たちに移転する一方、アメリカ政府の政策立案者たちはソニーなどの日本企業がアメリカ市場でスムーズに製品を販売できるよう取り計らった。日本を民主的な資本主義国に生まれ変わらせるという当初の目的は、成功を収めたのだ。いや、むしろ成功しすぎてしまったのではないか。日本企業に力を与える戦略が、勢い余ってアメリカの経済的・技術的な優位性を傷つけている。一部のアメリカ人にはそう映った。

ゼネラル・エレクトリックの経営幹部として生産ラインの管理を試み、自身をかたどった人形を燃やされる結果となったチャールズ・スポークは、日本の生産性の高さに目を瞠《みは》ると同時に、驚きを抱いた。彼はフェアチャイルドで半導体産業に足を踏み入れたあと、同社を去り、当時のメモリ・チップ大手のナショナルセミコンダクターを率いることになる。

超効率的な日本のライバル企業は、まちがいなく彼を廃業へと追いやるように思えた。彼は組立ライン労働者から効率性を搾り出す能力で名声を勝ち取ったが、日本の生産性は彼のもとで働く労働者ではとうてい成し遂げられないほどの高さだった。

そこで、スポークは、工場の現場監督や組立ライン労働者たちを数カ月間、日本に派遣し、半導体工場を回らせた。彼らがカリフォルニアに戻ってくるなり、スポークは彼らの体験を映画に収めた。報告によれば、日本の労働者たちは「驚くほど会社思い」で、「工場の現場監督は家族よりも会社を優先していた」という。日本の上司たちには、人形にされて燃やされる心配などなかった。「美しい物語」だった、とスポークは言う。「われわれの従業員全員がすぐに悟った――これは厳しい競争になるぞ、と」[7]

# 第16章 日米経済戦争

「この戦いはフェアじゃない」とアドバンスト・マイクロ・デバイセズ（AMD）CEOのジェリー・サンダースは不平をこぼした。「断じてね」。彼は戦いに関しては思うところがあった。18歳のころ、彼は郷里であるシカゴのサウス・サイドで乱闘に巻き込まれ、死にかけたことがある。ごみ箱のなかで倒れているところを発見された彼は、聖職者に臨終《りんじゅう》の秘跡（死ぬ間際の人に対して行なわれるキリスト教の儀式）を施されたのだが、3日後、奇跡的に昏睡状態から目を醒ましたという。

やがて、フェアチャイルドセミコンダクターで営業およびマーケティングの仕事をつかんだ彼は、退職してインテルを創設する前のロバート・ノイス、ゴードン・ムーア、アンディ・グローブと一緒に働くことになる。謙虚な技術者ばかりの同僚たちに対し、サンダースはこれ見よがしに高級腕時計を着け、ロールス・ロイスを乗り回していた。

彼は毎週、自宅のある南カリフォルニアからシリコンバレーまで自動車で通勤していた。というのも、ある同僚の記憶によれば、サンダース夫妻が心から安らげるのはベル・エアの自宅にいるときだけだったからだという。
１９６９年に自身の半導体メーカーのＡＭＤを創設したあと、彼はその後の30年間の大部分を、知的財産をめぐるインテルとの法的な闘争に費やすこととなる。「私は戦いから逃れられない性分なのかもしれない」と彼はあるジャーナリストに打ち明けた。[1]
「当時の半導体産業は信じられないくらい競争が熾烈だった」と振り返るのは、アジア全域への半導体の組立のオフショアリングを率いた経営幹部のチャールズ・スポークだ。「殴れ、戦え、ぶっつぶせ、とばかりにね」[2]。彼はそう説明しながら、両手の拳同士を打ちつけた。プライド、特許、大金をかけた半導体メーカー同士の戦い。それは個人戦に発展することも少なくなかったが、それでも全員に成長の行き渡る余地が十分にあった。
ところが、日本の競合企業はまったく別の生き物に見えた。日立製作所、富士通、東芝、ＮＥＣが成功すれば、半導体産業がそっくりそのまま太平洋の反対側に移るだろう、と彼は思っていた。「ＧＥではテレビの開発に取り組んでいたが、今でもその工場のそばを車で通りかかると、相変わらずがらんとしている……」とスポークは警告した。「われわれは同じ危険性があるのをわかっていたし、絶対に二の舞は演じまいと誓った」。仕事、財産、遺産、プライド、そのすべてがかかっていた。「われわれは日本との戦争状態にある」と彼は訴えた。「銃や弾薬ではなく、テクノロジー、生産性、品質をめぐる経済戦争だ」[3]

スポークは、シリコンバレー内部の闘争をフェアな戦いだと見ていたが、日本のDRAMメーカーについては、知的財産の窃取、市場の保護、政府の補助金、安価な資本から不当に利益を得ている、と考えていた。スパイ行為に関していうと、彼の考えにも一理あった。1981年11月の底冷えする朝、日立社員の成瀬《なるせ》淳《じゅん》は、午前5時にコネチカット州ハートフォードのホテルのロビーにやってくると、日立への企業秘密の提供を約束するグレンマーという企業の〝コンサルタント〟に札束入りの封筒を手渡し、代わりにIDバッジを受け取った。そのバッジで、彼は航空会社プラット・アンド・ホイットニーが運営する極秘の施設に入り、同社の最新コンピュータの写真を撮った。

写真撮影後、西海岸にいる成瀬の同僚である林健治《はやしけんじ》は、グレンマーに「コンサルティング・サービス契約」を持ちかける手紙を送る。日立の上級幹部たちは、関係継続のためグレンマーに50万ドルを支払うことを承認した。ところが、グレンマーというのは実は囮《おとり》会社で、その社員はFBIの捜査官たちだった。日立の数名の社員が逮捕され、『ニューヨーク・タイムズ』紙のビジネス欄でトップ記事として扱われると、「日立は罠にかかったようだ」とグレンマーのスポークスマンは決まりが悪そうに認めた。[4]

日立だけではなかった。三菱電機も同様の告発に直面した。日本のスパイ行為や欺瞞《ぎまん》への告発が渦巻いたのは、半導体やコンピュータの分野だけではなかった。1980年代中盤には世界随一のDRAMメーカーとなっていた財閥系企業の東芝は、潜水艦の静音性を高める機械をソ連に販売したという嫌疑に対し、長年抗弁を繰り広げた（のちに、事実と判明）[5]（東芝機械ココム違反事件のことで、当時は自由主義諸国のあいだで共産圏への軍事技術の輸出が規制されていた）。東芝のソ連製潜水艦の一件と同社の半導体事業のあいだに直接の関係はなかったが、多くのアメリカ人は潜水艦の一件を、日本の不正取引のさらなる証拠としてとらえた。[6]

日本の違法な産業スパイ行為の実証例が少なかったことは事実だ。しかし、それは企業秘密の窃取が日本の成功において小さな役割しか果たしていない、という証《あかし》なのか？　それとも、むしろ日本企業がスパイ技術に長《た》けていたという証拠なのか？

ライバルの工場に忍び込むのは違法だったが、競合相手を監視し続けるのは、シリコンバレーでは日常茶飯事だった。それから、従業員、アイデア、知的財産を盗んだとしてライバルを告発するのも。第一、アメリカの半導体メーカーは絶えず訴訟合戦を繰り広げていた。

たとえば、フェアチャイルドとテキサス・インスツルメンツのあいだで、集積回路の発明者はノイスなのかジャック・キルビーなのかという問題が決着するまで、10年もの歳月を要したのである。

また、半導体メーカーは、経験豊富な労働者だけでなく競合他社の生産工程に関する知識まで入手しようと、ライバル企業の花形技術者をたびたび横取りしていた。実際、ノイスとムーアはショックレー半導体研究所を去り、フェアチャイルドを立ち上げ、さらに同社を去ってインテルを創設したとき、グローブを含む何十人というフェアチャイルドの従業員を引き抜いた。フェアチャイルドは訴訟も検討したが、半導体産業を築いた天才たちが相手では勝ち目が少ないと判断し、あきらめた。つまり、ライバルを監視し、模倣するというのは、シリコンバレーのビジネスモデルの要《かなめ》だったのだ。それと日本の戦略のどこがちがうだろう？

スポークとサンダースは、日本企業が保護された国内市場から不当な恩恵を受けている、とも指摘した。日本企業はアメリカへの販売が許されているのに、シリコンバレーは日本で市場シェアを獲得するのに苦労していた。１９７４年まで、日本はアメリカ企業が日本国内で販売できるチップの数に制限を課していた。ソニーなどの企業は全世界で販売されるテレビやビデオデッキに半導体を組み込んでいたため、日本は世界の半導体の4分の1を消費していたにもかかわらず、制限が撤廃されたあとも、日本企業はシリコンバレーからほとんどチップを購入しないままだった。

日本の国営独占電話会社の日本電信電話公社（現ＮＴＴ）のように、ほとんど国内業者からしか半導体を購入しない日本の大企業もあった。それは表向きにはビジネス上の意思決定だったが、電電公社は当時国有だったので、政治が一定の役割を果たしていた可能性が高い。日本におけるシリコンバレーの市場シェアの低さにより、何十億ドルという売上がアメリカ企業の手からこぼれ落ちていた。[7]

加えて、日本政府は半導体メーカーへの助成も行なった。反トラスト法の影響で半導体メーカー同士が手を組みたがらないアメリカとはちがって、日本政府は企業間協力を積極的に促した。こうして１９７６年に発足したのが、政府が予算の半分近くを拠出した研究団体、超ＬＳＩ技術研究組合である。[8]アメリカの半導体メーカーはこの組合を日本の不当な競争の証拠に挙げたが、超ＬＳＩ技術研究組合の年間７２００万ドルという研究開発予算は、実はテキサス・インスツルメンツの研究開発予算とほぼ同額だったし、モトローラより少ないくらいだった。

さらに、アメリカ政府自身もまた半導体の支援に深くかかわっていた。ただし、アメリカ政府による資金提供はＤＡＲＰＡからの助成金という形を取った。ＤＡＲＰＡとは、投機的な技術に投資を行ない、半導体製造のイノベーションを金銭面で大きく支えてきた国防総省《ペンタゴン》の一部門である。

サンダースは、シリコンバレーがもっとも不利な点は資本コストの高さだと見ていた。「日本人は6%、あるいは7%くらいの金利で資本を調達している。しかし、私は好況時には18%も支払っているのだ」と彼は不満をこぼした。[9]

先進的な製造工場の建設には途方もない費用がかかるので、金利は非常に重大な問題だ。おおよそ1、2年おきに次世代の半導体が登場しては、新たな工場や装置が必要になった。その一方で、1980年代、連邦準備制度がインフレ抑制を試みると、アメリカの金利は21・5%まで上昇した。

対照的に、日本のDRAMメーカーの資本コストはそれよりもはるかに低かった。日立や三菱といった半導体メーカーは、巨大財閥の一部であり、巨額の長期融資を提供してくれる銀行との関係が深かった。たとえ日本企業に利益が出ていなくても、銀行が返済期間を延長してそうした企業を生き延びさせた。アメリカの金融機関なら、とっくのとうにそういう企業を破産に追いやっただろう。[10]

また、日本社会は、巨額の貯蓄を生み出しやすい構造になっていた。戦後のベビー・ブームとひとりっ子家庭への急速な転換により、ただでさえ数の多い中年の世帯が、老後に向けた貯蓄に精を出したからだ。日本社会の頼りないセーフティ・ネットも、貯蓄のいっそうの刺激になった。一方、株式市場などへの投資の厳しい制限によって、国民は銀行口座に現金を蓄える以外の選択肢をほとんど持たなかった。その結果、現金余りの状態となった銀行は、低金利でローンを延長したのである。日本企業はアメリカ企業より多くの負債を抱えていたが、それでもアメリカより低金利でお金を借りられたわけだ。[11]

この安価な資本を武器に、日本企業は市場シェアをめぐる容赦ない戦いを始める。アメリカの一部のアナリストたちが描く協力的なイメージとは裏腹に、東芝や富士通などの企業も互いに激しい争いを繰り広げた。しかし、無尽蔵に近い銀行融資を得られた日本企業は、損失を垂れ流しつつも、競合企業が破産するのをじっと待つことができた。

１９８０年代初頭、日本企業はアメリカ企業より6割も多く生産設備に投資を行なったが、半導体産業の誰もが殺人的な競争にさらされ、大きな利益を上げられる者は皆無に近かった。そんななか、日本の半導体メーカーは投資と生産を続け、どんどん市場シェアを奪っていった。

その結果、64ＫビットＤＲＡＭチップが発売されてから5年後、その10年前にＤＲＡＭチップを発明したインテルは、世界のＤＲＡＭ市場で１・７％のシェアしか獲得できていなかった。[12] 一方、日本企業の市場シェアはうなぎのぼりだった。

シリコンバレーが市場から締め出されると、日本企業はここぞとばかりにＤＲＡＭ生産を強化しにかかる。１９８４年、日立は自社の半導体事業に対し、10年前の15億円から大幅増となる８００億円の設備投資を行なった。東芝は同期間で30億円から７５０億円、ＮＥＣにいたっては35億円から１１００億円への増額だ。１９８５年、日本企業は世界の半導体設備投資の46％を占めた。対するアメリカは35％だ。１９９０年になると、この数字はさらに一方的となり、日本企業が半導体の製造工場や製造装置への全世界の投資額の半分を占めるようになった。銀行が喜んで費用を負担してくれるかぎり、日本のＣＥＯたちは次々と新工場を建設し続けた。[13]

日本の半導体メーカーは、この戦いにアンフェアなところなんてひとつもない、と主張した。アメリカの半導体メーカーも、特に軍需契約を通じて、政府から潤沢な支援を受けているではないか、と。いずれにせよ、半導体を消費するヒューレット・パッカードのようなアメリカ企業の目の前には、日本製のチップのほうが単純に高品質である、という厳然たる証拠があった。その結果、１９８０年代、日本製のＤＲＡＭチップの市場シェアは年々上昇を続けた。

　その煽りを食ったのがアメリカのライバル企業だ。アメリカの半導体メーカーの予測する終末がどうあれ、日の丸半導体の躍進は止められないように見えた。じきに、シリコンバレー全体が置き去りにされ、死を待つ身となるだろう。サウス・サイドのごみ箱に放置された10代のサンダースのように……。

第17章

# 「最高に熱いハイテク企業」、日本に敗れる

日本という暴れ馬がアメリカのハイテク産業を破壊し尽くすなか、手を焼いていたのはＤＲＡＭチップ・メーカーばかりではなかった。そうしたメーカーへの供給業者も同じく苦境にあえいでいた。１９８１年、ＧＣＡはアメリカで「最高に熱いハイテク企業」ともてはやされ、ムーアの法則を実現する装置の販売で急成長を遂げていた。[1]

物理学者のジェイ・ラスロップが初めて顕微鏡を上下逆さまにし、フォトレジストの上に光を照射して、半導体ウェハー上にパターンを〝プリント〟してからの20年間で、このフォトリソグラフィ工程はずっと複雑になった。ロバート・ノイスがフェアチャイルドの即席のフォトリソグラフィ装置をつくるため、映画用カメラのレンズを探してカリフォルニアの国道１０１号線をおんぼろ自動車で北に南に走り回っていた日々は、遠い昔になっていた。[2] 今やフォトリソグラフィは一大ビジネスとなり、１９８０

年代を迎えた時点でその頂点に君臨していたのがＧＣＡだった。

フォトリソグラフィは、ラスロップの上下逆さまの顕微鏡の時代よりはるかに精密になっていたものの、原理は相変わらずだった。マスクとレンズを通して光を照射すると、マスクに描かれた形状が、フォトレジストという化学薬品で覆われたシリコン・ウェハー上に縮小して投射される。感光すると、フォトレジストが光と反応し、洗い流せる状態となり、シリコン・ウェハー上に微細な凹《くぼ》みができる。この穴に新しい材料を流し込むと、シリコン上に回路ができあがる。あとは、特殊な化学薬品でフォトレジストを除去すれば、完璧な形状の回路がウェハー上に残るという仕組みだ。

集積回路をつくるには、リソグラフィ、成膜、エッチング、研磨を、5回、10回、または20回と繰り返さなければならないことも多く、そうすることで幾何学的なウェディング・ケーキのような多層構造が完成する。トランジスタの微細化にともない、化学薬品から、レンズ、そしてシリコン・ウェハーと光源を完璧に位置合わせするレーザーまで、リソグラフィ工程の各部分がどんどん複雑になっていった。

世界をリードするレンズ・メーカーといえば、ドイツのカール・ツァイスと日本のニコンが代表的だったが、アメリカにもレンズ専門のメーカーが何社かあった。コネチカット州ノーウォークの小さなメーカー、パーキンエルマーは、第二次世界大戦中に米軍用の爆撃照準器、冷戦中に人工衛星や偵察機用のレンズをつくっていたが、同じ技術を半導体のリソグラフィに応用できると気づくと、シリコン・ウェハーとリソグラフィの光源をほぼ完璧な精度で位置合わせできるスキャナを開発した。

この技術は、光をシリコンへと狙いどおり正確に照射するのに欠かせなかった。この装置は、コピー機のようにウェハー全体へと光を移動させながら、まるで光の線を使ったお絵描きのように、フォトレジストが塗布されたウェハーを露光させていく。パーキンエルマーのスキャナは、加工寸法が幅1ミクロン（100万分の1メートル）に迫るチップをつくることができた。

パーキンエルマーのスキャナは1970年代終盤のリソグラフィ市場を独占したが、1980年代になると、空軍将校上がりの地球物理学者、ミルトン・グリーンバーグ率いるGCA社にすっかり立場を奪われていた。[3] 野心的で、負けん気が強く、口の悪い天才だった彼は、第二次世界大戦後、ロックフェラーから開業資金を調達して空軍仲間のひとりとGCAを創設した。

軍の気象学者として訓練を積んだ彼は、大気に関する知識や空軍のコネを軍需企業の仕事に活かし、測定やソ連の写真撮影に使われる高高度気球などの装置を生産した。[4]

たちまち、グリーンバーグの野望はいっそう高く飛翔した。半導体産業の成長は、巨額のマネーが、特殊な軍需契約ではなく大衆市場に眠っていることを証明した。彼は、軍事偵察に有効な自社のハイテク光学機器を市販のチップに取り入れられないか、と考えた。

1970年代の業界会議で、GCAが半導体メーカー向けのシステムを宣伝していると、テキサス・インスツルメンツのモリス・チャンがGCAのブースに歩み寄り、同社の装置を見てこうたずねた。ウェハーの全長にわたって光をスキャンするのではなく、装置をワンステップずつ移動させながら、シリコン・ウェハー上の各チップを露光させることはできないか？[5]

この装置、その名も「ステッパー」は、既存のスキャナよりもはるかに高精度なものになるだろう。ステッパーはまだ開発されていなかったが、GCAの技術者たちは、高解像度な画像化とトランジスタの微細化を実現するステッパーの開発に自信をのぞかせた。

そして、数年後の1978年、GCAは史上初のステッパーを発売する。[6] すると、注文が続々と舞い込み始めた。ステッパーの発売前、GCAは軍需契約で年間5000万ドル以上の収益を上げたことがなかったが、それが今では、とてつもない価値を持つ装置を独占していた。収益はたちまち3億ドルに達し、同社の株価は高騰した。[7]

しかし、日本の半導体産業が隆盛をきわめるにつれて、GCAはじりじりと優位性を失い始める。CEOのグリーンバーグは、やり手の実業家のような顔をしていたが、日に日に経営よりも政治家たちとの親交にふけるようになっていった。挙げ句の果てには、1980年代初頭の半導体ブームが永遠に続くと信じて疑わず、新たな巨大製造工場の建設に乗り出してしまう。

たちまち、コストは収拾不能に陥り、在庫管理はずさんになった。あるときなど、100万ドル相当の精密レンズがクロゼットに置き忘れられているのを見かけた従業員もいる。やがて、経営幹部たちが会社のクレジット・カードで高級車のコルベットを買いあさっている、という噂まで広まった。グリーンバーグの創設パートナーのひとりは、会社が「酔っぱらった船乗り」のごとくお金を使いまくっていたことを認めた。[8]

こうしたGCAの放蕩《ほうとう》は、最悪の時期と重なった。半導体産業は猛烈に移り変わりが激しく、需要が増加すれば好景気に沸き、需要が収まれば停滞する。ロケット科学者でなくても（GCAには何人かいたが）、1980年代初頭のブームのあとに停滞が待っていることなど容易に予測がついた。しかし、グリーンバーグは耳を貸そうとしなかった。ある従業員の記憶によれば、「彼はこれから〝停滞がやってくる〟というマーケティング部門の意見に耳を傾けなかった」という。

こうして、GCAは事業を拡張しすぎた危険な状態で1980年代中盤の半導体不況を迎えるのである。リソグラフィ装置の世界的な売上は1984年から1986年にかけて4割減少し、GCAの収益も3分の2以上減った。「有能なエコノミストが社員にいれば、こういう事態は予測できたかもしれない」とある従業員は振り返った。「だが、いなかった。いたのは、ミルトンだ」[9]

市場が低迷すると、GCAは世界唯一のステッパー・メーカーとしての地位も失ってしまう。もともと、日本のニコンは、GCAのパートナーとして、同社のステッパー向けの精密レンズを供給していた。ところが、グリーンバーグはニコンと関係を断ち、ニューヨークに拠点を置くレンズ・メーカー、トロペルの買収を決めた。

トロペルはU－2偵察機用のレンズをつくっていたが、GCAの求める高品質なレンズを量産するのには苦労した。一方で、GCAの顧客サービスもまた劣化した。あるアナリストによれば、同社の態度はまるで「うちの製品を買ってくれ。あとは知らない」と言わんばかりだったという。同社の従業員たちでさえ、「顧客がうんざりしている」ことを認めるほどだった。[10]

まさに独占企業だけが許される殿様商売そのものだったが、GCAはもう独占企業などではなかった。グリーンバーグがニコン製レンズの購入をやめると、ニコンは独自のステッパーの開発を決意する。GCAからステッパーを入手し、事細かに分析して再現すると、あっという間にニコンは市場シェアでGCAを上回った。

多くのアメリカ人は、GCAがリソグラフィ分野でトップの地位を明け渡したのは、日本の産業補助金のせいだと訴えた。日本のDRAMチップ・メーカーを押し上げた同国の超LSI技術研究組合が、ニコンのような装置メーカーも後押ししたのは事実だ。日米の企業がお互いの政府の不公平な支援について非難し合うと、両国の商業関係は風雲急を告げた。

しかし、ＧＣＡの従業員たちは、同社が世界トップレベルの技術を擁しながらも、量産の面で苦労していたことを認めた。精密な製造は絶対不可欠だった。リソグラフィはあまりにも精密な技術なので、雷雨が通過して気圧が変化し、光の屈折角が少しずれただけでも、チップ上に刻まれる画像が歪んでしまうのだ[11]。

年間何百台というステッパーをつくるには、製造や品質管理へのレーザー並みの集中が必要になる。しかし、ＧＣＡの上層部が神経を集中させていたのは、別の場所だった。

当時は、ＧＣＡの衰退を、日本の台頭とアメリカの凋落《ちょうらく》に関する象徴的な寓話として解釈するのが一般的だった。一部のアナリストたちは、まず製鉄に始まり、次に自動車を苦しめ、今やハイテク産業にまで広がろうとしている製造分野の幅広い衰退の証拠ととらえた。

１９８７年、生産性や経済成長の研究を開拓してノーベル賞を受賞したマサチューセッツ工科大学（ＭＩＴ）の経済学者、ロバート・ソローは、半導体産業が「不安定な構造」に苦しめられている、と主張した。従業員は企業を転々とし、企業は働く人々への投資をないがしろにしていた。技術の進歩ではなく富や名声ばかりを追い求めるシリコンバレーの「ペーパー経営者」たちの存在を嘆いたのが、著名な経済学者のロバート・ライシュだ。実際、アメリカの大学では「理工系課程はすたれつつある」と彼は指摘した[12]。

アメリカの半導体メーカーを襲ったＤＲＡＭの悲劇は、ＧＣＡの市場シェアの崩壊と少なからず関連していた。シリコンバレーを出し抜いた日本のＤＲＡＭメーカーは、日本国内の装置メーカーから製品を購入するほうを選んだ。そのことがニコンの追い風となり、ＧＣＡの逆風となったのはまぎれもない事実である。

しかし、ＧＣＡの問題の大半は、元はといえば信頼性の低い装置やお粗末な顧客サービスといった内部事情に端を発していたのだ。日本の巨大複合企業のほうがアメリカの小さな新興企業《スタートアップ》より製造に秀でている理由を説明するのに、学者たちは手の込んだ屁理屈をこねたが、現実は平凡だ。ＧＣＡは顧客の声に耳を傾けなかったが、ニコンは傾けた——ただそれだけのことなのだ。

ＧＣＡとつき合いのあった半導体メーカーは、同社のことを「傲慢」だとか、「対応が悪い」などと表現した。[13] 日本企業について同じことを言う者などいなかった。

そのため、１９８０年代中盤になるころには、ニコンのシステムのほうがＧＣＡよりもはるかに高性能になっていた——たとえ雲ひとつない日でも。ニコン製の装置のほうが圧倒的に歩留まり《ぶど》〔良品の割合〕は高く、故障は少なかった。

たとえば、ＩＢＭは、ニコン製のステッパーに切り替える前、平均75時間使用するたびに装置の運転を停止して調整や修理を行なう必要があった。一方、ニコンの顧客の平均連続使用時間はなんとその10倍におよんだ。[14]

ＧＣＡのＣＥＯのグリーンバーグは、結局会社再建の方法を見つけられなかった。追放されるその日まで、自社の問題のどれだけ多くが内部の問題なのかに気づかなかったのだ。彼がファースト・クラスの座席でブラッディ・マリーを飲みながら、世界中をトップ・セールスで飛び回っていたころ、顧客たちはGCAが「ジャンク品を出荷している」と思っていた。

一方の従業員たちは、彼がウォール街の言いなりになり、ビジネスモデルと同じくらい株価を気にしていることに不満を漏らした。年末の数字を帳尻合わせするため、顧客と共謀して、12月にユーザーズ・マニュアルだけが入った空箱を出荷し、翌年に装置本体を納品する、なんてこともしょっちゅうだった。

しかし、会社の市場シェアの低下のほうは、さすがにごまかしきれなかった。1978年時点では、GCAを筆頭として、アメリカの企業が半導体リソグラフィ装置の世界市場の85%を占めていた。10年後、シェアは50%まで減少していた。しかし、反転攻勢に出るためのプランが、GCAには存在しなかった。[15]

こともあろうに、グリーンバーグ本人はといえば、批判の矛先を従業員たちに向けた。「両手で耳を覆いたくなるような罵り言葉を連発していた」とある部下は振り返る。別の部下は、会社のカーペットが傷つくという理由で、ハイヒール禁止が決まったのを思い出した。社内の緊張が高まると、受付係が同僚たちと相談して暗号を考えた。グリーンバーグが社内にいるときはある箇所のシーリング・ライトをつけておき、いなくなったら消すのだ。彼の外出中だけは、みんなの心が少し安らいだという。[16] しかし、そんなつけ焼き刃の手段では、アメリカを代表するリソグラフィ装置メーカーが危機へとまっしぐらに向かうのは止められなかった。

第18章

# 「1980年代の原油」と化した半導体

パロアルトの肌寒い春の夜、仏塔風の斜め屋根のもとに、ロバート・ノイス、ジェリー・サンダース、チャールズ・スポークの3人が集まった。[1] 中国料理店「ミンズ」は、シリコンバレーの昼食会には欠かせない店だった。しかし、アメリカのテクノロジー業界の雄《ゆう》たちは、店の名物料理である中国風チキンサラダを食べるためにそこに集まったわけではない。

3人はいずれもフェアチャイルドでキャリアを開始した。先見の明を持つテクノロジー専門家、ノイス。カリスマ性のあるマーケター、サンダース。もっと速く、もっと安く、もっと正確につくるよう従業員たちに発破をかける製造業界のボス、スポーク。それから10年後、3人はアメリカの3大半導体メーカーのCEOとしてしのぎを削る関係になっていた。

しかし、日本の市場シェアの拡大にともない、3人は再び団結するときが来たと悟った。何せ、危機に瀕しているのはアメリカの半導体産業の未来なのだ。3人はミンズの個室のテーブルに身を寄せ合い、アメリカの半導体産業を救うための新たな策を練った。政府に見切りをつけてから10年、彼らはワシントンに再び助けを求めようとしていた。

半導体は「1980年代の原油」だ、とサンダースは言った。「その原油を支配する者こそがエレクトロニクス産業を支配するだろう」[2]。アメリカ随一の半導体メーカーであるAMDのCEOだった彼には、自社の主力製品を「戦略的に重要」だと表現する利己的な理由がごまんとあった。

しかし、それは嘘だろうか？　1980年代を通じて、アメリカのコンピュータ産業は急速に拡大した。PCは人々の自宅やオフィスへと手軽に導入できるほど小型で、安価なものになり、あらゆる企業がPCに頼るようになった。だが、集積回路がなければ、コンピュータは動かない。1980年代を迎えるころには、飛行機、自動車、ビデオカメラ、電子レンジ、ソニーのウォークマンもそうなっていた。今や、アメリカ人全員が自宅や自動車に半導体を所有し、多くの人が毎日何十個という半導体の世話になっていた。

原油と同じで、それなしでは生きていくことなど不可能だった。そんな製品を「戦略的に重要」と呼ぶことのどこがまちがいだろう？　アメリカが、「半導体産業のサウジアラビア」になりつつある日本について憂慮するのは当然ではないか？[3]

1973年と1979年の石油危機は、外国の生産に頼るリスクを多くのアメリカ国民にまざまざと知らしめた。イスラエルを支援したアメリカへの制裁として、アラブ諸国の政府が石油の輸出を禁止すると、アメリカ経済は厳しい不況へと突入し、10年間にわたるスタグフレーションと政治的危機が続いた。

当然ながら、アメリカの外交政策の目は、ペルシア湾と石油供給の確保に釘づけとなった。ジミー・カーター大統領は同地域を「アメリカ合衆国にとっての死活的利害」のひとつだと宣言したし、ロナルド・レーガンはアメリカ海軍にペルシア湾を出入りする石油タンカーの護衛を命じた。ジョージ・H・W・ブッシュは、クウェートの油田を解放することを目的のひとつに、イラクとの戦争を始めた。石油を「戦略的」な物資と述べたアメリカは、その主張を軍隊の派遣で裏づけたのだ。

サンダースは、シリコンの供給を確保するために、世界の反対側に海軍を派遣するよう政府に求めていたわけではない。しかし、政府は苦しむ自国の半導体メーカーに手を差し伸べる方法を見つけるべきではないか？

１９７０年代、軍需契約の代わりに民間のコンピュータ市場や電卓市場に目をつけ、政府にすっかり見切りをつけたシリコンバレーの企業たちが、１９８０年代になると、再びおずおずとアメリカ政府にすり寄ったのである。

ミンズでの食事を終えたサンダース、ノイス、スポークの３人は、ほかのＣＥＯたちと手を結び、アメリカ政府に半導体産業の支援を働きかけるロビー団体「米国半導体工業会」を結成した。

サンダースが半導体を「原油」と表現したとき、国防総省《ペンタゴン》はその言葉の意味するところが正確にわかっていた。実際、半導体は原油よりいっそう戦略的な製品だった。

国防総省の当局者たちは、半導体が米軍の優位性にとってどれだけ重要かを理解していた。半導体技術を使って冷戦時代のソ連の優位性を〝相殺《オフセット》〟するというのが、ノイスの合唱パートナーであるウィリアム・ペリーが国防総省の研究・工学担当国防次官を務めていた1970年代中盤以来のアメリカの戦略だった。

アメリカの軍需企業は、最新の航空機、戦車、ロケットになるべく多くのチップを組み込み、誘導、通信、指揮統制を向上させるよう指示されていた。軍事力を生み出すという点では、この戦略はペリー以外の誰もが思う以上に効果があった。

ただ、ひとつだけ問題があった。ペリーは、ノイスやシリコンバレーの同業者たちが、半導体産業の王者に君臨し続けるものだとばかり思っていた。しかし、1986年、日本がチップの生産数でアメリカに追いついた。

1980年代末を迎えるころには、日本は世界のリソグラフィ装置の7割を供給していた。ジェイ・ラスロップが米軍の研究所で発明したリソグラフィ産業において、アメリカのシェアは21％まで下落していた。

ある国防総省の当局者はリソグラフィについて、「これを手放すわけにはいかない。でなければ、機密性の非常に高い製品をつくるのに、海外のメーカーにまるまる頼るはめになるだろう」と『ニューヨーク・タイムズ』紙に語った。[4] しかし、1980年代中盤の傾向が続くとしたら、日本がDRAM産業を支配し、アメリカの主要メーカーを続々と廃業に追いやるのは目に見えていた。

もしかすると、アメリカは、アラブ諸国による禁輸措置がピークを迎えていたときの石油以上に、外国製のチップや半導体製造装置に依存するはめになるかもしれない。突如として、インテルやGCAなどのアメリカ企業を弱体化させているとして広く非難された日本の半導体産業への補助金が、国家安全保障の問題に見えてきたのである。

そこで、国防総省は、アメリカの半導体産業の復興方法に関する報告書をまとめるため、ジャック・キルビーやノイスなど、業界の名士たちに声をかけた。ノイスとキルビーは、軍需産業の専門家や国防総省の当局者たちと協力し、ワシントン郊外で何時間もアイデアを出していった。

テキサス・インスツルメンツが兵器システム向けの電子機器の主要メーカーだったこともあって、長年、キルビーは国防総省と密接に連携していた。ＩＢＭやベル研究所も同じで、アメリカ政府と深いつながりがあった。ところが、インテル上層部はもともと、ある国防総省の当局者いわく、「誰にも頼らないシリコンバレーのカウボーイ」を気取っていたという[5]。そのノイスまでもが、国防総省と進んで手を組もうというのだから、半導体産業の直面している脅威の深刻さや、そのことが米軍に及ぼす影響の大きさがうかがえた。

米軍はいまだかつてなく電子機器、そしてチップに依存していた。報告書によると、１９８０年代には、軍事費の約17％が電子機器につぎ込まれていた（第二次世界大戦末期が6％）。人工衛星から、早期警戒レーダー、自己誘導ミサイルまで、何もかもが先進的なチップに頼っていた。国防総省の部会はその影響を４つの箇条書きにまとめ、主な結論に下線をつけた[6]〔ここでは傍点で示した〕。

・米軍は勝利を技術的な優位性に大きく頼っている。
・もっとも活用性の高い技術は電子機器である。
・電子機器分野をリードするうえで重要なのは半導体である。

・近い将来、アメリカの国防は最先端の半導体技術を外国の供給源に依存するようになる。

もちろん、日本は冷戦の正式な同盟国だった——少なくとも、現時点では。第二次世界大戦直後、日本を占領したアメリカは、軍国主義を排除するよう日本国憲法を起草した。しかし、１９５１年に両国が日米安全保障条約に署名すると、アメリカはソ連と戦ううえでの軍事支援を求めて、慎重に日本の再軍備を促し始めた。日本政府は同意したが、その一方で防衛費を日本のＧＤＰの約１％までに制限した。これは、戦時の日本の拡張主義を身にしみて記憶している近隣諸国への配慮だった。

しかし、軍備に大きな投資をしなかったぶん、日本には別のところに投資する金銭的余裕があった。実際、日本よりアメリカのほうが、自国の経済規模との比率で5～10倍も国防に支出していた。アメリカが国防という重荷を背負っているあいだ、日本は経済成長に専念することができたのだ。

その結果は、誰もが予期しないほど目覚ましいものだった。かつてトランジスタのセールスマンの国と揶揄《やゆ》された日本は、いつの間にか世界第二の経済大国になり、アメリカの軍事力にとって重要な分野で、アメリカ産業の優位性を脅《おびや》かしていた。長年、アメリカ政府は、アメリカが共産圏を抑え込んでいるあいだ、日本に外国貿易を拡大するよう促してきたが、この分業はもはやアメリカにとってあまり有利とはいえなくなってきた。

日本経済が空前のスピードで成長する一方で、ハイテク製造の分野で日本が遂げた成功は、今やアメリカの軍事的な優位性を脅かさんとしていた。日本の躍進に誰もが目を剝いた。「半導体産業に、テレビ産業やカメラ産業の二の舞を演じさせてはならない」とスポークは国防総省に告げた。「半導体がなければ、そこは不毛の地も同然だ」[7]

第19章

# シリコンバレーとロビイング

「われわれは死のスパイラルの渦中にいる」とロバート・ノイスは1986年、記者に語った。「逆に、アメリカが後れを取っていない分野をひとつでも挙げられるかね？」[1]。さらに悲観的な気分のときには、シリコンバレーが外国との競争の影響で旗艦産業を失いつつあるデトロイトの二の舞になるかもしれない、とさえ考えた。

シリコンバレーは政府と愛憎相半ばの関係にあった。一方ではほっといてくれと望みながら、もう一方では助けを求めていたのだ。ノイスはそうした矛盾の典型だった。フェアチャイルドの黎明期《れいめい》期、彼は国防総省《ペンタゴン》の官僚制度を目の敵《かたき》にしつつも、冷戦時代の宇宙開発競争から恩恵を受けていた。彼は今、政府による半導体産業の支援が必要だと考えていたが、相変わらずアメリカ政府がイノベーションの妨げになるのを危惧していた。アポロ計画の時代とは異なり、1980年代になると、半導体の9割は軍ではなく企業や消費者が購入するようになった。[2] もはやシリコンバレーの最重要顧客とはいえなくなった国防総省が半導体産業を形づくるのは難しかった。

おまけに、政府内では、シリコンバレーが政府の支援に値するのかについて、ほとんど合意がまとまっていなかった。第一、自動車工場から製鋼所まで、多くの産業が日本との競争に苦しめられていた。半導体産業や国防総省は、半導体は「戦略的」な物資であると主張したが、「戦略的」の明確な定義がない、というのが多くの経済学者たちの主張だった。

半導体はジェット・エンジンより「戦略的」だろうか？　産業ロボットよりは？　レーガン政権のある経済学者は、「ポテト・チップとコンピュータ・チップはどうちがうんだ？」と述べたことで有名だ。「どちらもチップだ。100ドルぶんのポテト・チップと100ドルぶんのコンピュータ・チップ、どちらも100ドルにちがいはない」[3]。その経済学者は、ポテトをシリコンにたとえたことを否定している。

しかし、この主張には一理あった。日本企業のほうがDRAMチップを低価格でつくれるなら、おそらくアメリカはそちらを購入して、浮いたお金を懐に収めるほうがいいだろう。そうすれば、結果としてアメリカ製のコンピュータは安価になり、コンピュータ産業はより速く前進するかもしれない。

半導体支援の問題は、アメリカ政府への働きかけによって決着した。シリコンバレーと自由市場主義の経済学者たちの双方が合意した問題のひとつが、税金だった。ノイスは議会に対してキャピタル・ゲイン税〔株式や債券などの売却益にかかる税金〕を49％から28％に引き下げるべきだと証言し、年金基金がベンチャー・キャピタル会社に投資できるよう金融規制の緩和を訴えた。[4] こうした変更が行なわれると、パロアルトのサンド・ヒル・ロードに集中する数々のベンチャー・キャピタル会社へと大量の資金が流れ込んだ。

次に、議会は半導体チップ保護法を通じて知的財産の保護を強化した。決め手となったのは、インテルのアンディ・グローブをはじめとするシリコンバレーの経営幹部たちが、日本企業による合法的な技術の模倣のせいでアメリカの市場地位が損なわれている、と議会で証言したことだった。

しかし、日本のＤＲＡＭ市場のシェアが増大するにつれ、減税と知的財産権関連の変更だけでは不十分に思えてきた。国防総省は防衛産業の基盤を知的財産法の将来的な影響にまるまる委ねる気などなかった。そこで、シリコンバレーのＣＥＯたちはさらなる支援を求めてロビー活動を続けた。１９８０年代、ノイスは時間の半分ほどをワシントンで過ごしたという。ジェリー・サンダースは、日本が続けてきた「補助金や、市場の育成、ターゲティング、保護」を批判した。「日本の補助金の額は数十億ドル単位だ」と彼は述べた。

日米が半導体貿易に関する関税の撤廃に合意したあとも、シリコンバレーは日本での半導体の販売に苦労していた。貿易交渉者たちは、日本との交渉をタマネギの皮剝きにたとえた〔タマネギはいくら剝いても次の皮が現われることから、いっこうに埒《らち》が明かないことのたとえ〕。「何もかもが禅の体験のようだ」とあるアメリカの貿易交渉者は報告した。毎回、「ところで、タマネギとは何か？」という哲学的な疑問で議論が終わるのだ。日本でのアメリカ製ＤＲＡＭの販売は、頑《がん》として好転しなかった。[5]

国防総省から突っつかれ、業界から働きかけを受けたレーガン政権は、ようやく重い腰を上げる。レーガン政権のジョージ・シュルツ国務長官のような、それまでの自由貿易主義者たちでさえ、アメリカが関税をちらつかせないかぎり日本は市場を開かないだろう、と結論づけた。アメリカの半導体産業は、日本企業がアメリカ市場でチップを不当廉売《ダンピング》しているとして、一連の正式な不満を表明した。

しかし、日本企業が製造原価未満でチップを販売しているという主張は、証明が難しかった。アメリカ企業は日本企業の資本コストの低さを論拠に挙げた。対する日本は、それは日本経済の金利のほうが低いからだと反論した。双方ともに一理あった。

１９８６年、関税の脅威が迫るなか、日米両政府はひとつの合意を結んだ。日本政府はＤＲＡＭチップに輸出割当を設け、アメリカへの販売数を制限することに同意したのだ。ところが、この合意によって日本国外でのＤＲＡＭチップの価格が上がり、日本製チップの最大の買い手であるアメリカのコンピュータ・メーカーが打撃を受けた。

チップの価格上昇は、むしろ日本のメーカーにとって有利に働き、日本のメーカーはＤＲＡＭ市場を支配し続けた。[6] 一方、アメリカの大半のメーカーはすでにメモリ・チップ市場から撤退しようとしていたため、貿易協定とは裏腹に、ＤＲＡＭチップを生産し続けるアメリカ企業は少なかった。この貿易制限はテクノロジー業界内で利益を再分配したが、アメリカのメモリ・チップ・メーカーの大部分を救うには至らなかったのだ。

すると、議会は支援の最後の一手を試みた。シリコンバレーの不満のひとつに、日本政府が企業同士の協力的な研究開発活動を支援し、そのための資金を拠出しているという点があった。アメリカのハイテク業界の人々の多くは、アメリカ政府もこの戦略を見倣うべきだと考えていた。そこで、１９８７年、アメリカの主要半導体メーカーと国防総省が、官民共同出資によるコンソーシアム「セマテック」を立ち上げるに至った。[7]

セマテック設立の動機となったのは、半導体産業の競争力を保つためにはより深い連携が必要である、という考え方だった。半導体メーカーにはより精密な製造装置が必要だったが、そのためにはまず半導体メーカーが求めるものを理解する必要があった。

しかし、装置メーカーのCEOたちは、「テキサス・インスツルメンツ、モトローラ、IBMといった企業は自社の技術について口が固すぎる」と不満を漏らすばかりだった。半導体メーカーの開発しようとしている技術を理解しないかぎり、必要な装置を売り込むのは不可能だ。一方、半導体メーカーは半導体メーカーで、装置の信頼性に不満をこぼした。ある従業員の推定によると、1980年代終盤、インテルの装置は保守や修理の影響で全体の3割くらいの時間しか稼働していなかったという。[8]

そこで、セマテックの代表に名乗りを上げたのが、ノイスだった。彼はその10年前にすでにインテルを事実上引退し、経営の手綱《たづな》をゴードン・ムーアとグローブに譲っていた。集積回路の共同発明者であり、アメリカでもっとも成功したふたつの新興企業《スタートアップ》の創設者でもあったノイスは、技術面においてもビジネス面においても、これ以上ない適任者といってよかった。シリコンバレーで彼に匹敵するカリスマ性と人脈を持つ人物はいない。半導体産業を蘇らせることができる人物がいるとすれば、それは自分こそが半導体産業の生みの親だと胸を張って言える人物以外には考えられなかった。

ノイスの率いるセマテックは、純粋な企業でも大学でも研究所でもない不思議な雑種だった。誰もその団体の目的がなんなのか、よくわからなかった。

彼はまず、強力な技術を持っていたが、持続可能な事業や効果的な製造工程を生み出すのに苦労していたGCAのような装置メーカーを支援し始めた。セマテックは信頼性や適切な経営スキルをテーマとしたセミナーを主催し、いわば小型版のＭＢＡ課程を提供した。[9] また、装置メーカーと半導体メーカーの生産スケジュールをすり合わせるための調整役も担い始めた。リソグラフィ装置や成膜装置が準備できていなければ、半導体メーカーが新世代の半導体製造技術を開発する意味がない。逆に、半導体メーカーの側に利用する準備がなければ、装置メーカーは新しい装置を開発しようとは思わない。そこで、セマテックが仲介役となり、メーカー同士が生産スケジュールに関して合意を結ぶ手助けをしたわけだ。これは自由市場とは呼べなかったが、日本の大企業はこの種の連携に長《た》けていた。第一、シリコンバレーにほかにどんな選択肢があったというのだろう？

しかし、ノイスが重視していたのは、アメリカのリソグラフィ産業を救うことだった。そのため、セマテックの融資の51％はアメリカのリソグラフィ装置メーカーへと注がれた。彼はその理屈をシンプルに説明した。リソグラフィ産業が融資の半分を得るのは、それが半導体産業の直面している「問題の半分」を占めるからだ。[10] リソグラフィ装置がなければ半導体はつくれないが、アメリカに残る数少ない大手メーカーは生き残りに苦戦を強いられていた。となれば、アメリカは近い将来、外国製の装置に依存するようになるかもしれない。

１９８９年に議会で証言した彼は、こう宣言した。「セマテックはおおむね、アメリカの光学ステッパー・メーカーを救うのにどれだけ成功したかで評価されることになるだろう」

これこそ、経営不振にあえぐマサチューセッツのリソグラフィ装置メーカー、ＧＣＡの従業員たちが聞きたかった声だった。同社はウェハー・ステッパーの発明後、10年間にわたるお粗末な経営と不運の末、日本のニコンやキヤノン、オランダのＡＳＭＬに大きく後れを取っていた。しかし、ＧＣＡ社長のピーター・シモーンが、セマテックによる支援について相談するため、ノイスに連絡を取ると、きっぱりとこう言われたという。「それは無理な話だ」[11]

半導体業界に、ＧＣＡ復活の道筋を思い描ける者はほとんどいなかった。ノイスが創設したインテルでさえ、ＧＣＡの最大のライバルである日本企業のニコンの製品に大きく頼っている始末だった。

そこでシモーンは、ＧＣＡにまだ最先端の装置を生産する能力があるとノイスを納得させるため、「１日だけでも弊社を見学してみては？」と提案した。ノイスは承諾した。そして、彼はマサチューセッツに到着したその日のうちに、１３００万ドル相当のＧＣＡの最新装置を購入することを決めたのである。[12]それは、アメリカ製の半導体製造装置を国内の半導体メーカーと共有し、国産装置の購入を喚起する計画の一環だった。

セマテックはＧＣＡに対して大きな賭けに出た。当時、半導体産業の技術の最先端にあった深紫外線リソグラフィ装置の生産契約を、ＧＣＡと結んだのだ。ＧＣＡは期待をはるかに上回る成果を上げ、技術的な卓越性というかつての評判に応《こた》えた。

たちまち、独立系の業界アナリストたちが、ＧＣＡの最新ステッパーを「世界最高」と評価し始めた。同社は顧客サービスの賞まで受賞し、その分野では平凡だという評判をくつがえしたのである。

ＧＣＡの装置が用いるソフトウェアは、日本のライバル企業よりはるかに高性能だった。ＧＣＡの最新装置を試用したテキサス・インスツルメンツのあるリソグラフィ専門家は、「時代を先取りしていた」と振り返った。[13]

しかし、ＧＣＡには依然として有効なビジネスモデルがなかった。「時代を先取り」するのは、科学者にとってはよいことでも、売上を求めるメーカーにとっては必ずしもよいことではなかった。顧客たちはすでにニコン、キヤノン、ＡＳＭＬといった競合企業の装置に満足していて、先行きの不透明な企業がつくる見慣れない最新装置を、リスクを冒してまで使おうとは思わなかった。

まんがいちＧＣＡが破産でもすれば、交換部品を手に入れるのは難しくなるだろう。大口顧客との大型契約を勝ち取らないかぎり、ＧＣＡは破綻に向かってきりもみ降下していく運命にある。実際、ＧＣＡはセマテックから７０００万ドルの支援を受けながら、１９８８年から１９９２年にかけて３０００万ドルの損失を出した。インテル創設者のノイスでさえ、取引先をニコンからＧＣＡに替えるよう自社を説得することなどできなかった[14]。

１９９０年、セマテックにおけるＧＣＡの最大のパトロンだったノイスが、朝のひと泳ぎを終えたあと、心臓発作を起こして亡くなった。彼はフェアチャイルドとインテルという2大企業を築き上げ、集積回路を発明し、現代のコンピューティングのすべてを下支えするＤＲＡＭチップやマイクロプロセッサを市販化した。しかし、リソグラフィにだけは、ノイスの魔法はかかることはなかった。

１９９３年になると、ＧＣＡを所有するゼネラル・シグナル社が、ＧＣＡを売却または廃業すると発表した。しかし、同社の課した期日が刻一刻と近づいても、買い手は見つからなかった。すると、すでにＧＣＡに対して数百万ドル単位の融資をしてきたセマテックが、手を引くことを決めた。藁《わら》にもすがる思いで、ＧＣＡが最後にもういちどだけ政府に支援を求めると、国家安全保障当局者たちは、ＧＣＡを救うことがアメリカの外交政策にとって必要なのかどうかを検討した。「打つ手なし」がその結論であった[15]。

こうして、ＧＣＡは店をたたみ、所有する装置をすべて売却処分し、日本との競争に敗れた数ある企業のリストに名前を刻んだ。

第20章

# パックス・ニッポニカ

数十年間、アメリカ人に電子機器を売って財を築いてきたソニーの盛田昭夫は、アメリカ人の友人たちに「ある種の傲慢さ」を感じ取り始めていた。[1] 1950年代に彼が初めてトランジスタ技術のライセンスを取得したとき、アメリカはまぎれもなく世界一の技術大国だった。ところが、その後、アメリカは危機に次ぐ危機に見舞われた。

ベトナムでの悲惨な戦争。人種間の緊張。都市の情勢不安。ウォーターゲート事件の屈辱。10年間におよぶスタグフレーション。大きく口を開けた貿易赤字。そして今が、産業の低迷だ。新たな衝撃のたび、アメリカの魅力は薄れていった。

1953年、盛田が初めて海外を訪れたとき、ある店で、彼は紙製のちっぽけな日傘の飾りがちょこんと乗ったアイスクリームを出された。「これはあなたのお国のものですよ」とウェイターに言われると、彼は日本がどれだけ遅れているかを思い知らされ、屈辱を感じた。特にアメリカには「足りないものなど何ひとつない」ように見えた。ところが、その30年後、状況は一変していた。彼が1950年代に初めて訪れた際に「魅惑的」に映っていたニューヨークは、今や薄汚れ、犯罪まみれの寂れた街へと変わり果てていた。

その間《かん》に、ソニーは世界的なブランドへと成長していた。盛田は海外での日本のイメージを一変させた。日本はもはやアイスクリーム・サンデーに載せる紙製の日傘の生産国とはみなされなくなり、今や世界のハイテク商品の大部分を生産するようになっていた。一家がソニーの大株主であった盛田は裕福になり、ウォール街やアメリカ政府に強力な人脈を築いた。

また、彼はほかの日本人たちが伝統的な茶道に向き合うのと同じくらい念入りに、ニューヨークのディナー・パーティの作法を身につけていった。彼はニューヨークにいるときは必ず、メトロポリタン美術館の真向かいにある5番街82丁目のアパートに、市《まち》の富豪や有名人たちを招いた。

彼の妻の良子《よしこ》は、こういうことに不慣れな日本人読者にアメリカのディナー・パーティの習わしを解説した本『おもてなしの心とおもてなしをうける心』を記すほどの力の入れようだった（着物は推奨されなかった。書中に、「そこに集まる人たちが同じような服装で集まってこそ美しいハーモニーがかもしだされるのだと思います」とある）。

盛田夫妻はおもてなしを楽しんだが、ディナー・パーティには職業上の目的もあった。日米の商業的な緊張が高まるなか、盛田はアメリカの実力者たちに日本を説明する非公式の大使役を果たしたのだ。デイヴィッド・ロックフェラーとは個人的な友人だったし、元国務長官のヘンリー・キッシンジャーが訪日の際には、彼と必ず夕食をとった。プライベート・エクイティ界の盟主であるピーター・G・ピーターソンは、CEOたちに人気のオーガスタ・ナショナル・ゴルフクラブ〔毎年ゴルフのメジャー大会「マスターズ」が開催される有名コース〕に盛田を連れていったとき、ある事実に驚いた。「昭夫はすでに全員と面識があった」。そればかりか、オーガスタに滞在中、盛田は知り合いの一人ひとりと夕食をとったのである。「あの男はあそこに滞在していたあいだ、日に10回くらい飯を食っていたにちがいない」とピーターソンは述べた。[2]

当初、盛田は、アメリカ人の人脈が象徴する権力や富に酔っていた。しかし、アメリカが危機に次ぐ危機に見舞われると、キッシンジャーやピーターソンといった男たちのまとうオーラに翳《かげ》りが見え始めた。アメリカ式のやり方は、日本式とはちがい、機能していなかった。

１９８０年代になると、彼はアメリカの経済や社会に潜む根深い問題に気づいた。長年、アメリカは日本の教師を気取ってきたが、膨れ上がる貿易赤字とハイテク産業の危機にあえぐアメリカのほうにこそ、日本を見倣うべき点があると彼は考えていた。「アメリカが弁護士の養成に励んでいるあいだ、日本は技術者の養成に精を出していた」と彼は説いた。

さらに、日本の経営陣が「長期的」にものを考えるのに対して、アメリカの経営幹部たちは「今年の利益」にこだわりすぎた。アメリカの労使関係は階層的で「時代遅れ」であり、現場の従業員の訓練やモチベーションが不足していた。アメリカ人は日本の成功をねたむのをやめるべきだ、と彼は考えていた。今こそ、アメリカの友人たちにはっきりと伝えるべきときだった。日本式のやり方のほうが単純に優れているのだ、と。[3]

1989年、盛田はエッセイ集『「NO《ノー》」と言える日本——新日米関係の方策《カード》』で、自身の見解を打ち出した。この本の共著者が、物議を醸す極右政治家の石原慎太郎だった。彼は大学在学中、性的描写に満ちた小説『太陽の季節』で、日本の新進作家向けのもっとも名誉ある文学賞を受賞して一躍有名になった。[4] 彼は外国人をこき下ろすことでますます高まった名声を利用し、与党である自由民主党の議員の椅子を勝ち取る。彼は国会で、日本が世界に対して自己を主張し、第二次世界大戦後にアメリカの占領軍が勝手に定めた日本国憲法を改正して、強力な軍隊を築くべきだと訴えた。

アメリカに対し、国内の危機についての講釈を垂れようとしていた盛田にとって、石原ほど挑発的な共著者は考えにくかった。この本自体はエッセイ集で、一部を盛田、残りを石原が記していた。盛田のエッセイは、アメリカのビジネス慣行の欠陥についての持論を焼き直したものだったが、「アメリカはメンツを捨てよ」といった見出しは、彼がニューヨークのディナー・パーティでよく表明していた意見より厳しめのトーンなのがわかる。

常に親切丁寧だった彼でさえ、日本は技術力を通じて世界の大国の地位を勝ち取った、という見解を押し隠せなくなっていた。「われわれは軍事的にアメリカを負かすことはできません」と彼は当時のアメリカ人の同僚に語っている。「が、経済的にアメリカに勝って世界のナンバーワンになることはできますよ」[5]

石原は率直な物言いをためらわなかった。彼のデビュー作は抑えきれない性的衝動の物語だったし、彼の政治家人生はもっとも悪趣味な日本のナショナリズムの衝動をまとったものだった。彼は『「NO《ノー》」と言える日本』のエッセイのなかで、あまりにも長く日本の上司面《づら》をしてきた横柄なアメリカからの独立を宣言するよう、日本に呼びかけている。「日本はアメリカの恫喝《どうかつ》に屈するな」と彼はあるエッセイで言い放っている。また、「アメリカを牽制せよ」とも。

日本の極右勢力は、アメリカ主導の世界のなかで日本が二番手に甘んじている状態を、ずっと不満に思っていた。盛田が石原のような人物と一緒に本を著《あら》わしたことは、多くのアメリカ人に衝撃を与え、アメリカ政府が手塩にかけて育ててきた日本資本家階級の内部にさえナショナリズムが忍び寄っていることを証明した。

１９４５年以来、アメリカが採用してきたのは、貿易や技術交流を通じて日本をアメリカに縛りつける、という戦略だった。その点でいえば、盛田は、まちがいなくアメリカの技術移転や市場開放の恩恵を誰より受けたといっていい。そんな彼でさえアメリカの主導的な役割に疑問を持っているとしたら、アメリカ政府は戦略を見直すしかなかった。

アメリカ政府が『「ＮＯ《ノー》」と言える日本』に真の脅威を感じたのは、この本がゼロサム的な日本のナショナリズムを明確にしたからだけでなく、石原がアメリカを屈服させる方法を見つけていたからでもあった。

日本はアメリカの要求に従う必要などない、と彼は主張した。それは、アメリカが日本製の半導体に依存していたからだ。アメリカの軍事力には日本製のチップが不可欠なのだ、と彼は指摘した。「中距離弾道弾にしろ、大陸間弾道弾のＩＣＢＭにしろ、兵器としての精度を保証するのはコンパクトで精度の高いコンピュータでしかない」と彼は記した。「要するに日本の半導体を使わなくては精度の保証ができなくなってきている」。さらに、日本がソ連に先進的な半導体を提供すれば、冷戦の軍事的なバランスをがらりと変えることもできる、と述べた。

「コンピュータの心臓部に使う1メガビットの半導体、つまり小指の爪の3分の1という小面積のシリコン台に100万回路を入れた半導体は日本でしかつくれない」と石原は記す。「1メガビットの半導体シェアは、ほとんど100%が日本なわけです。現在ではアメリカは日本から5年以上遅れてしまっていて、その差は、どんどん離れていく」と彼は続ける。日本製のチップを使ったコンピュータは「軍事力を含めた国家パワーの中枢部に位置するのが現在の世界状況ですから（中略）そういう意味では日本はすごい国になった」[6]

ほかにも、同様の反抗的で国粋主義的な見方を持つ日本のリーダーたちはいたようだ。ある外務省の高官は、「アメリカ人は単純に、日本が欧米との経済競争に勝ったことを認めたくないのだ」と主張したといわれる。それからすぐに首相となる宮澤喜一は、日本の電子機器の輸出を断ち切れば、「アメリカ経済に問題」が生じると公に述べ、「アジアの経済圏が北米の経済圏を追い抜くだろう」と予測した。ある日本の教授は、産業やハイテク部門が崩壊しつつあるアメリカに待ち受けているのは、「世界一の農業大国、つまりデンマークの巨大版」と化す未来である、と言い放った。[7]

『「NO《ノー》」と言える日本』は、アメリカ中に怒りを巻き起こした。CIAによる非公式の翻訳が出回るほどだったが、ある激怒した下院議員が、まだ非公式に英訳されただけのこの本を連邦議会議事録にまるまる掲載し、公表してしまった。書店の報告によると、ワシントンの顧客たちは海賊版を探して「完全にお祭り騒ぎの状態だった」そうだ。[8]

恐縮した盛田は、正式な英訳版には石原のエッセイのみを収録することとし、自身の寄稿文は除いて出版するよう申し入れた。「この企画にかかわったことを後悔している」と盛田は記者に語った。「これだけ大きな混乱を引き起こしてしまって。私の意見が石原とは別個のものだという点を、アメリカの読者は理解していないように思う。あくまで、私の〝エッセイ〟は私の意見、彼の〝エッセイ〟は彼の意見を表明したものにすぎない」[9]

しかし、『「NO《ノー》」と言える日本』が物議を醸したのは、そこに書かれた意見というより、事実のせいだった。実際、アメリカはメモリ・チップの分野で決定的な後れを取っていた。この傾向が続けば、地政学的な地殻変動は避けようがない。石原のような極右の扇動者が言わなくても、そんなことは明々白々だった。

事実、アメリカのリーダーたちは同様の傾向を予測していた。石原と盛田が『「NO《ノー》」と言える日本』を出版したのと同じ年、元国防長官のハロルド・ブラウンは、「ハイテクは外交政策である」と題する、ほとんど同じ結論の論文を発表している。[10] ハイテク分野でのアメリカの地位が悪化していけば、外交政策における地位も危機に瀕する、というわけだ。

１９７７年にウィリアム・ペリーを雇い、半導体や計算能力を米軍のもっとも重要な新兵器システムの中核に据える権限を与えた国防総省《ペンタゴン》の長《おさ》、ブラウンにとって、この事実を認めることは屈辱にほかならなかった。ふたりはマイクロプロセッサを導入するよう軍を説得することには成功したが、まさかシリコンバレーがリードを奪われるとは予想もしていなかった。ふたりの戦略は新兵器システムの開発という点では奏功したが、そのシステムの多くが今や日本に依存している有様だった。

「日本は消費者家電の中核であるメモリ・チップの分野でリードしている」とブラウンは認めた。「日本はロジック・チップや特定用途向け集積回路の分野でも急速に追いつきつつある」。日本はまた、リソグラフィ装置など、半導体製造に必要な特殊装置の分野でもリードしていた。ブラウンに予測できる最善の結末とは、アメリカが日本の技術で動く兵器で日本を守る、という未来だった。日本をトランジスタのセールスマンに変えるというアメリカの戦略は、恐ろしいほどに迷走しているように見えた。

果たして、一流の技術大国である日本が、いつまでも二流の軍事的地位に甘んじていられるだろうか？ DRAMチップ分野における日本の成功を参考にするなら、日本はまちがいなく重要な産業のほとんどでアメリカを追い越すだろう。だとすれば、軍事的な優位性も求めないという保証がどこにある？ そうなったとき、アメリカはどうするだろう？

1987年、CIAからアジアの未来予測を依頼されたアナリスト・チームは、半導体分野での日本の優位性を、「パックス・ニッポニカ」〔アメリカの圧倒的な経済力と軍事力を通じて守られてきた戦後の国際秩序を指す「パックス・アメリカーナ（アメリカによる平和）」とかけている〕が生まれつつある証拠だととらえた。[11] つまり、日本をリーダーとする東アジアの政治経済圏が生まれる、というのだ。

アジアにおけるアメリカの覇権は、技術的な優位性、軍事力、そして日本、香港、韓国、東南アジア諸国を結びつける貿易関係や投資関係に基づいて築かれた。香港の九龍湾《きゅうりゅうわん》沿いに初めてフェアチャイルドの組立工場が完成して以来、集積回路はアジアにおけるアメリカの地位に不可欠な要素だった。その後も、アメリカの半導体メーカーは台湾から、韓国、シンガポールまで、アジア各地に工場を続々と開設していった。こうした地域は軍事力だけでなく経済統合によっても共産主義の侵入から守られていた。エレクトロニクス産業が、貧困に起因するクーデターの多発する農村部から農民たちを吸い上げ、アメリカで消費される電子機器の組立という好条件の仕事に従事させていたからだ。

アメリカのサプライ・チェーンによる国政術は、共産主義者たちの撃退という点では見事に機能した。しかし、1980年代になると、その最大の受益者はいつの間にか日本にすり替わっていた。日本の貿易や外国投資は著しく成長し、アジアの政治経済における日本政府の役割は容赦なく拡大していた。日本がこれほど急速に半導体産業を支配できるなら、日本がアメリカの地政学的な覇権を奪うのをいったいどう止められるだろうか?

第Ⅳ部

# アメリカの復活

第21章

# アイダホ州のハイテク企業

マイクロン・テクノロジーは「世界最高の製品」をつくっている、がジャック・R・シンプロットの口癖だった。しかし、アイダホ州の億万長者である彼は、自社の主力製品であるDRAMチップの物理的な仕組みについては、よくわかっていなかった。右を見ても左を見ても博士だらけの半導体産業のなかで、中学すら卒業していない彼は異色の存在だった。そんな彼の専門分野はジャガイモだった。それは、彼がボイシの市《まち》で乗り回している白のリンカーン・タウンカーを見れば一目瞭然だ。ナンバープレートが「MR SPUD（ミスター・ジャガイモ）」だったからだ。[1]

それでも、彼にはシリコンバレーの優秀な科学者たちにはない才能があった。ビジネスの手腕である。アメリカの半導体産業が日本の挑戦に対抗できずに苦しむなか、彼のようなやんちゃな起業家たちが、ロバート・ノイスのいう「死のスパイラル」から抜け出し、起死回生の逆転を果たす立役者となった。

シリコンバレー復活の原動力となったのは、負けず嫌いな新興企業《スタートアップ》と痛みをともなう企業改革だった。アメリカは模倣ではなくイノベーションを通じて、日本の巨大DRAMメーカーたちを抜き去った。シリコンバレーは、貿易から手を引くのではなく、台湾や韓国へと生産をオフショアリングすることで、競争上の優位性を取り戻したのである。

一方、アメリカの半導体産業が持ち直すにつれ、マイクロエレクトロニクスに賭けた国防総省《ペンタゴン》の戦略が奏功しはじめた。他国が対抗しえない新兵器システムを次々と生み出していったのだ。1990年代と2000年代におけるアメリカの比類なき力は、この時代の中核技術であるコンピュータ・チップ分野での優位性が復活を遂げたからこそ実現したといっていい。

アメリカの半導体産業の復活に尽力した人たちのなかで、いちばんそのイメージから遠い人物がシンプロットだった。彼は、フライドポテト用のジャガイモを機械で選別し、乾燥させ、冷凍する方法を開拓したことで、初めて財を築いた。

それはシリコンバレー風のイノベーションではなかったが、マクドナルドにジャガイモを販売する巨大契約を勝ち取ることにつながった。一時《いっとき》など、マクドナルドのフライドポテトに使われるジャガイモの実に半分を供給していたこともあった。

そのシンプロットが支援したDRAMメーカーのマイクロンは、当初、倒産確実に見えた。双子の兄弟のジョー&ウォード・パーキンソンがボイシの歯科医院の地下室でマイクロンを創設した1978年といえば、メモリ・チップ・メーカーを興《おこ》すのには最悪の時期だった。当時は、日本企業が高品質で低価格のメモリ・チップの生産を急激に伸ばしていたからだ。

マイクロンが最初に獲得したのは、テキサス州のモステックという企業向けの64KビットＤＲＡＭチップを設計する契約だったが、アメリカのほかのＤＲＡＭメーカーと同様、富士通に叩きのめされた。たちまち、マイクロンの半導体設計サービスの唯一の顧客だったモステックは、倒産の憂き目にあう。日本企業の猛攻を受け、ＡＭＤ、ナショナルセミコンダクター、インテルといった業界をリードする企業たちも、ＤＲＡＭの生産に見切りをつけるはめになった。

このままでは、数十億ドル規模の損失や数々の破産に見舞われ、シリコンバレー全体が沈没しかねない状況だった。そうなれば、アメリカでもっとも優秀な技術者たちが、ハンバーガーをひっくり返す日々を送ることになるだろう。少なくとも、アメリカがフライドポテトに困ることはなさそうだった。日本企業が市場シェアを伸ばすなか、アメリカの大手半導体メーカーのＣＥＯたちは、ますますワシントンで過ごす時間が長くなり、議会や国防総省へのロビー活動に追われるようになる。日本との競争が激化したとたん、彼らは自由市場主義を脇に置き、競争自体が不公平だと主張し始めた。ポテト・チップもコンピュータ・チップもチップはチップだ、という主張を、シリコンバレーは怒りのままに突っぱねた。コンピュータ・チップはポテトとはちがって戦略的な製品なのだから、政府の支援に値する、というのが彼らの言い分だった。

しかし、シンプロットには、ジャガイモの何が悪いのかさっぱりわからなかった。シリコンバレーに特別な支援が必要だという主張は、テクノロジー企業がほとんどないアイダホ州では賛同が集まらず、マイクロンは苦労しないと資金を調達できなかった。

もともと、マイクロン共同創設者のウォード・パーキンソンは、アレン・ノーブルという地元ボイシの実業家と知り合いだった。パーキンソンが、灌漑《かんがい》システムの電気部品の故障箇所を見つけるため、スーツ姿でノーブルの泥だらけのジャガイモ畑を歩き回ったのが、仲良くなるきっかけだった。パーキンソン兄弟はこのコネを利用して、ノーブルや彼の地元の裕福な友人数人から、10万ドルの開業資金を調達する。

ところが、マイクロンがモステック向けの半導体設計の契約を失い、独自のチップをつくることを決めると、追加の資金調達が必要になった。そこで、ふたりが支援を求めた相手が、アイダホ州一の大富豪、ミスター・ジャガイモだった。[2]

パーキンソン兄弟はボイシ中心部にあるロイヤル・カフェという店で初めてシンプロットに会うと、汗だくになりながら、アイダホ州のポテト王に売り込みを行なった。シリコンバレーのベンチャー・キャピタリストとはほとんど対極の人物だったシンプロットにとっては、トランジスタやコンデンサなどうでもよかった。だが、彼はその後、山盛りのバターミルク・パンケーキを6ドル99セントでふるまう地元の大衆食堂、エルマーズで、毎週月曜日の午前5時45分に、マイクロンの即席の取締役会を取り仕切ることになる。[3]

シリコンバレーの大手テクノロジー企業が、日本の猛攻を受けてＤＲＡＭチップ事業から続々と撤退するなか、シンプロットは本能的に、メモリ市場に参入する絶好のタイミングが来たと悟った。ジャガイモ農家である彼は、日本との競争によってＤＲＡＭチップがすっかり日用品《コモディティ》に成り下がってしまったことを、はっきりと見抜いていた。

百戦錬磨の彼は、日用品メーカーを買収する最高のタイミングは、価格が下落していて、ほかの競合企業がことごとく清算手続きに入っているときだと知っていた。結局、彼はマイクロンに100万ドルの支援を行なうことを決意する。その後、数百万ドル単位の追加投資も行なった。[4]

アイダホ州の田舎者は何もわかっちゃいない、とアメリカのテクノロジー業界の大物たちは思った。のちに有力なベンチャー・キャピタリストとなるテキサス・インスツルメンツの元技術者、L・J・セヴィンは、「メモリ・チップはもう終わった、なんて言いたくはないが、実際に終わったのだ」と述べた。インテルのアンディ・グローブとゴードン・ムーアも同じ結論に達していた。

テキサス・インスツルメンツとナショナルセミコンダクターは、DRAM部門の損失とレイオフを発表した。[5]アメリカの半導体産業の未来は、『ニューヨーク・タイムズ』紙いわく、「暗い」ものだった。その未来へ、シンプロットはあえて飛び込んだのである。

パーキンソン兄弟は、その田舎っぽいイメージをあえておおげさに演じるかのように、農村部特有のおっとりとした口調で、長く回りくどい話し方をした。しかし、実際には、シリコンバレーのどの新興企業の創設者にも劣らぬ素養の持ち主だった。ふたりともニューヨークのコロンビア大学で勉学に励んだあと、ジョーは企業弁護士、ウォードはモステックの半導体設計者として働いた。

しかし、ふたりはアイダホ州出身者のアウトサイダーなイメージを最後まで崩さなかった。[6]アメリカの大手半導体メーカーが見切りをつけようとしている市場に割って入るというビジネスモデルを掲げたふたりは、日本とのDRAM戦争で負った傷をいまだになめ合っているだけのシリコンバレーで、仲間づくりに励むつもりなどなかった。

当初、マイクロンは、日本との競争を政府に支援してもらおうとするシリコンバレーの活動を嘲笑し、まるでうちはそこまで落ちぶれてはいないと言わんばかりに、ノイス、ジェリー・サンダース、チャールズ・スポークが立ち上げたロビー団体「米国半導体工業会」への参加を辞退した。

「彼らの目標が別のところにあることは一目瞭然だった」とジョー・パーキンソンは言った。「日本企業が入り込んできたら、自分たちは出ていく、というのが彼らの戦略だった。半導体工業会の主流派には、日本と真正面からぶつかり合う気などない。私の意見では、それは自滅的な戦略だ」[7]

こうして、マイクロンは相手の土俵で日本のDRAMメーカーと戦うことを決めた。そのための秘策が、積極的なコスト削減だった。すぐに、マイクロンは関税が有効だと気づき、当初の態度から一転して、日本から輸入されるDRAMチップに関税を課すよう、率先して要求し始めた。そして、日本のメーカーがチップを原価未満で不当廉売《ダンピング》し、アメリカのメーカーに被害を及ぼしている、との批判を繰り広げた。

シンプロットは、自身のジャガイモ販売とメモリ・チップに損害を与えている日本の貿易政策に怒りを表わした。「日本はジャガイモにとんでもない関税をかけている」と彼は不満をこぼした。「おかげで、こっちはジャガイモを売るたびに法外な金を支払わされている。技術や生産の面ではあいつらに勝てるし、簡単に叩きのめせるだろう。なのに、向こうはチップをタダ同然でばらまいているんだ」。彼が政府に関税の導入を要求しているのはそのためだった。「なぜ政府に頼るのかって？　法律で不当廉売が禁じられているからさ」[8]

日本企業が過剰な値下げを行なっているという主張が、シンプロットの口から出てくるのは少し滑稽《こっけい》だった。ジャガイモであれ半導体であれ、彼は「どこよりも高品質な製品をどこよりも安くつくる」ことがビジネスの成功条件だ、と口癖のごとく繰り返してきたからだ。

いずれにせよ、マイクロンは、シリコンバレーや日本の競合企業ではとうていまねできないコスト削減の要領を身につけていた。初期の従業員のひとりによれば、「マイクロンの技術的頭脳」を担っていたウォード・パーキンソンには、最大限効率的にＤＲＡＭチップを設計する才能があった。競合企業の大半がチップに搭載するトランジスタやコンデンサの微細化にこだわるなか、彼はチップそのものを微細化すれば、１枚の円盤状のシリコン・ウェハーに詰め込めるチップの数を増やせる、と気づいた。

これにより、製造がはるかに効率化した。「これは市場のなかで群を抜いて最悪の製品だ」と彼は冗談を言った。「だが、群を抜いて安くつくれる」[9]

次に、パーキンソンと彼の右腕たちは、製造工程を簡素化した。製造に必要な工程が多ければ多いほど、１枚のチップをつくるのに時間がかかり、ミスが生じる余地も増える。１９８０年代中盤には、マイクロンの製造工程数は競合他社より格段に少なくなったおかげで、使う必要のある装置が減り、さらにコストが削減できた。パーキンエルマーやＡＳＭＬから購入したリソグラフィ装置に改良を加え、こうしたメーカー自身でさえ想像もしないレベルまで精度を押し上げた。また、１回あたり業界標準の１５０枚ではなく２５０枚のシリコン・ウェハーをベーキング（加熱処理）できるよう、炉を改良した。

製造工程の一つひとつの段階で、処理できるウェハーの数を増やしたり、生産時間を短縮したりできれば、そのぶん価格を下げることができた。「われわれはその場で試行錯誤を繰り返した」と、ある初期の従業員は説明した。つまり、ほかの半導体メーカーとはちがい、「あらかじめ文書化されていない物事を試す心構えができていた」のである。[10] 日本やアメリカ国内の競合企業以上に、マイクロンの従業員たちが持つ技術的な専門知識は、コスト削減に向けられたわけだ。

マイクロンがあくまでコストにこだわったのは、それ以外に選択肢がなかったからだ。単純に、アイダホ州の小さな新興企業にとって、ほかに顧客を獲得する手立てがなかったのだ。水力発電のコストが低いこともあって、ボイシのほうがカリフォルニア州や日本より土地代や電気代が安かったことも追い風となった。

それでも、生き残るのはたいへんだった。1981年のあるとき、2週間ぶんの給料しか払えないくらいまで、マイクロンの現金残高が減少した。その危機はなんとかやり過ごしたが、数年後の不況時には、従業員の半数を解雇したうえに、残りの従業員の給料もカットせざるをえなくなった[11]。

開業して間もないころから、ジョー・パーキンソンは、会社の存続は効率性にかかっている、と従業員に口を酸っぱくして言い続け、DRAM価格が下落したときには、電気代の節約のため、夜間に廊下の照明を落とすこともあった。従業員たちから見れば、彼が「強迫的なまでに」コストにこだわっているとしか思えなかった。そして、それは見るに明らかだった。

しかし、マイクロンの従業員たちにとっては、企業を存続させる以外の選択肢はなかった。シリコンバレーなら、勤め先が倒産したら国道101号線をひとっ走りして、次の半導体メーカーやコンピュータ・メーカーに転職すればいい。対して、マイクロンはアイダホ州ボイシにあった。

「代わりの仕事なんてなかった」とある従業員は説明する。「DRAMをつくるか、ゲームオーバーかのふたつにひとつだ」。別の従業員によると、マイクロンは「がむしゃらに働くブルーカラーの労働倫理」に基づいていて、「苛酷な搾取工場のメンタリティ」を備えていたという。厳しいDRAM市場の不況を何度も生き抜いた初期の従業員は、「メモリ・チップというのは、それは残酷な、残酷な商売だ」と振り返った。[12]

しかし、シンプロットは決して信念を曲げなかった。自身の所有する企業の危機をことごとく乗り越えてきた彼は、短期的な価格変動のせいでマイクロンを手放すつもりなんてなかった。ちょうど日本との競争がピークを迎えた時期にＤＲＡＭ市場へと参入しながら、マイクロンは競争を生き抜き、最終的には大成功を遂げた。

アメリカのほかの大半のＤＲＡＭメーカーは、１９８０年代終盤に市場から締め出された。テキサス・インスツルメンツはＤＲＡＭチップの製造を続けたが、利益を上げるのに苦労し、やがて事業をマイクロンに売却した。こうして、シンプロットの１００万ドルの初期投資は、最終的に10億ドルへと化けたのである。

マイクロンは、各世代のＤＲＡＭチップが開発されるたび、記憶容量の面で東芝や富士通といった日本企業と張り合い、コストの面で競争に勝つ、という戦い方を身につけた。ＤＲＡＭ分野のほかの企業と同じように、マイクロンの技術者たちは物理学の法則をねじ曲げ、より高密度なＤＲＡＭチップをつくり、パソコンに必要なメモリ・チップを提供していった。

しかし、先進技術だけでは、アメリカのＤＲＡＭ産業を救うのには不十分だった。実際、インテルやテキサス・インスツルメンツは数々の技術を保有しながら、事業を成功に導けなかった。しかし、アイダホ州の負けず嫌いな技術者たちは、その創造力とコスト削減のスキルで、太平洋の両側のライバルたちを出し抜いた。

こうして、10年間におよぶ苦闘の末、アメリカの半導体産業はとうとうひとつの勝利をもぎ取った。それを可能にしたのは、アメリカ最大のジャガイモ農家が生んだ市場の知恵だったのだ。

# 第22章 インテル再興

「なあ、クレイトン、私は忙しい人間なので、学者たちの戯言《たわごと》に目を通している暇なんてないんだ」とアンディ・グローブはハーバード・ビジネススクール一の有名教授、クレイトン・クリステンセンに言った。[1] その数年後、ふたり揃って『フォーブス』誌の表紙を飾ったとき、身長2メートル超のクリステンセンはグローブのはるか上にそびえており、グローブの薄毛の頭がやっとクリステンセンの肩に届くかどうかだった。

それでも、グローブのたたえる強烈なオーラは周囲を圧倒した。彼は「気性の荒いハンガリー人」だった、と彼の長年の右腕は説明する。「相手の足首に噛みつき、怒鳴り声を上げ、挑発し、全力で押しまくるのだ」。[2] ほかの何にも増して、彼の執念こそがインテルを破産から救い、世界一高利益で強力な企業のひとつへと押し上げたといっていい。

クリステンセン教授は、新しいテクノロジーが既存の会社を世代交代に追いやるという「破壊的イノベーション」理論で有名な人物だった。DRAM事業が低迷すると、かつてイノベーションの代名詞だったインテルが破壊されようとしていることにグローブは気づいた。

1980年代初頭になると、ゴードン・ムーアがまだ大きな役割を果たしていたとはいえ、グローブがインテル社長となり、日常業務を取り仕切るようになった。彼はベストセラー書『パラノイアだけが生き残る』で、自身の経営哲学についてこう説明している。「競争を恐れ、倒産を恐れ、誤りを恐れ、敗北を恐れること、これらはすべて強い動機になるのである」

長い仕事の1日を終えたあとでも、彼は製品の遅れの知らせや顧客の不満を見逃しているかもしれない、と心配になり、連絡の確認や部下との電話を繰り返した。そんな彼を駆り立てていたのは、恐怖だ。[3]しかし、外から見れば、グローブは、かつての貧しい難民がテクノロジー業界の大物に成り上がる、というアメリカン・ドリームの体現者そのものだった。しかし、このシリコンバレーのサクセス・ストーリーの内幕に目を向ければ、そこにはブダペストの通りを行進するソ連やナチスの軍隊から隠れて過ごした幼少期の傷を残すハンガリー人亡命者がいた。

グローブは、DRAMチップの販売というインテルのビジネスモデルはもう終わった、と悟った。DRAMの価格が値崩れ状態から持ち直したとしても、インテルが市場シェアを取り戻すことはないだろう。DRAM市場はすでに日本のメーカーによって「破壊」し尽くされていた。

となれば、自社のほうを破壊するか、このまま破綻するか、ふたつにひとつだ。DRAM市場から撤退するのは現実的でないように思えた。メモリ・チップを開拓したインテルが、敗北を認めるのは屈辱でしかない。ある従業員の言葉を借りるなら、それはまるでフォードが自動車業界からの撤退を決めるようなものだ。「自分たちのアイデンティティを放棄することなどできるだろうか」とグローブは思った。

彼は1985年の大部分を、インテルのサンタクララ本社にあるムーアの執務室で過ごした。ふたりは遠くで回るグレート・アメリカ遊園地の大観覧車を窓から見つめながら、メモリ市場がやがて底を突き、再び上昇軌道を描き始めることを期待していた。[4]

しかし、DRAM部門の散々な数字は否定しようがなかった。メモリ事業で新たな投資を正当化できるほどの利益を上げるのは不可能だろう。それでも、インテルは、日本企業がいまだ後れを取っていた小規模なマイクロプロセッサ市場ではトップを走っていた。そして、マイクロプロセッサ分野で起きたある出来事が、インテルに一筋の光明《こうみょう》をもたらした。

1980年、インテルは、アメリカのコンピュータ大手のIBMから、パーソナル・コンピュータ（PC）と呼ばれる新製品向けのチップを製造する小口契約を勝ち取る。[5] IBMはビル・ゲイツという若きプログラマーと契約し、そのコンピュータのOS用のソフトウェアを書いてもらった。こうして、1981年8月12日、ウォルドルフ＝アストリア・ホテルの大舞踏室の豪華な壁紙と分厚いカーテンを背景に、IBMはPCの発売を発表した。ゴツゴツした筐体《きょうたい》に大型モニター、キーボード、プリンター、ふたつのフロッピー・ディスク・ドライブのセットで、価格は1565ドル。[6] 内部には、小さなインテル製チップが入っていた。

マイクロプロセッサ市場が成長するのは、ほぼ確実に思えた。しかし、マイクロプロセッサの売上が、チップの売上の大部分を占めるDRAMに追いつくなどというのは、グローブの右腕のひとりによれば、まるで雲をつかむような話に思えた。[7]

だが、グローブに別の選択肢などなかった。彼はDRAMチップの生産を続けたがっていたムーアに、「もしわれわれが追い出され、取締役会が新しいCEOを任命したとしたら、その男は、いったいどんな策を取ると思うかい?」と訊いた。「メモリ事業からの撤退だろうな」とムーアは恐縮しつつ認めた。

結局、インテルはメモリ事業から撤退し、DRAM市場を日本企業に譲り、PC向けのマイクロプロセッサに専念することを決めた。それは、DRAMで成長してきた企業にとっては、一か八かのギャンブルだった。「破壊的イノベーション」というのは、クリステンセンの理論のなかでは魅力的に聞こえたが、現実には七転八倒の苦しみだった。まさに「断腸の思い」だった、とグローブは回顧する。「議論を戦わせる」日々が続いた。[8] 破壊は明らかだったが、イノベーションが功を奏するのは、たとえそんな日が来るにしても、何年も先の話だろう。

PC事業への賭けが成功するかどうかを見守るあいだ、グローブはシリコンバレーではまず見られないほどの残酷さで、自身のパラノイア〔超心配性のこと〕を発揮していった。仕事は午前8時きっかりに始まり、少しでも遅刻した者はみんなの前で叱責された。従業員同士の意見の対立は、彼が「建設的対決」と名づけた方法で解決された。[9] 彼の定番の管理手法は、彼の右腕のクレイグ・バレットによれば、「相手をつかまえて、巨大なハンマーで頭を殴る」ようなものだった。

それはシリコンバレーの代名詞である自由奔放な文化とはちがったが、当時のインテルには鬼軍曹が必要だったのだ。同社のDRAMチップは、アメリカのほかの半導体メーカーと同じ品質の問題を抱えていた。インテルがかつてDRAM事業で利益を上げていたのは、量産の面でリーダーに立ったからではなく、新たな設計を生み出して市場に一番乗りを果たしたからだ。ロバート・ノイスとムーアは、常に最先端の技術を維持することに執着していた。

しかし、ノイスは「管理の部分」よりも「ベンチャーの部分」のほうが常に楽しかったと認めている。[10] ムーアがフェアチャイルドの生産の問題を解決するため、1963年に初めてグローブを同社へと招いたのは、グローブが何より管理の部分を愛していたからだった。ノイスとムーアを追ってインテルに移ったときも、グローブは同じ役割を与えられた。彼は拭い去れない恐怖の感覚に駆り立てられ、インテルの製造工程や事業のあらゆる細部へと、残りの人生を捧げた。

グローブの企業再編計画の第1段階は、インテルの従業員の25%以上を解雇し、シリコンバレー、オレゴン州、プエルトリコ、バルバドスの工場を閉鎖することだった。グローブの右腕であるバレットは、上司のやり方をこう表現した。「なんてこった。このふたりをクビにしろ。この船を燃やせ。この事業を中止しろ」。彼はノイスやムーアではありえないくらい非情で、独断的だったのだ。

第2段階は、製造を機能させることだった。彼とバレットは日本の製造手法を容赦なくコピーした。「バレットはいわば、製造の現場に野球バットを持ってきて、〝ちくしょう！　日本人なんかに負けてたまるか〟と叫んでいるようなものだった」とある部下は振り返った。彼は工場長たちに日本を訪問させ、「同じようにやるんだ」と言った。[11]

インテルの新たな製造手法は、「正確な複製《コピー・イグザクトリー》」戦略と呼ばれた。インテルが最善だと判断した生産工程は、同社のほかの全工場で複製された。それまで、技術者たちはインテルの工程を自分で微調整することに誇りを持っていた。そんな彼らが今では、余計なことを考えずにそっくりそのままま ねればいい、と言われるようになったのだ。
シリコンバレーの自由奔放なスタイルが組立ラインのような厳密さで置き換えられると、「巨大な文化の問題が生じた」とある従業員は振り返った。「私は独裁者扱いだった」とバレットは認めた。しかし、「正確な複製」は功を奏した。インテルの歩留《ぶど》まりが大幅に上昇する一方、製造装置の使用効率が上がり、コストが減少した。こうして、インテルのすべての工場が、研究所よりも精密な機械のように機能し始めたのである。[12]
運もグローブとインテルに味方した。1980年代初頭に日本のメーカーにとって有利に働いていた構造的な要因の一部が変化しはじめたのだ。
1985年から1988年にかけて、ドルに対する日本円の価値が2倍になり、アメリカの輸出品が相対的に安価となった。また、1980年代にかけてアメリカの金利が急落し、インテルの資本コストが減少した。
時を同じくして、テキサス州に拠点を置くコンパック・コンピュータがIBMのPC市場に殴り込みをかけた。自前でオペレーティング・システムを書いたり、マイクロプロセッサを生産したりするのは難しくても、PCの構成部品を組み立て、プラスチックの筐体に収めるだけなら比較的簡単だと気づいたコンパックは、インテル製のチップとマイクロソフト製のソフトウェアを使った独自のPCを、IBMよりはるかに低価格で発売する。1980年代中盤になると、IBMのPCの〝クローン〟をつくるコンパックやその他のメーカーのほうが、出荷台数で本家IBMを上回る有様だった。[13]
コンピュータがすべてのオフィスや多くの自宅に導入されると、価格は急降下した。アップルのコンピュータを除くほとんどのPCが、スムーズな連携を念頭に設計されたインテル製チップとウィンドウズ・ソフトウェアで動いていた。

こうして、インテルはPC向けのチップ販売を事実上独占した状態で、PC時代へと突入していったのである。

グローブが行なったインテル再編は、シリコンバレー流資本主義の教科書的な事例だといっていい。彼はインテルのビジネスモデルが崩壊していることに気づき、会社創設の基礎となったDRAMチップに見切りをつけて、インテル自身を〝破壊〟することを決めた。

その結果、インテルはPC向けチップの市場をがっちりと支配し、1、2年おきに新世代のチップを世に送り出して、トランジスタの微細化や処理能力の増大を進めていった。パラノイアだけが生き残る――グローブはそう信じた。イノベーションより専門知識より、彼のパラノイアこそが、インテルを救ったのだ。

# 第23章　敵の敵は友——韓国の台頭

李秉喆《イビョンチョル》は、どんなものでも売り物にしてしまう商魂たくましい男だった。ジャック・R・シンプロットのわずか1年後、１９１０年に生まれた彼は、１９３８年3月に母国の韓国で事業を始めた。当時の韓国といえば、中国と交戦中ですぐにアメリカとも交戦することになる大日本帝国の一部であった。彼の最初の商品である韓国産の干物や野菜は、中国北部へと出荷され、日本軍の腹を満たした。当時の韓国はこれといった産業も技術もない貧しい辺境の地だったが、彼はそのころから「強大で末永く続く」企業をつくりたいと夢見ていた。[1]

彼はのちに、アメリカの半導体産業と韓国国家というふたつの有力な仲間を得て、サムスンを半導体帝国へと変貌させることになる。シリコンバレーの日本打倒戦略の鍵を握っていたのが、アジアで安価な供給源を見つけることだった。彼はサムスンならその役割を容易に果たせる、と考えた。

韓国は自国より強力なライバル国のあいだを渡り歩くのに慣れていた。李がサムスンを創設してから7年後、日本がアメリカに敗戦した1945年に、サムスンはつぶされていたとしてもおかしくはなかった。

しかし、彼は巧みに方向転換を行ない、干物を売り歩いていたときと同じくらい手際よく政治的なパトロンを取り替えた。彼は戦後、朝鮮半島の南半分を占領したアメリカ人たちと関係を築き、サムスンのような巨大企業グループを解体したがっていた韓国の政治家たちを払いのけた。

北朝鮮の共産主義政府が韓国に侵攻してきたときでさえ、彼は資産を守りきった。ただ、北朝鮮が一時的にソウルを占領した際には、共産党の高官が彼のシボレーを押収し、占領下にある首都を走り回ったそうだ。[2]

李は戦時下にもかかわらず、韓国の複雑な政治を巧みに乗りこなし、自身の企業帝国を拡大していった。1961年に軍事政権が権力を握ると〔同年5月16日に朴正熙《パクチョンヒ》らが起こした軍事クーデターのこと〕、将軍たちは彼から所有する銀行を奪い取ったが、彼のほかの企業は無傷で残った。

というのも、彼はサムスンが国家の利益のために営業していて、その国家の利益というのはサムスンが世界レベルの企業になれるかどうかにかかっている、と主張したのだ。実際、李家の家訓の冒頭には、「事業を通じて国家に奉仕する」との文言がある。[3]

こうして、干物や野菜から、砂糖、繊維、肥料、建設、銀行、保険などさまざまな分野に多角化を進めた彼は、1960年代から1970年代にかけての韓国の高度経済成長を、自身が国家に奉仕している証拠だととらえた。一方、彼が1960年までに韓国一の富豪にのし上がった点に着目した彼の批判者たちは、それを国家（と金に目がくらんだ政治家たち）が彼に奉仕している証拠ととらえた。

李は、1970年代終盤から1980年代初頭にかけて東芝や富士通といった企業がDRAM市場のシェアを奪うのを見て、半導体産業に割って入りたい、と前々から夢見ていた。韓国はすでに、アメリカ製や日本製のチップの組立やパッケージングの重要な外部委託先となっていた。

さらに、1966年にアメリカ政府の資金援助で韓国科学技術研究所が設立され、アメリカの一流大学を卒業する韓国人や、アメリカで教育を受けた教授陣から韓国で教育を受ける韓国人がどんどん増えていった。

しかし、いくら熟練の労働者たちがいるにせよ、企業が基本的な組立から最先端の半導体製造へといきなり舵を切るのは、そう簡単なことではなかった。実際、サムスンは以前、単純な半導体事業に手を出したことがあったが、利益を上げるのにも、先進技術を生み出すのにも苦労していた。[4]

しかし、1980年代初頭、李は潮目の変化を感じた。1980年代のシリコンバレーと日本の苛酷なDRAM競争が、突破口を切り開いたのだ。一方で、韓国政府もまた、半導体を優先事項のひとつとしてとらえていた。

サムスンの未来に考えを巡らせていた彼は、1982年春、カリフォルニア州へと飛び、ヒューレット・パッカード（HP）の工場を見学する。同社の技術力には驚嘆するばかりだった。HPがパロアルトのガレージからテクノロジー業界の巨獣へと成長できるなら、まちがいなく干物と野菜売りのサムスンにも同じことができるはずだ。「すべては半導体のおかげだ」とあるHPの従業員は彼に告げた。

李はIBMのコンピュータ工場も見学したが、写真撮影可と聞いて衝撃を受けた。「あなた方の工場は企業秘密だらけのはずでは?」と彼は工場を案内してくれたＩＢＭ従業員に訊いた。すると、「見ただけじゃ、再現できませんから」とその従業員は自信満々で答えた。[5] しかし、シリコンバレーの成功を再現することこそが、彼の目指す目標だった。

そのためには、何百万、何千万、何億ドルという設備投資が必要だったが、成功する保証はなかった。李にとってさえ、それは大きな賭けだった。彼は何カ月と迷った。失敗すれば、彼の企業帝国全体が傾きかねない。

しかし、韓国政府は資金援助の意欲を示し、半導体産業の構築に4億ドルを出資することを約束していた。となれば、韓国の銀行も政府の方向性に従い、追加の融資をしてくれるだろう。つまり、日本と同様、韓国のテクノロジー企業は、ガレージからではなく、低金利な銀行融資や政府の支援を受けられる巨大複合企業から生まれたといっていい。

こうして、１９８３年2月、緊張で眠れない夜を過ごした彼は、とうとう意を決して電話を取り、サムスンのエレクトロニクス部門の責任者に告げた。「サムスンは半導体製造に乗り出す」。彼は会社の未来を半導体に託したのだ。そのために、最低でも1億ドルを投じる覚悟はできていた。[6]

確かに、李は抜け目のない起業家だったし、韓国政府の強烈な後ろ盾も得ていた。それでも、半導体事業へのサムスンの一世一代の賭けは、シリコンバレーの支援なしではとうてい成功しなかっただろう。一方のシリコンバレーは、すっかり日用品《コモディティ》化したＤＲＡＭではなく、より付加価値の高い製品にアメリカの研究開発活動を集約させつつ、韓国国内でより安価な供給源を見つけることこそが、メモリ・チップ分野で日本との国際的な競争に勝つための最善策だと考えた。

つまり、アメリカの半導体メーカーは、韓国の新興企業《スタートアップ》を潜在的なパートナーとみなしていたのだ。「韓国メーカーが躍進」すれば、「コストを度外視してでもとにかく安く売ろう」とする日本の戦略は、世界のDRAM生産を独占するのに有効ではなくなるだろう、とロバート・ノイスはアンディ・グローブに語った。韓国メーカーに価格で負けるからだ。その結果は日本の半導体メーカーの「首を絞める」だろう、とノイスは予測した。[7]

したがって、インテルが韓国のDRAMメーカーの台頭を応援するのは自然な成り行きだった。こうして、インテルは1980年代にサムスンとの合弁事業契約を結んだシリコンバレー企業のひとつとなり、サムスン製のチップをインテル・ブランドのもとで販売することになった。韓国の半導体産業を支援すれば、シリコンバレーに対する日本の脅威が間接的に和らぐと踏んだのである。

さらに、韓国のコストや賃金は日本より大幅に低かったので、たとえ韓国企業の製造工程が超効率的な日本企業ほど完璧に緻密でなくても、サムスンのような韓国企業が市場シェアを獲得できるチャンスはあった。

日米の貿易摩擦も韓国企業の追い風になった。[8] 1986年、日本がアメリカ市場でDRAMチップを安く販売する「不当廉売《ダンピング》」をやめないかぎり関税をかける、とアメリカ政府が脅しをかけると、日本政府はアメリカへのチップの販売に上限を設けることに同意し、安売りをしないことを約束した。このことが、より高値でDRAMチップを販売する機会を韓国企業にもたらした。アメリカ政府は韓国企業への利益を目的に日本と協定を結んだわけではないが、日本以外が自国に必要なチップを生産してくれるのは大歓迎だった。

アメリカは韓国製のＤＲＡＭチップの市場だけでなく、技術まで提供した。破綻の瀬戸際まで追い詰められていたシリコンバレーのＤＲＡＭメーカーは、一流の技術を韓国に移転することにほとんど躊躇を見せなかった。

李は資金難に陥っていた新興メモリ・チップ企業のマイクロンに、64ｋビットＤＲＡＭの設計のライセンスの供与を持ちかけ、その過程で創設者のウォード・パーキンソンと懇意になった。たとえサムスンに製造工程の多くを知られることになるとしても、資金繰りに窮していたそのアイダホ人たちにとって、サムスンの提案は渡りに船だった。「われわれがしたことは、すべてサムスンもしていた」とパーキンソンは振り返り、サムスンによる資金注入がマイクロンの存続にとって「決定的ではないにせよ、それに近い」役割を果たした、と語った。

ゴードン・ムーアをはじめとする業界のリーダーたちのなかには、一部の半導体メーカーが自暴自棄になり、「ますます貴重になっていっている半導体技術を手放す」のではないか、と心配する者もいた。しかし、アメリカの大半のメモリ・チップ・メーカーが破産寸前に陥っているなか、ＤＲＡＭ技術がことさら貴重だと主張するのは、強弁というものだった。結局、シリコンバレーの大半の企業が喜んで韓国企業と手を組んだ。

こうして、日本の競合企業たちは価格競争に負け、韓国はメモリ・チップ製造の世界的な中心地のひとつへと成長を遂げたのである。その道理は、ジェリー・サンダースに言わせればシンプルだった。「わが敵の敵は友だ」[9]

# 第24章 ミードとコンウェイの革命

日本製DRAMの猛攻を受けたあと、アメリカの半導体産業が再生を遂げたのは、アンディ・グローブのパラノイア、ジェリー・サンダースのなりふりかまわぬ乱闘、ジャック・R・シンプロットのやんちゃな競争心の賜物だった。

テストステロンと自社株購入権《ストック・オプション》が油を注いだシリコンバレーの競争は、どちらかというと教科書に出てくる無味乾燥な経済学よりは、ダーウィンの弱肉強食の世界に近かった。多くの会社が倒産し、財産が失われ、何万人という従業員が解雇されていく。そのなかで、インテルやマイクロンのような企業が生き残ったのは、技術力のおかげというよりは（もちろん技術力も重要ではあったが）、激しく容赦ない競争環境のなかで利益を上げる技術的才能をうまく活かせたからだといっていい。

とはいえ、シリコンバレーの再生は、単なる英雄的な起業家や創造的破壊の物語ではない。こうした産業界の新たな王たちの台頭と並んで、新たな科学者や技術者たちが、半導体製造の飛躍的な前進のお膳立てを整え、半導体の処理能力を活用する革命的で斬新な方法を続々と考案していったことも要因として大きかった。

こうした進展の多くは、政府の活動と連携して起こった。といっても、ふつうは議会やホワイトハウスによるトップダウンの手法を通じてではなく、未来的なテクノロジーに対して大胆な賭けを行ない、そのために必要な教育や研究開発のインフラを築く権限を与えられた、DARPAなどの小規模で機敏な組織の活動を通じてだ。

1980年代のシリコンバレーが直面した問題は、高品質で低価格な日本製DRAMチップとの競争だけではない。ゴードン・ムーアの有名な法則は、チップあたりのトランジスタ数の指数関数的な増加を予測したものだが、この夢を実現するのは年々難しくなっていった。

1970年代終盤、多くの集積回路は、インテルのフェデリコ・ファジンが史上初のマイクロプロセッサを生み出すのに使ったのと同じプロセスに従って設計されていた。

1971年、ファジンは半年間、製図台の前で背中を丸め、インテルの最新鋭の道具、直定規と色鉛筆を使い、その設計をスケッチしていった。次に、この設計をペンナイフでルビリスという赤いフィルムに切り込んでいく。そうしたら、特殊なカメラで、ルビリスに刻み込まれたパターンをマスクへと投射する。マスクとは、ルビリス上のパターンが完璧に複製された、クロムに覆われたガラス乾板のことである。最後に、光をそのマスクと一連のレンズを通して照射し、そのパターンの縮小版をシリコン・ウェハー上に投射するのだ。数カ月にわたってスケッチと切り込みを繰り返した末、彼はとうとうチップを完成させた。[1]

問題は、1000個の構成部品を持つ集積回路には鉛筆とピンセットで間に合うとしても、100万個のトランジスタを持つチップにはもっと高度な道具が必要だった、という点だ。ヤギひげが特徴の物理学者で、ムーアの友人だったカーバー・ミードは、この問題に頭を悩ませていたとき、ゼロックスのパロアルト研究所で働くコンピュータ・アーキテクトのリン・コンウェイを紹介された。その研究所では、ちょうどマウスとキーボードを使ったPCの概念が発明されようとしているところだった。[2]

コンウェイは優秀なコンピュータ科学者だったが、彼女と話をした者なら誰でも、天文学から人類学、歴史哲学まで、多様な分野の洞察に彩られた頭脳の持ち主だということに気づいた。[3] 彼女は、性転換を行なったという理由で1968年にIBMを解雇されたあと、1973年に本人いわく「ステルス・モード」でゼロックスにやってきた。[4]

彼女はシリコンバレーの半導体設計者たちが技術者より芸術家に近いことを知って衝撃を受けた。ハイテクな装置が原始的なピンセットと一緒に使われていたからだ。半導体メーカーはシリコン結晶上に驚くほど複雑なパターンをつくり出していたが、その設計手法はといえば、中世の職人技そのものだった。

各企業のファブ（製造工場）には、その工場でつくるチップの設計方法を定めた、長く複雑で独占的な手順リストがあった。しかし、標準化された手順に基づいてコンピュータ・プログラムを設計する、という考え方に慣れていたコンピュータ・アーキテクトのコンウェイにとって、こうした手法は奇妙なほど時代遅れに見えた。[5]

コンウェイは、ミードが予言するデジタル革命の実現には、アルゴリズム並みの厳密さが必要だと気づいた。そこで、共通の同僚を介して知り合ったコンウェイとミードは、半導体設計を標準化する方法について議論し始める。自動で回路を設計するようコンピュータをプログラミングできないか？「何かを自動的に実行するプログラムを書ければ、誰の道具箱も必要なくなる。自分で自分のプログラムを書くだけでいい」とミードは言った。[6]

やがて、コンウェイとミードは、一連の数学的な「設計規則」を定め、コンピュータ・プログラムによる半導体設計の自動化の道を切り開いた。ふたりの手法を使えば、設計者はそれぞれのトランジスタの位置をわざわざスケッチする必要はなくなり、ふたりの手法が実現した「交換可能部品」のライブラリから選び出すだけでよくなった。

ミードは自身をヨハネス・グーテンベルク〔活版印刷技術の発明者とされる〕にたとえた。彼が本の生産を機械化したおかげで、作家は執筆に、印刷業者は印刷に専念できるようになったのだ。コンウェイはすぐに、この半導体設計の方法論について教えるため、マサチューセッツ工科大学（MIT）に招かれた。彼女の学生たちは自身のチップを設計しては、製造のためにその設計を製造工場へと送った。そして6週間後、工場に一歩も足を踏み入れないまま、コンウェイの学生たちは完全に機能するチップを郵便で受け取った。グーテンベルク革命が訪れた瞬間である。[7]

たちまち「ミードとコンウェイの革命」と呼ばれることになるこの手法に、誰よりも興味を示したのが、国防総省《ペンタゴン》だった。その一部門であるDARPAは、大学研究者が半導体設計を送って最先端の工場で生産できるようにするプログラムに資金を拠出した。未来的な兵器システムへの資金提供で知られる

ＤＡＲＰＡだが、半導体に関していえば、十分な数の半導体設計者を養成するための教育インフラの構築にも、同じくらい注力した。[8]

また、大学が最先端のコンピュータを入手できるよう支援し、業界関係者や学者とのワークショップを開いて、高級ワインを飲みながら研究問題について議論する機会もつくった。企業や教授たちがムーアの法則を継続できるよう支援することが、アメリカの軍事的な優位性にとって重要である、と考えたのだ。[9]

半導体産業のほうも、半導体の設計手法に関する大学研究に資金提供し、「半導体研究協会（Semiconductor Research Corporation）」を設立して、カーネギーメロン大学やカリフォルニア大学バークレー校といった大学に研究助成金を交付した。すると、１９８０年代にかけて、両大学の学生や教授たちが一連の新興企業《スタートアップ》を立ち上げ、半導体設計用のソフトウェア・ツールという、前例のない新たな産業を生み出した。

今日では、すべての半導体メーカーが、このＤＡＲＰＡと半導体研究協会が資金提供したプログラムの卒業生によって築かれた3社の半導体設計ソフトウェア会社のいずれかのツールを用いている。[10]

また、ＤＡＲＰＡはふたつ目の課題について探る研究者たちも支援した。それは、増加し続ける半導体の処理能力の新たな用途を見つける、という課題だ。そうした研究者のひとりが、無線通信の権威であるアーウィン・マーク・ジェイコブスだった。

マサチューセッツ州でレストランを経営する一家に生まれた彼は、もともと両親の背中を追って接客業の道に進むつもりだったが、やがて電気工学の虜《とりこ》となり、真空管やＩＢＭの計算機いじりに明け暮れる１９５０年代を過ごした。ＭＩＴで修士号の取得を目指すあいだ、アンテナや電磁理論について研究し、やがて情報の格納や通信の方法について研究する情報理論に専念することを決めた。[11]

ラジオはその何十年も前から無線通信を行なってきたが、無線通信の需要が高まる一方、使える周波数帯は限られていた。たとえば、99・５メガヘルツのＦＭラジオ放送局を開局したければ、99・７メガヘルツの放送局がすでに存在しないことを確認しなければならない。でないと、混信が生じて放送が理解不能になってしまう。

同じことは、ほかの形式の無線通信についてもいえた。一定の周波数の幅に多くの情報を詰め込むほど、無線受信機に向かって空中を進んでいく信号が、ビルに反射したり互いに干渉したりして混合することで生じる誤りに、余裕が少なくなる。

すると、１９６７年、ジェイコブスのカリフォルニア大学サンディエゴ校の長年の同僚であるアンドリュー・ビタビが、ノイズの多い放送電波中を進む乱雑なデジタル信号を復号する複雑なアルゴリズムを考案した。そのアルゴリズムは、科学者たちから最高の理論だと絶賛されたが、実用化は厳しいように思えた。一般的なラジオが複雑なアルゴリズムを実行できるほどの処理能力を備えるようになるとは、考えづらかったからだ。

１９７１年、ジェイコブスは通信理論について研究する学者たちの会議に出席するため、フロリダ州セントピーターズバーグに飛んだ。教授たちの多くは意気消沈し、自分たちの学問分野、つまり電波へのデータ符号化が、実用的な限界に達してしまったと結論づけていた。同一の無線周波数帯には、一定量の信号しか詰め込むことができず、それを超えると信号の選別や解読が不可能になってしまうのだ。

ビタビのアルゴリズムは、より多くのデータを同一の無線周波数に詰め込む理論的な方法を与えるものだったが、そのアルゴリズムを大規模に応用するだけの処理能力は世の中に存在しなかった。データを空中に送信するプロセスは、壁にぶち当たったかと思われた。「符号化は死んだ」とある教授は断言した。

ジェイコブスの意見は真逆だった。彼は後列から立ち上がると、小さなチップを掲げてこう高らかに宣言した。「これが未来だ」[12]。チップは急速に進化していたので、近い将来、同一の周波数帯のなかにこれまでより桁違いに多くのデータを符号化できるようになる、と彼は気づいた。単位面積当たりのシリコンに搭載できるトランジスタ数は指数関数的に増加していたので、一定の無線周波数の幅のなかで送信できるデータ量も増大していくはずだ。

こうして、ジェイコブス、ビタビ、数人の同僚たちが共同で立ち上げたのが、「良質な通信（quality communications）」の略である「クアルコム（Qualcomm）」という無線通信会社である。より強力なマイクロプロセッサが開発されれば、より多くの信号を既存の周波数帯に詰め込めるようになる、と見込んだのだ。

するとさっそく、ジェイコブスはＤＡＲＰＡとＮＡＳＡから宇宙通信システムの開発契約を勝ち取った。１９８０年代終盤には、民間市場へと手を広げ、トラック運送業界向けの衛星通信システムを開発した。しかし、１９９０年代初頭になっても、チップを使って大量のデータを空中に送信するというのは、ニッチなビジネスと見られていた。

アーウィン・ジェイコブスのような教授上がりの起業家にとって、ＤＡＲＰＡからの資金提供や国防総省との契約は、自身の新興企業を存続させるうえで欠かせなかった。しかし、政府のプログラムのなかで成功したのはほんの一部だけだった。

たとえば、アメリカ最大のリソグラフィ装置メーカーを救おうとしたセマテックの試みは、惨憺《さんたん》たる失敗に終わった。政府の活動が効果的だったのは、瀕死の会社を蘇らせようとしたときではなく、むしろ既存のアメリカの強みを活かし、研究者たちが優れた発想を試作品へと変えるための資金を提供したときだった。

建前上は国防機関であるＤＡＲＰＡが、半導体設計の理論を提唱するコンピュータ科学の教授たちに便宜を図っていると知ったら、まちがいなく議員たちは激怒しただろう。しかし、こうした活動こそが、トランジスタを微細化し、半導体の新しい用途を切り開き、新たな顧客に半導体の購入を促し、次世代の小型トランジスタの開発に資金を提供したのである。

半導体設計についていえば、アメリカほど優れたイノベーションのエコシステム〔さまざまな企業からなる共存共栄や相互依存の関係のこと〕を持つ国は、世界のどこにもなかった。１９８０年代末になると、リン・コンウェイがシリコンバレーにやってきた１９７０年代初頭では想像もつかなかったことだが、１００万個のトランジスタを搭載したチップがとうとう現実のものになる。インテルが発表した４８６マイクロプロセッサには、小さなシリコン結晶の上に、１２０万個もの微細なスイッチが詰め込まれていた。

# 第25章 コピー戦略の末路

ＫＧＢのスパイでありながら、ウラジーミル・ヴェトロフの人生はどちらかというとジェームズ・ボンドの映画よりチェーホフの物語に近かった。ＫＧＢの仕事は退屈で、愛人はスーパーモデルとは程遠く、妻は夫よりも飼い犬のシーズー犬に夢中だった。

１９７０年代末を迎えるころには、彼のキャリアと人生は行き止まりにぶち当たっていた。事務仕事に辟易《へきえき》とし、上司たちにはないがしろにされ、自身の友人のひとりと浮気していた妻にはほとほと愛想が尽きていた。憂さ晴らしのため、モスクワの北にある電気も通っていない田舎村の丸太小屋に逃避することもあれば、単にモスクワでひたすら酔いつぶれることもあった。[1]

しかし、ヴェトロフの人生はずっとこれほど退屈だったわけではない。１９６０年代、彼は誰もがうらやむパリでの海外駐在を勝ち取り、「貿易関係者」として、アレクサンドル・ショーキンの「コピー」

戦略に従ってフランスのハイテク産業から秘密を収集する任務に当たっていた。
1963年、マイクロエレクトロニクスについて研究する科学者たちの街、ゼレノグラードがソ連につくられたのと同じ年、KGBがT局（Tはテクノロジーの意）という新しい部局を設立する。その任務は、「西側諸国の装置や技術を入手し、ソ連の集積回路の生産能力を改善すること」である、とCIAの報告書は警鐘を鳴らした。[2]
1980年代初頭、KGBは外国の技術を盗むため、1000人前後の工作員を雇っていたとされる。うち300人前後が海外駐在で、残りの大半は、スターリン時代の収容所および拷問室の上にたたずむ、モスクワのルビャンカ広場の荘厳なKGB本部の8階で働いていた。
ソ連軍のGRU（参謀本部情報総局）をはじめとする同国のほかの情報機関にも、技術の窃取を専門とするスパイたちがいたし、サンフランシスコのソ連領事館には、シリコンバレーのテクノロジー企業をターゲットとした総勢60人の工作員チームが存在したといわれている。工作員たちはチップを直接盗んだり、泥棒たちが供給する闇市場から購入したりした。1982年にカリフォルニアで逮捕され、チップを革のジャケットに隠してインテルの工場から盗み出した罪で告発された「片目のジャック」はそうした泥棒のひとりだ。
さらに、ソ連のスパイたちは、先進技術にアクセスできる西洋人への恐喝も行なった。少なくとも、あるイギリスのコンピュータ会社の従業員で、モスクワに居住するイギリス人のひとりが、高層マンションの窓から〝転落〟して死亡したことがある。[3]
その後も、スパイ活動はソ連の半導体において欠かせない役割を果たした。その事実が明らかになったきっかけは、ロードアイランド州のある漁師の一団が、1982年秋に北大西洋で奇妙な金属製のブイを引き上げたことだ。

彼らは釣果《ちょうか》のなかに先進的なチップが含まれているとは夢にも思っていなかった。ところが、軍の研究所へと送られたその奇妙なブイは、テキサス・インスツルメンツ製の5400シリーズの半導体の完璧なレプリカを用いたソ連の盗聴装置だと特定された。

一方、インテルがマイクロプロセッサを市販化すると、ショーキンは同様の装置の生産を目指すソ連の研究部門を閉鎖し、アメリカ製のマイクロプロセッサをコピーするほうを選んだ。[4]

しかし、この「コピー」戦略は、ソ連の偵察ブイが想像させるほどの成功を上げてはいなかった。インテルの最新のチップのサンプルを何点か盗み出したり、中立国であるオーストリアやスイスのダミー企業を経由させて集積回路をまるまるソ連に横流ししたりするのは朝飯前だった。[5]

しかし、アメリカの防諜活動によって、第三国で活動するソ連の工作員の正体が露呈することも少なくなかったので、これは決して確実な供給源とはいえなかった。

半導体設計を盗み出すという戦略は、その設計をソ連で量産できてこそ有効だった。それは冷戦初期の時代でさえ難しかったが、1980年代になると不可能に近くなった。シリコンバレーがシリコン・チップ上に大量のトランジスタを詰め込むにつれ、同じものをつくるのはどんどん難しくなっていった。KGBはチップを盗み出すことによってソ連の半導体メーカーが驚異的な秘密を手にできると思っていたが、最新のチップを手に入れただけでは、ソ連の技術者たちが同じものを生産できる保証などなかった。

加えて、KGBは半導体製造装置も盗み出し始める。CIAは、ソ連が半導体製造工程のほとんどの側面を盗み出した、と主張した。そのなかには、半導体製造に必要な材料を準備するための西側諸国の装置が900台、リソグラフィやエッチング用の装置が800台、半導体のドーピング、パッケージング、テスト用の装置がそれぞれ300台、含まれていた。[6]

しかし、工場には、装置一式に加え、機械が故障したときのための予備の交換部品も必要だった。外国製の装置の交換部品をソ連国内でつくれる場合もあったが、そのことが新たな非効率性や欠陥を生んだ。その結果、盗み出して複製するというシステムがうまく機能せず、ソ連軍の指導部は高品質なチップの安定供給に疑問を抱くようになった。こうして、軍事システムでの電子機器やコンピュータの使用を最小限に抑えざるをえなくなったのだ。

西側諸国がソ連による産業機密の窃取の規模に気づくまでは、時間がかかった。1965年にKGBが初めてヴェトロフをパリに送り込んだとき、T局は無名同然だった。ヴェトロフらは、多くの場合はソ連貿易省の職員として、スパイ活動を行なっていた。外国の研究所を訪れ、幹部たちと仲良くなり、外国の産業機密を吸収しようとしていたソ連の工作員たちは、ただ貿易関係者としての〝本業〟をこなしているようにしか見えなかった。

ヴェトロフがモスクワ帰還後の退屈な毎日にスパイスを加えようと思わなかったら、T局の活動はずっと国家機密のままだったかもしれない。1980年代初頭になると、彼のキャリアは停滞し、結婚生活は破綻し、人生は崩壊しかけていた。ジェームズ・ボンドと同じスパイでありながら、ボンドよりデスク・ワークが多く、マティーニは少ない人生に嫌気が差していた彼は、人生に彩りを加えようと、フランスの情報機関とつながりがあったパリの知人に葉書を送った。[7]

たちまち、ヴェトロフはモスクワにいるフランス人の連絡役に、T局に関する何十枚という文書を渡しはじめる。すると、フランスの情報機関はヴェトロフに「フェアウェル（さらば）」というコードネームをつけた。合計すると、彼は数千ページにおよぶ文書をKGBの中心部から持ち出したようだ。

こうして、西側諸国の産業機密の窃取を目的とした巨大な組織的活動が白日のもとにさらされた。優先事項のひとつが「最先端のマイクロプロセッサ」だった。ソ連には、マイクロプロセッサの開発に携わる経験豊富な技術者が不足していただけでなく、最先端のプロセッサの設計に必要なソフトウェアや、その生産に必要な装置も不足していた。西側諸国のスパイたちは、ソ連による窃取の規模に愕然とした。[8]

フランス人工作員との日々の密会のなかに、ヴェトロフは新たな活動を見出したが、心はいっこうに満たされないままだった。フランス人工作員は、ヴェトロフの愛人を喜ばせるため、外国の贈り物を手渡したが、ヴェトロフが心から求めていたのは妻の愛情だった。

すると、彼はますます妄想を深めていく。1982年2月22日、愛人との関係を断つと息子に告げた彼は、モスクワの環状道路沿いに停めた車中で、愛人をメッタ刺しにした。彼が警察に逮捕されてようやく、KGBは彼が母国を裏切り、T局の秘密を西側の情報機関に流していたことを知るのである。

フランスはすぐさまヴェトロフに関する情報をアメリカやほかの同盟国の情報機関と共有した。これに対して、レーガン政権は「エクソダス（大脱出）作戦」を開始し、先進技術の税関検査の強化にかかる。1985年までに、このプログラムによって約6億ドル相当の物品が押収され、1000人近くが逮捕された。

しかし、半導体に関していえば、「ソ連に対するアメリカの技術の大量出血」を食い止めたというレーガン政権の主張は、おそらく規制強化の効果を誇張したものだと言わざるをえないだろう。

実際には、ソ連の「コピー」戦略は、ソ連の技術的な遅れを宿命づけ、むしろアメリカに利《り》したというほうが正しい。1985年、CIAがソ連製のマイクロプロセッサを調査した結果、ソ連がインテル製やモトローラ製のチップの正確無比なレプリカをつくっていたことが判明した。要するに、ソ連は常に5年後ろを走っていたということだ。[9]

第26章

# 思考する兵器VS無能

「高精度な長距離ターミナル誘導戦闘システム、無人航空機、質的に新しい電子制御システム」が、通常の爆発物を「大量破壊兵器」に変えるだろう、とソ連邦元帥《げんすい》のニコライ・オガルコフは予測した。[1] 1977年から1984年まで、ソ連軍参謀総長を務めた彼だが、西側諸国ではどちらかというと、ソ連が1983年に韓国の民間旅客機を誤って撃墜したあと、メディアで攻撃的な反論を行なった人物として有名だ。

彼はミスを認める代わりに、旅客機のパイロットが「入念に計画された意図的な諜報作戦」を実施していたと責め立て、旅客機が「みずから災いを呼び寄せた」のだ、と言い放った。[2] 西側諸国を敵に回すようなメッセージだったが、仮にそうだとしても、彼自身にはたいした影響もなかっただろう。アメリカとの戦争に備えることが彼の人生の目的だったのだから。

ソ連は、強力なロケットや大量の核備蓄を築き、冷戦初期の重要技術の開発競争でアメリカと対等に渡り合ってきた。それが今では、かつての肉弾戦がコンピュータ化された頭脳戦へと置き換わりつつあった。

この新たな軍事力の源を下支えするシリコン・チップの開発に関していえば、ソ連は絶望的なまでの後れを取っていた。ソ連で人気を博した１９８０年代のジョークがある。とあるソ連政府《クレムリン》の高官が、誇らしげにこう宣言するのだ。「諸君、われわれはとうとう世界最大のマイクロプロセッサを開発したぞ！」

戦車や兵員の数といった従来の指標で見れば、１９８０年代初頭のソ連は明らかに優勢だった。[3] しかし、オガルコフの見方はちがった。質が量に追いつこうとしている、と考えたのだ。

彼の心はアメリカの精密誘導兵器がもたらす脅威に取り憑かれていた。高性能な監視装置や通信装置と、数百キロメートル、さらには数千キロメートル先の標的を正確に狙い撃ちする能力。このふたつの組み合わせは、「軍事技術的な革命」を巻き起こしつつある、と彼は聞く耳を持つ全員に訴えかけた。[4] ベトナム上空で発射された真空管誘導式のスパロー・ミサイルが標的の9割をはずしていた時代は、とっくのとうに過ぎ去ったのだ。ソ連はアメリカよりはるかに多くの戦車を保有していたが、彼は近い将来、ソ連の戦車のほうがアメリカとの戦いにおいて何倍も脆弱になるだろう、と悟った。

ウィリアム・ペリーの「相殺戦略《オフセット》」は機能していたが、ソ連には特に対抗策がなかった。[5] ソ連は日米の半導体メーカーのような微細化された電子機器や計算能力を持ち合わせておらず、ゼレノグラードやソ連のほかの半導体製造工場は日米に追いつくことすらできなかった。

ペリーがムーアの法則を継続するよう国防総省《ペンタゴン》に掛け合ったのに対して、ソ連の半導体製造の欠陥を知る同国の兵器設計者たちは、複雑な電子機器の使用をなるべく制限することを学んだ。

これは１９６０年代なら有効な作戦だったが、１９８０年代ではちがった。マイクロエレクトロニクスの進歩に追いつくのをあきらめた瞬間、アメリカの兵器が「思考する兵器」へと近づいていく一方、ソ連の兵器システムが「無能《ダム》」な兵器にとどまることが運命づけられてしまったのである。

アメリカは早くも１９６０年代初頭に、テキサス・インスツルメンツ製のチップで動く誘導コンピュータをミニットマンⅡミサイルに搭載していたが、集積回路を用いたソ連初のミサイル誘導コンピュータがテストされたのは、１９７１年のことだった。[6]

低品質なマイクロエレクトロニクスにすっかり慣れきっていたソ連のミサイル設計者たちは、巧妙な応急策をひねり出した。搭載コンピュータにかかる負荷を最小限に抑えるため、誘導コンピュータで用いる数学さえもシンプルにしたのだ。

一般的に、ソ連の弾道ミサイルは標的に向かって一定の飛行経路をたどるよう指示されており、誘導コンピュータは、ミサイルが事前にプログラミングされた経路から逸脱した場合に、元の経路に戻すよう調整するだけだった。対照的に、１９８０年代になると、アメリカ製のミサイルは標的までの経路をみずから計算するようになっていた。[7]

１９８０年代中盤になると、アメリカの新型ＭＸミサイルの半数必中界《はんすうひっちゅうかい》は約１１０メートルと正式に推定されていた。対して、おおむね同等の攻撃力を持つソ連製ミサイルＳＳ－25は、あるソ連の元国防当局者の推定によれば、３６５メートルだったという。

冷戦時代の軍事計画者の不吉な論理によれば、数百メートルの違いは雲泥の差だった。ひとつの都市を破壊するにはそれでも十分だったが、両国が手に入れたいと願っていたのは、お互いの核貯蔵庫を破壊する能力だ。核弾頭でさえ、強化された敵国の地下ミサイル・サイロを無力化するには、ある程度の直撃が必要だった。

十分な数のミサイルが直撃すれば、もしかすると先制奇襲攻撃によって敵国の核戦力を削ぐことが可能かもしれない。ソ連のもっとも悲観的な推定によれば、1980年代にアメリカが先制核攻撃を仕掛けた場合、ソ連のICBMの98%が無力化するか、破壊される恐れがあったという。[8]

したがって、ソ連にはミスする余裕はなかった。ほかにも、ソ連にはアメリカに核攻撃を仕掛けられる兵器システムがふたつあった。長距離爆撃機とミサイル潜水艦である。しかし、爆撃機はミサイル発射システムとしてはもっとも心許《こころもと》ない、というのが大方の見解だった。離陸直後にレーダーで捕捉され、核兵器を発射する前に撃墜されてしまう可能性があるからだ。

対照的に、アメリカの核ミサイル潜水艦は、実質的に探知不能であり、無敵といっても過言ではなかった。アメリカは計算能力を駆使し、自軍の潜水艦探知システムの精度を格段に高めつつあったので、ソ連の潜水艦は常に危険と隣り合わせだったのだ。

潜水艦を発見する難しさは、不協和音のような音波を理解しなければならない点にある。音波はさまざまな角度で海底に反射し、水温や魚群の存在などに応じて、水中を複雑に屈折する。

1980年代初頭になると、アメリカが潜水艦のセンサーを、半導体メモリ・チップを使ったフェアチャイルド製の初の超強力スーパーコンピュータ「イリアックⅣ」に接続していることは周知の事実となっていた。イリアックⅣやその他の処理センターは、人工衛星を介して、艦船、航空機、ヘリコプターに搭載された一連のセンサーへと接続され、ソ連の潜水艦を追跡していた。おかげで、ソ連の潜水艦はアメリカによって非常に探知されやすい状態になっていた。[9]

オガルコフは計算の結果、ミサイルの精度、対潜水艦戦、監視、指揮統制といった分野で、半導体が生み出すアメリカの優位性は揺るぎなく、奇襲攻撃によってソ連の核兵器の残存性が脅《おびや》かされる可能性もある、と結論づけた。本来、核兵器は究極の保険になるはずだったが、ある将軍によれば、ソ連軍は今や「戦略兵器の分野で大幅に劣っている」と感じていた。[10]

ソ連の軍事指導者たちは、通常戦争も恐れていた。軍事アナリストたちはもともと、戦車や兵員の数で勝るソ連は、通常戦争では決定的に有利である、と考えていた。ところが、ベトナム上空で初めて使用されたペイブウェイ爆弾は、一連の新たな誘導システムによって強化されていたし、トマホーク巡航ミサイルは、ソ連の領土の奥深くを攻撃することができた。

ソ連の国防計画者たちは、アメリカの通常兵器搭載の巡航ミサイルやステルス爆撃機でさえ、核戦力に対するソ連の指揮統制を無力化できるのではないか、と危惧していた。まさしく、ソ連という国家の存亡にかかわる脅威だったといっていい。[11]

ソ連政府は自国のマイクロエレクトロニクス産業に再び活を入れたかったが、その方法がわからなかった。1987年、ゼレノグラードを訪問したソ連指導者のミハイル・ゴルバチョフは、ゼレノグラードの活動に「いっそう高い規律」を求めた。[12] チャールズ・スポークの生産性へのこだわりや、アンディ・グローブのパラノイアを見れば一目瞭然のとおり、確かに規律はシリコンバレーの成功の一因ではある。しかし、規律だけでソ連の基本的な問題の数々が解決するわけではなかった。

ひとつ目の問題は、政治的な干渉だ。1980年代終盤、ユーリイ・オソキンがリガの半導体工場の職を解かれた。[13] 彼はKGBから数人の部下を解雇するよう要求されていた。ひとり目はチェコスロバキアの女性に手紙を送った人物で、ふたり目はKGBへの情報提供者として働くことを拒絶した人物、3人目がただのユダヤ人だ。オソキンがこうした〝犯罪〟で3人を罰するのを断ると、KGBは彼を追放し、妻までも解雇しようとした。半導体を設計するのは、平時でさえ難しい。それをKGBと戦いながら行なうことなど不可能だった。

ふたつ目の問題は、軍という顧客への過度な依存だ。アメリカ、ヨーロッパ、日本には、半導体の需要を押し上げる急成長中の消費者市場があった。民間の半導体市場が、半導体サプライ・チェーンの専門化を促し、超高純度シリコン・ウェハーから、最先端の光学を用いたリソグラフィ装置まで、多様な専門分野を持つ企業を生み出していった。

ところが、ソ連はどうだろう。消費者市場と呼べるものはほとんどなく、半導体の生産量は西側諸国と比べて桁違いに少ない。あるソ連の情報筋の推定によると、日本だけで、マイクロエレクトロニクスへの設備投資はソ連の8倍におよんだという。[14]

最後の問題は、ソ連が国際的なサプライ・チェーンから切り離されていたことだ。[15] シリコンバレーは、アメリカの冷戦同盟国と協力し、超効率的な世界規模の分業を生み出していた。日本がメモリ・チップの生産で先頭に立ち、アメリカはマイクロプロセッサを量産した。一方、日本のニコンとキヤノン、オランダのASMLは、リソグラフィ装置の市場シェアを分け合った。そして、東南アジアの労働者たちは最終組立の大部分を担った。アメリカ、日本、ヨーロッパの企業は、この分業システムのなかで地位を築くべく競い合ったが、研究開発のコストをソ連とは比べ物にならないくらい大きな半導体市場へと分散することができたおかげで、すべての企業がその恩恵を受けたのである。

しかし、ソ連には同盟国が少なく、その大半はたいした戦力にならなかった。ゼレノグラードと同じくらい先進的な半導体産業があったソ連占領下の東ドイツは、１９８０年代中盤、精密な製造を得意としてきた長い伝統と、イェーナにあるカール・ツァイス社が生み出してきた世界最先端の光学を武器に、自国の半導体部門を活性化させる最後のあがきに打って出た。

１９８０年代終盤、東ドイツ製のチップの生産量は急成長を遂げるが、先進性で日本に劣るメモリ・チップを、10倍の価格で生産するのが精一杯だった。[16] 西側諸国の先進的な製造装置を入手するのは難しい一方で、東ドイツでは、シリコンバレーの企業がアジア全土で雇っていた安価な労働力も手に入らなかった。

こうして、自国の半導体メーカーを再び活気づけるというソ連の試みは、完全なる失敗に終わった。広範囲にわたるスパイ活動や、ゼレノグラードなどの研究施設に注ぎ込まれた巨額の投資も虚しく、ソ連やその社会主義同盟国が西側諸国に追いつくことはついになかった。しかし、ペリーの「相殺」戦略に対するソ連の対抗策がガス欠になりかけていたちょうどそのころ、世界はペルシア湾の戦場で、恐ろしい戦争の未来を垣間見ることになる。

第27章

# 湾岸戦争の英雄

1991年1月17日未明、アメリカのF-117ステルス攻撃機がサウジアラビアの空軍基地を発《た》つと、その黒い機体があっという間に砂漠上空の闇へと消えていった。標的は、バグダッド。アメリカはベトナム戦争以来、大きな戦争を経験していなかったが、今ではサウジアラビアの北部国境沿いに総勢数十万人の部隊が待機し、数万台の戦車が前進の命令を待ち、数十隻の軍艦が砲やミサイル発射装置をイラク側に向けて沖合に陣取っていた。

攻撃を指揮するアメリカのノーマン・シュワルツコフ将軍は、もともと歩兵としての訓練を受け、ベトナム戦争に2回従軍したことのあるやり手だった。[1] そんな彼が今回、全幅の信頼を寄せていたのが、スタンドオフ兵器〔敵の反撃の影響を受けない十分遠方から発射されるミサイルや爆弾〕を使った先制攻撃であった。

2機のF－117で攻撃する価値があると考えられた唯一の標的が、バグダッドのラシード通りに面した12階建ての電話交換局の建物だ。シュワルツコフ将軍の戦争計画は、その建物が破壊され、イラクの通信インフラの一部が崩壊することが大前提になっていた。

2機の戦闘機は標的に狙いを定めると、重量2000ポンド〔約900キログラム〕のペイブウェイ・レーザー誘導爆弾を発射し、建物を貫通炎上させた。突然、バグダッドに駐在するCNNの記者のテレビ放送が真っ暗になる。見事、命中したのだ。ほぼ同時に、沖合の軍艦から発射された116発のトマホーク巡航ミサイルが、バグダッドやその周辺の標的に次々と激突した。湾岸戦争の幕開けだ。[2]

通信塔、軍の指揮所、空軍の司令部、発電所、サダム・フセインの隠れ家――アメリカの先制空爆の目的は、イラク指導部を壊滅させ、通信を遮断し、戦況の追跡や部隊との連絡を制限することにあった。[3]たちまち、イラク軍は混乱して撤退を余儀なくされた。

CNNは何百発という爆弾やミサイルがイラク軍の戦車を攻撃する映像を流した。それはまるでテレビ・ゲームのようだった。しかし、その光景をテキサス州から眺めていたウェルドン・ワードは、この未来的な技術の起源が実はベトナム戦争にあることを知っていた。

バグダッドの電話交換局を攻撃したペイブウェイ・レーザー誘導爆弾には、1972年にタンホア橋を破壊した初代ペイブウェイと基本的に同じシステム設計が用いられていた。[4]旧来の無誘導爆弾に、少数のトランジスタ、レーザー・センサー、数枚の翼を取りつけただけのものだ。

しかし、1991年を迎えるころには、テキサス・インスツルメンツはペイブウェイに何度もの改良を施し、そのたびに既存の回路をより先進的な電子機器で置き換え、部品の数を減らし、信頼性を向上させ、新しい機能を追加していった。

湾岸戦争の開始時点で、ペイブウェイは、インテル製のマイクロプロセッサがコンピュータ業界で引っ張りだこであるのと同じ理由から、軍の定番兵器となっていた。それだけ広く理解されていて、使いやすく、コスト・パフォーマンスが高かったのだ。ペイブウェイはもともと安価だったが、1970年代から1980年代にかけていっそうその傾向が進み、そのおかげで訓練中に投下した経験のないパイロットはいないくらいだった。

おまけに、たいへん万能でもあった。標的をあらかじめ設定せずに、戦場で選択することもできた。一方、命中率はテレビ画面で見るのと変わらないくらい高かった。戦後に行なわれた空軍の調査によると、非精密兵器の精度は多くのパイロットの主張よりはるかに低かったが、ペイブウェイ爆弾のような精密兵器の精度は、パイロットの主張よりむしろ高かったという。爆撃にレーザー誘導を用いる航空機の命中率は、誘導兵器を搭載しない同類の航空機の13倍におよんだ。[5]

湾岸戦争の命運を分けたのは、イラクの部隊を壊滅させ、アメリカ人の犠牲者を最小限に食い止めたアメリカの空軍力だった。こうして、ウェルドン・ワードは、ペイブウェイを発明し、その電子技術を改良し、コストを引き下げた功績で賞を受賞した。単価を自家用車並みに抑える、という当初の約束を見事に果たしたのだ。

ペイブウェイのような兵器が戦争の性質を変えたという事実に、米軍以外の人々が気づくまでには、数十年という歳月を要した。しかし、この爆弾を実際に使用したパイロットたちは、それがいかに革命的な兵器なのかを知っていた。「君たちのおかげで、1万人くらいのアメリカ人が命を落とさずにすんだだろう」とある空軍将校は国防総省《ペンタゴン》の授賞式でワードに告げた。[6] 最先端のマイクロエレクトロニクスと、爆弾に取りつけられた数枚の翼が、軍事力の性質を一変させたのだ。

湾岸戦争の成り行きを見守っていたウィリアム・ペリーは、レーザー誘導爆弾が、集積回路革命によって監視、通信、計算能力が向上した数々の軍事システムのひとつにすぎない、と知っていた。湾岸戦争は、ベトナム戦争後に立案されていたものの、本格的な戦闘ではまだ試されたことのない彼の「相殺《オフセット》戦略」の最初の大々的な試金石だった。

ベトナム戦争後、米軍は軍が手に入れた新たな能力を盛んにアピールしてきたが、鵜呑みにする者はいなかった。ベトナム戦争で指揮をとったウィリアム・ウェストモーランド将軍のような軍事指導者は、未来の戦場は自動化される、と断言してはばからなかったが、蓋を開けて見れば、北ベトナムに対して技術的に大きく有利なはずのアメリカが、ベトナム戦争で惨敗してしまった。だとしたら、計算能力が向上したところで何が変わるだろう?

こうして、1980年代、米軍はリビアやグレナダといった三流の敵国に対して小規模な軍事作戦を実施した程度で、おおむね兵舎にこもる日々が続いた。国防総省の先進兵器が本物の戦場でどう機能するのか、誰にもわからなかった。

しかし、イラクの建物、戦車、飛行場が精密兵器によって次々と破壊される映像が流れると、戦争の性質が変化しつつある、という事実は否定しようがなくなった。ベトナムの上空で標的の大半をはずした真空管ベースの「サイドワインダー」空対空ミサイルでさえ、今や半導体ベースの強力な誘導システムでアップグレードされていた。このミサイルは、湾岸戦争でベトナム戦争の6倍の精度を誇った。

１９７０年代終盤に、ペリーが国防総省に開発を迫った新しい技術の数々は、彼の期待を上回る成果を上げていた。ソ連の防衛産業が生み出した最高の機器を備えたイラク軍でさえ、アメリカの猛攻の前では無力だった。「ハイテクは有効だ」とペリーは言う。[7]

ある軍事アナリストは、「すべてを機能させているのは、火力の量ではなく情報に基づく兵器なのだ」とメディアに説明した。『ニューヨーク・タイムズ』紙は、「シリコンが鉄に勝った」との見出しを打った。「戦争の英雄になりうるコンピュータ・チップ」との見出しもあった。[8]

ペイブウェイ爆弾やトマホーク巡航ミサイルの爆発の残響は、モスクワでもバグダッドと同じくらい強く感じられた。この戦争は一種の「技術作戦」なのだ、とあるソ連の軍事アナリストは述べた。別のアナリストは、「電波をめぐる争い」と表現した。

その結末、つまりイラクの完敗は、まさしくオガルコフの予測どおりだった。ソ連の国防大臣のドミトリー・ヤゾフは、湾岸戦争がソ連の防空能力に対する不安を掻き立てたことを認めた。そして、イラクのあっけない降伏により、紛争が長期化するという予測を一瞬で覆されたセルゲイ・アフロメーエフ元帥《げんすい》は、赤っ恥をかいた。[9]

アメリカの爆弾が自己誘導によって上空を駆け抜け、イラクの建物の壁をことごとく破壊していく様子を収めたＣＮＮの映像は、未来の戦争に関するオガルコフの予測が正しいことを、これ以上ない形で証明したのだ。

第28章

# 日本経済の奇跡が止まる

ソニーの盛田昭夫は、1980年代、ジェット機で世界中を飛び回り、ヘンリー・キッシンジャーとの夕食、オーガスタ・ナショナルでのゴルフ、三極委員会などでの世界のエリートたちとの交流に明け暮れる毎日を送っていた。彼は国際舞台でビジネスの賢人として崇められ、昇り竜のような勢いの世界的な経済大国、日本の代表的人物として扱われていた。

「ジャパン・アズ・ナンバーワン」〔「ナンバーワンとしての日本」という意味で、アメリカが教訓にすべき日本の高度経済成長の要因について分析したエズラ・ヴォーゲルの1979年の著書のタイトルとして有名〕の体現者だった彼にとって、この言葉を信じるのはたやすかった。ソニーのウォークマンをはじめとする消費者家電を追い風に、日本は繁栄を遂げ、盛田は財を築いた。

ところが、1990年に危機が襲いかかる。日本の金融市場が崩壊したのだ。経済は落ち込み、深刻な不況へと突入した。たちまち、日経平均株価は1990年の水準の半値近くにまで下落し、東京の不動産価格はそれ以上に暴落した。日本経済の奇跡が音を立てて止まったのだ。

一方、アメリカは、ビジネスの面でも戦争の面でも復活を遂げる。わずか数年間で、「ジャパン・アズ・ナンバーワン」はもはや的外れな言葉に思えてきた。日本の不調の原因として取り上げられたのが、かつて日本の産業力の模範として持ち上げられていた産業だった。そう、半導体産業である。

ソニーの株価急落とともに、日本の富が目減りしていく様子を眺めていた69歳の盛田は、日本の問題が金融市場より根深いものだと悟った。彼は1980年代、金融市場における「マネー・ゲーム」ではなく、生産品質の改善に励むよう、アメリカ人に説いてきた。

しかし、日本の株式市場が崩壊すると、日本自慢の長期的な思考がとたんに色褪せて見えてきた。日本の表面上の優位性は、政府が後押しする過剰投資という名の持続不能な土台の上に成り立っていたのだ。[1] 安価な資本は半導体工場の新造を下支えした反面、半導体メーカーが利益よりも生産量に目を向けるきっかけとなった。マイクロンや韓国のサムスンといった低価格なメーカーが価格競争で日本企業に勝っても、日本の大手半導体メーカーはＤＲＡＭ生産を強化しつづけたのである。[2]

日本のメディアは半導体部門で起きている過剰投資に気づき、新聞の見出しで「無謀な投資競争」「止められない投資」などと警鐘を鳴らした。しかし、日本のメモリ・チップ・メーカーのＣＥＯたちは、利益の出ないなかでも、新しい半導体工場の建設をやめられなかった。

日立のある経営幹部は、過剰投資について「心配しだすと、夜も眠れなくなる」と認めた。[3] 銀行が融資を続けてくれるかぎり、収益化の道はないと認めるよりも、支出を続けるほうがＣＥＯたちにとっては楽だった。

アメリカの非情な資本市場は、1980年代にはメリットとは思えなかったが、裏を返せば、融資を失うリスクこそがアメリカ企業を常に用心させたともいえる。日本のDRAMメーカーは、アンディ・グローブのパラノイアや、商品市場の気まぐれに関するジャック・R・シンプロットの知恵から学べることがあったはずなのに、全員でいっせいに同じ市場に投資した結果、共倒れを運命づけられてしまったのだ。

その点、DRAMチップに大きく賭けることがなかったという意味で、日本の半導体メーカーのなかでは異色の存在だったソニーは、イメージ・センサー専用のチップなど、革新的な新製品の開発に成功した。光子《こうし》〔光の粒子〕がシリコンに当たると、チップにその光の強さに比例する電荷が生じるため、画像をデジタル・データに変換することが可能になる。したがって、ソニーはデジタルカメラ革命を引っ張るには絶好の立場にいたわけで、画像を検知する同社のチップは今でも世界の先端を走っている。

それでも、ソニーは不採算部門への投資の削減に失敗し、1990年代初頭から収益性が目減りしていった。[4]

しかし、日本の大手DRAMメーカーの大半は、1980年代の影響力を活かしてイノベーションを促進するのに失敗した。大手DRAMメーカーの東芝では、1981年、工場に配属された中堅社員の舛岡《ますおか》富士雄が、DRAMとはちがって電源が切られたあともデータを〝記憶〟しつづけられる新種のメモリ・チップを開発した。ところが、東芝が彼の発見を無視したため、この新種のメモリ・チップを発売したのはインテルだった。そのメモリ・チップは一般に、「フラッシュ・メモリ」またはNANDと呼ばれている。[5]

しかし、日本の半導体メーカーが犯した最大のミスは、ＰＣの隆盛を見逃したことだった。日本の大手半導体メーカーのなかで、インテルのマイクロプロセッサ事業への方向転換や、同社の支配するＰＣのエコシステムを再現できる企業はなかった。唯一、ＮＥＣという日本企業だけがそれを試みたのだが、マイクロプロセッサ市場でわずかなシェアを獲得するにとどまった。

グローブとインテルにとって、マイクロプロセッサで利益を上げられるかどうかは死活問題だった。しかし、ＤＲＡＭ部門で圧倒的な市場シェアを誇り、財務的な制約がほとんどなかった日本のＤＲＡＭメーカーは、マイクロプロセッサ市場を無視しつづけ、気づいたときにはもう手遅れになっていた。その結果、ＰＣ革命の恩恵を受けたのは、多くがアメリカの半導体メーカーだった。一方、日本の株式市場が暴落するころには、日本の半導体分野での優位性はすでにむしばまれつつあった。

１９９３年、アメリカが半導体の出荷数で首位に返り咲く。１９９８年には、韓国が日本を抜いて世界最大のＤＲＡＭ生産国となり、日本の市場シェアは１９８０年代終盤の90％から１９９８年には20％まで下落した。[6]

日本の半導体分野における野望は、日本の国際的な地位の拡大を下支えしてきたが、今となってはその土台そのものが脆弱に見えた。『「ＮＯ《ノー》」と言える日本』で、石原と盛田は、半導体分野での優位性を使えば日本は米ソ両国に力を行使できる、と主張していたが、ペルシア湾という想定外の舞台でとうとう戦争が勃発すると、見る者のほとんどが米軍の力に圧倒された。

そのデジタル時代最初の戦争で、日本はイラク軍をクウェートから撤退させるために部隊を派遣した

28カ国に加勢することを拒んだ。代わりに、日本政府は多国籍軍やイラクの隣国の支援に資金を拠出するという形で戦争に参加した。イラクの戦車隊に猛攻を加えたアメリカのペイブウェイ・レーザー誘導爆弾とは対照的に、日本の金銭外交はいかにも頼りなく映ったと言わざるをえない。[7]

1993年、盛田は脳卒中に倒れ、健康に深刻な問題を抱えることになる。その後、彼は公の場から姿を消し、余生の大半をハワイで静養して過ごした末、1999年に息を引き取った。盛田の共著者の石原は、日本は国際舞台でもっと自己主張すべきである、と訴えつづけ、まるで壊れたレコードのように、1994年に『「NO《ノー》」と言えるアジア』、数年後に『それでも「NO《ノー》」と言える日本』を出版する。しかし、大半の日本人にとって、石原の主張はもはや支離滅裂だった。1980年代、半導体が軍事的なバランスを形づくり、テクノロジーの未来を特徴づけると予言した彼の考えはまぎれもなく正しかった。しかし、その半導体がずっと日本製のままである、という考えのほうは結果的にまちがいだった。

1990年代、日本の半導体メーカーは、アメリカの復活に押されて縮小の一途をたどった。アメリカの覇権に対する日本の挑戦は、その技術的な土台から脆くも崩れはじめたのだ。

と同時に、アメリカの覇権を脅《おびや》かすもうひとつの重大なライバル国もまた、まっしぐらに崩壊へと向かっていた。1990年、トップダウンの手法や「コピー」戦略が技術的な遅れを取り戻すのに無力である、と気づいたソ連指導者のミハイル・ゴルバチョフが、シリコンバレーを公式訪問した。

シリコンバレーのテクノロジー業界の大君《たいくん》たちは、君主にふさわしい祝宴で彼をもてなした。歓待を受ける彼の隣には、デビッド・パッカードとアップルのスティーブ・ウォズニアックが座っていた。

ゴルバチョフはカリフォルニアのベイエリア訪問を決めた理由をおおっぴらに語った。「明日のアイデアや技術が生まれるのは、ここカリフォルニアだ」と彼はスタンフォード大学でのスピーチで述べた。それは、オガルコフ元帥《げんすい》が10年以上にわたってソ連の指導者仲間たちに警告していた内容そのものだった。

ゴルバチョフは、ソ連軍を東欧から撤退させて冷戦を終結させることを約束し、その見返りとしてアメリカの技術にアクセスする権利を求めた。そして、アメリカのテクノロジー企業の経営幹部たちと面会して、ソ連への投資を呼びかけた。

スタンフォード大学を訪問した彼は、構内を歩き回りながら見物人たちとハイタッチを交わした。「冷戦はもう過去の出来事だ」と彼は同大学の聴衆に告げた。「勝者はどちらなのか、言い争うのはやめておこう」[8]

しかし、勝者は明白だった。そしてその理由も。オガルコフは10年前からその流れをうすうす感じていたが、当時はまだソ連がその流れをひっくり返せると期待していた。しかし、ソ連軍の残りの指導者たちと同じように、彼もだんだんと悲観的になっていった。

早くも1983年の時点で、彼はアメリカ人ジャーナリストのレスリー・ゲルブに、「冷戦は終わった。君らの勝ちだ」とさえ述べている（オフレコで）。当時、ソ連のロケットは史上最強だったし、核備蓄は世界最大だった。それでも、半導体生産はおぼつかないまま、コンピュータ産業は後れを取り、通信技術や監視技術は遅々《ちち》として進歩せず、その軍事的な影響は悲惨なものだった。

「現代の軍事力はすべて、経済革新、技術力、経済力に基づいている」とオガルコフはゲルブに説明した。「軍事技術はコンピュータに基づいている。だが、コンピュータに関しては、君らの国のほうがはるかに先を行っている。子どもが全員5歳のころからコンピュータをいじっているのだから」[9]

サダム・フセイン率いるイラクが完敗して以来、アメリカが手に入れた圧倒的な戦闘力は、誰の目にも明らかになった。このことに危機感を抱いたのが、ソ連軍やKGBだった。彼らはこうした状況に屈辱を感じつつも、自国が軍事力で決定的に劣ることを、頑《がん》として認めようとはしなかった。ソ連の国家安全保障局の高官たちは、ゴルバチョフに対して士気に欠くクーデターを主導したが「ソ連解体の引き金となった保守派による1991年8月のクーデター」、わずか3日間で失速してしまった。

こうして、軍事力の低下という厳しい現実を直視できなかったかつての強国は、哀れな最期を迎えた。そして、ロシアの半導体産業もまた、独自の屈辱を味わった。ある製造工場は1990年代、マクドナルドのハッピーセットのおもちゃに使われる小さなチップの生産に甘んじたのだ。[10] 確かに、冷戦は終結した——シリコンバレーの勝利という形で。

# 第V部

# 集積回路が世界をひとつにする

# 第29章 TSMCの隆盛

１９８５年、台湾の有力な大臣である李國鼎《りこくてい》が、台湾にある自身の執務室にモリス・チャンを招き入れた。台湾島にテキサス・インスツルメンツ初の半導体工場をつくるよう、李が同社を説得してから、20年近くの歳月がたっていた。その20年間で、彼は同社の上層部と緊密な絆を築き、訪米時は必ずパトリック・ハガティやチャンのもとを訪れ、ほかの電機メーカーにも、テキサス・インスツルメンツに続いて台湾に工場を開設するよう説得して回った。

そして１９８５年、彼はチャンを台湾の半導体産業のリーダーとして雇い入れる。「ぜひ台湾で半導体産業を振興したい」と彼はチャンに告げた。「どれくらいの額があれば足りるか教えてくれ」[1]

「グローバル化」という言葉が初めて一般に普及したのは１９９０年代のことだが、半導体産業はフェアチャイルドセミコンダクターの最初期の時代から、国際的な生産や組立に頼ってきた。そんななか、台湾は、雇用を創出し、先進技術を獲得し、アメリカとの安全保障関係を強化するための戦略の一環として、１９６０年代から意図的に半導体サプライ・チェーンのなかに身を置いてきた。

すると、１９９０年代になって、台湾の重要性が増大しはじめる。その契機となったのは、チャンが台湾政府の強力な後ろ盾を得て創設した、ＴＳＭＣ（台湾積体電路製造）の目覚ましい隆盛だった。

１９８５年にチャンが台湾の卓越した工業技術研究院の代表として台湾政府から招聘《しょうへい》されたとき、台湾は外国製のチップをテストし、プラスチックやセラミックのパッケージに取りつける、半導体デバイスの組立工程において、アジアをリードしていた。台湾政府は、アメリカのＲＣＡから半導体製造技術のライセンスを取得し、１９８０年にＵＭＣ（聯華電子）という半導体メーカーを創設して、半導体製造事業に参入を試みたのだが、同社の技術は最先端に遠く及ばないものだった。[2]

台湾は半導体産業の仕事が豊富にあることを誇りにしていたが、収益の大半は最先端の半導体を設計して製造する会社が生み出しており、台湾はそのわずかなおこぼれを頂戴する立場に甘んじていた。李をはじめとする高官たちは、別の場所で設計・製造された部品を組み立てるだけでなく、その先に進まないかぎり、台湾経済の成長はない、と考えた。

チャンが１９６８年に初めて訪台したころ、台湾は香港、韓国、シンガポール、マレーシアと競い合っていた。それが今では、サムスンや韓国のほかの複合企業が、最先端のメモリ・チップに湯水のごとく資金を注ぎ込んでいる状態だった。シンガポールやマレーシアは、半導体の組立から製造へと見事に転換を遂げた韓国を見倣おうとしたが、サムスンほどの成功は挙げられずにいた。

そんな状況だったので、台湾は半導体サプライ・チェーンの最下段という立ち位置を維持するだけでも、絶えず技術を磨いていく必要があった。

最大の脅威は中国だった。台湾海峡の対岸で、毛沢東が１９７６年に亡くなると、差し迫った侵攻の脅威は薄れたが、中国は今や経済的な脅威へと変わった。新たなポスト毛沢東政権のもと、中国は台湾の貧困脱出の手段となった基本的な製造や組立の仕事を誘致し、世界経済に溶け込み始めたのである。安い人件費と、自給自足農業から工場労働への転身を希望する何億人という農民。電子機器の組立に参入した中国は、台湾から仕事を奪い取ろうとしていた。

台湾の高官たちは、訪台したテキサス・インスツルメンツの経営幹部たちに、これは半ば経済的な〝戦争〟である、と不満をこぼした。[3] 価格で中国と張り合うのは不可能だ。となれば、台湾はみずから先進技術を生み出すしかなかった。

そこで、李國鼎が頼ったのが、初めて半導体の組立を台湾にもたらした人物、チャンその人だった。彼はテキサス・インスツルメンツに20年以上勤めたあと、１９８０年代初頭に同社を退職した。原因は、ＣＥＯへの昇進を見送られ、「放し飼い」状態にされたことだ、と彼はのちに語っている。[4] それから１年ほど、ニューヨークのジェネラル・インストゥルメントという電機メーカーの経営を担ったが、仕事に不満を覚えてすぐに退職した。

彼は、世界の半導体産業の構築に個人的に手を貸してきた。テキサス・インスツルメンツの超効率的な製造工程は、歩留《ぶど》まりの改善に関する彼の試行錯誤や専門知識の賜物だったといっていい。彼が希望どおりテキサス・インスツルメンツのＣＥＯに就任できていたら、ロバート・ノイスやゴードン・ムーアと肩を並べる半導体産業の王者となっていただろう。

そういうわけで、台湾政府からお呼びがかかり、台湾の半導体産業の舵取りを任せると言われ、白地の小切手を渡されたとき、彼はそのオファーに食いついた。54歳にしてなお、彼は新たな挑戦を求めていたのである。

ほとんどの人はチャンが台湾に〝帰国〟したと言うが、彼と台湾との最大のつながりは、彼が創設に手を貸したテキサス・インスツルメンツにあった。台湾は、チャンの生まれ育った国である中国の正統な政府を自称していたが、彼自身はその中国にさえ、40年近く前にアメリカへと逃れて以来ずっと訪問したことがなかったのだ。１９８０年代中盤になると、チャンがもっとも長く過ごした土地はテキサス州になっていた。おまけに、彼はテキサス・インスツルメンツで国防関連の仕事に従事するための機密情報取扱許可《セキュリティ・クリアランス》をアメリカでも取得していた。まちがいなく、台湾人よりはテキサス人と呼ぶほうが正確だった。「台湾は私にとって不思議な場所だった」と彼はのちに振り返っている。[5]

それでも、台湾の半導体産業を築くというのは、面白い挑戦に思えた。チャンが正式に提示された台湾政府の工業技術研究院の院長という肩書きは、彼を台湾の半導体開発活動の主役へと押し上げるだろう。

政府による資金提供の約束も魅力だった。台湾島の半導体部門の事実上のトップとなれば、李國鼎などの大臣たち以外の指図を受けることもないだろうが、李は大幅な自由裁量を認めると約束してくれた。[6]テキサス・インスツルメンツがこんなふうに白地の小切手を手渡してくれることなど絶対になかった。彼のビジネスプランは過激なアイデアに基づくものだったので、多額の資金が必要になるのはわかっていた。もし成功すれば、エレクトロニクス産業をひっくり返し、チャン、そして台湾が、世界最先端の技術を手中に収めることになるだろう。

まだテキサス・インスツルメンツにいた1970年代中盤に、チャンは早くも、顧客の設計したチップを受託製造する半導体メーカーをつくれないか、という考えを抱いていた。当時、テキサス・インスツルメンツ、インテル、モトローラなどの半導体メーカーは、主に自社で設計したチップを製造していた。

彼は1976年3月に、自身の新しいビジネスモデルを同僚の経営幹部に売り込んでみた。「計算能力の低価格化は、現時点で半導体が満たしていない無数の用途を切り開くだろう」と彼はテキサス・インスツルメンツの同僚に説明した。[7] そうすれば、チップの新たな需要の源が生まれ、近い将来、チップは電話から自動車、皿洗い機まで、あらゆる商品に使用されるようになる。こうした商品のメーカーは、半導体をつくる専門知識を持たないので、半導体の製造を専門業者に外部委託したがるはずだ、と彼は推測した。

さらに、技術の進歩やトランジスタの微細化にともない、装置の製造や研究開発のコストは上昇していくだろう。となれば、価格競争に生き残れるのは、チップを量産できる企業だけになる。

しかし、テキサス・インスツルメンツの経営幹部たちは納得しなかった。1976年当時、半導体の設計は行なうが、自前の工場《ファブ》を持たない、いわゆる〝ファブレス〟企業はまだ存在しなかったが、チャンはそうしたファブレス企業がもうすぐ現われると踏んでいた。しかし、すでに大儲けしていたテキサス・インスツルメンツは、まだ存在しない市場に賭けるのはリスキーだと判断した。結局、彼のアイデアは黙殺されてしまう。

だが、チャンはこのファウンドリ〔半導体チップの製造を専門に行なう企業〕のアイデアを決して忘れることはなかった。時代を経るにつれ、彼はやっと機が熟しつつあると思った。特に、リン・コンウェイとカーバー・ミードが巻き起こした半導体設計の革命によって、半導体の設計と製造をはるかに切り離しやすくなったことが、ターニング・ポイントになったといっていい。彼らはこれが半導体版のグーテンベルク革命を巻き起こすと考えていた。

台湾では、一部の電気工学者たちが似たようなことを考えていた。台湾の工業技術研究院の運営に尽力した史欽泰《しきんたい》は、1980年代中盤、半導体版のグーテンベルク革命に関するビジョンを共有するため、ミードを台湾へと招いたことがあった。つまり、李國鼎が台湾に半導体産業を築くため、チャンに白地の小切手を渡す何年も前に、半導体の設計と製造を切り離すというアイデアは、すでに台湾に浸透していたのだ。[8]

李は、チャンが構想したビジネスプランに必ず資金を工面するという約束を守り抜いた。台湾政府は、彼が先進的な生産技術を提供してくれる外国の半導体メーカーを自分で見つけることを唯一の条件として、TSMCの開業資金の48%を提供した。

ところが、テキサス・インスツルメンツの元同僚やインテルからは協力を断られてしまう。「モリス、うちにいたころはたくさん名案を出してくれたね」とムーアは言った。「だが、今回のはいただけない」[9]。しかし、彼はオランダの半導体メーカーのフィリップスを説得し、TSMCの株式の27・5%と引き換えに、5800万ドルの出資、同社の生産技術の移転、知的財産のライセンス供与に応じさせた。[10]

残りの資本の調達先は、政府から投資を〝依頼〟された台湾の資産家たちだった。「基本的には、政府の大臣が台湾の実業家にひとりずつ連絡し、投資を呼びかけた」とチャンは説明した。政府は、プラスチック、繊維、化学薬品などを専門とする会社を所有する、台湾のいくつかの資産家一族に資金提供を求めた。

ある実業家が、チャンとの3回の面談のあとで投資を断ると、台湾の首相がそのケチな経営幹部に連絡し、こう釘を刺した。「この20年間、政府はあなたにたいへん親切にしてきましたよね。こんどはあなたが政府に恩を返す番だと思いますよ」。それからすぐ、チャンのファウンドリへの小切手が届いた。

また、政府はTSMCの投資金に不足が生じないよう、手厚い税制優遇を行なった。そう、開業初日から、TSMCは本当の意味での民間企業とはいえなかった。それは台湾政府によるプロジェクトだったのだ[11]。

TSMCの初期の成功の決定的な要因となったのは、アメリカの半導体産業との深いつながりだった[12]。TSMCの顧客の大半はアメリカの半導体設計会社であり、上級幹部の多くはシリコンバレーで働いた経験があった。実際、チャンは、テキサス・インスツルメンツの元経営幹部であるドナルド・ブルックスを、1991年から1997年までTSMCの社長に迎え入れた。「私の2階級下までの部下のほとんど全員が、アメリカで一定の経験をしていた。モトローラ、インテル、テキサス・インスツルメンツで働いたことがある面々ばかりだった」とブルックスは振り返る。

そういうわけで、1990年代の大半の時期、TSMCの売上の半分はアメリカ企業に対するものだった。一方、同社の経営幹部の大半は、アメリカの一流大学の博士課程で教育を受けていた。

この持ちつ持たれつの関係は、台湾とシリコンバレー、その両方に利益をもたらした[13]。TSMCが誕生する前、主にシリコンバレーに拠点を置く数社の小企業が、半導体設計を中心とする事業を築こうとしたことがあった。半導体の製造を外部委託し、自社で工場《ファブ》を建設する費用を浮かそうと考えたのだ。

こうした〝ファブレス〟企業は、生産余力のある大手半導体メーカーに頼んで、自社の設計した半導体を製造してもらえる場合もあったが、大手半導体メーカー自身の生産計画の二の次にされ、常に二流の地位に甘んじるはめになった。

それればかりか、製造のパートナーにアイデアを盗まれる危険と常に隣り合わせでもあった。おまけに、大手半導体メーカーごとに微妙に異なる製造工程にうまく対応する必要もあった。工場の建設が不要なことで、開業資金が劇的に抑えられた反面、競合企業に頼って半導体を製造するというのは、常に一定のリスクをともなうビジネスモデルだったのだ。

その点、ＴＳＭＣの創設は、すべての半導体設計会社に信頼できるパートナーをもたらした。チャンが半導体の設計は行なわず、製造に専念すると約束したからだ。ＴＳＭＣは顧客と戦わなかった。そして、戦いを仕掛けられても負けなかった。

その10年前、ミードは半導体製造にグーテンベルク革命が起きると予言していたが、グーテンベルクの事例とはひとつ大きなちがいがあった。そのかつてのドイツ人印刷業者は、印刷の独占を試みて失敗した。彼の活版印刷技術があっという間にヨーロッパ中に広まり、作家と印刷所の両方に等しく利益をもたらすのを、食い止めることはできなかった。

半導体産業の場合、チャンのファウンドリ・モデルは、開業資金を抑えることで、数多くの新しい〝作家〟たち、つまり工場を持たないファブレス半導体設計会社を生み出した。そうした会社は、ありとあらゆる機器に計算能力を搭載し、ハイテク部門を変革していった。

しかし、こうした半導体設計の民主化は、デジタル印刷機の独占と並行して起こった。半導体製造の経済性には、絶え間ない統合が必要だった。もっとも多くの半導体を生産する企業には、歩留まりを改善し、より多くの顧客に設備投資費を分散できるという本質的な優位性があったのだ。実際、TSMCの事業は1990年代に急成長を遂げ、その製造工程は果てしなく改善していった。

チャンはデジタル時代のグーテンベルクになろうとした。だが、蓋を開けてみれば、グーテンベルクをはるかに上回る有力者へとのし上がっていた。当時の人々には知る由《よし》もなかったが、チャン、TSMC、そして台湾は、世界最先端の半導体生産を独り占めする道を着々と歩んでいたのである。

# 第30章 全員で半導体をつくるべし

1987年、モリス・チャンがTSMCを創設した年、その数百キロメートル南西で、任正非《じんせいひ》という当時無名の技術者が、ファーウェイ（華為技術）という電子機器の商社を設立する。台湾は大きな野望を持つ小さな島だった。世界最先端の半導体メーカーだけでなく、スタンフォード大学やカリフォルニア大学バークレー校といった名門大学で教育を受けた何千人という技術者たちとも、深いつながりがあった。対照的に、中国は巨大な人口を擁しながらも、貧しく、技術的に後れを取っていた。

しかし、中国の新たな経済開放政策は、特に輸入や密輸の中継地だった香港を通じて、貿易の急成長を引き起こしていた。ファーウェイの創設の地である深圳《シンセン》は、ちょうど香港との国境際にあった。

台湾で、チャンが世界最先端のチップをつくり、シリコンバレーの大企業を顧客に取り込むことに照準を合わせていたころ、深圳では、任が香港で仕入れた格安の通信機器を、中国全土で転売していた。

彼が売りさばいていた機器には集積回路が使われていたが、まさか彼自身が独自のチップを生産するようになるとは、夢にも思わなかっただろう。

１９８０年代の中国政府は、電子工業部長でのちの中国国家主席である江沢民《こうたくみん》が先頭に立ち、電子機器を優先事項のひとつに掲げていた。ところが、当時の中国で普及していた最先端の国産チップといえば、１９７０年代初頭にインテルが初めて発売したのと記憶容量がさほど変わらないＤＲＡＭチップだった。[1]つまり、中国は世界の最先端から10年後れを取っていたのだ。

共産主義支配がなければ、中国は世界の半導体産業においてずっと大きな役割を果たしていたかもしれない。集積回路が発明されたとき、中国には巨大で安価な労働力や、高学歴のエリート科学者など、日本、台湾、韓国がアメリカの半導体投資を惹きつけたのと同じ要素が数多くあった。

しかし、１９４９年に実権を握った共産主義者たちは、外国とのつながりに疑いの眼を向けた。チャンなどの人物にとっては、スタンフォード大学での勉学を終えて中国に帰国することは、一定の貧困、ひどくすれば収監や粛清を意味しただろう。実際、革命前に中国の大学を卒業した一流の人材の多くは、結果的に台湾やカリフォルニア州で働き、中国の主なライバル国のエレクトロニクス技術を押し上げることになったのだ。

一方、中国の共産主義政府は、ソ連と同じ過ちを、より極端な形で犯した。早くも１９５０年代中盤に、中国政府は半導体デバイスを科学的な優先事項のひとつに挙げ、すぐさま北京大学などの科学教育機関の研究者たちの技術を頼りにし始めた。そのなかには、革命前にカリフォルニア大学バークレー校、マサチューセッツ工科大学（ＭＩＴ）、ハーバード大学、パデュー大学で教育を受けた科学者たちも含まれていた。
1960年代になると、中国は北京に初の半導体研究所を設立し、同時期にシンプルなトランジスタ・ラジオを製造しはじめる。そして、1965年、ロバート・ノイスとジャック・キルビーより5年遅れで、中国の技術者たちは初の集積回路をつくり上げた。[2]
しかし、毛沢東の急進主義の影響で、外国からの投資を惹きつけたり、本格的な科学研究を進めたりするのは不可能になった。中国が初の集積回路を生産した翌年、彼は文化大革命に着手し、専門知識は社会主義的な平等を脅《おびや》かす特権の源である、と主張した。
こうして、彼の派閥は中国の教育システムに宣戦を布告した。何千人という科学者や専門家たちが貧しい村々に送られて農民として働いたが、単純に処刑される者も多かった。
1968年7月21日に発行された毛沢東主席の指令では、こう主張されていた。「学校教育の期間を短縮し、教育に革命を巻き起こし、無産階級《プロレタリア》による政治に主権を与えることが不可欠である。学生は実務経験を持つ労働者や農民から選抜し、数年の勉学ののちに生産の現場へと復帰するべし」[3]
教養に乏しい従業員たちの手で先進的な産業を築くという考えだけでも愚かだったが、さらに愚かだったのは、外国の技術や思想を締め出そうとする毛沢東の取り組みだった。アメリカの規制により、中国は先進的な半導体装置を購入できなかったが、彼はみずからの手で追加の禁輸措置を課した。
完全な自給自足を目指していた彼は、中国が自国で先進的な部品の多くを生産できないという事実を無視して、中国の半導体産業を外国製の部品漬けにしようとしている政敵たちを批判した。彼の宣伝機関は、「エレクトロニクス産業の自立した発展を促すうえできわめて重要な大衆運動」を支援するよう呼びかけた。[4]

毛は、外国製のチップに対して単に懐疑的だっただけでなく、電子製品自体がすべて本質的に反社会主義的なのではないか、と心配することもあった。彼の政敵である劉少奇《りゅうしょうき》は、「現代のエレクトロニクス技術」が「中国の産業に大躍進をもたらし」、「中国を一流のエレクトロニクス技術を持つ初の社会主義的な産業大国へと押し上げる」だろう、と考えた。しかし、常に社会主義を重工業と結びつけてきた毛は、この考えを批判した。彼の支持者のひとりは、中国に社会主義の理想郷を築くに当たり、「鉄鋼業のみが中心的な役割を果たす」のは明白だとして、エレクトロニクスに未来があるという見方を「反動的」だと一蹴した。[5]

結局、1960年代、毛は中国の半導体産業をめぐる政治闘争に勝ち、半導体産業の重要性を軽視し、外国の技術との関係を断った。当然ながら、中国の科学者たちの大半は、自分たちを徴農して半導体工学ではなく無産階級による政治を学ばせ、研究と人生を台無しにした毛主席に憤慨した。

地方に追いやられたある光学の第一人者は、農村部での再教育の最中、雑穀、茹《ゆ》でキャベツ、ときにはヘビの丸焼きを食べながら飢えをしのぎ、彼の急進主義が収まるのを待った。中国の数少ない半導体技術者たちが畑を耕すあいだ、毛沢東主義者たちは同国の労働者たちに「全員で半導体をつくるべし」と勧めたという。まるで、無産階級の中国人たちは自宅にいながら半導体をつくれる、と言わんばかりに。[6]

しかし、中国領土の片隅に、文化大革命の恐怖を逃れた場所があった。植民地主義という運命の気まぐれにより、いまだイギリスによって暫定的に統治されていた香港である。大半の中国人が正気を失った主席の言葉を念入りに暗記するなか、香港の労働者たちは九龍湾《きゅうりゅうわん》を見渡すフェアチャイルドの工場でシリコン部品をせっせと組み立てていた。

数百キロメートル離れた台湾では、アメリカの半導体メーカー数社が工場を構え、カリフォルニア州の基準で見れば激安ではあるが、小作農よりははるかに恵まれた賃金で、何千人という労働者を雇っていた。毛が貴重な熟練労働者たちを社会主義の再教育という名目で地方に下放《かほう》していたころ、台湾、韓国、東南アジアの半導体産業は、地方から農民たちを引っ張り出し、製造工場での好条件の仕事を与えていたのだ。

ところが、1970年代初頭、毛の健康が悪化すると、文化大革命は勢いを失い始める。結局、共産党指導部は科学者たちを地方から呼び戻した。科学者たちは研究室に戻ると、遅れを取り戻そうとしたが、文化大革命の前にシリコンバレーより大きく後れを取っていた中国の半導体産業は、今や中国の近隣諸国よりもはるかに後方を走っている始末だった。

中国が革命という混沌の渦に飲み込まれた10年間のうちに、インテルはマイクロプロセッサを発明し、日本は世界的なDRAM市場で高いシェアを獲得していた。しかし、中国は自国の聡明な市民への嫌がらせ以外、何も成し遂げていなかった。

そういうわけなので、1970年代中盤になると、中国の半導体産業は悲惨な状態に陥っていた。「わが国が生産する半導体のうち水準を満たすのは1000個に1個しかない」とある共産党の指導者は1975年に不満をこぼした。「ロスが多すぎる」[7]

1975年9月2日、ジョン・バーディーンが北京の地に降り立った。彼がトランジスタの発明でショックレー、ブラッテンと初のノーベル賞を分け合ってから20年後のことだった。彼は1972年に、こんどは超伝導に関する研究で史上初の2回目のノーベル物理学賞を受賞していた。

物理学の世界で彼ほど高名な人物はいなかったが、不当にもショックレーの陰に隠れて目立たなかった1940年代終盤と同じ、謙虚な男がそこにはいた。引退が近づくにつれ、彼はアメリカの大学と外国の大学の橋渡しに時間を割くようになった。そこで、アメリカの著名な物理学者たちの代表団が1975年に訪中することになった際、当然ながら彼にも声がかかった。

文化大革命が下火になると、中国指導部は革命への熱意をいったん脇に置き、アメリカ人と親交を深めようとした。バーディーンの訪中の際、毛沢東は病に伏していた。バーディーンら一行は、アメリカとの友情が中国にもたらす技術について語った。彼らの訪問は、文化大革命の最盛期からどれだけ状況が変化したかを物語っていた。

10年前なら、彼は反革命分子として糾弾され、北京、上海、南京、西安にある中国の一流研究所から歓迎を受けることもなかっただろう。それでも、毛の遺産の大部分はまだ残っていた。バーディーンらは中国の科学者たちから、「自己賛美」には反対だから研究成果は発表しない、と言われたという。[8]

バーディーンは、自己賛美に取り憑かれた科学者とはどういうものなのか、ショックレーとの研究から身にしみて知っていた。トランジスタ発明の手柄を不当に独り占めしようとしたのがショックレーだった。科学者としては優秀でもビジネスマンとしては失敗したショックレーの例は、資本主義と自己賛美の関係が毛沢東主義の原理が示唆するほど単純でないことを実証していた。

中国社会は平等を謳《うた》っている割に、統制が厳しく階層的だ、とバーディーンは妻に話した。シリコンバレーにはまちがいなく、中国の半導体科学者を監視する政治的な番人に匹敵する人々などいなかった。[9]バーディーンらは、中国の科学者たちに感銘を受けて帰国したが、反面、中国の半導体製造に関する野心は無謀に思えてならなかった。実際、アジアのエレクトロニクス革命は中国本土を完全に素通りしていた。シリコンバレーの半導体メーカーは、香港、台湾、ペナン、シンガポールの工場で、華人が多くを占める何千人という労働者を雇っていたが、中国の近隣諸国が必死で資本家たちを惹きつけようとしていた1960年代に、中国は資本家たちを非難し続けた。

1979年の調査によると、中国では商業的に持続可能な半導体生産がほとんど行なわれておらず、コンピュータは全国にわずか1500台しかなかったという。[10]

バーディーンの訪中の翌年、毛沢東が死去する。数年後、かつての独裁者に代わって実権を握った鄧《とう》小平《しょうへい》は、「4つの現代化」政策を通じて中国を変革すると約束した。すぐに、中国政府は「科学技術」を「4つの現代化の核」に据えることを宣言した。世界の残りの国々は技術革命による変革の真っ只中にあり、中国の科学者たちは半導体がその中核にあることに気づいたのだ。

鄧小平が権力を蓄えようとしていた1978年3月に開催された全国科学大会では、半導体が議題の中心に据えられた。半導体の進歩を活かせば、国内で新たな兵器システム、消費者家電、コンピュータを開発できる、という期待からだった。[11]

その政治的な目標は自明だった。外国に頼らず、自国で半導体を開発すること。中国の『光明日報《こうみょう》』紙は、1985年、「1台目は輸入品、2台目は輸入品、3台目は輸入品」というこれまでの慣例を捨て、「1台目は輸入品、2台目は国産品、3台目は輸出品」に変えよう、と読者に呼びかけ、未来の方向性を打ち出した。[12] この「メイド・イン・チャイナ」へのこだわりは、共産党の世界観へと植えつけられたが、現実を見れば、中国は半導体技術で絶望的なまでの後れを取っていた。それは毛沢東による大衆動員でも、鄧小平による命令でも変えがたい状況だった。

中国政府は半導体研究の推進を呼びかけたが、政令だけで科学的な発明や持続可能な産業を生み出せるわけもなかった。半導体が戦略的に重要であるという政府の主張を契機に、中国の当局者たちは半導体部門を官僚制度に取り込み、半導体製造を統制しようとした。しかし、1980年代終盤にエレクトロニクス事業を築き始めたファーウェイの任などの有望な起業家たちは、外国製のチップに頼るよりほかに選択肢はなかった。

実際、中国における電子機器の組立産業は、外国製シリコン・チップという土台の上に成り立っていて、しかもその輸入はアメリカや日本、そしてますます台湾に頼るようになっていた。そう、共産党がいまだ〝中国〟の一部だとみなしながら、依然として支配の外にあった台湾に。

第31章

# 中国に半導体を届ける

リチャード・チャン（張汝京）の願いはただひとつ、「神の愛を中国人に分け与える」ことだった。[1] 聖書に半導体の話は出てこないが、彼は先進的な半導体製造を中国にもたらしたいという宣教師の熱意を持っていた。敬虔《けいけん》なクリスチャンで、南京生まれの台湾育ち、テキサス州で教育を受けた半導体技術者の彼は、2000年、上海にファウンドリを建設するための多額の補助金を提供するよう、中国政府の高官たちを説得した。

工場は彼の仕様どおりに設計され、本来無宗教なはずの中国政府の特別な許可を得て、教会までつくられた。[2] 中国にようやく現代的な半導体製造がやってくる。そのためなら、指導部は宗教に喜んで目をつぶった。

しかし、中国政府の本格的な支援を受けてもなお、彼は半導体産業の巨人ゴリアテたち、特に台湾の

ＴＳＭＣと対峙する、勇者ダビデのような心許《こころもと》ない気分だった。

半導体製造の勢力図は、１９９０年代から２０００年代にかけて劇的に変化した。アメリカの工場は、１９９０年時点で世界の半導体の37%を生産していたが、２０００年には19%、２０１０年には13%まで落ち込んだ。[3] 日本の半導体製造の市場シェアも同じく急落した。一方で、韓国、シンガポール、台湾は、それぞれ半導体産業に莫大な資金を注ぎ込み、急速に生産量を伸ばした。

たとえば、シンガポール政府は、テキサス・インスツルメンツ、ヒューレット・パッカード、日立などの企業と手を組み、製造工場や半導体設計センターに資金をつぎ込み、国内に活発な半導体部門を築いた。また、実績でＴＳＭＣに並ぶことはついになかったとはいえ、同社にならってチャータード・セミコンダクターというファウンドリも設立した。[4]

韓国の半導体産業はそれ以上だった。１９９２年に日本のＤＲＡＭメーカーを王座から引きずり降ろし、世界のメモリ・チップ・メーカーの首位に躍り出たサムスンは、１９９０年代に急速な成長を遂げた。政府による公式の援助と、韓国の銀行に融資を求める政府の非公式の圧力を追い風に、サムスンは台湾からシンガポールまで、ＤＲＡＭ市場のライバルをことごとくはねのけた。

この資金提供は重要な役割を果たした。サムスンの主力製品であるＤＲＡＭチップには、次世代のテクノロジー・ノード〔集積回路の製造技術の世代のこと〕に到達するために、純粋なる資金力が必要不可欠だからだ。

その支出は、半導体産業の低迷期でも継続する必要があった。サムスンのある経営幹部に言わせれば、ＤＲＡＭ市場はまるでチキン・レースのようだった。[5] 好況期には、世界中のＤＲＡＭメーカーが新工場の建設に資金を注ぎ込むので、市場は飽和状態となり、半導体価格は一気に下がる。支出を続けるのは大きな痛手だが、わずか1年でも投資を中断すれば、ライバル企業に市場シェアを奪われるリスクがある。誰も最初に瞬《まばた》きしたくなどなかった。

その点、サムスンには、ライバル企業が投資の削減を強いられたあとも、投資を続けるだけの財力があった。その結果、同社はメモリ・チップの市場シェアを容赦なく伸ばしていった。[6]

世界の半導体の大半が組み込まれる電子機器の組立において、中国の果たす役割が年々増していることを考えると、半導体産業をひっくり返す可能性がもっとも高いのは、ほかでもない中国だった。1990年代になると、中国初の半導体生産が毛沢東の急進主義に阻まれてから、もう数十年が経過していた。中国はいわば世界の工場となり、上海や深圳《シンセン》といった都市は電子機器の組立の中心地となっていた。それは数十年前に台湾の経済を飛躍させたのと同じ活動だったが、中国指導部は、電子機器を動かす部品、とりわけ半導体にこそ本当の金脈が眠っていると知っていた。

1990年代の中国の半導体製造能力は、アメリカは言わずもがな、台湾や韓国にもひどく後れを取っていた。中国は経済改革の真っ盛りだったが、密輸業者はいまだに、半導体をスーツケースにぎっしり詰め込み、香港から国境を渡って、中国へと違法に持ち込めば大儲けできる、と考えていた。[7] しかし、中国のエレクトロニクス産業が成熟していくと、半導体の密輸は半導体の製造より魅力的に映らなくなっていった。

リチャード・チャンは、中国に半導体を届けるのが自分の天命だと考えていた。1948年、中国のかつての首都・南京で、軍人の家庭に生まれた彼は、共産党が実権を握ると一家で中国を逃れ、彼がわずか1歳のときに台湾へとたどり着いた。台湾で、彼は島での暮らしを仮住まいと考える本土人たちのコミュニティのなかで育った。しかし、期待していた中華人民共和国の崩壊はいつまでたっても訪れず、リチャード・チャンのような人々は永久にアイデンティティ喪失の危機を抱えることになる。

彼らは自分自身を中国人とみなしながらも、政治的な意味でどんどん故郷から遠ざかっていく島で暮らし続けた。大学卒業後はアメリカに移り、ニューヨーク州バッファローで修士号を取得したのち、テキサス・インスツルメンツに就職してジャック・キルビーと一緒に働いた。彼は工場運営の専門家となり、アメリカから日本、シンガポール、イタリアまで、同社の世界中の工場を管理した。[8]

中国政府は国内の半導体産業の構築に補助金を提供したが、その初期の成果はおおむね目を瞠《みは》るものとはいえなかった。[9]たとえば、中国につくられた製造工場のひとつに、中国のホワ・ホン・セミコンダクター（華虹半導体）と日本のNECによる上海の合弁事業があった。NECは自社の技術を中国に提供する約束の見返りに、中国政府から金銭的な優遇を受けた。[10]

しかし、NECは日本人の専門家が工場を監督すると言って譲らず、中国人労働者は小間使いのような扱いを受けるばかりだった。「これでは中国の産業とはいえない」とあるアナリストは述べたという。それは「中国に所在するウェハー工場」にすぎなかった。[11]結局、中国がその合弁事業から得た専門知識はほとんどなかった。

2000年設立のグレース・セミコンダクター・マニュファクチャリング（宏力半導体製造）もまた、外資、国の補助金、そして技術移転の失敗と、ホワ・ホン同様の末路をたどった上海の半導体メーカーだ。同社は、中国の江沢民《こうたくみん》国家主席の長男の江綿恒《こうめんこう》と、台湾のプラスチック王朝の御曹司であるウィンストン・ウォン（王文洋）による合弁事業だった。[12]

中国の半導体産業に台湾の参加を呼び込むという考えは、半導体分野での台湾の成功を考えれば理に適《かな》っていた。一方、中国国家主席の子息が参加することは、政府の支援を確保するのに役立った。同社はさらに、「ビジネス戦略」に関する顧問として、ジョージ・W・ブッシュ大統領の弟のニール・ブッシュを年俸40万ドルという破格の給与で雇った。[13]

この錚々《そうそう》たる経営陣の顔ぶれは、政治的な面倒事から身を守るのには役立ったかもしれないが、同社の技術は後れを取っており、顧客の獲得に苦戦した。結局、中国のファウンドリ事業の一部、世界全体で見ればごくわずかなシェアを獲得するにとどまった。[14]

中国に半導体産業を築ける人物がいるとしたら、それはリチャード・チャンだけだった。彼は縁故主義や外国の支援に頼るつもりなどなかった。世界トップクラスの製造工場をつくるのに必要な知識は、すべて彼の頭のなかにある。テキサス・インスツルメンツ在職中、彼は世界中に自社の工場を新設してきた。同じことを上海でできない理由がどこにあるだろう？

こうして、彼はゴールドマン・サックス、モトローラ、東芝などの国際的な企業から15億ドル以上の投資を調達し、2000年にSMIC（中芯国際集成電路製造）を創設する。[15]

あるアナリストの推定では、SMICの開業資金の半分はアメリカからの投資でまかなわれたという。[16]リチャード・チャンはこうした資金を元手に、数百人の外国人を雇って製造工場の運営に当たらせた。うち少なくとも400人が台湾人だったといわれる。[17]

リチャード・チャンの戦略は単純明快だった。TSMCのやり方をまねること。台湾で、TSMCは最高の技術者たちを採用した。アメリカなどの国の最先端の半導体メーカーでの勤務経験があれば理想的だ。また、TSMCは最高の製造装置も購入した。業界のベスト・プラクティスに従い、従業員を徹底的に訓練することにも余念がなかった。それから、台湾政府による税制優遇や補助金も余すところなく活用した。

SMICはこの指針に厳密に従い、海外の半導体メーカー、特に台湾から積極的に採用を行なった。2000年代の大半の時期を通じて、SMICの技術者の3人にひとりが海外から雇われた。

アナリストのダグ・フラーによれば、2001年、SMICは現地の技術者を650人、海外(主に台湾とアメリカ)の技術者を393人採用したという。2000年代末まで、技術者の約3人にひとりが海外からの採用者だった。同社には、「ひとりのベテラン社員がふたりの新入社員を連れてくる」というスローガンまであった。現地の技術者の学習を手助けしてくれる、外国で教育を受けた経験豊富な従業員が必要だ、という点を強調したものだ。

SMICの現地の技術者たちはあっという間に技術を身につけ、すぐに外国の半導体メーカーから仕事のオファーが来るくらいに有能な人材とみなされるようになった。同社が技術の国産化に成功したのは、ひとえに外国で教育を受けた労働者たちのおかげだった。[18]

中国のほかの新興半導体メーカーと同様、SMICもまた5年間の法人税免税や、中国で販売される半導体に対する売上税減免など、政府の手厚い支援の恩恵を受けた。[19] SMICがこうした恩恵にあずかったのは確かだが、最初からそれを頼りにしていたわけではない。製造品質よりも政治家の子息の採用に躍起になっていたライバル企業とはちがって、リチャード・チャンは生産能力を強化し、最先端に近い技術を取り入れた。[20] 実際、2000年代末を迎えるころには、SMICは世界の最先端技術からわずか数年遅れというところまで肉薄していた。

同社は順調に一流のファウンドリへの階段を駆け上がり、やがてはTSMCの牙城まで脅《おびや》かすように思えた。[21] リチャード・チャンはすぐさま、かつての雇用先であるテキサス・インスツルメンツのような業界大手のために半導体を製造する契約を勝ち取った。そしてついに、2004年にはニューヨーク証券取引所への上場まで果たすのである。

こうして、TSMCは東アジア諸国のさまざまなファウンドリとの競争にさらされた。シンガポールのチャータード・セミコンダクター。台湾のUMCやバンガード・インターナショナル・セミコンダクター（世界先進積体電路）。2005年にファウンドリ事業に参入した韓国のサムスン。いずれも、別の場所で設計された半導体の受託製造において、TSMCと競い合っていた。こうした企業の大半は政府の補助金を受け取っていたが、おかげで半導体の生産コストが下がり、アメリカを中心とするファブレス半導体設計会社の利益となっていた。

そのころ、こうしたファブレス企業は、複雑なチップがぎっしりと詰まった革命的な新製品を発売する初期段階にいた。スマートフォンである。オフショアリングは製造コストを押し下げ、競争に拍車をかけた。一方で、消費者は低価格と画期的な機器から恩恵を受けた。これこそが、グローバル化の果たす本来の役割なのではないだろうか？

第32章

# リソグラフィ戦争

1992年、カリフォルニア州サンタクララにあるインテル本社の会議室に腰を下ろしたジョン・カラザースは、CEOのアンディ・グローブへの2億ドルの要求が、これほどすんなり通るとは思っていなかった。インテルの研究開発活動のリーダーである彼にとって、こういう大博打《ばくち》は慣れたものだった。成功もあれば失敗もあったが、インテルの技術者たちの打率は業界全体の誰にも引けを取らなかった。

1992年になると、インテルの事業活動をPC向けマイクロプロセッサに集中させるというグローブの決断が功を奏し、同社は再び世界最大の半導体メーカーへとのぼり詰めていた。潤沢な資金を持つインテルは、以前に増してムーアの法則の継続に向け邁進していた。

しかし、カラザースの要求は、通常の研究開発プロジェクトの域をはるかに逸脱していた。業界内では周知の事実だったが、彼は既存のリソグラフィ手法では近い将来、次世代の半導体に必要な微細化した集積回路をつくれなくなる、とわかっていた。リソグラフィ装置メーカーは、人間の目に見えない波長２４８ナノメートルや１９３ナノメートルの深紫外線を使った装置を発売していたが、半導体メーカーがリソグラフィにいっそう高い精度を求めるようになるのは、おそらく時間の問題だった。

そこで、彼が狙いをつけようと考えたのが、波長13・5ナノメートルの「極端紫外線（ＥＵＶ）」である。波長が短くなればなるほど、より微細な形状をチップに刻み込める。ただ、ひとつだけ問題があった。極端紫外線を大量に生成できると考える人がほとんどいなかったのだ。

「君は成功するかどうかもわからないものにお金をかけようと言うのかね？」とグローブは半信半疑の様子で訊いた。「そのとおり。アンディ、それを研究というんだ」とカラザースは言い返した。グローブはいまだにインテルの顧問を務めていた元ＣＥＯのゴードン・ムーアのほうを向き、「ゴードン、どう思う？」とたずねた。「ほかにどんな選択肢があるというんだ？」とムーアは訊き返した。

答えは明白だった。ない。リソグラフィにいっそう短い波長を用いるなんらかの方法を発見しないかぎり、トランジスタの微細化、そしてムーアの名前を冠《かん》する法則は、前進を止めてしまうだろう。そうなれば、インテルの事業にとっては破滅的だし、グローブにとっては屈辱的だ。

こうして、グローブはＥＵＶリソグラフィ装置の開発費用として、カラザースに2億ドルを渡した。[1] 最終的に、インテルは研究開発に数十億ドル、ＥＵＶを用いてチップを形成する方法の研究にさらに数十億ドルを費やすことになる。

インテルは独自のＥＵＶリソグラフィ装置を製造するつもりはなかったが、どんどん微細化していく集積回路の製造に必要な装置が手に入るよう、せめてどこかの先進リソグラフィ装置メーカーがＥＵＶ

リソグラフィ装置を発売できる体制を整えておきたかったのだ。

ジェイ・ラスロップが米軍の研究所で顕微鏡をひっくり返して以来のどの時期と比べても、1990年代、リソグラフィの未来は不透明だった。当時のリソグラフィ産業には、リソグラフィの存続にかかわる3つの難題が垂れ込めていた。それは、技術的、ビジネス的、地政学的な問題である。

半導体製造の初期の時代、トランジスタはそれ自体があまりに巨大だったので、リソグラフィ装置で使われる光波の大きさが問題になることなど、ほとんどなかった。しかし、ムーアの法則が前進していくに従って、光波の規模（色に応じて数百ナノメートル前後）が、集積回路を焼きつける精度に影響を及ぼすようになった。

1990年代になると、最先端のトランジスタの大きさは数百ナノメートル（1ナノメートルは10億分の1メートル）単位になったが、加工寸法が十数ナノメートル程度という、はるかに微細なトランジスタを思い描くことがすでに可能となっていた。

この規模のチップをつくるには、フォトレジストという化学薬品へと光を照射し、シリコン上にパターンを焼きつけることができる、より精密なリソグラフィ装置が必要になる、と大半の研究者たちは考えていた。光の代わりに電子線を使ったチップの形成を試みる研究者もいたが、この電子線リソグラフィは速度が劣るため量産には向かなかった。

ほかにも、それぞれ別々のフォトレジストに反応するX線や極端紫外線に賭ける者もいた。リソグラフィの専門家たちによる毎年恒例の国際会議で、科学者たちはどの手法が最終的に勝ち残るかを議論した。ある参加者の表現を借りるなら、技術者どうしがしのぎを削る「リソグラフィ戦争」の時代の到来だった。[2]

シリコン・ウェハーに照射する次世代の最適な光線を探すための「戦争」は、リソグラフィの未来をめぐる3つの競争のうちのひとつ目にすぎなかった。ふたつ目は、どの企業が次世代のリソグラフィ装置を開発するかをめぐる、ビジネス的な戦いだった。新型のリソグラフィ装置を開発するのにかかる莫大なコストは、リソグラフィ産業を一極集中へと追いやった。つまり、1社、せいぜい2社が、リソグラフィ市場を独占していたのだ。

アメリカでは、GCAが清算され、パーキンエルマーから派生したリソグラフィ装置メーカー、シリコンバレー・グループは、市場をリードするキヤノンやニコンに大きく後れを取っていた。アメリカの半導体メーカーは1980年代に日本の挑戦を退けたが、リソグラフィ装置メーカーはちがった。

キヤノンとニコンにとっての真のライバルは、小さな企業ながら急成長を遂げていたオランダのリソグラフィ装置メーカー、ASMLだった。1984年に、オランダの電機メーカーのフィリップスが、社内のリソグラフィ部門をスピンオフして誕生した企業である。

GCAの事業を衰退させた半導体価格の崩壊と同時期に行なわれたそのスピンオフは、タイミングとしては最悪だったといっていい。おまけに、ベルギーとの国境に程近い町、フェルトホーフェンは、半導体産業における世界的企業に似つかわしい立地とは思えなかった。ヨーロッパはそれなりの数の半導体を生産していたが、シリコンバレーや日本に後れを取っていることは明白だった。

オランダ人技術者のフリッツ・ファン・ハウトは、物理学の修士号を取得した直後の1984年にASMLへと入社したとき、自分から入社したのか、それとも入社させられたのか、と同僚に訊かれたことがあった。[3] 当時のASMLには、フィリップスとの関係以外に、「工場もなければ資金もなかった」と彼は振り返る。[4] それでは、社内にリソグラフィ装置の本格的な製造工程を築くのは不可能だっただろう。

代わりに、ASMLは世界中の供給業者から入念に調達した部品を用いてシステムを組み立てることにした。主要な部品を他社に頼るのは、明らかにリスクがあったが、ASMLはそのリスクを抑えるすべを学んだ。

おかげで、日本の競合企業がすべてを自社でつくろうとしたのに対し、ASMLは市場から最良の部品を仕入れることができた。EUVリソグラフィ装置の開発に注力し始めるころには、さまざまな供給源から調達した部品をひとつにまとめる能力が、同社の最大の強みになっていた。

ASMLのもうひとつの強みは、想定外ではあるが、オランダという立地にあった。1980年代から1990年代にかけて、同社は日米貿易摩擦において中立的な存在とみなされ、アメリカ企業はASMLをニコンやキヤノンに代わる信頼できる取引先として扱った。

たとえば、アメリカの新興DRAMメーカーのマイクロンは、リソグラフィ装置を購入する際、日本の主要メーカー2社のいずれかに頼る代わりに、ASMLに頼った。日本の2社は、日本におけるマイクロンの競合DRAMメーカーとの関係が深かったからだ。[5]

フィリップスからスピンアウトしたというASMLの歴史もまた、意外な形で奏功した。台湾のTSMCと深い関係を築くのがスムーズになったからだ。フィリップスはTSMCに大規模な投資を行ない、自社の製造工程技術や知的財産をその若きファウンドリへと移転していた。TSMCの工場はフィリップスの製造工程に基づいて設計されていたので、ASMLはお抱えの市場を手にしたも同然だった。

1989年にTSMCの工場で起きた火災事故も思わぬ追い風となった。TSMCが火災保険の給付金で、19台の新型リソグラフィ装置を追加購入する形となったからだ。ASMLとTSMCはもともと、半導体産業の片隅で小さな会社として産声《うぶごえ》を上げたが、両社はパートナーシップを築き、二人三脚で成長を遂げていった。その協力体制がなければ、今日のコンピューティング分野の進歩はぴたりと止まっていただろう。[6]

ASMLとTSMCのパートナーシップは、1990年代の第三次「リソグラフィ戦争」の到来を予感させた。産業界や政界のほとんどの人は認めようとしなかったが、それは政治的な闘争にちがいなかった。

当時のアメリカは、冷戦の終結を祝福し、平和の配当を享受している真っ最中だった。技術力、軍事力、経済力、どの基準で見ても、アメリカは同盟国も敵国も含めた世界の頂点に君臨していた。ある有力な評論家は、1990年代のことを、アメリカの優位が確立した「一極時代」と表現した。実際、湾岸戦争はアメリカの驚異的な技術力と軍事力を証明する形となった。[7]

1992年、グローブがEUVリソグラフィ研究へのインテル初の本格投資を承認しようとしていたころ、冷戦中の軍産複合体から生まれた半導体産業でさえ、もはや政治など関係ない、と結論づけたのは無理もなかった。経営の第一人者たちは、権力ではなく利益が世界のビジネス風景を形づくる、未来の「国境なき世界」を約束した。[8]経済学者たちは加速するグローバル化について口々に語った。CEOや政治家たちもまた、こうした新たな知的流行を受け入れた。

そのころ、インテルは再び半導体事業の頂点に返り咲いていた。日本のライバルたちをはねのけ、PCを動かすチップの世界市場をほぼ独占し、1986年から毎年利益を上げ続けていた。[9] 政治について心配する理由がどこにあるだろう？

1996年、インテルはアメリカのエネルギー省が運営するいくつかの研究所とパートナーシップを結ぶ。光学をはじめ、EUVリソグラフィを機能させるのに必要な分野の専門知識を共有するためだ。インテルはほかに数社の半導体メーカーをそのコンソーシアムに迎え入れたが、ある参加者の記憶によれば、予算の大半を拠出したインテルが、会議を「95％牛耳っていた」という。[10]

インテルは、ローレンス・リバモア国立研究所やサンディア国立研究所がEUVシステムを試作するための専門知識を持つと知っていたが、両研究所の主眼は量産ではなく科学的な側面のほうにあった。しかし、カラザースの説明によれば、インテルの目標は「何かを測定するだけでなく、つくること」にあった。そこで、インテルはEUVリソグラフィ装置を市販化し、量産できる企業を探し始めた。アメリカにそんな企業は存在しない、というのが同社の出した結論だった。

GCAはもうない。現存するアメリカ最大のリソグラフィ装置メーカーであるシリコンバレー・グループは、技術的に後れを取っていた。しかし、1980年代の貿易戦争の苦い記憶がいまだ抜けきらないアメリカ政府は、日本のニコンやキヤノンに国立研究所と手を組ませることだけは避けたかった（ニコン自身は、EUV技術がうまくいくとは考えていなかったが）。となれば、残るリソグラフィ装置メーカーはASMLのみだった。[11]

外国の企業に、アメリカの国立研究所で行なわれている最先端の研究へのアクセスを認めるという考えに、アメリカ政府内では疑問の声が上がった。ＥＵＶリソグラフィ技術に直接の軍事的応用はなかったし、この技術がうまく機能するのかどうかもまだ定かではなかった。それでも、もし機能すれば、アメリカはあらゆる計算に不可欠な装置を、ＡＳＭＬに依存することになる。

だが、国防総省《ペンタゴン》の何人かの当局者を除いて、懸念を抱く者は政府内にほとんどいなかった。[12] 大半の人々はＡＳＭＬやオランダ政府を信頼できるパートナーとみなしていたし、政治のリーダーたちにとって重要なのは、地政学よりも仕事への影響のほうだった。[13]

アメリカ政府は、リソグラフィ装置用の部品の製造工場をアメリカ国内に建て、アメリカの顧客に商品を供給し、アメリカ人を職員として雇用するようＡＳＭＬに要求したが、ＡＳＭＬの核となる研究開発活動は本国オランダで行なわれた。

商務省、国立研究所、関係企業の主な意思決定者たちの記憶によれば、この協力関係を前進させるという政府の決断において、政治的配慮は仮にあったとしてもたいして大きな役割を果たしていなかったという。[14]

長期にわたる遅れと巨大な予算超過に見舞われながらも、ＥＵＶリソグラフィ技術に関するパートナーシップはゆっくりと進展を遂げていった。アメリカの国立研究所における研究から締め出されたニコンとキヤノンは、独自のＥＵＶリソグラフィ装置を開発しないことを決めたため、ＡＳＭＬが世界で唯一のメーカーとなった。

一方、２００1年、ＡＳＭＬはアメリカ最後の大手リソグラフィ装置メーカーであるシリコンバレー・グループを買収する。同社はすでに業界の最先端から大きく後れを取っていたが、この取引がアメリカの安全保障上の利益になるのかをめぐり、再び疑問が持ち上がった。
実際、何十年も前からリソグラフィ産業に資金を提供し続けてきたＤＡＲＰＡや国防総省のなかには、売却に反対する者もいた。議会も懸念を提起し、３人の上院議員がジョージ・Ｗ・ブッシュ大統領に宛てこう記した。「最終的に、ＡＳＭＬがアメリカ政府の持つＥＵＶリソグラフィ技術のすべてになるだろう[15]」

この意見が正しいことは否定のしようがなかった。しかし、当時、アメリカの力は全盛を迎えていた。政府内のほぼ全員が、グローバル化はすばらしいことだと思っていた。貿易関係やサプライ・チェーンが拡大すれば、ロシアや中国といった大国は、地政学的な勢力より富を蓄えることに専念し、平和が促進されるだろう、というのが政府内で優勢な見方だった。アメリカのリソグラフィ産業の凋落《ちょうらく》が安全保障を脅《おびや》かすという主張は、この新たなグローバル化や相互接続の時代では、浮世離れしているとみなされたのだ。

一方、半導体産業は、なるべく効率的に半導体を生産することだけを目指していた。アメリカに大手のリソグラフィ装置メーカーが残っていないとすれば、ＡＳＭＬに未来を賭ける以外、ほかにどんな選択肢があるというのだろう？

インテルをはじめとする大手半導体メーカーは、ＡＳＭＬへのシリコンバレー・グループの売却は、ＥＵＶリソグラフィ技術の発展、ひいてはコンピューティングの未来にとって必要不可欠である、と主張した。「合併がなければ、アメリカでの新たな装置の開発は遅れるだろう」とインテル新ＣＥＯのクレイグ・バレットは２００１年に訴えた。

冷戦が終わり、実権を握ったばかりのブッシュ政権は、直接の軍事的応用があるものを除き、すべての商品に関する技術の輸出規制を緩和したいと考えていた。政権はそれを「最高機密の技術の周囲に高い壁を築く」ための戦略と表現した。そのリストのなかに、EUVリソグラフィ技術の名前はなかった。[16]

こうして、一部の部品が引き続きコネチカット州の工場でつくられるとはいえ、次世代のEUVリソグラフィ装置は主に海外で組み立てられることになった。「アメリカはEUVリソグラフィ装置へのアクセスをどう保証できるのか?」という疑問を提起した者は、グローバル化する世界でいまだに冷戦思考を引きずっている時代錯誤な人間というレッテルを貼られた。しかし、技術の世界的な広まりについて語るビジネス界の第一人者たちは、真のダイナミクスを歪曲して伝えていた。

確かに、EUVリソグラフィ装置を生み出す科学的なネットワークは、全世界にまたがり、アメリカ、日本、スロベニア、ギリシャといった多様な国々の科学者たちを結びつけていた。[17]ところが、その製造はといえば、グローバル化するどころか、独占されていたのだ。リソグラフィの未来は、たったひとつの企業が支配するたったひとつのサプライ・チェーンが握っていた。

第33章

# 携帯機器の市場規模

2006年のマックワールド・カンファレンス&エキスポ。トレードマークである青のジーンズと黒のタートルネックを着て、ひとりきりで薄暗い舞台上に立っている人物がいた。スティーブ・ジョブズである。何百人というテクノロジー好きの聴衆たちが、シリコンバレーの預言者が話しだすのを、今か今かと待っていた。彼が左を向くと、舞台の反対側から青い煙が吹き出す。その煙の奥から、半導体工場の労働者が工場をきわめて清潔に保つために着るような、白のバニー・スーツをまとった男が現われ、舞台を横切り、ジョブズの目の前まで歩いてくる。彼は頭を覆うカバーを脱ぐと、満面の笑みを浮かべる。インテルCEOのポール・オッテリーニだ。彼はジョブズに巨大なシリコン・ウェハーを手渡して、こう言った。「スティーブ、インテルの準備が整ったことを報告するよ」[1]

これは典型的なスティーブ・ジョブズ劇場だったが、典型的なインテル流のビジネス戦略でもあった。

2006年時点で、インテルはすでに大半のPCにプロセッサを供給していた。インテルは過去10年間、PCの業界標準であるx86命令セット・アーキテクチャ（チップの計算方法をつかさどる一連の基本的な規則のこと）に基づくチップを生産するインテル以外の唯一の大企業、AMDの猛攻をはねのけてきた。

アップルは、x86ベースのチップを使わない唯一の大手コンピュータ・メーカーだったが、ジョブズとオッテリーニは今後その状況が変わる、と発表したのである。とうとう、インテル製チップがマック・コンピュータのなかに。インテル帝国はますます拡大し、PC産業に対する支配はいっそう強まるだろう。

マッキントッシュを発明し、コンピュータを直感的で使いやすいものにできるという考えを開拓したジョブズは、すでにシリコンバレーの偶像的存在になっていた。そして2001年、アップルはデジタル技術が消費者向けの機器を変革しうることを証明する先見的な製品、iPodを発売する。

オッテリーニは、そんなジョブズとはこれ以上ないくらい対照的な人物だった。先見の明を持つビジョナリーとしてではなく、経営者としてインテルに迎えられた彼は、ロバート・ノイス、ゴードン・ムーア、アンディ・グローブ、クレイグ・バレットといった過去のCEOたちとはちがい、工学や物理学ではなく、経済学を専門としていた。取得した学位も博士号ではなくMBAだ。

彼のCEO時代、影響力の源は化学者や物理学者から経営者や会計士へと移った。こうした変化は、最初こそはっきりとはわからなかったが、従業員は経営幹部たちの着るシャツが着実に白くなり、ネクタイ姿が多くなったことに気づいた。[2]

オッテリーニが引き継いだのは、莫大な利益を上げる企業だった。彼はインテルが事実上独占するx

86チップから利益を搾り取り、利益率をなるべく高く保つことを至上命令ととらえ、独占状態を守り抜くために教科書どおりの経営手法を取り入れた。[3]

x86アーキテクチャがPCを独占したのは、このアーキテクチャが最高だったからではなく、IBM初のPCがたまたまそれを使っていたからだ。PC向けのオペレーティング・システムを提供していたマイクロソフトと同じく、インテルもPCのエコシステムの重要な構成要素を支配していたのだ。

それは半分運のおかげでもあったが（IBMが初代PCにモトローラ製プロセッサを採用していてもおかしくはなかった）、グローブの戦略的な洞察力のおかげでもあった。1990年代初頭の職員会議で、彼はコンピューティングの未来に関する自身のビジョンを絵に描いたことがある。周囲を堀で囲まれた城だ。城はインテルの収益性であり、その城を守る堀こそが、x86だった。[4]

インテルが初めてx86アーキテクチャを採用したあと、カリフォルニア大学バークレー校のコンピュータ科学者たちが、よりシンプルな新型のチップ・アーキテクチャを開発した。RISCと呼ばれるそのアーキテクチャは、より効率的に計算ができるため、電力消費が抑えられた。それと比べると、x86アーキテクチャは複雑で巨大だ。

1990年代、グローブはインテルのメイン・チップをRISCアーキテクチャに切り替えることを本格的に検討し、最終的に却下したことがあった。確かに、RISCのほうが効率的ではあったが、切り替えには多額のコストがかかったし、インテルの事実上の独占に対する脅威が大きすぎた。コンピュータ産業はx86を中心として設計されており、インテルはそのエコシステムを支配していた。

そういうわけで、x86は今日にいたるまでほとんどのPCのアーキテクチャを特徴づけている。

インテルのx86命令セット・アーキテクチャは、サーバ・ビジネスも独占している。２０００年代、多くの企業がどんどん巨大化するデータ・センターを建設し、アマゾン・ウェブ・サービス、マイクロソフト・アジュール、グーグル・クラウドなどが、個人や企業のデータの保管やプログラムの実行に使われる〝クラウド〟を構築するための広大なサーバの倉庫を建造するようになると、サーバ・ビジネスは急成長を遂げた。

１９９０年代から２０００年代初頭にかけて、インテルはサーバ向けチップ事業においてはわずかなシェアしか獲得しておらず、ＩＢＭやＨＰといった企業の後塵《こうじん》を拝していた。しかし、インテルは最先端のプロセッサ・チップを設計・製造する能力を活かして、データ・センターの市場シェアを勝ち取り、x86をその分野の業界標準として確立してしまう。

クラウド・コンピューティングが登場し始めた２０００年代中盤になると、インテルはデータ・センター向けチップにおいてもほぼ独占を勝ち取り、ライバルはＡＭＤただひとつとなった。[5] 今日では、主要なデータ・センターのほとんどがインテル製かＡＭＤ製のいずれかのx86チップを利用している。クラウドは両社のプロセッサなしでは機能しえないのだ。

そんなＰＣ分野の業界標準であるx86の牙城を脅《おびや》かそうとした企業がいくつかある。１９９０年、アップルとパートナー企業2社は、イギリスのケンブリッジに本社を置くアームという合弁事業を立ち上げる。その目的は、インテルが一時検討したが却下したＲＩＳＣというシンプルな原理に基づく新しい命令セット・アーキテクチャを使ったプロセッサ・チップを設計することだった。

ビジネスも顧客もゼロの状態から出発した新興企業《スタートアップ》のアームは、x86からの切り替えコストに悩まずにすんだ。代わりに、アームが目論んでいたのは、x86をコンピュータのエコシステムの主役の座から引きずり下ろすことだった。初代CEOのロビン・サクスビーは、社員12人の新興企業にしては壮大な野望を抱いていた。「世界標準になるしかない」と彼は同僚たちに言った。「それがわれわれにとっての唯一のチャンスだ」[6]

サクスビーは、モトローラの欧州半導体部門で昇進を重ねたのち、ヨーロッパのある新興半導体メーカーで働くが、製造工程の効率の悪さにより会社が破綻してしまう。その経験から、彼は自社製造に頼ることの限界を思い知った。「シリコンは鉄と同じだ」と彼はアームの初期の戦略会議で訴えた。「もはや日用品《コモディティ》と化してしまった。私の目の黒いうちは、絶対にチップなどつくらせない」

代わりに、アームが採用したのは、自社のアーキテクチャの使用ライセンスを販売し、半導体設計会社に購入してもらう、というビジネスモデルだった。これが分業化した半導体産業という新しいビジョンだ。

インテルは独自のx86アーキテクチャに基づき、さまざまな種類のチップを設計・製造していた。サクスビーが考えたのは、自社のArmアーキテクチャを、工場《ファブ》を持たないファブレス設計会社に販売する、という戦略だ。アームのアーキテクチャを購入した半導体設計会社は、それを目的に応じて自由にカスタマイズし、その製造をTSMCのようなファウンドリに外部委託するわけだ。

サクスビーは、ただインテルと双璧をなすどころか、インテルのビジネスモデルを破壊することを夢見ていた。しかし、1990年代と2000年代、アームはPC分野で市場シェアの獲得に失敗してしまう。インテルとマイクロソフトのウィンドウズ・オペレーティング・システムとの提携が鉄壁すぎて、歯が立たなかったからだ。

それでも、アームのシンプルでエネルギー効率の高いアーキテクチャは、バッテリーの節約が不可欠な小型の携帯機器でたちまち人気となった。たとえば、自社の携帯型ビデオ・ゲームにＡｒｍアーキテクチャ・ベースのチップを採用したのが任天堂である。インテルはその小さな市場にさほど注目していなかった。インテルの寡占状態にあったコンピュータ・プロセッサ市場が打ち出の小槌のようにお金を生み出していたため、ニッチ市場について考える必要性すらなかったのである。

その結果、当時はニッチ市場にしか見えなかったもうひとつの携帯型コンピュータ市場に参入する機会を逃し、気づいたころにはもう手遅れになっていた。それは、携帯電話市場だ。

携帯機器がコンピューティングに変革をもたらすという考え自体は、新しいものではなかった。先見の明を持つカリフォルニア工科大学の教授、カーバー・ミードは、早くも１９７０年代初頭にそう予測していた。それはインテルも同様で、ＰＣはコンピューティングの進化の最終形態ではない、と気づいていた。実際、１９９０年代から２０００年代にかけて、時代を20年先取りしたズーム〔ウェブ会議サービスの一種〕風のテレビ会議システムなど、一連の新製品に投資していたこともある。[7]

しかし、こうした新製品のほとんどは火がつかないまま終わった。それは技術的な理由からというよりはむしろ、いずれもPC向けチップの製造というインテルの主力事業と比べてはるかに儲けが少なかったからだ。そのため、インテル社内からの支持も集まらない有様だった。

携帯機器は、グローブがまだＣＥＯを務めていた１９９０年代初頭以降、たびたび俎上《そじょう》に載ってきた。

１９９０年代初頭、インテルのサンタクララ本社で行なわれた会議で、ある経営幹部がパームパイロット〔パーム社が開発した第2世代の手のひらサイズの携帯情報端末〕を空中でひらひらとさせ、「こいつはこれから成長して、PCに取って代わるだろう」と断言した。

しかし、PC向けプロセッサの販売が金のなる木だった時代に、携帯機器の開発に巨額を投じるという考えは、あまりに無鉄砲なギャンブルに思えた。[8] こうして、インテルは携帯事業には参入しないと決めた。そして、気づいたときにはもう手遅れになっていた。

グローブの助言役だった例のハーバード大学の教授なら、インテルの抱えるジレンマは容易に診断がついたはずだ。それどころか、インテルの社内に、クレイトン・クリステンセンや彼の「イノベーションのジレンマ」の概念〔実績のある大企業が既存技術の改良に注力するあまり、破壊的イノベーションを起こす新興企業に遅れを取ってしまう現象〕を知らぬ者などいなかった。

しかし、インテルのPC向けプロセッサ事業は、未来永劫お札を刷り続けてくれるように見えた。グローブが損失を垂れ流していたDRAM市場からの方向転換を決めた1980年代とはちがい、1990年代と2000年代のインテルは、アメリカでもっとも高利益な会社のひとつまでのぼり詰めていた。

つまり、最大の問題は、新製品の検討が必要だと誰も気づかなかったことではなく、単純に現状があまりにも儲かりすぎていた、という点にあったのだ。たとえ何もしなくても、インテルには、x86という深い堀に囲まれた、PC向けチップとサーバ向けチップという世界でもっとも価値のあるふたつの城が残っていたのである。

インテル製チップをマック・コンピュータに搭載する合意を結んだ直後、ジョブズは新たな提案を携えてオッテリーニのもとに戻ってきた。アップルの最新製品である携帯電話向けのチップをつくる気はないか？　携帯電話は、オペレーティング・システムの実行や携帯電話ネットワークとの通信の管理に必ずチップを使用していたが、アップルは自社の携帯電話にコンピュータのような機能を持たせたかった。となれば、コンピュータに使われるような強力なプロセッサが必要になるだろう。

「彼らは一定の対価を払うつもりだったが、それ以上は鐚一文《びたいちもん》出す気がなかった」とオッテリーニはのちにジャーナリストのアレクシス・マドリガルに語った。「それが理解できなかった。量で埋め合わせがきくような商品ではなかったから。だが、あとで振り返れば、われわれの予測原価はまちがっていて、量はみんなが思う100倍はあった」[9]。結局、インテルはiPhoneの契約を断ってしまう。

こうして、アップルは携帯電話向けチップを別の場所に求めることになった。そこで、ジョブズが目を向けた先が、アームのアーキテクチャである。それはx86とはちがい、電力消費を節約しなければならない携帯機器に最適だった。初期のiPhoneのプロセッサは、TSMCを追ってファウンドリ事業に参入したサムスンによってつくられた。

iPhoneがニッチ製品であるというオッテリーニの予測は、恐ろしいほど的外れだったが、彼がそのまちがいに気づいたころには、もうあとの祭りだった。その後、インテルはスマートフォン事業のシェアを獲得するべく大慌てで参戦したものの、最終的にスマートフォン向け製品の開発に数十億ドルを注ぎ込んだ末、たいした成果は上げられなかった。オッテリーニとインテルがふと気づいたころには、アップルは莫大な利益を上げる城の周囲を深い堀で固めていた。

インテルがiPhoneの契約を断ってからわずか数年後、アップルはスマートフォンで、インテルがPC向けプロセッサの販売で上げている以上の利益を叩き出すまでになっていた。

インテルは何度かアップル城の壁をよじ登ろうと試みたが、すでに先行者利益〔いち早く市場に参入したり新製品を発売したりした企業が得られる競争上の優位性。ファースト・ムーバー・アドバンテージともいう〕を逃していた。2位争いに数十億ドルを投じるのは、特にインテルのPC事業がいまだに絶好調で、データ・センター事業が急成長していることを考えると、魅力的には思えなかった。

結局、インテルは、現在流通するチップの3分の1近くを消費する携帯機器市場に足がかりを築くのをあきらめた[10]。その状況は今も変わらない。

グローブが第一線を退いたあとにインテルが逃したチャンスには、共通の原因があった。1980年代終盤以降、インテルはインフレ調整前で2500億ドルもの利益を積み上げてきた。これは達成した企業がほとんどない偉業だ。インテルはPC向けやサーバ向けのチップに高値をつけることでそれを実現してきたわけだが、そんな高値を維持できたのは、グローブが磨き上げ、後継者に残してきた最適な設計プロセスと先進的な製造のおかげだった。同社の経営陣は常に、もっとも利益率が高いチップの生産を優先させたのだ。

これは合理的な戦略だった。利益率の低い製品を望む者などいない。しかし、そのせいで、インテルは新たな挑戦がいっさいできなくなった。いつしか、短期的な利益目標を満たすことへの執拗なこだわりが、長期的なテクノロジー・リーダーに立つことに取って代わっていった。

権力が技術者から経営者に移ったことが、このプロセスをいっそう加速させた。2005年から2013年までインテルのCEOを務めたオッテリーニは、iPhone向けチップの生産契約を断った背景に、財務的な影響への不安があったことを認めた。

利益率への執着は、採用判断、製品計画、研究開発プロセスなど、インテルの奥深くまで浸潤《しんじゅん》していった。簡単にいえば、インテル上層部は、同社のトランジスタよりもバランスシートを設計することに夢中になっていたわけだ。「インテルには技術もあったし、人材もいた」と同社のある元財務幹部は回顧する。「ただ、利益に障《さわ》るようなことをしたくなかっただけなのだ[11]」

# 第34章 アメリカの驕り

2010年、パロアルトのレストランで夕食をとっていたアンディ・グローブは、シリコンバレーを視察していた3人の中国人ベンチャー・キャピタリストを紹介された。2005年にインテル会長を退いた彼は、今や引退した身にすぎなかった。彼が築き上げ、のちに救った企業は、いまだ莫大な利益を上げつづけていた。シリコンバレーの失業率は9％を超えていたが、インテルは2008年と2009年〔リーマンショック後の世界的な不況の時期〕にさえ利益を上げていた。

しかし、グローブは過去の栄光に胡坐《あぐら》をかくつもりなどなかった。相変わらずのパラノイアだった彼は、パロアルトに投資しようとしている中国人ベンチャー・キャピタリストたちを見て、こう思わずにはいられなかった。シリコンバレーは、大量失業の時代に生産をオフショアリングするほど賢いだろうか？

ナチスやソ連の軍隊から逃れてきたユダヤ人難民のグローブは、決して移民排斥主義者などではなかった。インテルは世界中の技術者を雇っていたし、複数の大陸で工場を運営していた。

しかし、彼は先進的な製造の仕事のオフショアリングに一抹の不安を抱いていた。そのわずか3年前に発売されたばかりのｉＰｈｏｎｅは、そうした傾向を象徴していた。ｉＰｈｏｎｅにアメリカ製の部品はほとんど使われていなかったのだ。

オフショアリングは高い技術を要しない仕事から始まったが、半導体産業であれ、ほかのどの産業であれ、そこで終わるわけがない、と彼は考えていた。特に心配だったのは、電気自動車に必要なリチウム・イオン電池だった。その中核技術の大部分を発明したのはアメリカだったが、アメリカの市場シェアは微々たるものだった。

彼の解決策はこうだ。「海外の労働力による生産物に追加の課税をせよ。その結果が貿易戦争だとしたら、ほかの戦争と同様に立ち向かうまでだ。勝つまで戦え」[1]

多くの人はグローブを過ぎ去りし時代の象徴とみなした。彼がインテルを築き上げたのは、まだインターネットの存在しない1世代前だ。そのインテルは携帯電話事業を取り逃し、ｘ86の独占という恩恵にあずかって生き長らえていた。

2010年代初頭、インテルは世界最先端の半導体プロセス技術を有し、ゴードン・ムーアの時代から知られる定期的なリズムで、ライバル企業に先んじて小型のトランジスタを世に送り出していた。しかし、インテルと、ＴＳＭＣやサムスンといったライバル企業の差は、縮まるばかりだった。

さらに、インテルの事業は今や、別のビジネスモデルを持つほかのテクノロジー企業の陰に隠れつつあった。２０００年代初頭、インテルは世界でもっとも価値のある企業のひとつだったが、インテル製チップに頼らない新たな携帯電話のエコシステムを生み出したアップルにすっかり追い越されてしまった。

２００４年創設のフェイスブックの企業価値は、２０１０年時点でインテルの半分近くにまで迫っていたが、すぐにインテルの数倍へと成長する。シリコンバレー最大の半導体メーカーであるインテルは、インターネットのデータを処理するにはインテル製のサーバ向けチップが必要だし、データにアクセスするにはインテル製のプロセッサで動くＰＣが必要だ、と反論することはできたが、実際には半導体の生産はアプリ上での広告の販売より儲からない商売だった。

グローブは「破壊的イノベーション」を崇拝したが、２０１０年代になると、インテルの事業のほうが破壊されつつあった。彼はアップルの組立ラインがオフショアリングされている現状を嘆いたが、その声に耳を傾ける者などいなかった。

半導体界隈《かいわい》でさえ、グローブの破滅的な予言はきっぱりと無視された。確かに、ＴＳＭＣなどのファウンドリはおおむね海外にある。しかし、外国のファウンドリが生産していたのは、主にアメリカのファブレス企業が設計したチップだ。

おまけに、外国の工場はアメリカ製の半導体製造装置であふれていた。事実、東南アジアへのオフショアリングは、グローブの最初の勤め先であるフェアチャイルドセミコンダクターが香港に最初の組立工場を開設して以来、ずっと半導体産業のビジネスモデルの中心を占めてきたのである。

だが、グローブは納得しなかった。「今日の〝日用品《コモディティ》〟の製造を放棄することは、明日の新たな産業から自分自身を締め出すのに近い」と彼は言い、その例として電池産業を挙げた。「アメリカは家庭用電子機器をつくるのをやめた30年前に、電池産業でのリードを失ったのだ」とグローブは記した。その後、PC向けの電池の製造を取り逃し、今では電気自動車向けの電池ではるかに後れを取っていた。「追いつく日が来るのかどうかも疑わしい」と彼は2010年に予測した。[2]

半導体産業の内部でさえ、専門技術のオフショアリングに関するグローブの悲観的な見方に対して、反証を探すのは容易だった。日本の競合企業がDRAMの設計と製造でシリコンバレーを凌駕していた1980年代終盤の状況と比べると、アメリカの半導体を取り巻くエコシステムはいたって健全に見えた。

実際、莫大な利益を上げていたのはインテルだけではない。工場を持たない多くのファブレス半導体設計会社もそうだった。

最先端のリソグラフィを失ったことを除けば、2000年代、アメリカの半導体製造装置メーカーはおおむね好調を維持した。

たとえば、アプライド・マテリアルズは、世界最大の半導体製造装置メーカーとして、加工中のシリコン・ウェハー上に化学薬品の薄膜を形成する装置などをつくっていた。ラムリサーチはシリコン・ウェハー上に回路をエッチングする世界最先端の専門技術を持っていた。そして、同じくシリコンバレーに拠点を置くKLAは、ウェハーやリソグラフィ・マスクのナノメートル単位の欠陥を検出する世界最高の装置を有していた。この3社は、次世代のチップをつくるのに欠かせない原子サイズの成膜、エッチング、測定を行なうための新世代の機器を続々と発売していた。

いくつかの日本企業、特に東京エレクトロンは、アメリカの機器メーカーに匹敵する能力を一部有していたが、アメリカ製の装置をいっさい使わずに、最先端の半導体を製造するのは基本的に不可能だった。

半導体の設計についても同じことがいえた。２０１０年代初頭の時点で、最先端のマイクロプロセッサには1枚当たり10億個のトランジスタが搭載されていた。[3] これらのトランジスタを自動的にレイアウトできるソフトウェアは、ケイデンス・デザイン・システムズ、シノプシス、メンター・グラフィックスのアメリカ企業3社が市場の約75％を支配していた。[4] この3社のソフトウェアのいずれかを使わなければ、半導体を設計するのは不可能だった。おまけに、半導体設計ソフトウェアを提供する、より小規模な会社も、その大半がアメリカを拠点としていた。こうした状況に匹敵する国はほかにない。

シリコンバレーの半導体産業は儲かっており、技術的に進歩している、というのがウォール街やアメリカ政府のアナリストたちの見方だった。もちろん、世界の半導体の大部分の製造を、台湾のいくつかの工場に大きく依存することには、一定のリスクがあった。実際、１９９９年にマグニチュード7・3の地震が台湾を襲うと、2基の原子力発電所を含め、同国の広い範囲で停電が起きた。[5] ＴＳＭＣの工場でも停電が発生し、同社の生産と世界の半導体の多くが危機に瀕した。

モリス・チャンはすぐさま台湾の当局者と電話で連絡を取り、ＴＳＭＣが優先的に電力供給を受けられるよう取り計らった。それでも、同社の5つの工場のうちの4つが復旧までに1週間、残りのひとつはそれ以上の時間を要した。[6] しかし、混乱は限定的なもので、家電市場は1カ月足らずで平常に戻った。[7]

とはいえ、1999年の地震は、台湾が20世紀に体験した3番目に強い地震にすぎなかった。さらに強い地震がいつか台湾を襲うことは、容易に想像がついた。

だが、TSMCの顧客たちは、同社の工場が1900年以降に全世界で5回起きているマグニチュード9クラスの地震にも耐えうる設計になっている、と告げられた。[8] それは誰も検証したいとは思わない主張だったが、シリコンバレーの下にもサンアンドレアス断層が走っているから、製造をカリフォルニア州に戻したところで安全性が飛躍的に向上するわけではない、とTSMCはいつでも指摘できた。

もうひとつ、さらに難しい疑問があった。アメリカ政府は、サプライ・チェーンがますます国際化するなか、半導体技術の国外販売の規制を、どう調整していくべきなのか？　米軍向けの半導体生産を専門とするいくつかの小規模な半導体メーカーを除いて、シリコンバレーの巨大メーカーは、1990年代から2000年代にかけて国防総省《ペンタゴン》との関係を重視するのをやめた。1980年代に日本企業との競争に直面したとき、シリコンバレーのCEOたちは議会の廊下で多くの時間を過ごしたが、今となっては政府の支援は不要だと考えていた。そのとき、彼らがいちばん求めていたのは、政府が他国と貿易協定を結び、輸出規制を撤廃して、とにかく邪魔をしないことだった。

政府当局者の多くは、半導体業界による規制緩和の要請を支持した。確かに、中国にはSMICのような野望に燃える企業もあったが、有力な外交官のロバート・ゼーリックが述べたとおり、貿易や投資は中国が国際社会の「責任ある利害関係者《ステークホルダー》」になるのを促す、というのが政府内の総意だった。[9]

さらに、グローバル化に関する定説が、厳しい輸出規制の導入を事実上不可能にした。輸出規制の実施は冷戦中でさえ難しく、ソ連に販売可能な装置をめぐり、アメリカと同盟国のあいだでたびたび論争を巻き起こした。

しかし、2000年代の中国は、ソ連と比べて、はるかに世界経済と一体化していた。そのため、輸出規制を行なったとしても、中国が他国の企業から商品を購入するのは防げず、アメリカの産業にとっては薬よりもむしろ毒になるだろう、というのがアメリカ政府の結論だった。

実際、日本やヨーロッパはほぼどんなものでも中国に売りたがっていた。特に、アメリカのリーダーたちが中国の指導者たちと親交を深めようとしているなか、輸出規制をめぐって同盟国と揉め事を起こしたい者など、政府内にはいなかった。

こうして、政府内では、アメリカのライバル国より「速く走る」のが最善の政策だ、という考え方を中心とした新たな総意がまとまったのである。「アメリカが特に半導体のようなひとつの製品を、ひとつの国、ましてや中国に依存するようになる可能性は、きわめて小さい」とアメリカのある専門家は予測した[10]。

アメリカは、中国のSMICに「認定エンドユーザ」という特殊な地位まで与えた。つまり、同社が中国軍に商品を販売していないというお墨付きを与え、同社を特定の輸出規制の対象外としたのだ[11]。

一握りの議員、主にまだ冷戦は終わっていないと言わんばかりに中国を敵視していた南部の共和党員たちを除けば、政府の大半がライバルより「速く走る」戦略を支持した[12]。

ライバルより「速く走る」というのは見事な戦略だったが、ひとつだけ問題があった。いくつかの重要な指標で見ると、アメリカはライバルより速く走るどころか、むしろ劣勢に回りつつあったのだ。政府内にわざわざ分析を試みる者は少なかったが、専門技術のオフショアリングに関するグローブの悲観的な予言は、部分的に実現しつつあった。

２００７年、国防総省は、元当局者のリチャード・ヴァン・アッタら数人に、半導体産業の「グローバル化」が米軍のサプライ・チェーンに及ぼす影響を評価するよう依頼した。ヴァン・アッタは、数十年間にわたって軍事用のマイクロエレクトロニクスの開発に取り組み、日本の半導体産業の栄枯盛衰を目の当たりにしてきた経験を持つ。決して過剰反応するような人物ではなかったし、多国籍のサプライ・チェーンが半導体産業の効率化に役立つということも重々理解していた。

平時であれば、このシステムはスムーズに機能していた。しかし、国防総省は最悪のシナリオを考慮する必要があった。先進的な製造の多くが海外に移転しつつあったため、近い将来、国防総省は最先端の半導体の入手を外国に依存するようになるだろう、とヴァン・アッタは報告した。

ところが、アメリカ一極時代への驕《おご》りからか、聞く耳を持つ者はほとんどいなかった。多くの政府関係者は、証拠を一瞥《いちべつ》すらせず、アメリカのほうが「速く走っている」と決めつけた。しかし、半導体産業の歴史を見れば、アメリカの覇権が保証されてなどいないことは明らかだ。

アメリカは１９９０年代に日本を追い越したとはいえ、１９８０年代には後れを取っていた。ＧＣＡはリソグラフィ分野でニコンやＡＳＭＬに追いつけなかった。東アジアのライバルと対等に渡り合えたＤＲＡＭメーカーはマイクロンだけで、アメリカのほかのＤＲＡＭメーカーの多くが破産の憂き目にあった。

２０００年代末にかけて、インテルは微細化したトランジスタの生産でサムスンやＴＳＭＣに対してリードを保っていたが、その差は年々縮まっていた。インテルのほうが遅く走っていたが、スタート地点が前方だったのでリードを保っているにすぎなかった。アメリカはほとんどの種類の半導体設計でリードしていたが、台湾のメディアテック（聯発科技）はほかの国でも半導体設計が可能であることを証明しつつあった。

ヴァン・アッタには、自信を抱く理由などほとんど見えなかったし、慢心する理由などひとつも見つからなかった。「アメリカのリーダーとしての地位は、今後10年間で深刻に損なわれるだろう」と彼は2007年に警告した。だが、彼の声は届かなかった。[13]

# 第VI部

# イノベーションは海外へ

# 第35章 工場を持つべきか

ロレックスの腕時計を着け、ロールス・ロイスを乗り回す乱闘好きなアドバンスト・マイクロ・デバイセズ（AMD）創設者、ジェリー・サンダースは、半導体製造工場を所有することを、家の水泳プールでペットのサメを飼うことによくたとえた。やたらと餌代はかかるし、飼うのに手間暇がかかる。下手をすれば殺されるかもしれない。[1]

それでも、彼にはひとつだけ胸に誓っていることがあった。絶対に工場は手放さない。イリノイ大学時代に電気工学を学んだとはいえ、彼は決して製造畑の男ではなかった。フェアチャイルドセミコンダクターの営業およびマーケティング部門で出世の階段を駆け上がり、会社一の派手で優秀なセールスマンとして名を知られるようになる。[2]

サンダースの専門は営業だったが、彼はTSMCなどのファウンドリが台頭し、大手半導体メーカーが製造業務をアジアのファウンドリに外部委託できるようになっても、AMDの製造工場を手放そうとは夢にも思わなかった。1980年代にDRAM市場のシェアをめぐって日本企業と、1990年代にPC市場をめぐってインテルと乱闘を繰り広げた彼は、今では工場を守り抜く戦いに身を投じていた。工場がAMDの成功にとって重要だという考えからだ。

しかし、そんなサンダースでさえ、工場を所有し、運営しながら利益を上げるのは、ますます難しくなっていると認めざるをえなかった。問題は単純だった。1世代、技術が進歩するたび、工場にかかる費用が膨らんでいくのだ。

モリス・チャンも数十年前に同様の結論にたどり着き、TSMCのビジネスモデルのほうが優れていると考えていた。TSMCのようなファウンドリは、多くの半導体設計会社からの受託によってチップを製造し、他の企業の追随を許さない巨大な生産量から、効率性を搾り出すことができた。

半導体産業のすべての部門が似たような流れに直面していたわけではないが、多くの部門はそうだった。2000年代になると、半導体産業を3つのカテゴリーに分類するのが一般的となった。「ロジック」とは、スマートフォン、コンピュータ、サーバを動かすプロセッサのこと。「メモリ」とは、コンピュータの動作に欠かせない一時的な記憶を提供するDRAMと、長期的にデータを記憶するフラッシュ(NANDとも呼ぶ)のこと。そして、3種類目のチップはもう少し幅広く、視覚信号や音声信号をデジタル・データに変換するセンサーなどのアナログ・チップ、携帯電話ネットワークと通信を行なう無線周波数チップ、機器の電力消費を制御する半導体などが含まれる。

この3種類目のチップは、性能の向上を主にムーアの法則に頼ってきたわけではない。巧みな設計のほうがトランジスタの微細化よりも重要な意味を持つからだ。今日、この種のチップの4分の3は、180ナノメートル以上のプロセッサ上につくられる。これは1990年代終盤に開拓された製造技術だ。[3] よって、この部門の経済性は、最先端を維持するために絶えずトランジスタを微細化し続けなければならないロジック・チップやメモリ・チップとはちがうのだ。

通常、この種のチップの製造工場は、数年おきに過去最小のトランジスタを開発すべく競争する必要がないので、大幅にコストを節約できる。平均すると、ロジック・チップやメモリ・チップの先進的な工場と比べ、4分の1の設備投資ですむといわれる。[4]

現在、世界最大手のアナログ・チップ・メーカーは、アメリカ、ヨーロッパ、日本の企業で占められている。[5] その生産もまた、大半がこの3つの地域で行なわれており、台湾や韓国にオフショアリングされているぶんはほんの一部にすぎない。

今日の最大のアナログ・チップ・メーカーであるテキサス・インスツルメンツは、PC、データ・センター、スマートフォンのエコシステムにおいて、インテルのような独占状態を築くのには失敗したが、アナログ・チップやセンサーを幅広く取り扱う高利益な中規模半導体メーカーとして今なお健在だ。ほかにも、ヨーロッパや日本のメーカーと並んで、オン・セミコンダクター、スカイワークス・ソリューションズ、アナログ・デバイセズといったアメリカ拠点のアナログ・チップ・メーカーが今でも数多く存在している。

対照的に、メモリ市場は、主に東アジアの少数の工場へと生産をオフショアリングするという絶え間ない流れに支配されてきた。DRAMとNANDという2種類の主要なメモリ・チップは、先進経済諸国に集中する多数の供給業者ではなく、ほんの数社のみが生産している。

1980年代のシリコンバレーと日本の激突を特徴づけた半導体であるDRAMチップの場合、先進的な工場の建設に200億ドルものコストがかかることがある。数十社のDRAMメーカーが割拠する時代もあったが、現在では主要メーカーは3社に絞られる。

1990年代終盤、不振にあえぐ日本企業数社が統合してエルピーダメモリという企業となり、アイダホ州のマイクロン、韓国のサムスンおよびSKハイニックスと真っ向からぶつかり合った。2000年代末を迎えるころには、この4社が市場の85％前後を支配していた。[6] しかし、エルピーダは生き残りに苦労し、2013年、マイクロンに買収されてしまう。[7]

こうして、DRAMの大半を韓国国内で生産するサムスンやハイニックスとはちがって、マイクロンはたび重なる買収の末に、アメリカだけでなく、日本、台湾、シンガポールにもDRAM工場を抱えることとなった。シンガポールなどの国々の政府補助金もまた、マイクロンが現地に生産能力を維持し、拡大していく一因となった。[8]

したがって、世界の3大DRAMメーカーのひとつはアメリカ企業であるとはいえ、DRAMの製造の大半は東アジアで行なわれているわけだ。

メモリ・チップのもうひとつの主な種類であるNANDの市場も、アジアが中心を占める。最大手のサムスンがNAND市場の35％を供給し、残りを韓国のハイニックス、日本のキオクシア、アメリカのマイクロンおよびウエスタンデジタルが分け合う。[9] 韓国企業は生産をほぼ韓国または中国のみで行なっているが、マイクロンやウエスタンデジタルはNANDの生産のほんの一部しかアメリカ国内で行なっておらず、残りはシンガポールや日本で行なっている。

DRAM同様、アメリカ企業はNANDの生産において大きな役割を果たしているのだが、アメリカ国内での製造の割合はかなり低いのが現状だ。

しかし、アメリカがメモリ・チップの生産量において二流の立場に甘んじているのは、決してここ最近のことではない。日本がDRAMの生産量で初めてアメリカを追い越した1980年代終盤からそうだった。近年見られる大きな変化は、アメリカ国内で生産されるロジック・チップの割合の急落だ。今日では、先進的なロジック・チップ工場を建設するのに200億ドルもの費用がかかる。だが、このような莫大な額の設備投資を行なう余裕のある会社は数少ない。

メモリ・チップの場合と同様、ある会社が生産するチップの数と、その歩留《ぶど》まり（実際に機能する良品の割合）には相関関係がある。スケール・メリットを踏まえると、先進的なロジック・チップを製造する会社の数が減少の一途をたどってきたのは、必然の成り行きといえるだろう。

インテルという特筆すべき例外を除いて、アメリカのロジック・チップ・メーカーの多くは、自前の工場の建設をあきらめ、製造を外部委託してきた。モトローラやナショナルセミコンダクターのようなほかの元大手は、破産や買収、市場シェアの縮小に見舞われ、工場《ファブ》を持たないファブレス企業に置き換わっていった。その多くは旧来の半導体メーカーから半導体設計者を雇いつつも、半導体の製造自体はTSMCなどのアジアのほかのファウンドリに外部委託するようになった。おかげで、ファブレス企業は、半導体製造に関する専門知識がなくても、半導体の設計という自社の得意分野に力を入れることができたのだ。

サンダースが創設したＡＭＤは、彼がＣＥＯでいるあいだは、ＰＣ向けプロセッサなどのロジック・チップの製造を続けた。そして、シリコンバレーの保守的なＣＥＯたちは、半導体の製造と設計を切り離せば不効率が生じる、と主張しつづけた。

しかし、これほど長いあいだ、半導体の設計と製造を一体化させてきたのは、ビジネス上の理由というよりはむしろ文化的な要因だった。サンダースは、ロバート・ノイスがフェアチャイルドの実験室で試行錯誤していた時代をまだ鮮明に覚えていた。ＡＭＤの製造機能を社内にとどめるべきだという彼の主張は、急速に時代遅れになりつつあった男臭さに基づいていたわけだ。

１９９０年代、あるジャーナリストから「真の男なら工場《ファブ》を持つ」という警句を耳にした彼は、そのフレーズを自分のものにした。「いいか、耳の穴をかっぽじって聞け」と彼はある産業会議で言い放った。「真の男なら工場を持つ[10]」

# 第36章 ファブレス革命

「真の男」なら工場《ファブ》を持つかもしれないが、シリコンバレーの新世代の半導体起業家たちはちがった。1980年代終盤以降、工場を持たないファブレス半導体メーカーの数は爆発的に急増してきた。半導体の設計は自社で行なうが、その製造は主にTSMCなどの企業に外部委託するという手法だ。

1984年、ゴードン・キャンベルとダド・バナタオが史上初のファブレス企業として広く考えられているチップス・アンド・テクノロジーズを創設したとき、自社で半導体を製造しないなんて「真の半導体メーカーとはいえない」と友人から言われたという。[1]

しかし、同社の設計するPC向けグラフィック・チップは人気を博し、一部の業界最大手の製品と競合するようになる。結局、同社は失速し、インテルに買収されたものの、工場を持たないファブレス・ビジネスモデルが機能しうることを証明した。必要なのは、優れたアイデアと、巨額の工場建設費と比べれば取るに足らない数百万ドルの開業資金だけだった。

コンピュータ・グラフィックスは、新興半導体メーカーにとって魅力的なニッチ市場として残った。PC向けマイクロプロセッサとは異なり、グラフィックスの分野では、インテルが事実上の独占を敷いていたわけではないからだ。

PCに必要なx86命令セットに関しては、インテルとAMDの2社が事実上独占していたので、IBMからコンパックまですべてのPCメーカーが、メイン・プロセッサにこの2社のチップを使うしかなかった。しかし、画面上に画像を描画《びょうが》するチップの市場は、ずっと競争が熾烈だった。ファウンドリの登場と起業コストの低下により、最高のグラフィック・チップの開発をめぐる競争は、もはやシリコンバレーのエリートたちの専売特許ではなくなったのだ。

そんななか、やがてグラフィック・チップ市場を支配することになる企業が現われる。その企業、エヌビディアは、パロアルトのおしゃれなコーヒーハウスではなく、サンホセの物騒な界隈《かいわい》にあるデニーズでささやかな産声《うぶごえ》を上げた。[2]

エヌビディアは、クリス・マラコウスキー、カーティス・プリエム、そして今なおCEOに君臨するジェンスン・ファン（黄仁勳）によって、1993年に創設された。プリエムはIBMでグラフィックスの計算方法に関する基礎的な研究を行なったのち、マラコウスキーとともにサン・マイクロシステムズで働いた。台湾で生まれ、幼くしてアメリカのケンタッキー州に移住したファンは、シリコンバレーのLSIという半導体メーカーで働いた。[3] 彼はエヌビディアのCEO、そして〝顔〟となり、常に暗色のジーンズ、黒のシャツ、黒革のジャケットを着て、まるでコンピューティングの未来を見通していると言わんばかりの、スティーブ・ジョブズのようなオーラを放っている。

エヌビディアの最初の顧客であるビデオ・ゲームやコンピュータ・ゲームのメーカーは、時代の最先端を行っているようには見えなかったが、それでも同社は、複雑な3次元画像の生成にこそグラフィックスの未来がある、と予測した。[4] ３次元画像を描き出すのに必要な計算量は膨大だったため、初期のＰＣは無味乾燥な2次元世界でできていた。

１９９０年代、マイクロソフト・オフィスが、画面の端に座ってユーザにアドバイスをするクリップ形のアニメ・キャラ「クリッパー」（オフィス・アシスタントのキャラクターの一種で、英語の名前はClippy）を導入すると、グラフィックスは飛躍的に前進したが、たびたびコンピュータがフリーズしてしまうのが玉に瑕《きず》だった。

エヌビディアは、３次元の画像処理ができるＧＰＵ（グラフィックス・プロセッシング・ユニット、画像処理装置）というチップを設計しただけでなく、ＧＰＵを取り巻くソフトウェアのエコシステムまで考案した。

リアルなグラフィックスを生成するには、画像内の全ピクセルに対して、たとえば陰影のようなピクセルの描画方法を指示する「シェーダー」と呼ばれるプログラムの使用が必要になる。このシェーダーは画像内の各ピクセルに対して適用され、計算としては比較的単純な部類に入るのだが、その計算を無数のピクセルに対して行なわなければならないという点が厄介だ。

エヌビディアのＧＰＵがすばやく画像を描画できるのは、インテルのマイクロプロセッサやほかの汎用ＣＰＵとはちがって、ピクセルの陰影処理《シェーディング》のような単純な計算を、多数同時に実行するよう構成されているからだ。

２００６年、高速並列計算がコンピュータ・グラフィックス以外の用途にも活用できると気づいたエヌビディアは、グラフィックスをいっさい参照することなく、ＧＰＵを標準的なプログラミング言語でプログラミングできるソフトウェア、ＣＵＤＡ《クーダ》を発表する。

エヌビディアは一流のグラフィック・チップを量産していたが、ジェンスン・ファンはこのソフトウェアの開発活動に惜しげなく投資を行なった。同社の２０１７年の推定によれば、少なくとも１００億ドルを投じて、グラフィックスの専門家だけでなくすべてのプログラマーがエヌビディアのチップを使えるようにしたのだ。[5]

彼はＣＵＤＡを無償で提供したが、このソフトウェアはエヌビディアのチップでしか機能しない。自社のチップをグラフィックス産業以外でも活用できるようにしたことで、エヌビディアは計算化学から天気予報まで、並列処理の広大な新市場を開拓した。[6]

しかし、当時の彼は、のちに並列処理の最大の用途となる分野に秘められた潜在性に、漠然としか気づいていなかった。それは人工知能分野である。

現在、ＴＳＭＣで主に製造されているエヌビディアのチップは、最先端のデータ・センターによく見られる。エヌビディアが自社工場を建設しなくてすんだのは幸いだ。起業の段階で、自社工場に必要な資金を調達するのはおそらく不可能だっただろう。デニーズで働く半導体設計者に数百万ドルを投資するだけでもそうとうなギャンブルだったが、当時の新工場の建設費である1億ドル以上を賭けるのは、どんなに冒険好きなシリコンバレーの投資家にとってさえ、無謀だったにちがいない。

おまけに、ジェリー・サンダースが言うように、工場を適切に運営するのはお金も時間もかかる。エヌビディアのように一流のチップを設計するだけでも十分にたいへんなのに、独自の製造工程まで管理しなければならないとなれば、ソフトウェアのエコシステムの構築に資金を注ぎ込むだけの資源や余力はなかっただろう。

しかし、特殊なロジック・チップの新たな用途を開拓したファブレス企業は、エヌビディアだけではなかった。１９７０年代初頭の学術会議で、マイクロプロセッサを高く掲げ、「これが未来だ！」と断言した通信理論の専門家、アーウィン・ジェイコブスは、いよいよその未来が到来したと思った。

当時の携帯電話は、まだ自動車のダッシュボードや床に取りつけられた巨大で黒々とした四角いプラスチックの物体といった感じだったが、ようやく第2世代（2G）の技術へと突入しようとしていた。携帯電話会社が合意を結ぼうとしていたのが、各社の電話どうしでの通信を可能にする技術的な標準だった。

大半の企業が求めていたのが「時分割《じぶんかつ》多元接続」と呼ばれるシステムで、複数の通話データを同一の無線周波数で送信する。別の通話に無音の瞬間があると、ある通話のデータがその無線周波数に割り当てられる。

ムーアの法則を今まで以上に強く信じていたジェイコブスは、さらに複雑な周波数ホッピングというシステムのほうが効率的に機能すると考えた。ある通話の周波数を一定に保つのではなく、通話データをさまざまな周波数間で切り替え、利用可能な周波数帯により多くの通話を詰め込むことを提案したのだ。

しかし、彼の提案するシステムは理論的には成り立っても、現実的には使い物にならないだろう、という意見が大半だった。音声の質は悪くなるし、通話は途切れがちになる。通話データを周波数間で切り替え、相手側の電話で解読できるようにするのに必要な処理の量は莫大に思えた。

しかし、ジェイコブスの意見はちがった。そこで、彼は自説を証明するため、「良質な通信（quality communications）」の略である「クアルコム（Qualcomm）」という企業を1985年に立ち上げ、いくつかの基地局からなる小規模なネットワークを構築した。すぐさま、業界全体が、クアルコムのシステムを使えば、既存の周波数帯に今までよりはるかに多くの通話データを詰め込めるようになると気づいた。必要なのは、ムーアの法則を頼りに、空中を飛び交う電波のすべてを漏れなく解読できるアルゴリズムを実行することだった。

2G以降の全世代の携帯電話技術において、クアルコムは無線周波数を通じてより多くのデータを送信する方法についての重要なアイデアを提案し続け、その不協和音のような信号を解読できる計算能力を持つ専用チップを販売していった。

クアルコムの特許はあまりに根本的なものなので、その特許を使わずに携帯電話をつくること自体が不可能だ。[7] クアルコムはたちまち新たな事業分野へと多角化を進め、携帯電話ネットワークと通信を行なう電話内のモデム・チップだけでなく、スマートフォンの中核的なシステムを実行するアプリケーション・プロセッサも設計し始めた。こうしたチップの設計は、どのひとつを取っても、数千万行のコードからなるエンジニアリングの偉業といっていい。[8]

こうして、クアルコムは、チップの販売や知的財産のライセンス供与を通じて数千億ドルの収益を上げてきた。それでも、クアルコムはチップの製造とはいっさい無縁だ。[9]設計はすべて自社で行なっているが、製造はサムスンやTSMCによって行なわれている。

半導体製造のオフショアリングを嘆くのは簡単だ。しかし、工場の建設に毎年数十億ドルの投資が必要だったとしたら、クアルコムのような企業は生き残れなかったかもしれない。ジェイコブスや同社の技術者たちは、無線周波数帯にデータを詰め込み、その信号の意味を解読するいっそう巧妙なチップを次々と考案していく魔術師だ。エヌビディアと同様、彼らが半導体製造の専門家になろうとしなくてすんだのは幸いだった。クアルコムは製造工場の開設を幾度となく検討したが、コストと複雑さに鑑《かんが》みてそのたびに却下した。

チップの製造を喜んで引き受けてくれるTSMCやサムスンといった企業のおかげで、クアルコムの技術者たちは、自分たちの最大の強みである周波数帯の制御や半導体の設計に専念することができたのだ。[10]

自社工場の建設に数十億ドルを費やさなくても、新しい半導体を設計することができるファブレス・モデルの恩恵を受けたアメリカの半導体メーカーは、ほかにも数多くあった。実際、製造を自社ではなくTSMCなどのファウンドリで行なう、ありとあらゆる新種のチップが登場した。

たとえば、用途に応じてプログラミングが可能なチップ、その名もフィールド・プログラマブル・ゲート・アレイ（FPGA）を開拓したのが、ザイリンクスやアルテラといった企業だ。両社とも、その最初期の時代から製造を外部委託していた。しかし、最大の変化は、単に新種のチップが登場したことではない。携帯電話、高度なグラフィックス、並列処理の登場により、ファブレス企業は、まったく新しい種類の計算を実現したのだ。

第37章

# モリス・チャンの大同盟

ジェリー・サンダースは絶対に工場を手放さないと気を吐いたが、ペンナイフとピンセットを持って半導体を設計し、一人前になった世代の技術者たちは、続々と表舞台を去ろうとしていた。代わりにやってきたのは、コンピュータ科学という新しい学問分野の教育を受けた人たちで、その多くは主に1980年代から1990年代にかけて登場した新たな半導体設計ソフトウェア・プログラムを通じてしか半導体を知らなかった。

シリコンバレーの多くの人々にとって、サンダースのロマンティックな工場愛は、彼の男臭い態度と同じくらい浮世離れして見えた。2000年代や2010年代にアメリカの半導体メーカーを引き継いだ新世代のCEOたちは、その多くが博士だけでなくMBAの言語も話し、四半期決算発表の際には、ウォール街のアナリストたちと気軽に資本支出や利益率についての会話を交わすほどだった。

ほぼどんな基準で見ても、この新世代の有能な経営幹部たちは、シリコンバレーを築いた化学者や物理学者たちよりもプロフェッショナルと呼ぶにふさわしかったが、過去の巨人たちと比べると味気なく見えないでもなかった。

時代は、夢のような技術への壮大な賭けから、組織的で職業化された、合理的な経営へ。一世一代のギャンブルは、計算ずくのリスク管理へと置き換わった。その過程で何かが失われたという感覚を抱かずにはいられなかった。

半導体産業の始祖たちのなかで、唯一現役だったのがモリス・チャンだ。彼は健康（少なくとも気分）によいからと言って、台湾にある自身の執務室でパイプを吸う日課をやめなかった。2000年代になると、そんな彼でさえ会社の後継計画を練るようになる。そして2005年、74歳になった彼は、TSMCの会長職は続けつつも、CEOの座を退いた。

あっという間に、実験室でジャック・キルビーと研究にふけったり、ロバート・ノイスとビールを飲んだりした記憶を持つ者は、ひとりもいなくなった。

半導体産業の番人が交代すると、半導体の設計と製造の分離は一気に進み、製造の大部分がオフショアリングされた。サンダースがAMDを去ってから5年後、同社はついに半導体の設計事業と製造事業を分割することを発表する。[1]

ウォール街は歓喜に沸いた。資本を食う工場を手放した新生AMDは、利益率が一気に向上するだろう。AMDはこれらの工場を分社化し、新会社を設立した。新会社はTSMCと同じように、AMDだけでなくほかの顧客からも半導体製造を受託するファウンドリとして事業を展開していくことになる。

この新たなファウンドリへの最大の投資会社として名乗りを上げたのが、アブダビ政府の投資部門であるムバダラ開発であった。それは、ハイテクよりも炭化水素で知られる国にとっては、意外な役回りだった。そこで、外国企業によるアメリカの戦略的資産の買収について評価する政府機関、対米外国投資委員会（CFIUS）が検討に乗り出したが、国家安全保障への影響はないと判断し、売却を認めた。

しかし、AMDの生産能力がたどったこの運命こそが、最終的に半導体産業を形づくり、最先端の半導体製造が海外で行なわれる決め手となる。

AMDの工場を継承したこの新会社、グローバルファウンドリーズが参入したのは、かつてないほど競争が熾烈で苛酷をきわめる業界だった。2000年代から2010年代初頭にかけて、ムーアの法則は前進を遂げ、最先端の半導体メーカーは、約2年ごとに、より先進的で新しい製造工程を導入するための巨額の投資を強いられた。スマートフォン、PC、サーバ向けのチップは、トランジスタの集積密度が増すにつれ、処理能力の増大と電力消費の低下を活かした新たな〝ノード〟〔半導体の製造技術の世代〕へと急速に移行していった。そのたびに、いっそう高額な半導体製造装置が必要になった。

長年、製造技術の世代はトランジスタのゲートの長さによって命名されてきた。ゲートとは、回路を開閉して電流をオンやオフに切り替えることができるシリコン・チップの一部分のことだ。

1999年に180ナノメートル・ノードが開拓されて以来、130ナノメートル、90ナノメートル、65ナノメートル、45ナノメートルと、世代を経るたびにトランジスタが微細化され、同じ面積に約2倍の数のトランジスタを詰め込めるようになっていった。トランジスタが小さければ小さいほど、内部を流れる電子の量が少なくてすむので、電力消費が抑えられた。

２０１０年代初頭ごろになると、トランジスタを平面的に微細化するのでは、これ以上集積密度を増すのは不可能になった。難題のひとつは、トランジスタがムーアの法則に従って微細化すると、チャネル（電流経路）の長さが狭まり、たとえスイッチがオフになっていても回路内に電流の〝漏れ《リーク》〟が生じてしまうという点だ〔これを短チャネル効果という〕。

これに加えて、各トランジスタを覆う二酸化ケイ素の膜があまりに薄くなったことで、古典物理学では乗り越えられないとされる障壁を飛び越えてしまう「トンネル効果」などの量子効果が、トランジスタの性能に深刻な影響を及ぼし始めた。２０００年代中盤になると、各トランジスタを覆う二酸化ケイ素の膜の厚みは原子数個分となり、シリコン上に存在するすべての電子に蓋をするには薄くなりすぎてしまった。

電子の動きをより効果的に制御するには、新たな材料やトランジスタ設計が必要だった。そこで、１９６０年代から使用されてきた2次元設計の代わりに、22ナノメートル・ノードではＦｉｎＦＥＴ《フィンフェット》と呼ばれる3次元トランジスタが新登場した。

回路のふたつの端子と、そのふたつを結ぶチャネルが、半導体のブロックの上に飛び出している姿は、クジラの背中から突き出したひれ《フィン》に形がよく似ている。この構造のおかげで、回路のふたつの端子を結ぶチャネルには、上側だけでなく両側からも電圧をかけられるようになり、電子の制御性が高まって、新世代の微細なトランジスタの性能を脅《おびや》かす電流の漏れという問題を克服できる。

このナノメートル規模の3次元構造は、ムーアの法則の継続にとってきわめて重要だったが、その製造は恐ろしいほど難しく、いっそう高精度な成膜、エッチング、リソグラフィが求められた。

この革命により、大手半導体メーカーのすべてがFinFETアーキテクチャへの切り替えを無事に実行できるのか、それともいずれかのメーカーが脱落してしまうのか、その先行きが不透明になったのだ。

２００９年にグローバルファウンドリーズが独立企業として創設されたとき、業界アナリストたちは同社が３次元トランジスタの開発競争を生き抜き、市場シェアを獲得できる見込みは十分にあると考えた。実際、ＴＳＭＣでさえ戦々恐々としていた、と同社の元経営幹部は認めている。[2]

グローバルファウンドリーズはドイツの巨大工場を引き継ぎ、ニューヨークには最先端の新工場を建設しようとしていた。また、ライバル企業とはちがい、最先端の生産機能をアジアではなく先進経済諸国に置こうとしていた。

同社はＩＢＭやサムスンと提携し、技術を共同開発していたので、顧客はグローバルファウンドリーズまたはサムスンのいずれかと気軽に半導体の製造契約を結ぶことができた。加えて、台湾の巨大企業であるＴＳＭＣはすでに世界のファウンドリ市場の半分近くを占めていたので、世のファブレス半導体設計会社は、ＴＳＭＣに代わる信頼できる競合企業が現われるのを待ち望んでいた。[3]

ＴＳＭＣの唯一の競合企業といえばサムスンで、生産能力でははるかに劣るとはいえ、ファウンドリ事業の技術ではＴＳＭＣにほぼ匹敵するといってよかった。しかし、事情が複雑だったのは、サムスンの事業には、自社設計の半導体の製造も含まれていた、という点だ。

ＴＳＭＣのような企業が、何十社という顧客をひたすら満足させるために半導体を製造しているのとはちがって、サムスンは独自のスマートフォンや家電製品を販売していたため、顧客の多くと事実上競合してしまっていた。そうした顧客企業は、サムスンのファウンドリと共有したアイデアが、同社の別の製品に転用されるのではないか、と心配した。しかし、TSMCやグローバルファウンドリーズには、そうした利害の対立はなかった。

グローバルファウンドリーズの創設と同時期に起きた半導体産業の激震は、FinFETトランジスタへの移行だけではない。TSMCが40ナノメートル・プロセスで深刻な製造の問題に直面すると、グローバルファウンドリーズに宿敵を出し抜く絶好のチャンスが巡ってきたのだ。[4]

さらに、2008年から2009年にかけて起きた金融危機が、半導体産業の秩序を掻き乱そうとしていた。消費者が電子機器の購入を控えると、テクノロジー企業も半導体の発注を控えた。突如として、半導体の購入が激減したのだ。まるでエレベータが空っぽの昇降路を急降下していくようだった、とTSMCのある経営幹部は振り返る。[5]半導体産業を破壊しうるものがあるとするなら、それは世界的な金融危機にちがいなかった。

しかし、チャンには、ファウンドリ事業の支配を明け渡す気など毛頭なかった。かつての同僚のキルビーが集積回路を発明してから、半導体産業の栄枯盛衰をくぐり抜けてきたチャンは、やまない雨などない、と信じていた。手を広げすぎた企業は廃業に追いやられ、不況時に粘り強く投資を続けた企業が市場シェアをたぐり寄せようとしていた。

加えて、彼は誰よりも早く、スマートフォンがコンピューティングに変革を巻き起こし、ひいては半導体産業を一変させるだろう、と気づいていた。メディアはフェイスブックのマーク・ザッカーバーグのようなテクノロジー業界の若き大物にばかりスポットライトを当てていたが、未来を見通す力では、御年77歳のチャンの右に出る者はほとんどいなかった。

彼は携帯機器の出現をPCに匹敵する巨大な変化の前触れととらえ、携帯機器が半導体産業にとっての「ゲーム・チェンジャー」になるだろう、と『フォーブス』誌に語った。こうして、彼は何がなんでも携帯事業で圧倒的なシェアを獲得すると誓うのである。[6]

チャンは、TSMCが技術面でライバル企業を出し抜くことは可能だと気づいた。なぜなら、TSMCは製品を設計する企業を顧客に抱える中立的な存在だからだ。彼はこの関係性をTSMCの「大同盟」と呼んだ。

つまり、半導体の設計、知的財産の販売、材料の生産、装置の製造に従事する何十社という企業どうしのパートナーシップだ。こうした企業の多くは競合し合っているが、どの企業もウェハーの製造は行なっていないので、TSMCとは競合しない。したがって、TSMCは企業のまとめ役となり、半導体産業に属する大半の企業が同意する標準づくりに取り組めるわけだ。

TSMCの工程との互換性はほとんどの企業にとって死活問題だったので、企業側に選択の余地などなかった。工場を持たないファブレス企業にとって、TSMCはもっとも競争力のある製造サービスの供給源だったし、装置メーカーや材料メーカーにとって、TSMCは最大の顧客であることが多かった。

スマートフォンが普及し、シリコンの需要が高まったとき、その中心に鎮座していたのはチャンだった。「TSMCは、全員のイノベーションを活かすことが重要だと理解している」と彼は宣言した。「われわれのイノベーション、装置メーカーのイノベーション、顧客のイノベーション、IPプロバイダ（半導体IP（設計資産）の設計を専門に行ない、それをメーカーに供給する企業）のイノベーション。それが大同盟の力だ」。大同盟の財務的な影響は計り知れなかった。「TSMCとその10大顧客の研究開発支出を合わせると、実にサムスンとインテルの合計を上回る」と彼は自慢した。

半導体産業内の残りの企業がTSMCを中心として団結するとなれば、半導体の設計と製造の一体化という旧来のモデルではとうてい太刀打ちなどできないだろう。[7]

TSMCが半導体世界の中心にとどまり続けるには、すべての大口顧客のために半導体を製造できるだけの生産能力が必要だった。しかし、そのためにはコストがかかる。

そこで、金融危機の最中、チャンがみずから指名した後継者のリック・ツァイ（蔡力行）は、ほとんどのCEOと同じ戦略をとった。レイオフによるコスト削減である。

しかし、チャンの考えはその真逆だった。同社の40ナノメートルの半導体製造を再び軌道に戻すには、人材と技術への投資が欠かせない。そして、スマートフォン・ビジネス、とりわけアップルのiPhoneビジネスをいっそう獲得していくには、半導体生産能力への大規模な投資がどうしても必要だった。実際、2007年のiPhone発売当初、アップルは主要な半導体をTSMCの天敵であるサムスンから調達していたのだ。

そういうわけで、チャンはツァイのコスト削減を負け犬戦略だと見ていた。「ほとんどといっていいほど投資は行なわれなかった」とのちにチャンはジャーナリストに語った。「私は常々、この会社はもっと投資できるはずなのに、と思っていた。だが、投資はいっこうに行なわれず、停滞するばかりだった」[8]

そこで、チャンは後継者のツァイを解雇し、再び直接TSMCの指揮をとった。[9] その日、同社の株価が下落する。彼が利益の保証されていないリスキーな支出計画に乗り出すのではないか――そんな不安が投資家たちのあいだに広がったためだ。

しかし、チャンは、真のリスクは現状維持にこそあると考えていた。金融危機のせいで、半導体産業のリーダーの座をめぐる競争からＴＳＭＣを脱落させるわけにはいかない。彼は半導体製造の分野で半世紀近く実績を積み重ねてきた。それは彼が１９５０年代中盤から磨き上げてきた評価だった。

そこで、金融危機の真っ只中に、彼は前ＣＥＯが解雇した労働者たちを呼び戻し、新たな生産能力や研究開発への投資を強化した。そして、金融危機と逆行するかのように、２００９年と２０１０年に何度か数十億ドル規模の設備投資の増額を断行したのである。

「生産能力が少なすぎるよりは、多すぎるほうがいい」と彼は断言した。[10] ファウンドリ事業に参入しようと思う者は、必然的に、急成長するスマートフォン向けチップ市場を全力で奪おうとしていたＴＳＭＣと真っ向からぶつかるはめになる。「われわれはスタート地点に立ったにすぎない」と彼は２０１２年に述べた。[11] それが50年以上、半導体産業の頂点に君臨してきた男の口から出た言葉だった。

# 第38章 アップルの半導体

ＴＳＭＣなどのファウンドリの隆盛から最大の恩恵を受けたのは、ほとんどの人が半導体を設計していることすら知らない企業だった。アップルである。しかし、スティーブ・ジョブズが築き上げたアップルは、ずっとハードウェア会社だったので、完璧なデバイスをつくろうとしている同社が、内部のシリコンをも支配したいと考えるのはごく自然なことだ。

アップルの最初期の時代から、スティーブ・ジョブズはソフトウェアとハードウェアの関係性について深く考えてきた。１９８０年、肩まで届かんばかりの長髪、上唇をびっしりと覆う口ひげを蓄えたジョブズは、ある講演で、「ソフトウェアとは何か？」と問いかけた。[1] 彼の答えはこうだった。「唯一、考えられるとすれば、ソフトウェアとは急速に変わっていくものだということ。あるいは、自分が何を求めているのかがまだわからないもの、ハードウェアに組み込む時間がなかったものだ」

ジョブズには、自分のアイデアをすべて初代iPhoneのハードウェアに組み込む時間がなかった。初代iPhoneはアップル独自のiOSオペレーティング・システムを採用していたが、半導体の設計と製造はサムスンに外部委託していた。

その革命的な新型携帯電話には、ほかにも数多くの半導体が搭載されていた。[2] インテル製のメモリ・チップ、ウォルフソン・マイクロエレクトロニクス設計のオーディオ・プロセッサ、携帯電話ネットワークとの接続に使われるドイツのインフィニオン・テクノロジーズ製のモデム、CSR設計のブルートゥース・チップ、スカイワークス製の信号増幅器……。すべて、他社の設計だ。

ジョブズは新型iPhoneをリリースするたびに、自身のスマートフォンのビジョンをアップル独自のシリコン・チップに刻み込んでいった。初代iPhoneの発売から1年後、アップルはエネルギー効率の高い処理に関する専門知識を持つシリコンバレーの小さな半導体設計会社、PAセミを買収する。たちまち、アップルは業界最高の半導体設計者たちを雇い始めた。

その2年後、アップルは独自のアプリケーション・プロセッサA4を設計し、新発売のiPadとiPhone4で採用したことを発表した。[3] スマートフォンを動かすプロセッサのような複雑なチップを設計するには、コストがかかる。だからこそ、低価格帯や中価格帯のスマートフォン・メーカーは、クアルコムなどの企業から既製のチップを購入するのだ。

しかし、アップルは研究開発や、シリコンバレーだけでなくバイエルンやイスラエルの半導体設計センターにも巨額の投資を行なってきた。そこでは、技術者たちが日夜最新の半導体を設計している。今では、アップルは自社の大半の機器に搭載されるメイン・プロセッサだけでなく、AirPods（アップルのワイヤレス・イヤホン」などのアクセサリを実行する付属のチップまで設計している。アップル製品がこれほどスムーズに機能するのは、こうした特殊なシリコン・チップへの投資の賜物なのだ。[4]

こうして、iPhone発売から4年足らずで、アップルはスマートフォンの販売による全世界の利益の6割以上を叩き出し、ノキアやブラックベリーといったライバルを駆逐《くちく》していった。その煽りを食らった東アジアのスマートフォン・メーカーは、利益率の低い格安携帯電話市場で競い合うよりなくなったのである。[5]

携帯電話革命を牽引したクアルコムなどの半導体メーカーと同じく、アップルもまた、ますます多くのシリコン・チップを自社で設計するようになったが、製造はいっさい行なっていない。アップルは、携帯電話、タブレット、その他の機器の組立を、中国の数十万人の組立ライン労働者に外部委託していることでよく知られる。

細かい部品をねじで留め、接着するのが彼らの仕事だ。[6] 中国の組立工場のエコシステムは、電子機器の製造においては世界最高といっていい。アップルのために中国でこれらの工場を運営しているフォックスコン（鴻海精密工業）やウィストロン（緯創資通）などの台湾企業には、携帯電話、PC、その他の電子機器を量産する唯一無二の技術がある。

東莞《とうかん》や鄭州《ていしゅう》といった中国の都市にある電子機器の組立工場は、世界一の効率を誇るが、替えがきかないわけではない。世界にはまだ、時給1ドルで喜んでiPhoneに部品を固定してくれる自給自足の農民が何億人といるのだ。実際、フォックスコンはアップル製品の大半の組立を中国で行なっているが、ベトナムやインドでも一部行なっている。[7]

しかし、組立ライン労働者とはちがって、スマートフォン内部のチップはほとんど替えがきかない。トランジスタが微細化するにつれ、その製造はどんどん難しくなり、最先端のチップを製造できる半導体メーカーの数は減少してきた。

２０１０年、アップル初のチップが発売された時点で、世界には最先端のファウンドリがかぞえるほどしかなかった。台湾のＴＳＭＣと、韓国のサムスン、そして市場シェアを獲得できるかどうかによっては、アメリカのグローバルファウンドリーズだ。トランジスタの微細化でいまだ世界の先頭を走っていたインテルは、他社の携帯電話向けプロセッサではなく、相変わらずＰＣやサーバ向けの独自のチップの製造に専念していた。ＳＭＩＣなどの中国のファウンドリは、必死で追いつこうとしていたが、まだ数年の後れを取っていた。

そのため、スマートフォンのサプライ・チェーンは、ＰＣのそれとはかなり様相が異なる。スマートフォンもＰＣも、主に中国で組み立てられ、付加価値の高い部品は主に米、欧、日、韓で設計される、という構図は共通している。ＰＣの場合、大半のプロセッサはインテル製で、アメリカ、アイルランド、イスラエルにある同社の工場のいずれかで生産される。

しかし、スマートフォンはちがう。スマートフォンはチップの宝庫だ。（アップルが自社設計する）メイン・プロセッサに加え、セルラー・ネットワークと接続するためのモデム・チップや無線周波数チップ、Ｗｉ－Ｆｉ接続やブルートゥース接続用のチップ、カメラ用のイメージ・センサー、最低2個のメモリ・チップ、（携帯電話が横向きになったときに感知するための）モーション・センサー・チップ、そしてバッテリー、オーディオ、ワイヤレス充電を制御する半導体。スマートフォンの製造に必要な材料の費用の大半を占めるのは、こうしたチップだ。

半導体の製造能力が台湾や韓国に移転すると、こうしたチップの生産能力も同じく移転した。スマートフォン内部の電子頭脳に当たるアプリケーション・プロセッサは、主に台湾や韓国で製造されたあと、中国へと送られ、最終的に携帯電話のプラスチック・ケースやガラス画面の内部へと組み立てられる。また、アップルのｉＰｈｏｎｅ向けプロセッサは台湾で独占的に製造されている。今では、アップルの求めるチップをつくる技術と生産能力を持つ企業は、ＴＳＭＣ以外にないのが現状だ。そう考えると、ｉＰｈｏｎｅの背面に刻まれている「Designed by Apple in California. Assembled in China（アップルによりカリフォルニアで設計。中国で組立）」の文字は、きわめてミスリーディングだと言わざるをえない。

確かに、ｉＰｈｏｎｅのもっとも貴重な部品はカリフォルニアで設計され、中国で組み立てられている。しかし、その製造は、台湾でしか行なえないのだ。

第39章

# EUVリソグラフィ

半導体部門で驚くほど複雑なサプライ・チェーンを抱える企業は、アップルだけではない。2010年代終盤の時点で、オランダのリソグラフィ装置メーカーのASMLは、極端紫外線（EUV）リソグラフィを機能させるべく、20年近く取り組んでいた。そのためには、最先端の部品、最高純度の金属、最強のレーザー、超精密なセンサーを求めて、世界中を探し回る必要があった。

EUVは、現代で最大の技術的なギャンブルだったといっても過言ではない。2012年、ASMLが実用的なEUVリソグラフィ装置を開発する数年前、同社が将来的な半導体製造能力に不可欠なEUVリソグラフィ装置の開発を続けられるよう、インテル、サムスン、TSMCの3社がそれぞれASMLに直接投資を行なった。インテル単体でも、2012年に40億ドルの投資をASMLに対して行なった。[1] これはインテル史上もっとも高額な賭けのひとつだったといっていい。アンディ・グローブの時代以降、インテルがEUVリソグラフィ技術に投じてきた何十億ドルという補助金や投資を継承するものだった。

EUVリソグラフィ装置の基本的な考え方自体は、インテルなどの半導体メーカーからなるコンソーシアムが、アメリカのいくつかの国立研究所に多額の資金を提供していた時代から、ほとんど変わっていない。このプロジェクトに参加したある科学者は、「解決不能な問題を解決するために際限なく資金が注ぎ込まれているように感じた」という。[2]

リソグラフィの概念自体は、ジェイ・ラスロップの上下逆さまの顕微鏡とそう変わらなかった。まず、「マスク」と呼ばれる板を使って光の一部を遮ることにより、光波のパターンをつくり出す。続いて、その光をシリコン・ウェハー上に塗布《とふ》されたフォトレジストという化学薬品へと投射する。その光がフォトレジストと反応することにより、思いどおりの形状で薄膜を形成したり除去したりすることが可能になる。こうして、実用に足るチップが完成するのだ。

ラスロップは、単純な可視光線とコダック製のフォトレジストを用いたが、より複雑なレンズや化学薬品を使うことで、やがて数百ナノメートル規模の微細な形状をシリコン・ウェハー上に焼きつけられるようになった。可視光線の波長自体は、色によって変わるが、数百ナノメートル程度なので、当然ながら、トランジスタがどんどん微細化するにつれて、いずれ限界に直面した。

その後、波長248ナノメートルや193ナノメートルといったさまざまな種類の紫外線が使われるようになる。これらの波長を使えば、可視光線よりは細密な形状を焼きつけられるのだが、それでもやはり限界があった。そこで希望を託されたのが、波長わずか13・5ナノメートルという極端紫外線(E

ＵＶ）だ。

しかし、ＥＵＶの使用に当たり、半ば解決不能な新しい難問が浮上した。ラスロップは顕微鏡、可視光線、コダック製のフォトレジストを用いたが、ＥＵＶリソグラフィ装置の主要部品はすべて特別につくる必要があった。ＥＵＶを放つ電球を買ってくればすむ、という話ではないからだ。

十分な量のＥＵＶを発生させるには、スズの小滴をレーザーで粉砕する必要がある。カリフォルニア大学サンディエゴ校卒のふたりのレーザー専門家が創設した企業、サイマーは、１９８０年代以降、リソグラフィ光源の分野で大きな役割を果たしてきた。

同社の技術者たちが発見した最善の方法とは、真空内を時速３２０キロメートル前後で移動する、１００万分の30メートルという大きさのスズの小滴を射出する、というものだった。次に、そのスズにレーザーを2回照射する。1回目で高温にしたあと、2回目で小滴を破壊して、太陽表面より桁違いに高い50万度という温度のプラズマを発生させるのだ。このスズを破壊するプロセスを1秒間当たり5万回繰り返すことで、やっと半導体の製造に必要な量のＥＵＶが得られるのだ。

ラスロップの開発したリソグラフィ工程が、光源として単純な電球を用いていたのと比べると、気が遠くなるほど複雑だ。

しかし、サイマーの光源がうまく機能したのは、十分な出力でスズ液滴を粉砕できる最新レーザーのおかげだ。そのためには、いまだかつてなく強力な炭酸ガス・レーザーが必要だった。

２００５年夏、サイマーのふたりの技術者が、ドイツの精密工作機械メーカーのトルンプに、そうしたレーザーを製造できないかと相談した。トルンプはすでに精密切削《せっさく》加工などの産業用の世界屈指の炭酸ガス・レーザーを開発していた。これらのレーザーは、ドイツ産業の最高の伝統のなかでも、機械加工分野の記念碑的偉業といってよかった。

炭酸ガス・レーザーの生み出すエネルギーの約8割は熱で、光は2割のみなので、熱をいかに除去するかが大きな課題となる。トルンプは過去に、1秒間に1000回転するファンを持つ送風機システムを開発していたが、物理的な軸受《じくうけ》を用いるにはあまりにも高速すぎた。代わりに、同社は磁石を使ってファンを浮上させることを思いついた。そうすれば、ほかの部品との摩擦によって装置の信頼性を損なうことなく、レーザー・システムから熱を吸い出すことができる。[3]

トルンプには、サイマーが求める精密性と信頼性を提供してきた評判と実績があった。しかし、出力は？　EUVを生成するためのレーザーは、同社が過去に開発してきたレーザーより大幅に強力でなければならなかった。おまけに、サイマーが求める精度は、トルンプにとって前例がないほど厳しかった。

そこで、トルンプは4つの構成要素からなるレーザーを提案した。低出力ながら、1秒あたり5万個のスズ液滴にレーザーを照射できるよう、各パルスの正確なタイミングを計る2体の〝シード〟レーザー。ビームの出力を増幅させる4体の共振器。スズ液滴が滴下されるチャンバー方向に30メートル以上ビームを輸送する超正確な「ビーム輸送システム」。そして、レーザーが1秒間に数万回、スズ液滴に直撃するようにする最終集束装置。[4]

どのステップにも新たなイノベーションが必要だった。レーザー・チャンバー内の特殊なガスは、密度を一定に保つ必要があった。また、スズ液滴自体が光を反射するので、レーザーの方向に反射してこのシステムを阻害する恐れがあった。それを防ぐため、特殊な光学的技術が必要になった。さらに、レーザーがチャンバーを抜けるための〝窓〟を設けるため、工業用ダイヤモンドが必要だったので、パートナー企業と協力して、超高純度ダイヤモンドを新たに開発する必要があった。

これらの課題を克服して、十分な出力と信頼性を持つレーザーを生成するまでに、10年という歳月がかかった。そして、1台当たり実に45万7329個もの構成部品を要したそうだ。[5]

スズを破壊し、は、十分な量のEUVを放出させる方法を発見したサイマーとトルンプにとって、次なるステップは、発生した光を集め、シリコン・チップの方向に向けるミラーを製造することだった。次なるステップ世界最先端の光学システムを製造するドイツの企業、カール・ツァイスは、パーキンエルマーやGCAの時代からリソグラフィ装置用のミラーやレンズをつくっていた。しかし、過去に使われた光学とEUVリソグラフィに必要な光学では、ラスロップの電球とサイマーのスズ液滴の破壊システムくらいの差があった。

ツァイスの直面した最大の難問は、EUVは反射しづらい、というものだった。波長13・5ナノメートルのEUVは、可視光線よりX線に近いため、X線と同様、多くの物質がEUVを反射せずに吸収してしまう。そこでツァイスが開発を始めたのが、それぞれの厚さが数ナノメートルのモリブデンとシリコンの薄膜を交互に100層コーティングしたミラーである。

ローレンス・リバモア国立研究所の研究者たちが、1998年の論文でこれをEUVに最適なミラーとして挙げていたのだが、実際にナノレベルの精度でつくるのは不可能に近かった。[6] 最終的にツァイスが完成させたミラーは、史上最高になめらかな物体と呼ぶにふさわしく、その不純物はほぼ検出不能というレベルの代物だった。

ツァイスによれば、EUVシステム用のミラーをドイツの国土面積まで拡大したとしても、その凹凸《おうとつ》は最大0・1ミリメートルしかないのだという。EUVの方向を精密に操るには、ミラーを完璧に静止させなければならず、レーザーを月面に置かれたゴルフボールに命中させられるくらい厳密な機構やセンサーが必要になるそうだ。[7]

2013年にASMLのEUV部門の責任者に就任したフリッツ・ファン・ハウトにとって、EUVリソグラフィ装置の最重要要素は、どれかひとつの部品ではなく、むしろ同社のサプライ・チェーン管理の技術だった。ファン・ハウトによれば、ASMLはまるで「機械のような」企業関係のネットワークを築き、ASMLの厳格な要件を満たすことのできる数千企業の見事に連携したシステムを生み出した。[8]

彼の推定では、ASML自身が製造していたのはEUVリソグラフィ装置の部品全体の15%にすぎず、残りは他社からの購入でまかなっていた。おかげで、世界でもっとも精密な商品を手に入れることができたが、それだけに絶え間ない監視の目が必要だった。

ASMLはEUVリソグラフィ装置の主要部品を唯一の供給元に頼らざるをえなかった。この問題に対処するため、ASMLは供給業者のそのまた供給業者まで掘り下げ、リスクを理解していった。特定の供給業者に投資という形で報いることもあり、たとえば2016年には、ツァイスに研究開発プロセスの資金として10億ドルを投資した。[9]

その一方で、ASMLはすべての供給業者に厳格な基準を守らせた。「下手なまねをすれば、遠慮なく買収させてもらう」とASMLのCEOのピーター・ウェニンクはある供給業者に告げたという。[10] それは冗談などではなかった。実際、ASMLは最終的にサイマーを含めたいくつかの供給業者を買収した。手元に置いておいたほうが管理しやすい、と結論づけたためだ。

そうして完成したのが、開発に数百億ドルと数十年を要した、何十万という部品からなる機械だ。最大の奇跡は、単にEUVリソグラフィが機能するということではなく、コスト効率よく半導体を生産し続けられるくらい安定して機能する、ということだ。究極の信頼性は、EUVリソグラフィ装置に搭載されるすべての部品にとって不可欠だった。

そこでASMLは、各部品の修理が必要になるまでの平均時間として、最低でも3万時間（約4年）という目標を設定していた。[11] 現実には、すべての部品が同時に故障するわけではないので、もっと頻繁に修理が必要になるだろう。EUVリソグラフィ装置は1台1億ドル以上するので、1時間稼働を停止しただけで、半導体メーカーは生産の低下という形で何千、何万ドルという損失をこうむるのだ。

EUVリソグラフィ装置がうまく機能しているひとつの理由は、ソフトウェアが機能しているからだ。たとえば、ASMLは予知保全アルゴリズムを用いて、故障が発生する前に、交換の必要な部品を予測している。また、計算機リソグラフィと呼ばれる工程用のソフトウェアを用いて、より正確にパターンをプリントしている。

さらに、光波とフォトレジストの反応に見られる原子レベルの予測不能性は、より長い波長を用いたリソグラフィではほとんど存在しなかった、EUVの新たな問題を生み出した。光の変則的な屈折方法に対して調整を行なうため、ASMLの装置は、最終的に半導体メーカーがチップ上に焼きつけたいのとは異なるパターンで光を投射する。たとえば、「X」とプリントしたければ、まったくXとはちがう形だが、光波がシリコン・ウェハーに当たったときに「X」になるようなパターンを用いる必要があるのだ[12]。

最終製品であるチップが、これほど安定して機能するのは、構成要素がたったひとつだけだからだ。それは、ほかの金属が乗ったシリコン結晶である。内部で動き回る電子を除けば、チップに可動部分はない。それでも、最先端の半導体の製造には、常に史上最高に複雑な装置が使われてきた。ASMLのEUVリソグラフィ装置は、量産された工作機械としては史上もっとも高額なものであり、あまりの複雑さゆえに、装置が寿命を迎えるまで現場に残るASMLの職員から徹底的な訓練を受けないかぎり、使いこなすことは不可能だ。

すべてのEUVスキャナには、側面にASMLのロゴが入っている。しかし、ASMLの真の専門技術とは、同社もすんなり認めているとおり、EUVリソグラフィの夢の実現に必要な能力を持つ光学専門家、ソフトウェア設計者、レーザー会社などの広大なネットワークをひとつにまとめ上げる能力にこそあるのだ。

晩年のグローブがそうだったように、製造のオフショアリングを嘆くのは簡単だ。リソグラフィやEUV技術の歴史を知っていれば、アメリカの国立研究所で開拓され、インテルが巨額の出資をした技術を、オランダ企業のASMLが商業化したという事実に、アメリカの経済ナショナリスト〔国家が関税や規制等を通じて自国の経済を優先的に保護すべきだと考える人々〕たちはまちがいなく腹を立てただろう。

しかし、ASMLのEUVリソグラフィ装置は主にオランダで組み立てられていたものの、実際には純粋なオランダ製とはいえなかった。重要な部品は、カリフォルニア州のサイマー、ドイツのツァイスやトルンプが供給していたし、これらのドイツ企業でさえ、アメリカ製の重要な装置に頼っていたからだ。[13]

要するに、この奇跡的な装置は、どこかひとつの国がつくったと胸を張って言えるようなものではなく、多くの国々の共同作品なのだ。数十万の部品からなる装置には、それだけ多くの親がいる、ということだ。

「成功すると思うかい？」。グローブは、ＥＵＶに初めて2億ドルを投資する前、ジョン・カラザースにそう訊いた。そして、30年にわたる数十億ドルの投資、一連の技術革新、世界一複雑なサプライ・チェーンの確立を経て、２０１０年代中盤、いよいよＡＳＭＬのＥＵＶリソグラフィ装置を世界最先端の半導体工場に導入する準備が整った。

第40章

# 7ナノメートル・プロセス

2015年、アンソニー・イェンは、ASMLが開発している最新の極端紫外線（EUV）リソグラフィ装置が成功しなければどうなるか、とたずねられた。彼はこの25年間、リソグラフィの最前線で働いてきた。1991年、マサチューセッツ工科大学（MIT）を出て新卒でテキサス・インスツルメンツに入社した彼は、GCAが破産前に製造した最後のリソグラフィ装置のひとつをいじったことがあった。その後、1990年代終盤にTSMCへと入社する。ちょうど、波長193ナノメートルの光を生み出す深紫外線リソグラフィ装置が稼働を始めたころだった。

それから20年近く、半導体産業はそうした装置を使って、ますます微細なトランジスタを製造してきた。そのために、光を純水や複数のマスクを通して照射するなどの光学的トリックを用いて、波長193ナノメートルの光波でそれよりずっと微細なパターンを形成していた。こうしたトリックのおかげでムーアの法則は生き長らえ、１９９０年代終盤の１８０ナノメートル・ノードから、２０１０年代中盤に量産の準備が整った3次元のＦｉｎＦＥＴ《フィンフェット》チップの初期段階にいたるまで、トランジスタは微細化の一途をたどってきたのである。

ところが、波長１９３ナノメートルの光でより微細なパターンを描くための光学的トリックは数が限られていて、新たな解決策を実行するたび、余分な時間とコストがかかる始末だった。２０１０年代中盤になると、もういくつかの改良をひねり出すこともできなくはなかったものの、ムーアの法則を継続するには、より微細なパターンを描くのに適したリソグラフィ装置が必要になった。

唯一の希望が、遅れに遅れを重ねていたＥＵＶリソグラフィ装置だった。１９９０年代初頭から開発が続けられてきたＥＵＶリソグラフィ装置が、ようやく商業規模で利用できる段階に入っていた。ほかにどんな代案があるというのだろう？「プランＢなどない」とイェンは確信していた。[1]

半導体業界の誰よりも本気でＥＵＶに賭けた男が、ＴＳＭＣのモリス・チャンだ。しかし、同社のリソグラフィ・チームでは、ＥＵＶリソグラフィ装置に半導体の量産体制が整ったのかどうかをめぐり、意見が二分《にぶん》していた。

そんななか、ＥＵＶこそが前進の唯一の道だと確信していたのが、シャンイー・ジャン（蒋尚義）だった。彼はＴＳＭＣの研究開発活動の先頭に立つ柔和《にゅうわ》な技術者で、同社の一流の製造技術は彼にあり、といわれる人物だった。重慶《じゅうけい》出身の彼は、チャンと同じく、第二次世界大戦中に一家で日本軍から逃れ、台湾で育った。その後、スタンフォード大学で電気工学を学び、テキサス州のテキサス・インスツルメンツ、のちにシリコンバレーのＨＰに入社する。

突然、TSMCから巨額の契約金とともに仕事のオファーを受けると、1997年に台湾へと戻り、同社の成長に力を貸した。2006年、彼はカリフォルニアで余生を過ごそうとしたのだが、TSMCが2009年に40ナノメートル・プロセスでつまずくと、業《ごう》を煮やしたチャンがジャンを再び台湾に呼び戻す。夕食の牛肉麵をとりながら、もういちど研究開発責任者の職に復帰してほしいと頼み込んだ。台湾だけでなく、テキサス、カリフォルニアでも働いた経験を持つジャンは、TSMCを突き動かしていた野心と労働意欲にいつも感銘を受けていた。その野心は世界一の技術を実現するというチャンのビジョンに駆られたもので、巨額の投資も惜しまず、TSMCの研究開発チームを1997年の120人から2013年の7000人まで拡大してきた彼の熱意にありありと見て取れた。

このハングリー精神は会社全体に浸透していた。「台湾人のほうがずっとがむしゃらに働いていた」とジャンは説明する。最先端の工場のコストの大部分は製造装置が占めていたので、装置を稼働させ続けることは収益性に直結する。ジャンいわく、アメリカでは、午前1時に何かが故障したら、技術者が翌朝までに修理するのがふつうだが、TSMCでは午前2時までに直っているのだという。「台湾人は不平不満を言わない。配偶者も」[2]。ジャンが再び研究開発の陣頭指揮をとると、TSMCはEUVリソグラフィの実現に向かって猛進していった。徹夜で働いてくれる従業員を見つけるのはわけもなかった。彼は同社最大の工場のひとつである「Fab12」のど真ん中に、テスト用の3台のEUVスキャナをつくるよう依頼し、ASMLとの提携を通じて、EUVリソグラフィ装置のテストと改良に惜しみなく資金を投じていった[3]。

TSMC、サムスン、インテルと同様、グローバルファウンドリーズもまた、独自の7ナノメートル・

ノードの実現に向けてＥＵＶリソグラフィの採用を検討していた。創設当初から、同社は成長こそが繁栄の条件だとわかっていた。ＡＭＤの工場を引き継いだとはいえ、ライバル企業に比べればはるかにちっぽけだったグローバルファウンドリーズは、成長を促すため、シンガポールを拠点とするファウンドリ、チャータード・セミコンダクターを２０１０年に買収する。[4]

数年後の２０１４年には、ＩＢＭのマイクロエレクトロニクス事業を買収し、ＡＭＤと同じ理由で工場を手放すと決めたＩＢＭのために半導体の製造を約束した。ＩＢＭの経営幹部たちはかつて、コンピューティング分野のエコシステムについて、共通のイメージを抱いていた。半導体がいちばん下にあり、その他のコンピューティング分野を背負っている、上下逆さまのピラミッドのようなイメージだ。[5]過去に、ＩＢＭが半導体事業の成長に欠かせない役割を果たしたのは確かだが、現在の経営陣は、半導体の製造はもはや割に合わない、と結論づけたのだ。

数十億ドルを新たな先進工場の建設に投じるべきか？　それとも利益率の高いソフトウェアに投じるべきか？　二者択一を迫られたＩＢＭは、後者を選び、半導体部門をグローバルファウンドリーズに売却した。[6]

２０１５年には、これらの買収のおかげで、グローバルファウンドリーズはアメリカでずば抜けて最大のファウンドリ、そして世界でも有数のファウンドリへと成長していたが、ＴＳＭＣと比べればまだ取るに足らない存在だった。

グローバルファウンドリーズと台湾のＵＭＣ（聯華電子）はそれぞれファウンドリ市場のおよそ10％ずつのシェアを獲得し、世界第2位のファウンドリの座をめぐって競い合っていたが、[7]ＴＳＭＣは世界のファウンドリ市場の50％以上を占めていた。

サムスンは2015年時点でファウンドリ市場の5％しか占めていなかったが、量産されていた自社設計の半導体（メモリ・チップ、スマートフォン向けプロセッサ・チップなど）を含めれば、どこよりも多くのウェハーを生産していた。

業界標準である「千枚／月」という単位を使うなら、TSMCの生産能力が1800、サムスンが2500だったが、グローバルファウンドリーズはわずか700にとどまった[8]〔それぞれ、月間180万枚、250万枚、70万枚という意味になる〕。

導入の時期や方法に関する戦略はまちまちだったとはいえ、TSMC、インテル、サムスンがEUVリソグラフィを取り入れるのはまちがいなかった。しかし、グローバルファウンドリーズにはそこまでの確信がなかった。同社は28ナノメートル・プロセスの開発でつまずいていて、遅れのリスクを抑えるため、14ナノメートル・プロセスを自社で開発する代わりに、サムスンからライセンスを取得することを決めた[9]。この決断は、同社の研究開発活動に対する自信のなさの表われといってよかった。

2018年になると、グローバルファウンドリーズはいくつかのEUVリソグラフィ装置の購入を終え、同社の最先端の工場「Fab8」への導入を控えていたが、その矢先、経営陣が開発の停止を命ずる。ここへ来て、EUVプログラムが中止されようとしていた[10]。

結局、グローバルファウンドリーズは最先端のノードの生産を断念し、EUVリソグラフィに基づく7ナノメートル・プロセスの開発をあきらめた。開発にはすでに15億ドルを投資していたし、稼働開始まで持っていくには、それに匹敵する追加支出が必要だっただろう。

ＴＳＭＣ、インテル、サムスンには、サイコロを振り、ＥＵＶリソグラフィの成功に賭けるだけの財政基盤があったが、中規模のファウンドリでしかなかったグローバルファウンドリーズは、７ナノメートル・プロセスは財務的に持続可能ではない、と判断したのだ。

結局、同社はこれ以上のトランジスタの微細化を追求しないことを発表し、研究開発費を３分の１削減して、数年続いた赤字をあっという間に黒字へと転換させた。

最先端のプロセッサ製造は、コストの面で世界最大の半導体メーカー以外の手に負えるものではなかった。グローバルファウンドリーズを所有するペルシア湾の王族たちの潤沢な資金でさえ、底なしではなかったのだ。こうして、最先端のロジック・チップを製造できる企業の数は、４社から３社に減った。

# 第41章 イノベーションを忘れたインテル

少なくとも、アメリカはインテルを当てにできた。同社は半導体産業においてすでに無類の地位を築いていた。アンディ・グローブが２０１６年に死去、90代を迎えたゴードン・ムーアがハワイに隠居するなど、かつての経営陣が表舞台を去って久しかったとはいえ、ＤＲＡＭを商業化し、マイクロプロセッサを発明した同社の名声はいまだ色褪せていなかった。

インテルほど、革新的な半導体設計と圧倒的な製造能力を組み合わせてきた実績を持つ企業など存在しない。実際、インテルのx86アーキテクチャは、ＰＣやデータ・センターにとっての業界標準であり続けた。ほとんどの人がＰＣを所有するようになり、ＰＣ市場は一時の勢いを失っていたが、ＰＣは相変わらずインテルにとって、研究開発に再投資できる年間数十億ドルという巨額の利益を生み出す金脈だった。

2010年代を通じて、インテルは研究開発に年間100億ドル以上を費やした。この額はTSMCの4倍、DARPAの予算全体の3倍だ。これ以上の額を投資した企業は、世界にかぞえるほどしかない。

半導体産業がEUV時代に突入したとき、インテルはまたもや牙城《がじょう》を築くように見えた。1990年代初頭、グローブが初めてEUVリソグラフィ技術に2億ドルを投じた甲斐あり、インテルはEUVリソグラフィ技術の出現に欠かせない役割を果たした。そして、数十億ドルという投資合戦（うちかなりの割合をインテルが占めた）の末、ASMLがとうとうEUVリソグラフィ技術を実現した。ところが、このトランジスタ微細化の新たな時代を活かす代わりに、インテルはそれまで築いてきたリードをムダにし、人工知能（AI）に必要な半導体アーキテクチャの巨大な変化を見逃してしまった。その結果、製造工程を台無しにし、ムーアの法則に置いていかれてしまったのだ。

確かに、インテルはいまだに巨額の利益を上げているし、アメリカ最大にして最先端の半導体メーカーであることに変わりはない。しかし、インテルの未来は、グローブが1980年代にメモリを放棄し、マイクロプロセッサに全霊を捧げると決断して以降のどの時期よりも、深い霧に包まれている。インテルがこの先5年間でリーダーの地位を取り戻せるチャンスもあるが、消滅してしまう可能性も同じくらいある。生死がかかっているのは、ひとつの企業だけではない。アメリカの半導体製造産業の未来もそうだ。インテルが消滅すれば、最先端のプロセッサを製造できるアメリカ企業はひとつもなくなるだろう。そして、台湾と韓国以外の工場も。

インテルは、シリコンバレーでは異色の企業として2010年代に突入した。ロジック・チップ市場に参入したアメリカの最大手企業は、インテルの天敵であるＡＭＤも含め、その大半が製造工場を売却して設計に専念した。しかし、インテルは１社で半導体の設計と製造の両方を行なう垂直統合モデルにあくまでこだわった。それが今でも半導体を量産する最善の方法だと経営陣は考えたのだ。

インテルの設計工程と製造工程は互いに対して最適化されている、と上層部は主張した。対照的に、ＴＳＭＣは、ＡＭＤのサーバ向けチップであれクアルコムのスマートフォン向けプロセッサであれ同じく機能する、汎用的な製造工程を取り入れた。いや、そうする以外の道がなかったのだ。

垂直統合モデルに一定のメリットがあるというインテルの見方は正しかったが、少なからずデメリットもあった。多くの企業のために半導体を製造しているＴＳＭＣは、今では年間でインテルの３倍近い数のシリコン・ウェハーを製造しているため、製造工程を改善する機会がより豊富にある。[1]

さらに、インテルが半導体設計専門の新興企業《スタートアップ》を脅威とみなしたのに対し、ＴＳＭＣは製造サービスの潜在顧客ととらえた。また、ＴＳＭＣの価値命題はただひとつ、効果的な製造だけだったので、上層部はいっそう先進的な半導体を低コストでつくることにひたすら専念できた。

一方、インテルの上層部は、半導体の設計と製造の二兎《にと》を追う形となり、結局、一兎も得られずに終わってしまった。

インテルが直面した最初の問題が、人工知能だった。２０１０年代初頭になると、同社の中核市場であるＰＣ向けマイクロプロセッサの供給が失速していた。今日では、ゲーマーを除けば、最新モデルが発売されたからといって大喜びでＰＣをアップグレードするユーザは少ない。おまけに、ＰＣ内部のプロセッサの種類について深く考える人などほとんどいない。

一方、インテルのもうひとつの主力市場であるデータ・センター・サーバ向けのプロセッサ販売は、２０１０年代に急成長した。アマゾン・ウェブ・サービス、マイクロソフト・アジュール、グーグル・クラウドなどは、〝クラウド〟の実現に必要な計算能力を提供する広大なデータ・センターのネットワークを築いた。私たちがオンラインで利用するデータの大半は、こうした企業のデータ・センターのいずれかで処理されるが、各センターはインテル製チップで埋め尽くされている。

ところが、２０１０年代初頭、ちょうどインテルがデータ・センターの征服を成し遂げたころ、処理の需要に変化が生じ始める。その新たな潮流というのが、人工知能である。人工知能は、インテルのメイン・チップで対処するのには不向きな課題だった。

１９８０年代以降、インテルはＣＰＵ（中央処理装置）と呼ばれる種類のチップを専門に扱ってきた。ＰＣのマイクロプロセッサはその一例だ。これらのチップは、コンピュータやデータ・センターの〝頭脳〟として働く。

いわば、ウェブ・ブラウザを開くのにも、マイクロソフト・エクセルを実行するのにも使える便利屋的存在である。多種多様な計算を実行できるところが、万能たるゆえんなのだが、その計算をひとつずつ逐次《ちくじ》的に行なうことしかできないのが欠点だ。

どんなＡＩアルゴリズムであれ、汎用ＣＰＵ上で実行することも可能なのだが、ＡＩに必要な規模の計算をＣＰＵで行なうとなると、法外なコストがかかってしまう。実際、単一ＡＩモデルの訓練に必要なコスト（使用されるチップと消費電力）は、数百万ドルに達することもある。[2]

たとえば、ネコを認識できるようコンピュータを訓練するには、ネコやイヌの写真を大量に見せ、ふたつの区別を学習させなければならない。アルゴリズムに見せなければならない動物が多くなればなるほど、必要なトランジスタの数も増えるのだ。

ＡＩでは、毎回別のデータを使った計算の繰り返しが必要になることも多いので、ＡＩアルゴリズム向けにチップをカスタマイズする方法を見つけることは、経済的な面で非常に重要だ。ほとんどの企業のアルゴリズムが実行されるデータ・センターを運営する、アマゾンやマイクロソフトなどの大手クラウド・コンピューティング会社は、チップやサーバの購入に年間数百億ドルを費やしている。また、データ・センターの電気代も莫大だ。

したがって、チップから少しでも効率性を搾り出すことは、企業に〝クラウド〟上のスペースを販売する競争を生き抜くうえでの必須条件なのだ。ＡＩ向けに最適化されたチップは、インテルの汎用ＣＰＵと比べて高速で動作し、データ・センターの占有スペースが少なく、消費電力を抑えられるという特長がある。

すると、２０１０年代初頭、グラフィック・チップの設計会社であるエヌビディアが、ある噂を聞きつける。スタンフォード大学の博士課程の学生たちが、同社の画像処理装置（ＧＰＵ）をグラフィックス以外の用途に応用しているというのだ。

ＧＰＵは、インテル製やＡＭＤ製の標準的なＣＰＵとは別の方法で機能するよう設計されていた。どこまでも柔軟でありながら、すべての計算をひとつずつ順番に実行することしかできないＣＰＵとは対照的に、ＧＰＵは同一の計算を複数同時に実行できるよう設計されている。この種の「並列処理」には、コンピュータ・ゲームの画素《ピクセル》の制御以外にも、いろいろな用途があることがたちまち明らかになった。

そのひとつが、ＡＩシステムの効率的な訓練だ。

ＣＰＵがアルゴリズムに大量のデータをひとつずつ順番に供給するところを、ＧＰＵなら複数のデータを同時に処理できる。ネコ画像の認識方法の学習を例に取るなら、ＣＰＵが画素をひとつずつ順番に処理していくのに対し、ＧＰＵは多数の画素をいっぺんに〝見る〟ことができる。おかげで、コンピュータにネコの認識方法を訓練するのに必要な時間が、劇的に減少したというわけだ。

以来、エヌビディアは人工知能に未来を託してきた。創設直後から、エヌビディアは製造を主にＴＳＭＣへと外部委託し、新世代のＧＰＵの設計にひたすら専念した。そして、エヌビディアのチップで動くプログラムの開発を容易にするＣＵＤＡ《クーダ》という特殊なプログラミング言語に、定期的な改良を続けてきた。

データ・センターにはいっそう多くのＧＰＵが必要になる、という投資家の予測に押されて、エヌビディアはアメリカでもっとも時価総額の高い半導体メーカーへとのぼり詰めたのだ。[3]

しかし、エヌビディアの上昇は保証されているわけではない。グーグル、アマゾン、マイクロソフト、フェイスブック、テンセント（騰訊）、アリババ（阿里巴巴）などのクラウド大手は、エヌビディアのチップを購入するだけでは飽き足らず、人工知能や機械学習を中心とした処理のニーズに特化した、独自のチップを設計し始めている。

たとえば、グーグルは、同社の「テンソルフロー」というソフトウェア・ライブラリで使用するために最適化された、テンソル処理装置（ＴＰＵ）と呼ばれる独自のチップを設計してきた。アイオワにあるグーグルのデータ・センターのもっともシンプルなＴＰＵは、月額３０００ドルで使用できるが、より強力なTPUとなると、月額10万ドルを超えるものもある。[4] クラウドと聞くと、形のないぼんやりしたものをイメージしがちだが、私たちのすべてのデータが息づいているシリコンは非常にリアルなものであり、おまけに恐ろしく高額だ。

次なる覇者がエヌビディアになるのか、その他のクラウド大手になるのか、それはわからないが、データ・センター向けプロセッサの販売におけるインテルの事実上の独占は、終焉《しゅうえん》を迎えつつあるといっていい。インテルが新たな市場を見出していれば、独占的な地位を失ってもさほどの痛手にはならなかっただろう。

しかし、インテルは2010年代中盤にファウンドリ事業へと進出し、TSMCに真っ向勝負を挑んだものの、返り討ちに遭った。インテルは半導体の設計と製造の両方を手がける垂直統合モデルが、経営陣が主張するほど成功していないという事実を内々で認め、半導体製造サービスを求めているすべての顧客に製造ラインを開放しようとした。

インテルには、先進技術や量産能力など、ファウンドリ分野の主役になるための原材料がすべて揃っていたのだが、成功には大きな社風の転換が必要だった。TSMCは知的財産に関してオープンだったが、インテルは閉鎖的で、秘密主義の傾向があった。TSMCはサービス精神があったが、インテルは顧客を自分たちのルールに従わせようとした。TSMCはチップの設計をいっさい行なっていなかったので、顧客と競合することはなかったが、インテルはほとんどの企業と競合するチップを自社設計する半導体産業の王者だった。

2013年から2018年までインテルCEOを務めたブライアン・クルザニッチは、「この数年間、私は基本的にファウンドリ事業を手がけてきた」と公に述べ、それを「戦略的に重要」な活動だと表現した。[5]しかし、顧客たちの目にはそう映らなかった。ファウンドリ事業の顧客を第一に考えているようには思えなかったからだ。

インテル社内でも、ファウンドリ事業は優先事項の扱いではなかった。いまだに高い利益を叩き出していたPCやデータ・センター向けのチップの製造事業と比べると、新たなファウンドリ事業には社内の支持がほとんど集まらなかったという。[6]

その結果、インテルのファウンドリ事業は、2010年代に大口顧客を1社獲得するにとどまり、その企業も数年後には廃業した。[7]

2018年に創設50周年を迎えるインテルに、崩壊が忍び寄っていた。市場シェアの縮小。気力を削ぐお役所主義。いっこうに進まないイノベーション。とどめの一撃は、製造工程の改善計画にたび重なる遅れが生じ、ムーアの法則に乗り損ねたことだ。

その状況は今も是正できずにいる。2015年以降、インテルが10ナノメートルと7ナノメートルの製造工程の遅れを繰り返し発表しているあいだに、TSMCとサムスンの背中は見えなくなった。

インテルは、どこがどうまずかったのかをほとんど説明していない。[8]この5年間、〝一時的〟な製造の遅れを発表するばかりで、その技術的な詳細は従業員の機密保持契約によって、ベールに包まれている。インテルの問題の多くはEUVリソグラフィ装置の導入の遅れに由来する、という見方が業界内では一般的だ。[9]皮肉なことに、2020年時点で、インテルが出資し、培ってきたEUVリソグラフィ装置の半数は、TSMCに設置されていた。[10]対照的に、インテルは製造工程にやっとEUVを使い始めたばかりだった。

2010年代の終わりを迎え、最先端のプロセッサを製造できる企業は、TSMCとサムスンの2社に絞られた。そして、アメリカから見れば、この2社はまったく同じ理由で問題があった。立地である。今や、全世界の最先端のプロセッサの生産が台湾と韓国で行なわれるようになっていた。その両国の対岸には、アメリカの新たな戦略的ライバルがいた。その名は中華人民共和国だ。

# 第VII部

# 中国の挑戦

# 第42章 中国指導部の方針転換

「サイバーセキュリティなくして国家安全保障なし」と中国共産党総書記の習近平は2014年に宣言した。「情報化なくして現代化なし」[1]。中国建国直後に共産党幹部を務めた父を持つ彼は、大学で工学を学んだあと、相手に応じて自分自身を演じ分けるカメレオンのような変わり身の早さで、中国政界の出世の階段を駆け上がっていった。

中国の愛国主義者たちに対しては、「中国の夢《チャイニーズ・ドリーム》」（習近平がアメリカン・ドリームとかけて提唱したスローガン）計画を通じて国家の若返りと大国の地位を期待させた。企業に対しては、経済改革を誓った。そして、一部の外国人に対しては、隠れ民主主義者の顔をちらつかせた。事実、『ザ・ニューヨーカー』誌は、習近平が権力を握った直後、彼のことを「中国が真の政治改革に着手しなければならないことを理解している指導者」と評した[2]。

ひとつだけ確かなのは、彼が持つ政治家としての才能だった。彼の本心は、ぎゅっと結ばれた両唇とつくり笑顔の奥に隠された。

そのつくり笑顔の後ろにあったのは、習近平が実権を握ってきた10年間、彼の政策を突き動かしてきたそこはかとない不安だった。最大のリスクはデジタル世界にある、と彼は考えていた。習近平自身のデジタル安全保障に関しては、恐れるものはないに等しい、と大半の観測筋は見ていた。

実際、中国指導部には、無数の検閲官を雇ってオンラインの会話を取り締まる、世界一効果的なインターネットの規制システムがあった。[3]中国のファイアウォール〔中国全土を覆うインターネット検閲システム「グレート・ファイアウォール（金盾）」のこと。万里の長城《グレート・ウォール》とかけている〕は、インターネットの広大な領域に市民がアクセスできないようにし、インターネットが世界に自由をもたらす政治的原動力になる、という欧米の予測を完全に裏切った。

彼はインターネットが民主主義の価値観を広めるという欧米の信念を嘲笑するくらいに、オンラインで強気の態度を貫いた。グーグルやフェイスブックのような、世界でもっとも人気のあるウェブサイトの多くが中国では禁止されているという事実を棚に上げ、「インターネットは世界を地球村に変えた」と宣言する始末だ。[4]

しかし、彼が心に思い描いていたのは、インターネット黎明《れいめい》期の夢想家たちとは別の種類のグローバル・ネットワークだった。それは、中国政府が権力を誇示するために使えるネットワークである。「われわれは世界に飛び出し、インターネットによる国際的な交流や協力を深め、〝一帯一路《いったいいちろ》〟の構築に積極的に参与していかなければならない」と彼は別の場で述べた。一帯一路とは、道路や橋だけでなく、ネットワーク機器や検閲ツールも含めた中国製のインフラへと世界を取り込むための計画のことだ。

中国以上に、デジタル世界を権威主義的な目的で活用することに成功した国はこれまで存在しない。中国はアメリカのテクノロジー大手をうまく手なずけてきた。グーグルやフェイスブックは禁止され、バイドゥ（百度）やテンセント（騰訊）といった、アメリカのライバルと技術的にほぼ互角の国内企業で置き換えられた。アップルやマイクロソフトなど、中国市場へのアクセスを勝ち取ったアメリカのテクノロジー企業も、中国政府の検閲活動への協力に同意してやっと参入を認められた。

ほかのどの国よりもはるかに、中国はインターネットを指導者たちの願望に服従させてきたといえる。外国のインターネット企業やソフトウェア企業は、共産党が望む検閲規則に同意するか、さもなくば巨大な市場へのアクセスを失うかの選択を迫られた。

ではなぜ、習近平はデジタル安全保障に不安を抱いたのか？　中国指導部が自国の技術力を分析すればするほど、国内のインターネット企業が頼りなく見えてきたのだ。中国のデジタル世界は、主に輸入された半導体によって処理・格納される1と0の数字に基づいて動いている。しかし、中国のテクノロジー大手は、外国製（主にアメリカ製）のチップが満載のデータ・センターに依存しているのが実情だ。

2013年、エドワード・スノーデン〔アメリカ国家安全保障局（NSA）が世界規模で行なっていた通信傍受や監視活動の証拠を暴露した元NSAおよびCIA局員〕がロシアに逃亡する前に暴露した文書は、中国政府のサイバー探偵たちでさえ驚くアメリカのネットワーク傍受能力を証明した。中国企業はシリコンバレーの専門知識を取り入れ、電子商取引、オンライン検索、デジタル決済用のソフトウェアを構築していたが、そうしたソフトウェアはすべて外国製のハードウェアに頼っている。

コンピューティングを下支えする中核技術という点では、中国は驚くほど外国製品に依存している。その多くがシリコンバレーで設計され、大半がアメリカかその同盟国を拠点とする会社で製造されているのだ。

習近平は、そのことが看過《かんか》できないリスクをもたらすと考えた。「どれだけ巨大だろうと、どれだけ時価総額が高かろうと、中核的な要素を外国に依存しているインターネット企業は、サプライ・チェーンの〝重要な門〟を他者に握られているも同然だ」と彼は2016年に述べた。[5]

彼をそこまで不安にさせている中核技術とは？　ひとつがソフトウェア製品のマイクロソフト・ウィンドウズだ。ウィンドウズと競合する中国製オペレーティング・システムの開発活動が繰り返されてきたにもかかわらず、ウィンドウズはいまだ中国国内の大半のPCで使われている。

しかし、彼の頭のなかでそれ以上に重要なのが、中国のコンピュータ、スマートフォン、データ・センターを動かすチップである。「マイクロソフトのウィンドウズ・オペレーティング・システムは、インテル製チップとしか組み合わせられない」という彼の指摘は、まさにそのとおりだ。[6]つまり、中国のコンピュータの大半は、機能するのにアメリカ製のチップが不可欠なのだ。[7]実際、2000年代と2010年代の大半の時期を通じて、中国は半導体の輸入に石油以上の資金を費やした。[8]高性能なチップは、中国の経済成長の燃料として、炭化水素と同じくらい重要な意味を持った。しかし、石油とはちがって、チップの供給は中国の地政学的なライバルによって独占されている。

大半の外国人は、中国がそこまで神経質になる理由がいまひとつ飲み込めずにいた。中国は数千億ドルという価値を持つ巨大なテクノロジー企業の数々を築いたのではなかったか？　新聞を見れば、中国が世界最先端の技術大国のひとつであるという見出しが飛び交っていた。人工知能（ＡＩ）に関しては、グーグル中国元社長のカイフー・リー（李開復）の議論を呼んだ著書『ＡＩ世界秩序――米中が支配する「雇用なき未来」』によれば、中国は世界のふたつのＡＩ大国のうちのひとつだった。中国政府は監視技術を最大限に活用し、この21世紀にＡＩと権威主義を融合してみせた。[9]

しかし、中国の反体制派や少数民族を追跡するその監視システムでさえ、インテルやエヌビディアといったアメリカ企業のチップに依存している。[10] つまり、中国の最重要技術はすべて、輸入シリコンという名の砂上《さじょう》の楼閣《ろうかく》の上に成り立っているといっていい。

パラノイアでなくとも、中国指導部が国内で半導体を増産しようと考えるのは当然の成り行きだった。重要なのは、サプライ・チェーンの脆弱性を回避することだけではなかった。近隣諸国と同様、中国もまた、指導部のいう「中核技術」、つまり他国がそれなしではやっていけない製品を生産してこそ、より価値のあるビジネスを獲得できるのだ。

そうしなければ、中国はｉＰｈｏｎｅで生じたような低利益なパターンから抜け出せなくなる恐れがある。事実、何百万人という中国人がｉＰｈｏｎｅの組立にかかわっているが、ｉＰｈｏｎｅが最終的な利用者に販売される際、分け前の大半を受け取るのはアップルだ。そして、残りの大部分が、内部のチップのメーカー同士で分配されることになる。

中国指導部の頭を悩ます最大の疑問とは、いかにして世界が垂涎《すいぜん》するようなチップの生産へと方向転換するかだ。日本、台湾、韓国は、半導体産業の複雑で付加価値の高い部門への参入を目指したとき、第一に、政府による投資を取りまとめただけでなく、民間銀行に融資を促し、半導体産業へと大量の資本を注ぎ込んだ。第二に、アメリカの大学で教育を受け、シリコンバレーで働いた経験を持つ科学者や技術者を自国に呼び寄せようとした。第三に、外国企業と提携するだけでなく、その条件として技術の移転や現地労働者の訓練を求めた。第四に、外国企業を競い合わせ、シリコンバレー企業同士の競争、そしてのちには日米企業の競争から最大の利得を図った。

台湾の有力な大臣である李國鼎《りこくてい》は、ＴＳＭＣを創設するとき、「ぜひ台湾で半導体産業を振興したい」とモリス・チャンに告げた。[11] 習近平が同じことを思ったとして、どこが驚きだろう？

第43章

# 半導体の自給自足

2017年1月、ドナルド・トランプのアメリカ合衆国大統領就任式の3日前、スイスのスキー・リゾート地のダボスで開催された世界経済フォーラムで、習近平は舞台に上がると、中国の経済ビジョンの概略を説明し始めた。彼が「イノベーション主導のダイナミックな成長モデル」を通じた「ウィン・ウィンの結果」を約束すると、聴衆席のCEOや億万長者たちが儀礼上の拍手を送った。「貿易戦争に勝者はいない」と彼は宣言した。[1] それは次期アメリカ大統領に対するあからさまな当てこすりだった。

3日後のワシントンで、トランプは驚くほど好戦的な就任演説を行ない、「アメリカの製品をつくり、アメリカの企業から盗み、アメリカの仕事を破壊している国々」を非難した。自由貿易を支持するどころか、彼は「保護主義こそが偉大なる繁栄と強さにつながる」とまで言い切った。[2]

習近平のスピーチは、世界のリーダーたちが財界の大物たちを前にして言うお約束のリップサービスだったが、トランプの当選やイギリスのＥＵ離脱といったポピュリズムの衝撃的な台頭から、形だけでも開放経済やグローバル化を守る姿勢を見せた彼を、メディアは絶賛した。「習のほうがアメリカ次期大統領よりも大統領の風格がある」と評論家のイアン・ブレマーはツイートした。[3]「習近平、グローバル化を力強く擁護」と『フィナンシャル・タイムズ』紙は見出しを打った。[4]「ポピュリストの反乱のさなか、世界のリーダーたちがダボスでグローバル化への希望を見出す」と『ワシントン・ポスト』紙は宣言した。[5]「国際社会は中国に目を向けている」と世界経済フォーラム会長のクラウス・シュワブは説明した。[6]

しかし、ダボス・デビューの数カ月前、北京で開催された「サイバーセキュリティと情報化」に関するカンファレンスで、習は中国のテクノロジー業界の重鎮や共産党指導者たちに向け、まったく異なるトーンのスピーチをしていた。ファーウェイ（華為技術）創設者の任正非、アリババ（阿里巴巴）ＣＥＯのジャック・マー（馬雲）、著名な人民解放軍の研究者たち、中国の大半のエリート政治家たちを聴衆に迎え、彼は「中核技術においてなるべく迅速に躍進を遂げる」ことに専念すべきだと説いた。

特に、「中核技術」とは半導体を意味していた。彼は貿易戦争を呼びかけたわけではないが、かといって彼のビジョンは貿易講和と呼べるようなものでもなかった。「われわれは強力な連携を促し、一致団結して戦略的な要衝に攻撃を加えなければならない。中核技術の研究開発という要塞を襲撃する必要があるのだ。そして、われわれはその攻撃を開始するのみならず、招集を呼びかけて、最強の部隊に集中的な行動を促し、特別旅団や特殊部隊を構成してその要衝に猛攻を加えなければならない」[7]

つまり、経済政策に戦争の比喩を織り交ぜるのが好きな世界のリーダーは、ドナルド・トランプだけではなかったのだ。半導体産業は、世界第二の経済と、その経済を牛耳る一党独裁国家の組織的な攻撃に直面していた。

中国指導部は、市場と軍というふたつの手法を織り交ぜ、国内で先進的な半導体の開発に取り組んだ。習は政敵たちを次々と収監し、毛沢東以来もっとも有力な中国の指導者へとのし上がったが、中国に対する彼の支配は絶対的とは程遠かった。

反体制派を閉じ込め、オンライン上のもっとも遠回しな批判をも検閲する力を持っていたとはいえ、彼の経済政策の多くの面は、産業の再編から金融市場の改革まで、現状維持を望む共産党の官僚や地方の役人たちに足を引っ張られ、夢半ばの状態だった。[8] 政府から気に食わない命令を受け取った役人たちは、わざともたついて実行を遅らせることもあった。

しかし、習の軍事的な言い回しは、単にだらけた官僚たちに奮起を促すための戦術ではなかった。年を追うごとに、中国の技術的地位の不安定性はいっそう色濃くなっていった。

実際、中国の半導体の輸入量は年々増加し、半導体産業は中国にとって不都合な形で変化していった。「投資の規模が急上昇し、いくつかの支配的企業への市場シェアの集中が加速している」と中国国務院はある技術政策報告書で指摘した。[9]

その支配的企業、特にＴＳＭＣとサムスンは、非常に替えがききづらい。それなのに、「クラウド・コンピューティング、モノのインターネット、ビッグ・データ」の影響で半導体の需要が「爆発的に急増」している、と中国指導部は気づいた。危険な傾向だった。半導体の重要性はますます増しているのに、最先端の半導体の設計と製造は、一握りの企業によって独占されている――それも、中国国外の企業に。

中国の抱える問題は、半導体の製造だけではない。半導体の製造工程のほとんどのステップにおいて、中国は外国の技術に驚くほど依存しており、さらにその技術は台湾、日本、韓国、アメリカといった中国の地政学的なライバルが支配している。

半導体の設計に使われるソフトウェア・ツールはアメリカ企業が独占しており、ジョージタウン大学の安全保障・先端技術研究センターの学者たちが集計したデータによると、世界的なソフトウェア・ツール市場における中国のシェアは1％に満たなかった。[10] IP（知的財産）コア（集積回路を構成する部分的な機能ブロックのことで、これをもとに多くの半導体が設計される）の分野では、中国の市場シェアは2％にとどまり、大半をアメリカまたはイギリスが占める。中国は世界のシリコン・ウェハーやその他の半導体材料の4％しか供給していない。半導体製造装置の市場シェアは1％、半導体設計の市場シェアは5％、そして半導体製造の市場シェアは7％にすぎない。しかも、その製造能力に、付加価値の高い最先端の技術はいっさい含まれていない。

ジョージタウン大学の研究者たちによれば、半導体のサプライ・チェーン全体にわたり、半導体設計、IP、装置、製造、その他の工程の影響を総計すると、中国企業の市場シェアは6％で、アメリカの39％、韓国の16％、台湾の12％に遠く及ばない。

中国製の半導体は、その大半が別の国でも製造できる。しかし、先進的なロジック・チップ、メモリ・チップ、アナログ・チップに関していえば、中国はアメリカのソフトウェアや設計、アメリカ、オランダ、日本の装置、韓国や台湾の製造にまるまる依存している。これでは、習近平が不安になるのもうなずける。

中国のテクノロジー企業がクラウド・コンピューティング、自動運転車、人工知能といった分野に深く進出するにつれ、半導体の需要が高まるのは目に見えていた。現代のデータ・センターの役馬《えきば》であるx86サーバ・チップは、相変わらずＡＭＤやインテルによって独占されている。商業的に競争力のあるＧＰＵを生産する中国企業はなく、中国はこれらのチップに関してもエヌビディアやＡＭＤに依存している。[11] 中国政府の提灯《ちょうちん》持ちたちが約束するとおり、そして政府が期待するとおり、中国がＡＩ大国に近づけば近づくほど、外国製チップへの依存度は高まっていくだろう。

そのような事態を防ぐには、半導体の設計と製造を自国でまかなう方法を見つけるしかない。「特別旅団や特殊部隊を構成してその要衝に猛攻を加えよ」という習近平の呼びかけは、いつになく緊急性が高まっているように思えた。そこで、中国政府が打ち出したのが、「中国製造《メイド・イン・チャイナ》２０２５」計画である。中国の半導体輸入率を２０１５年の85％から２０２５年には30％まで減らす構想だ。[12]

当然ながら、中国建国以来、半導体産業の確立は中国の指導者たちの悲願だった。労働者の全員が自分でトランジスタをつくれるようにする、という毛沢東の文化大革命の夢は、惨憺《さんたん》たる失敗に終わった。その数十年後、中国指導部はＳＭＩＣを創設し、「神の愛を中国人に分け与える」ため、リチャード・チャンを雇った。彼はそれだけの能力を持つファウンドリを築いたが、利益を上げるのに苦労し、ＴＳＭＣとの一連の血みどろの知的財産訴訟に見舞われた。

結局、リチャード・チャンは追放され、民間投資家たちは中国国家に取って代わられた。[13] ２０１５年になると、中国工業情報化部の元高官がＳＭＩＣの会長となり、同社と中国政府の関係がいっそう強化される。それでも、同社は製造能力でTSMCに大きく後れを取り続けた。

とはいえ、SMICは、中国の製造産業においては比較的成功したほうだ。中国のもうふたつのファウンドリ、ホワ・ホンとグレースは、ほとんど市場シェアを獲得できずじまいだった。その大きな要因は、国営企業や地方自治体がビジネス上の意思決定に絶えず干渉してきたことにある。

ある中国のファウンドリの元CEOの説明によると、どの省長も自分の省に半導体製造工場をつくりたがり、補助金と遠回しな脅迫を織り交ぜて工場を建設させていたのだという。その結果、中国のファウンドリは、全国に小さな工場が非効率的に点在する状況となった。[14]

外国人たちは中国の半導体産業に莫大な潜在性があると思っていたが、そのためにはお粗末な企業統治や業務プロセスをなんとかして修正することが必須条件だった。「中国企業が〝よし、合弁事業を行なおう〟と言ったら、〝よし、お金をどぶに捨てよう〟と同じ意味に聞こえた」とヨーロッパの半導体産業のある経営幹部は説明した。[15] そうして生まれた合弁事業は、たいてい政府の補助金頼りになっており、めったに有意義な新技術を生み出すことはなかった。

中国の2000年代の補助金戦略は、最先端の半導体産業を国内に築くのに失敗したが、だからといって何もせず、外国製の半導体に依存し続けるのは、政治的に許されなかった。そこで、早くも2014年に、中国政府は半導体産業への補助金を強化し、半導体分野の新たな躍進を支える通称「大基金《ビッグ・ファンド》」計画に着手した。

大基金への主な〝投資家〟としては、中国財政部、国営の国家開発銀行、そして中国烟草〔中国の国営たばこメーカー〕や北京市、上海市、武漢《ぶかん》市の投資事業体を含めたさまざまな政府所有の企業が名を連ねた。[16]

これを国家的支援による新型〝ベンチャー・キャピタル〟モデルともてはやすアナリストもいたが、中国国営のたばこ会社に集積回路への出資を強要するのは、シリコンバレーのベンチャー・キャピタルの運営モデルとは似ても似つかなかった。[17]

とはいえ、国内の半導体産業に資金の注入が必要だという中国政府の結論自体は正しかった。大基金が開始された2014年当時、最先端の工場の建設には100億ドルをゆうに超える費用がかかった。これに対して、SMICの報告した収益は、2010年代を通じて年間数十億ドル程度で、TSMCの1割にも満たなかった。

これでは、民間の出資だけでTSMCの投資計画をまねるのは不可能だろう。そんなギャンブルができるのは政府くらいのものだ。[18] 中国が半導体産業への補助金や〝投資〟に費やした額は、支出の大部分が地方自治体や不透明な国営銀行によって行なわれているため、計算が難しいが、数百億ドル単位になるとの考えが一般的だ。

しかし、中国の足かせになったのが、シリコンバレーとの関係を築くのではなく、逆に断ち切りたいという政府の願望だった。日本、韓国、オランダ、台湾は、アメリカの半導体産業と深く結びつくことで、半導体製造工程の重要なステップを支配した。台湾のファウンドリ産業が成長したのはアメリカのファブレス企業のおかげだし、ASMLの最先端のリソグラフィ装置が機能するのは同社のサンディエゴ支社で生産される特殊な光源のおかげだ。ときどき貿易をめぐる緊張はあるにせよ、これらの国々は利害や世界観を共有している。

したがって、半導体の設計、装置、製造サービスにおいて互いに依存し合うのは、生産のグローバル化が与えてくれる効率性を手にするための合理的な代償とみなされたのだ。

この世界規模のエコシステムのなかで、中国がより大きな役割を果たすことだけを願っていたら、その野望はきっと叶っただろう。しかし、中国は、アメリカやその友好国が支配するシステムのなかで、より高い地位を得ることを目指していたわけではない。「要塞を襲撃」せよ、という習近平の呼びかけが求めていたのは、市場シェアを少しだけ高めることではなかった。世界の半導体産業と統合するのではなく、それを根底からつくり替えることだったのだ。

中国の経済政策の立案者や半導体産業の企業幹部たちのなかには、より深い統合戦略を望む声もあっただろうが、効率性よりも安全保障を重視していた中国指導部は、相互依存を脅威とみなした。つまり、中国製造2025計画は経済統合を掲げたのではなく、むしろその逆だ。中国の半導体輸入への依存を減らすよう呼びかけたのだ。その最大の目標は、中国で使用される外国製チップの割合を削減することにある。[19]

この経済ビジョンは、貿易の流れや世界経済を一変させる恐れがあった。香港にフェアチャイルドセミコンダクター初の工場が完成して以来、半導体貿易はグローバル化を後押ししてきた。半導体サプライ・チェーンの再編という中国のビジョンが及ぼしうる金銭的影響は甚大だった。中国の半導体輸入額は、習近平がダボス・デビューを果たした2017年には2600億ドルで、サウジアラビアの石油輸出額やドイツの自動車輸出額をはるかに上回っていた。中国は毎年、全世界の航空機の貿易額を上回る額を半導体の購入に費やしている。半導体ほど、国際貿易において重要な位置を占める製品はない。

危機に瀕していたのはシリコンバレーの利益だけではない。半導体の自給自足に向けた中国の努力が成功すれば、大半が経済を輸出に頼る近隣諸国はいっそう苦しむだろう。集積回路が2017年の輸出額に占める割合を見てみると、韓国が15％、シンガポールが17％、マレーシアが17％、フィリピンが21％、台湾が36％だった。中国製造2025はそのすべてに疑問を呈したわけだ。危機に瀕していたのは、世界一濃密なサプライ・チェーンや貿易の流れのネットワークであり、過去半世紀にわたってアジアの経済成長や政治的安定を下支えしてきたエレクトロニクス産業だった。

もちろん、中国製造2025は計画にすぎなかった。政府が大失敗する計画を立てることは決して珍しくない。実際、最先端の半導体製造の促進という点では、中国の成績は決して褒められたものではなかった。それでも、巨額の政府補助金、国家ぐるみの企業秘密の窃取、世界で2番目に大きい消費者市場へのアクセスをエサにして外国企業を中国のルールに従わせる能力、という中国の3つの武器は、半導体産業の未来を形づくる無類の力を中国政府に与えた。

これほど野心的な貿易の流れの転換を成し遂げられる国があるとすれば、それは中国以外になかった。近隣諸国の多くは、中国政府なら成功するかもしれないと思った。実際、台湾のテクノロジー産業は、いわゆる「紅色供應鏈《レッド・サプライ・チェーン》」（赤は共産主義の象徴。台湾から見た中国本土のこと）について心配し始めた。それまで台湾の支配していた付加価値の高い電子部品分野へと、強引に割り込んでくる本土の企業を指す言葉だ。[20] 半導体が次の標的になることは目に見えていた。

「中核技術の研究開発という要塞を襲撃」せよ、という中国政府や中国企業への習近平の号令は、欧米諸国に大きな影響を及ぼす前に、東アジア中に轟《とどろ》いた。保護貿易を訴えたドナルド・トランプの宣言は、何百万件というリツイートを集めたが、中国政府には、壮大な計画、強力な武器、そして経済力や技術力で世界をあっと言わせてきた40年にわたる実績があった。

この半導体産業の自給自足のビジョンは、グローバル化に激震を与え、世界一貴重で広く取引される商品の生産を一変させる可能性を秘めていた。２０１７年のダボスで習のスピーチを聞いていた人々のなかに、彼の空虚な台詞《せりふ》の奥に潜むリスクに気づく者はいなかった。しかし、トランプのようなポピュリストでさえ、あれほど過激な世界経済の再編が起こるとは、想像すらしていなかった。

# 第44章 サーバ向けチップを攻略せよ

「人口13億人の中国ほどの国なら、ＩＴ産業を求めるのは当然でしょう」とＩＢＭのＣＥＯのジニー・ロメッティは２０１５年の中国開発フォーラムで聴衆に語った。それは中国政府が北京で主催する毎年恒例のイベントだった。「それを脅威と感じる企業もあるでしょうが、われわれは絶好のチャンスだととらえています」[1]

アメリカのテクノロジー企業のなかで、ＩＢＭ以上にアメリカ政府と親密な関係にある企業はなかった。１世紀近く、ＩＢＭはアメリカでもっとも機密性の高い国家安全保障向けの先進的なコンピュータ・システムを開発していたし、職員は国防総省《ペンタゴン》やアメリカの情報機関の高官たちと深い個人的関係にあった。

そういうわけで、エドワード・スノーデンがアメリカの対外諜報活動に関する文書を盗み出して暴露し、モスクワに逃亡した際、ＩＢＭにアメリカのサイバー探偵たちと共謀した疑いがかけられたのも、意外ではなかった。[2]

スノーデンの暴露後、中国企業がサーバやネットワーク機器を別の場所に求めるようになると、中国におけるＩＢＭの売上高が２割減少した。ＩＢＭの最高財務責任者のマーティン・シュローターは投資家たちに向け、「中国は非常に大きな経済改革を遂げようとしている」と語った。それは、中国政府がＩＢＭの販売を制限し、同社を罰していることを雄弁に言い換えたものだ。[3]

そこで、ロメッティは半導体技術の提供という形で中国政府に和解を持ちかけることを決め、２０１４年以降に訪中を繰り返し、李克強《りこっきょう》首相、王安順《おうあんじゅん》北京市長、そして個人的に中国の半導体産業の振興に取り組んでいた馬凱《ばがい》副首相といった、中国の錚々《そうそう》たる高官たちと面会した。[4]

ロイター通信の報道によれば、ロメッティの訪中の目的は、「現地のパートナーシップ、将来的な協力、情報の安全性に関するＩＢＭの献身的な取り組みを強調すること」にある、とＩＢＭはメディアに語ったという。[5] 中国国営の新華社通信は、ロメッティが持参した手土産について、さらに明け透けに述べ、ロメッティと馬が「集積回路の開発協力の強化」について話し合ったと報じた。[6]

半導体の自給自足に意欲を燃やす中国政府にとって、重点分野はサーバ向けチップだった。２０１０年代中盤の状況は、エヌビディアのＧＰＵが市場シェアを獲得し始めていたとはいえ、主にｘ86命令セット・アーキテクチャに基づくチップに頼っているという意味では今日とよく似ていた。ｘ86チップの生産に必要なＩＰ（知的財産）を持つ企業は、アメリカのインテルとＡＭＤ、台湾のＶＩＡテクノロジーズ（威盛電子）という小企業の３社だけだったが、事実上、市場を独占していたのはインテルだ。

ＩＢＭの「パワー」というチップ・アーキテクチャは、かつて企業のサーバで大活躍していたが、2010年代に入って失速していた。研究者のなかには、携帯機器で人気のＡｒｍアーキテクチャが未来のデータ・センターで一旗揚げると考える者もいたが、当時、Ａｒｍベースのチップはサーバ市場のシェアをほとんど獲得できていなかった。[7]

アーキテクチャがなんであれ、中国には競争力のあるデータ・センター向けチップを国内で生産する能力はないに等しかったといっていい。中国政府はこの技術を手に入れるため、アメリカ企業に強権を振るい、中国のパートナー企業に技術を移転するよう圧力をかけた。

サーバ向けの半導体販売を独占していたインテルには、データ・センター向けプロセッサをめぐって中国政府と取引するインセンティブがないに等しかった（ただし、インテルの立場が弱かった携帯電話向けチップやＮＡＮＤメモリ・チップの市場では、中国国家の支援する企業や地方自治体と個別に取引を行なっていたが）。しかし、インテルにデータ・センター市場のシェアを明け渡したアメリカの半導体メーカーは、競争上優位に立とうと必死だった。

そこで、ＩＢＭのロメッティは、中国政府の琴線《きんせん》に触れるような戦略変更を発表する。中国の顧客に直接チップやサーバを販売しようとするのではなく、中国のパートナー企業に半導体技術を提供し、「国内市場や国際市場のために国産コンピュータ・システムを生産する中国企業の活発なエコシステムを創造」できるよう支援するというのだ。[8]

市場参入と引き換えに技術を移転するというＩＢＭの決断は、ビジネスとしては合理的だった。ＩＢＭの技術はすでに二流とみなされており、中国政府の承認がなければ、スノーデン事件以降の市場縮小の流れをひっくり返せそうになかった。と同時に、ＩＢＭは世界的な事業をハードウェアの販売からサービスの販売へと転換させようとしていたので、半導体設計へのアクセスを中国と共有することは理に適《かな》っているように見えたのだ。

しかし、中国政府にとって、ＩＢＭとのパートナーシップは単なるビジネスの問題ではなかった。『ニューヨーク・タイムズ』紙の報道によれば、新たに利用可能となったＩＢＭの半導体技術を監督していた人物のひとりに、中国の保有する核ミサイルの元サイバーセキュリティ担当責任者、沈昌祥《シェンチャンシアン》がいた。わずか1年前に、アメリカ企業と協力することの「巨大な安全保障上のリスク」を警告していた人物だ。[9]その彼が今では、半導体技術を移転するというＩＢＭのオファーが、中国政府の半導体戦略や国益に適うと結論づけたようだった。

中国企業によるデータ・センター向けチップの開発に協力しようとした企業は、ＩＢＭだけではない。同じころ、スマートフォン向けチップを専門とするクアルコムが、Ａｒｍアーキテクチャを使ったデータ・センター向けチップ事業に殴り込みをかけようとしていた。その一方で、クアルコムは、同社の主要な収益源であるスマートフォン向けチップ技術のライセンス料を引き下げるよう要求してくる中国の規制機関と戦っていた。[10]

クアルコム製チップの最大の市場であった中国は、同社に対して巨大な影響力を握っていたのだ。そのため、中国政府との価格紛争が解決した直後に、クアルコムがホワシントン（華芯通）半導体という中国企業と共同でサーバ向けチップを開発する合弁事業に同意すると、一部の業界アナリストは何か裏があると思った。ホワシントンには、先進的なチップを設計してきた実績はなかったが、拠点が貴州《きしゅう》省にあった。そこは、陳敏爾《ちんびんじ》という中国共産党の有望株が実権を握る土地だった。[11]

しかし、このクアルコムとホワシントンの合弁事業は長続きせず、ほとんど価値を生み出せないまま、２０１９年に中止された。それでも、そこで開発された専門技術の一部は、Ａｒｍベースのデータ・センター向けチップを開発するほかの中国企業の手に渡ったようだ。たとえば、ホワシントンが参加した、エネルギー効率の高いチップを開発するためのコンソーシアムに、Ａｒｍベースのチップを開発する中国企業、天津飛騰《ひとう》信息技術が参加していた。[12]

２０１９年、少なくともひとりの半導体設計者がホワシントンを去り、飛騰に移ったようだ。その後のアメリカの主張によると、飛騰は中国軍が極超音速ミサイルなどの先進兵器システムを設計するのに協力したとされる。[13]

しかし、もっとも物議を醸す技術移転の例といえば、なんといってもインテルの宿敵ＡＭＤによるものだろう。２０１０年代中盤、同社はＰＣとデータ・センターの市場シェアをインテルに奪われ、財務的な苦境に陥っていた。破産寸前というほどではなかったが、そこまで遠い話でもなかった。

そこで、同社は新製品を発売するまでの時間稼ぎとして、金策に走っていた。たとえば、２０１３年には、現金を調達するためにテキサス州オースティンの本社を売却した。２０１６年には、マレーシアのペナンと中国の蘇州《そしゅう》市にある半導体の組立、テスト、パッケージング工場の株式の85%を３億７１００万ドルで中国企業に売却した。ＡＭＤはこれらの工場を「世界トップクラス」と評した。[14]

同年、ＡＭＤは、中国企業や政府機関からなるコンソーシアムと、中国市場向けに改良されたx86チップの生産を認めるライセンス契約を結んだ。[15] この契約は、産業界やアメリカ政府内で深い論議を呼んだが、外国企業によるアメリカの資産の買収について評価する政府委員会、対米外国投資委員会（ＣＦＩＵＳ）の承認が不要になるよう、巧妙に構成されていた。

ＡＭＤはこの取引を商務省の関係当局に報告したが、ある業界関係者によれば、当局者たちは「マイクロプロセッサや半導体、さらには中国についてまるで無知」だった。[16] 噂によると、インテルは、この契約がアメリカの国益を傷つけ、インテルの事業を脅《おびや》かすと政府に警告までしたという。それでも、簡単に契約を差し止める手立てはなく、最終的に契約は進められ、議会や国防総省の怒りを買った。

しかし、この契約がまとまろうとしているころ、最新のプロセッサ・シリーズ「Ｚｅｎ」が発売され、ＡＭＤの社運は好転する。つまり、ＡＭＤは結局のところ、中国とのライセンス契約で得た現金に頼る必要がなくなったわけだ。[17] それでも、合弁事業の契約はすでに締結され、技術は移転された。『ウォール・ストリート・ジャーナル』紙は、複数の記事で、ＡＭＤが「秘宝」や「王国への鍵」を売り渡した、と報じた。別の業界アナリストたちは、中国企業が最先端のマイクロプロセッサを国内で設計していると政府に強弁できるようにすることが取引の目的だったのだと述べた（現実には、ＡＭＤの設計に手を加えているにすぎなかったが）。[18]

英語圏のメディアはこの取引を些細なライセンス契約としかとらえていなかったが、中国有数の専門家たちは、この契約が「中核技術」の国産化を目指す中国の活動を後押しするだろう、と国営メディアに述べた。「これでわれわれが他国に翻弄されることはなくなる」

この契約に反対した国防総省の当局者たちは、ＡＭＤが法律の条文になんら違反していないことは認めつつも、この取引が擁護者たちの主張するほど害のないものだったのかどうかは依然として不明だ、と話している。「ＡＭＤが全容を明かしているのかどうか、非常に疑問が残る」とある国防総省の元当局者は言う。

『ウォール・ストリート・ジャーナル』紙の報道によると、この合弁事業には、「中国の国防と安全保障に貢献すること」が「根本的な使命」だと説明している中国のスーパーコンピュータ企業、スゴン（曙光信息産業）が関与していた。[19] ＡＭＤはつい最近の２０１７年のプレスリリースで、スゴンを「戦略的なパートナー」と表現した。アメリカ政府は眉をひそめたにちがいない。[20]

ひとつだけ確かなのは、スゴンが世界最先端のスーパーコンピュータを開発するための助けを求めていた、という点だ。ジーナ・レモンド商務長官の２０２１年の説明によると、そうしたスーパーコンピュータは一般的に「核兵器や極超音速兵器」の開発に使われるという。[21]

中国軍に関するアメリカの第一人者であるエルサ・カニアによれば、スゴン自身が中国軍との関係を宣伝してきたそうだ。[22] トランプ政権がスゴンをブラックリストに載せ、ＡＭＤとの関係を断ち切ったあとでさえ、半導体業界アナリストのアントン・シロフは、本来購入できるはずのないＡＭＤ製チップを搭載したスゴン製の回路基板を発見した。だが、ＡＭＤは問題の機器に技術支援を提供してはおらず、スゴンがそのチップをどうやって入手したのかはわからない、と答えた。[23]

中国市場はあまりにも魅力的だったので、企業が技術移転を思いとどまるのは半ば不可能といってよかった。技術どころか、中国の子会社全体の支配権を譲るよう言いくるめられた企業もある。２０１８年、チップ・アーキテクチャを設計するイギリス企業のアームが、同社の中国部門をアーム・チャイナ（安謀科技）として分社化した。株式の51％を一連の投資家に売却、残りの49％をアーム本社が保有するという形を取った。

その2年前に、アームは中国の新興テクノロジー企業に合計数十億ドルを投資してきた日本企業、ソフトバンクに買収されていた。したがって、ソフトバンクは、投資を成功させるため、中国側の好意的な規制措置に頼らざるをえなくなったわけだ。

ソフトバンクを精査したアメリカの規制当局は、中国との関係によって同社が中国政府の政治的圧力に弱くなるのではないか、と心配した。[24] ソフトバンクは２０１６年にアームを４００億ドルで買収したが、アームの世界全体の売上の５分の1を占めるとされる中国部門の株式の51％を、わずか7億７５０0万ドルで売却してしまった。[25]

では、アーム・チャイナを分社化したロジックとはなんだったのか？　ソフトバンクが同社の中国子会社を売却するよう中国当局者から圧力を受けたという具体的な証拠はない。

しかし、アームの経営幹部はそのロジックを堂々と説明した。「誰かが中国の軍や監視活動のためのシステム・オン・チップ〔システムを構成する複数の機能をひとつのチップ上に集積したもの〕を開発しているとしたら、中国がそれを国内にとどめておきたいと思うのは当然のこと。この種の新たな合弁事業なら、その開発ができる。これは過去にはできなかったことだ」とアームの経営幹部のひとりは『ＮＩＫＫＥＩ　Ａsｉａ』誌に語った。「中国が求めているのは安全性と支配だ」とその経営幹部は続ける。「最終的に、中国は自国の技術を支配したいと思っている。それがわれわれの技術に基づくものだとしたら、われわれにとってメリットがある」と彼は説明した。[26]

しかし、ソフトバンクを規制する日本の当局者も、アームを規制するイギリスの当局者も、アームの知的財産の大部分に対する司法権を持つアメリカの当局者も、その影響について調査しようとしなかった。

早い話、世界最大の半導体市場を無視できる半導体メーカーなどない、ということだ。もちろん、半導体メーカーは自社の重要技術を用心深く守っている。しかし、ほとんどの半導体メーカーは、世界をリードしているわけでもないニッチな部門で、一定の対価と引き換えに喜んで共有するような、中核的でない技術をひとつやふたつは抱えている。

さらに、その企業が市場シェアを失ったり、資金繰りに困ったりしていれば、長期的な視野に立つ余裕もなくなる。この点こそが、中国という国に強力な「てこ」を与えている。外国の半導体メーカーは、たとえ自分が敵の成長に力を貸していると知りつつも、技術を移転したり、製造工場を開設したり、知的財産のライセンスを供与したりせざるをえないのだ。

半導体メーカーにとっては、ウォール街より中国で資金を調達するほうが簡単だ。中国の資本を受け入れることは、この国で事業を展開する暗黙の条件なのだ。

個々の立場から見れば、IBM、AMD、アームが中国で締結した契約は、合理的なビジネスのロジックにのっとっていた。しかし、全体的に見れば、技術の漏洩と常に隣り合わせでもある。アメリカやイギリスのチップ・アーキテクチャや半導体設計、台湾のファウンドリは、中国のスーパーコンピュータ計画の発展にとって中心的な役割を果たしてきた。

しかし、10年前と比べると、中国の能力はいまだ最先端とは程遠いながら、データ・センター向けチップの設計や製造を以前ほど外国企業に依存しなくなっている。そう、中国との技術移転契約を「絶好のチャンス」だととらえたＩＢＭのＣＥＯのジニー・ロメッティの勘は正しかった。唯一まちがっていたのは、その恩恵を受けるのがＩＢＭだという考えだった。

第45章

# 台湾の秘宝

子どものころ、中国の西の辺境でブタやヒツジを育てていた趙偉国《ちょういこく》にとって、中国メディアに半導体億万長者と称される人物に成長するまでの道のりは、長く曲がりくねっていた。[1] 文化大革命の最中、父親が反体制的な詩を書いたとして下放《かほう》されると、彼は中国の農村部で暮らすことになったが、田舎で家畜を育てる生活を黙って受け入れるつもりはなかった。

彼は名門である清華大学《チンホア》への入学を勝ち取り、電気工学の学位取得を目指した。清華大学は中国の半導体産業の最初期の時代から、中国の半導体開発活動を引っ張ってきたが、彼が学生時代にトランジスタやコンデンサの専門知識をどれだけ身につけたのかははっきりとしない。

学士号の取得後にテクノロジー企業で働いたが、その後、紫光《しこう》集団の副総経理（副社長）として投資に傾倒していく。紫光集団は、彼の母校が学内の科学研究を営利事業に変えるために設立した企業だが、不動産に巨額の投資を行なってきたようだ。彼は企業の交渉役として名声を築き、億万長者への道のりを順調に歩んでいった。[2]

2004年、趙は自身の投資ファンド、北京健坤投資集団を立ち上げ、不動産や鉱業など、ふつうは大物政治家とのコネが成功に不可欠な部門へと投資を続けた。その利益は莫大で、100万元の元手があっという間に45億元に化けたこともあるという。

2009年、彼はそうして築いた財力で、元の勤め先である紫光集団の株式の49%を取得する。清華大学は残りの51%の株式を保有し続けたが、それはいかにも奇妙な取引だった。何せ、民間の不動産投資会社が、中国の名門研究大学の生み出した技術を収益化するためにつくられた企業の株式の半分近くを保有したのである。

しかし、紫光集団は決して〝ふつう〟の企業ではなかった。趙の「個人的な友人」といわれる胡錦濤元総書記の息子が、紫光集団の持ち株会社のトップを務める一方、[3] 2000年代に清華大学の学長を務めたのは、習近平の大学時代のルームメイトだった。[4]

2013年、趙が紫光集団の株式を取得してから4年後、そして中国共産党が国内の半導体メーカーに巨額の補助金を提供する新たな計画を発表する直前に、彼はそろそろ半導体産業に投資する時期だと悟った。彼は紫光集団の半導体戦略が政府の要望に応《こた》えたものであるという考えを否定した。「政府が半導体部門の開発を推し進めていると誰もが考えているが、実際はそういう感じではない」と彼は2015年に『フォーブス』誌に語った。代わりに、彼は中国政府の注目を半導体部門に惹きつけたのは自身の功績だと言わんばかりの物言いをした。「企業が先に何かをして、政府があとからそれに気づいただけのこと。われわれの取引はすべて市場重視だ」[5]

しかし、趙の戦略を指して「市場重視」という表現を使うアナリストはまずいないだろう。彼の戦略は、最良の半導体メーカーに投資するというより、市場にあるものを買いあさる、と表現するほうが正確だった。彼の説明する紫光集団の投資戦略には、繊細さとか洗練性といったものが感じ取れなかった。「銃を持って山に入るとき、獲物がいるかどうかなんてわからない。シカがつかまるかもしれないし、ヤギがつかまるかもしれない。そんなことはわからないのだ」と彼は言ったそうだ。[6]それでも、彼は自信満々のハンターにちがいなかった。彼の次なる獲物は、世界の半導体メーカーだった。

20億ドルともいわれる資産があったにせよ、趙が自身の半導体帝国づくりに費やした額は桁違いだ。[7]２０１３年、紫光集団は国内で爆買いを始め、数十億ドルを投じて、スマートフォン向けの低価格なチップを開発する中国の２大ファブレス半導体設計会社、スプレッドトラム・コミュニケーションズ（展訊通信）とＲＤＡマイクロエレクトロニクス（鋭迪科微電子）を買収する。彼は合併が「中国や国外で巨大な相乗効果」を生み出すだろう、と断言したが、10年近くがたっても、相乗効果が実現した証拠はほとんどない。[8]

その1年後の２０１４年、趙は、インテルの無線モデム・チップと紫光集団のスマートフォン向けプロセッサの提携契約をインテルと結ぶ。[9]インテルは、この提携によって中国のスマートフォン市場で自社製品の売上が増加することを期待していたが、一方の趙は、インテルの半導体設計の専門知識を学びたいと考えていた。

実際、彼は紫光集団の目標を隠すそぶりもなく、半導体は中国の「国家的な優先事項」だと述べた。[10]

さらに、インテルとの提携は、「技術開発を加速させ、中国の半導体メーカーの競争力と市場における地位をいっそう強化するだろう」と続けた。
趙とインテルの提携の背後には、一定のビジネスのロジックがあったが、本気で利益を上げる気があるとは思えない意思決定も数多くあった。たとえば、紫光集団は、NANDメモリ・チップ市場への参入を目論む中国企業、XMC（武漢新芯集成電路製造）（のちにYMTC（長江存儲科技）により買収）に出資を申し出た。同社のCEOは、ある公開イベントで認めたとおり、当初は新工場の建設資金として150億ドルを要求したのだが、「本気で世界一の企業を目指すなら、世界一の企業の投資額に見合う資金が必要だという理由で」240億ドルを受け取るよう言われたのだという。[11]
趙が中国西部で一緒に育ったヤギ飼いたちでさえ、何十億ドルという小切手を配るなんて無謀だと気づいただろう。そういうわけで、紫光集団が半導体だけでなく、不動産やオンライン・ギャンブルにも投資していた事実がのちに判明したときも、やっぱりかという感じだった。[12]
一方、中国国家の支援する「大基金《ビッグ・ファンド》」プログラムは、第1弾として10億ドル以上を紫光集団に投資する計画を発表した。[13] いわば、同社の戦略に対して政府がお墨付きを与えたことになる。すると、趙は、中国のファブレス企業を所有したり、外国企業から中国への投資を惹きつけたりするだけでは飽き足らず、活動を海外に広げる。世界の半導体産業の頂点に立つべく、台湾第2位のファウンドリであるUMCの元CEOも含め、台湾の半導体分野の有力な経営幹部たちを何人か雇った。[14]
2015年には、みずから台湾を訪問し、半導体の設計や製造といった分野への中国の投資に関する規制を撤廃するよう働きかけた。さらには、半導体の組立とテストを行なうパワーテック・テクノロジー

（力成科技）という台湾企業の株式の25％を取得した。それは台湾の規則のもとで認められた取引だった。ほかにも、台湾の大手半導体組立会社の株式取得や合弁事業にも力を注いだ[15]。

しかし、趙の真の狙いは、台湾の秘宝を買収することにあった。アメリカ国外で最大の半導体設計会社であるメディアテック（聯発科技）と、世界のファブレス半導体メーカーの大半が依存するファウンドリのＴＳＭＣである[16]。

彼はＴＳＭＣの株式の25％取得を持ちかけ、メディアテックと紫光集団の半導体設計事業の合併を訴えた。いずれの取引も、外国投資に関する台湾の既存の規則では合法ではなかったのだが、台湾から帰国した彼は、北京で開催された公開のカンファレンスで舞台に上がると、台湾政府が規制を変更しないかぎり、中国は台湾製チップの輸入を禁止するべきだと提案した[17]。

この圧力攻勢に、ＴＳＭＣとメディアテックは窮地に追い込まれる。両社にとって中国市場は死活問題だったからだ。ＴＳＭＣが製造したチップの大半は、中国全土にある工場で電子製品へと組み立てられる。

かといって、台湾の技術的な秘宝を、中国国家の手がかかった本土の投資家たちに売り渡すのは、正気の沙汰とは思えなかった。そんなことをすれば、台湾は中国政府にまるまる依存することになる。これ以上に台湾の自治を損なう行動があるとすれば、それは台湾軍を廃止したり、人民解放軍による統治を受け入れたりすることくらいだった。

ＴＳＭＣとメディアテックはいずれも、中国の投資を積極的に受け入れる姿勢を漠然と表現した声明を出した。モリス・チャンは、「価格が適正かどうか、株主の利益になるかどうか」だけが唯一の基準だと述べた。[18] それは台湾の経済的自立を脅かす契約について述べたものとは思えないくらいのんきな発言だった。

しかし、その一方で、彼は中国の投資家が台湾企業の取締役を任命できるようになれば、「知的財産を保護するのは難しくなる」とも警告している。[19]

メディアテックは、「互いに手を取り合い、世界の半導体産業における中台企業の地位や競争力を高める」活動を支持すると述べた。[20] それは台湾政府が認めればの話だったが、政府の心は揺れているようだった。台湾の経済部長のジョン・デン（鄧振中）は、半導体部門への中国の投資に関する台湾の制限を緩和することを提案した。中国の圧力が高まるなか、台湾の半導体部門に対する中国の支配が強まるのは避けられない、と示唆し、「この問題からは逃れられない」とジャーナリストに語った。[21] しかし、台湾で激しい総統選挙が行なわれているなか、政府はいっさいの政策の変更を先延ばしにした。

すぐに、趙が照準を合わせたのがアメリカの半導体産業だった。2015年7月、紫光集団は、アメリカのメモリ・チップ・メーカーであるマイクロンを230億ドルで買収することを提案する。もし実現していれば、全業界のなかで、中国企業による史上最大のアメリカ企業の買収劇となっていただろう。[22] 台湾のテクノロジー界の大物や経済界の技術通たちの場合とはちがい、紫光集団によるマイクロンの買収活動は固く拒絶された。アメリカ政府の安全保障上の懸念を踏まえると、この取引は現実的でない、とマイクロンは回答した。[23]

その直後の2015年9月、紫光集団は再び買収を試み、こんどはアメリカの別のNANDメモリ・チップ・メーカーの株式の15%を37億ドルで取得しようとするが、外国からの投資について評価するアメリカの政府機関、対米外国投資委員会（ＣＦＩＵＳ）が、安全保障上の理由からこの提案を拒絶した。[24]するとと、２０１６年春、紫光集団は、アメリカの別の半導体メーカー、ラティスセミコンダクターの株式の６％を密かに取得する。「これは純粋なる金融投資だと考えてもらいたい」と趙は『ウォール・ストリート・ジャーナル』紙に語った。「ラティスを買収しようという意図はいっさいない」[25]。その言葉どおり、この投資が発表されてから数週間足らずで、紫光集団はラティスの株式売却を始めた。[26]

その直後、ラティスは、カリフォルニアの投資会社キャニオン・ブリッジ・キャピタル・パートナーズから買収のオファーを受ける。ロイター通信のジャーナリストによると、キャニオン・ブリッジは中国政府の息がかかっていたようで、アメリカ政府はこの取引を拒絶した。[27]

と同時に、キャニオン・ブリッジは金銭的な苦境に陥っていたイギリスの半導体設計会社、イマジネーションを買収する。[28]その取引は、またアメリカ政府の妨害を受けることのないよう、イマジネーションのアメリカ資産だけが巧妙に除外されていた。[29]イギリスの規制当局はゴーサインを出したが、のちにこの決定を後悔することになる。３年後、新しい所有者たちが、中国政府の投資ファンドが指名した関係者たちで取締役会を再編しようとしたのである。[30]

問題は、単に中国政府の息のかかった投資ファンドが外国の半導体メーカーを買いあさっていることではなかった。それを市場操作やインサイダー取引に関する法律に違反する形で行なっていた点なのだ。[31]たとえば、キャニオン・ブリッジがラティスセミコンダクター買収を画策しているころ、キャニオン・ブリッジの共同創設者のひとりがウィーチャット〔中国のメッセンジャー・アプリ〕や北京のスターバックスでの会合の席で、同僚にこの取引の詳細を漏らしたという。その同僚はこの情報に基づいて株式を購入した。結局、そのキャニオン・ブリッジの経営幹部はインサイダー取引の罪に問われるはめになった。

しかし、趙本人はといえば、自身のことを単に熱心な起業家としかとらえていなかった。「米中の巨大企業どうしの合併は避けられない」と彼は断言した。「そうした合併は、国家主義的な文脈や政治的な文脈とは切り離し、ビジネスの視点からとらえるべきだ」[32]

しかし、紫光集団の活動はビジネスのロジックの視点からは理解しがたかった。世界の半導体メーカーを取り巻く中国国営や国家支援の「プライベート・エクイティ」会社はあまりにも多かったので、それを政府主導による国外半導体メーカーの買いあさりと表現しないほうが難しいくらいだった。「攻撃を開始せよ」と習近平は過去に呼びかけた。趙偉国、紫光集団、政府支援の〝投資〟機関は、この公に発表された号令に従っているにすぎなかった。この壮絶な買収合戦の最中、紫光集団は2017年に新たな〝投資〟を受けたことを発表した。金額にして、中国開発銀行から150億ドル、国家集成電路産業投資基金から70億ドル。どちらも、中国国家が所有し、支配する組織だった。[33]

第46章

# ファーウェイの隆盛

糊《のり》のきいた背広にスラックス、ボタンをはずした襟元、快活な笑み。自身の創設した中国のテクノロジー企業、ファーウェイの本社でメディア・インタビューに応じる任正非《ジンセイヒ》は、どこにでもいるシリコンバレーの経営幹部と変わらなく見える。ある意味では、実際そのとおりだ。ファーウェイの通信機器、つまりスマートフォンと通話、写真、メールの送受信を行なう基地局の無線機は、今や世界のモバイル・インターネットの屋台骨だ。一方、ファーウェイのスマートフォン部門は、つい最近まで、携帯電話の出荷台数でアップルやサムスンと肩を並べ、世界最大級だった。また、同社は、海中の光ファイバー・ケーブルからクラウド・コンピューティングまで、その他の種類の技術インフラも提供している。

多くの国々では、ファーウェイの機器をいっさい使わずして携帯電話を利用すること自体が不可能だ。それはマイクロソフト製品を使わずにPCを利用したり、（中国以外で）グーグルを使わずにインターネットを閲覧したりするのと同じくらい難しいのだ。

しかし、ファーウェイはひとつの大きな点で、世界のほかの大手テクノロジー企業とは異なる。アメリカという国家安全保障国家〔国家安全保障への懸念が優勢となり、国内の諸目的がそれに従属している国家〕との20年にわたる闘いだ。

ファーウェイが中国政府のスパイ活動において果たした役割について報じたアメリカの新聞の見出しを読むと、同社は中国の治安当局に付随する形で始まったと結論づけるのは簡単だろう。ファーウェイと中国国家のつながりは十分に立証されているが、同社が世界規模の事業を築くに至った経緯を説明するにはほとんど足らない。[1]

ファーウェイの拡大について理解するには、同社の軌跡を、別のテクノロジー系複合企業、韓国のサムスンと比較するほうがわかりやすいかもしれない。任は、サムスン創設者の李秉喆《イビョンチョル》より世代がひとつ下だが、ふたりの経営モデルは似ている。

李は3つの戦略を用いて、サムスンを干物業者から、世界最先端のプロセッサやメモリ・チップを量産するテクノロジー企業へと成長させた。ひとつ目に、熱心に政治的人脈を築き、規制面の優遇や安価な資本を得ていった。ふたつ目に、欧米や日本で開拓された製品に目をつけ、同品質の製品をより安価につくるすべを学んでいった。3つ目に、新規顧客を開拓するだけでなく、世界の一流企業との競争を経験に変えるため、徹底的にグローバル化を進めた。この3つの戦略により、サムスンは韓国のGDP全体の1割相当の収益を上げる世界有数の企業に成長していったのだ。

果たして、中国企業に同様の戦略は実行できるのだろうか？　中国のテクノロジー企業の大半は、そこまで世界重視でない別の戦略を採用した。中国の圧倒的な輸出力とは裏腹に、中国のインターネット企業は収益の大半を、規制や検閲に守られた国内市場に頼っている。テンセント（騰訊）、アリババ（阿里巴巴）、ピンドゥオドゥオ（拼多多）、メイトゥアン（美団）は、国内市場での優位性がなければ取るに足らない存在だろう。実際、国外に進出した中国のテクノロジー企業は、競争に勝てないことが多かった。

対照的に、ファーウェイは最初期の時代から外国との競争を視野に入れてきた。任のビジネスモデルは、アリババやテンセントとは根本的に異なる。外国で発明されたコンセプトの高品質版を、より安価につくり、世界に販売して、世界の競合企業から国際的な市場シェアを奪い取るのだ。

このビジネスモデルを通じて、サムスンの創設者たちは巨万の富を築き、サムスンを世界のテクノロジー業界のエコシステムの主役に据えたのだ。ごく最近までは、ファーウェイも同じ道を歩んでいるように見えた。

ファーウェイの国際志向の考え方は、１９８７年の創設からありありと見て取れた。任は、中国南部の貴州《きしゅう》省の農村部で、高校教員の両親のもとに育った。四川《しせん》省の重慶《じゅうけい》（１９９７年に四川省から分離し、現在は中国の直轄市）で工学を学んだのち、中国軍に所属し、本人いわく衣類用の合成繊維の生産工場で働いていたという。[2]

中国軍を去ったあと（ただし、その状況や、彼が本当に軍との関係を完全に断ち切ったのかどうかについては、疑問の声もある）、まだ香港国境の真向かいにある小さな町にすぎなかった深圳《シンセン》に移住する。当時、依然としてイギリスの支配を受けていた香港は、全体的に貧しい中国南岸沿いにぽつんと点在する繁栄の地だった。

その10年ほど前、中国指導部は経済改革に着手し、経済成長を促す手段として、個人に民間企業の設立を認める社会実験を始めた。とりわけ深圳は、「経済特区」に選定された数都市のなかのひとつとして、規制が解除され、外国からの投資が促進された。香港マネーが流れ込み、中国の起業家の卵たちが規制からの解放を求めて大挙して訪れると、深圳は急成長を遂げていく。

任が目をつけたのは、電話の発信者を相手先に接続する電話交換機を輸入する機会だった。5000ドルを元手に、彼は香港から電話交換機の輸入を始める。国境の反対側の取引先は、彼が電話交換機の転売で大儲けしていることに気づくと、彼との取引を停止してしまった。そこで、彼はみずから交換機を開発することにした。

1990年代初頭時点で、ファーウェイでは数百人が研究開発に従事し、主に交換機の開発に携わっていた。[3] 以来、同社の電気通信インフラはデジタル・インフラと融合してきた。電話の音声を送信する基地局は、ほかの種類のデータも送信する。つまり、ファーウェイの機器は今や、世界中のデータを送信するうえで重要な（そして、多くの国々では不可欠な）役割を果たしていることになる。

現在、ファーウェイは、フィンランドのノキア、スウェーデンのエリクソンと並び、基地局装置を提供する世界の3大企業のひとつに数えられる。

ファーウェイを批判する人々の多くは、同社の成功は盗んだ知的財産の上に成り立っている、と主張しているが、それは全面的に正しいとはいえない。確かに、同社は過去のいくつかの知的財産権の侵害を認めているし、それよりはるかに多くの侵害で告発されてきた。

たとえば、2003年、ファーウェイは同社のあるルーター内で使われているコードの実に2％が、アメリカの競合企業であるシスコ・システムズからそっくりそのままコピーされたものであることを認めた。[4]

一方、カナダの新聞各紙は、2000年代にカナダの大手通信会社のノーテルネットワークスに対し、中国政府の支援するハッキングやスパイ活動があったとするカナダの諜報機関の見解を報じた。そのことがファーウェイにとって有利に働いたという。[5]

確かに、知的財産の窃取はファーウェイにとって有利に働いただろうが、それだけでは同社の成功は説明できない。どれだけ多くの知的財産や企業秘密を手に入れたところで、ファーウェイほど巨大な企業を築くには足らないのだ。

同社は、コストを押し下げる効率的な製造工程を開発し、顧客が高品質だと認める製品を生み出した。と同時に、ファーウェイの研究開発費は世界トップクラスであり、中国のほかのテクノロジー企業の何倍にもおよぶ。ファーウェイの年間約150億ドルという研究開発費と肩を並べるのは、テクノロジー企業のグーグルやアマゾン、製薬会社のメルク、自動車メーカーのダイムラーやフォルクスワーゲンなど、ほんの一握りの企業にすぎない。[6]

知的財産を盗み出した過去を差し引いたとしても、ファーウェイの数十億ドル規模の研究開発費は、ソ連のゼレノグラードの「コピー」戦略や、お金をかけずに半導体産業に参入しようとしてきた多くの中国企業とは、まったく異なる精神を浮き彫りにしている。

ファーウェイの経営幹部たちは、同社が研究開発に投資するのは、シリコンバレーを手本にしてきたからだ、と口を揃える。任は１９９７年にファーウェイの経営幹部たちを連れてアメリカを視察し、ＨＰ、ＩＢＭ、ベル研究所といった企業を訪問したといわれる。[7]

彼らは研究開発だけでなく、効果的な経営プロセスの重要性も確信して帰ったそうだ。１９９９年、ファーウェイはＩＢＭのコンサルティング部門を雇い、世界的企業の運営方法を教わった。ＩＢＭの元コンサルタントの話によると、ファーウェイは合計収益が10億ドルにも満たなかった１９９９年に、５０００万ドルのコンサルティング料を支出していたという。

あるときなど、業務プロセスを一から築き直すため、１００人ものＩＢＭのスタッフを雇っていた。「彼らが技術的な課題に大きく怖じ気づくことはなかった」と前出のコンサルタントは言う。「しかし、経済やビジネスの知識となると、自分たちが１００年遅れていると言わんばかりの態度だった」[8]

ＩＢＭや欧米のコンサルタントたちの力を借り、ファーウェイはサプライ・チェーンの管理、顧客需要の予測、一流のマーケティングの開発、世界的な製品販売のスキルを身につけていった。

ファーウェイはその能力を、同社が「狼性文化」〔野（高い野心）、残（困難を生き抜く力）、貪（貪欲さ）、暴（逆境をはねのける荒々しさ）を4つの特徴とする中国の企業文化〕と称する軍国主義的な精神と結びつけた。

『ニューヨーク・タイムズ』紙の報道によれば、同社のある研究所の壁には、「犠牲は軍人の最大の大義であり、勝利は軍人の最大の貢献である」という書が飾られているという。[9] しかし、半導体産業という文脈でいえば、任の軍国主義はそれほど独特なものではなかった。アンディ・グローブはパラノイアのメリットに関するベストセラー書を記したし、モリス・チャンは第二次世界大戦最悪の戦いであるスターリングラード攻防戦について研究し、ビジネスに関する教訓を得たと述べている。[10]

西側のコンサルティング会社に加えて、ファーウェイはもうひとつの強力な機関からも支援を得た。中国政府である。ファーウェイは発展のさまざまな段階において、深圳の自治体、いくつもの国有銀行、北京の中央政府から支援を受けた。『ウォール・ストリート・ジャーナル』紙の総括によると、中国政府による補助金は、土地や現金、欧米の大半の企業とは比べ物にならない規模の税控除という形で、合計750億ドルにおよんだという。[11]

とはいえ、ファーウェイが受けた便宜は、東アジアのほかの政府が優先的な企業に与える便宜とそう変わらないという言い方もできる。

しかし、形だけの民間企業に対する巨額の国家支援は、とりわけアメリカに対して警鐘を鳴らしてきた。中国指導部がファーウェイの世界的な拡大を支援してきたのはまちがいない。ファーウェイがまだ小企業にすぎなかった1990年代中盤でさえ、呉邦国《ごほうこく》国務院副総理（副首相）などの中国の高官たちが同社を訪れては、支援を約束した。[12]

呉は任と一緒に海外を訪れ、アフリカで通信機器の販売を手助けしたこともある。それでも、これがファーウェイへの特別な支援に相当するのか、標準的な経営上の手続きにすぎないのかを区別するのは難しい。特に、国際貿易に対する中国の重商主義的な政策や、公有財産と私有財産の境界のあいまいさを考えると、余計にわからなくなる。

任の人民解放軍からファーウェイへの転身に関して、事実があいまいなのも不可解だ。同社の複雑で不透明な所有構造もまた、無理からぬ疑問を呼んできた。ファーウェイの経営幹部のケン・フー（胡厚崑）は、アメリカ議会からの質問に対し、任が中国共産党に所属しているのは、「アメリカの一部の実業家が民主党員とか共和党員である」のと変わらない、と主張したが、アメリカのアナリストからすれば、共産党が同社の統治に対して果たしている役割について、意図的にはぐらかしているようにしか聞こえなかった。[13]

それでも、ファーウェイが中国国家により目的をもってつくられたという説を裏づける強力な証拠はないのだ。

しかし、ファーウェイの隆盛は、同社が市場シェアを獲得し、自社の機器を世界の通信網に組み込むにつれ、中国国家の利益になってきた。長年、アメリカの諜報機関が警告してきたにもかかわらず、ファーウェイは世界中に急速に広まった。

ファーウェイの成長にともない、通信機器を販売する既存の欧米企業は、合併や市場からの撤退を余儀なくされた。カナダのノーテルは破産したし、AT&T分割後にベル研究所を引き継いだアルカテル・ルーセントは、事業をフィンランドのノキアに売却するはめになった。

ファーウェイの野望は膨らむ一方だった。通話を実現するインフラを提供してきたファーウェイは、次に電話自体の販売を始める。たちまち、同社のスマートフォンは世界的なベストセラーとなり、2019年になると、出荷台数でサムスンに後れを取るのみとなった。

1台あたりの儲けという点では、依然としてサムスンや、ずっと高い値段をつけるだけのマーケティング能力やエコシステムを持つアップルと比べると、大幅に見劣りしたものの、スマートフォン市場に参入し、あっという間に上位へと食い込むファーウェイの能力は、アップルやサムスンを警戒させることになる。

さらに、ファーウェイは、自社の携帯電話に搭載される一部の重要なチップの設計においても、進化を遂げていた。同社の内部関係者によると、ファーウェイの半導体設計への野望は、日本の太平洋岸沖合の地震によって生じた津波が日本を襲った2011年3月に、一気に加速し始めたのだという。

浸水によって損傷した福島第一原子力発電所の原子炉に世界の注目が集まるなか、ファーウェイの経営幹部たちが心配していたのは、同社のサプライ・チェーンにもたらす影響のほうだった。大手電機メーカーならどこもそうだが、ファーウェイもまた、通信機器やスマートフォンの重要な部品を日本の供給業者に頼っており、その大災害によって大幅な生産の遅れが生じるのではないか、と危惧していたのだ。

結局、運はファーウェイにあった。長期間、生産機能が停止した部品メーカーはほとんどなかったのである。それでも、ファーウェイは、コンサルタントに自社のサプライ・チェーンのリスクを評価するよう依頼した。コンサルタントが報告したファーウェイの重大な弱点はふたつあった。ひとつは、アップル製以外のスマートフォンの動作に欠かせない中核的なソフトウェアであるグーグルのアンドロイド・オペレーティング・システムへのアクセス。もうひとつは、あらゆるスマートフォンに必要な半導体の供給である。

ファーウェイは自社製品に必要な250種類の最重要半導体を特定し、なるべく多くを自社で設計し始めた[14]。それらのチップの多くは、通信基地局の建設事業と関連していたが、同社のスマートフォン向けアプリケーション・プロセッサも含んでいた。

それは恐ろしく複雑で、最先端の半導体製造技術を要する半導体だった。そこで、アップルやその他の大半の先進半導体メーカーと同じく、ファーウェイもその製造を外部委託することを選んだ。製造には、世界でもせいぜい数社しか提供できない製造工程が不可欠だったからだ。ファーウェイが台湾のTSMCに目を向けたのは、自然な成り行きだった。

2010年代末になると、ファーウェイ傘下のハイシリコン（海思半導体）は、世界一複雑なスマートフォン向けチップを設計し、TSMCにとって世界第二の顧客となっていた。[15] ファーウェイの携帯電話には、メモリ・チップやさまざまな種類のシグナル・プロセッサなど、依然として他社製のチップも必要だったが、携帯電話向けプロセッサの生産を手中に収めたのは大の偉業といってよかった。

今や、世界一高利益な半導体設計事業を半ば独占していたアメリカの牙城《がじょう》が、危機にさらされていた。それは、韓国のサムスンや日本のソニーが数十年前に行なったことを、ファーウェイが見事に模倣したというさらなる証拠だった。先進技術の生産方法を学び、世界市場を獲得し、研究開発に投資して、アメリカのテクノロジー大手に挑戦する。

そればかりか、ファーウェイは、次世代通信インフラである5Gの普及にともなって到来するユビキタス・コンピューティング〔コンピュータがあらゆる場所に遍在し、いつでもどこでも利用できる世界や環境のこと〕の時代に向けて、絶好の位置を占めているように見えた。

第47章

# 5Gの未来

任正非が香港から電話交換機の輸入を始めたころ、ネットワーク機器が担っていたのは電話機同士をつなぐことくらいだった。電話の初期の時代、交換は手作業で行なわれており、壁一面に並ぶプラグの前に女性たちが何列にもわたって座り、電話の相手に応じてさまざまな組み合わせでプラグを接続していった。

1980年代になると、人間の交換手は電子式の交換機に置き換わるが、その多くは半導体デバイスに頼っていた。それでも、ビル1棟ぶんの電話線をやりくりするのに、クロゼット大の交換機が必要だったという。[1]

今日の通信会社は、かつてないほどシリコンに頼っているが、クロゼット1個ぶんの機器があれば、通話、メール、動画のすべてを処理できる。その多くは、今では有線ではなく無線ネットワークを介して送信されるようになった。

ファーウェイは、携帯電話ネットワークを介して通話音声やデータを送信するための最新世代の機器を完成させてきた。その名も、5G（第5世代移動通信システム）と呼ばれるものだ。しかし、5Gの真の主役は電話そのものではない。コンピューティングの未来であり、半導体だ。

5Gの「G」は「世代（Generation）」を略したものだ。私たちはこれまで、4つの世代の移動通信ネットワーク規格を経てきたが、そのたびに携帯電話や基地局に新たなハードウェアが必要になった。ムーアの法則によってチップ上に集積できるトランジスタが増えるにつれ、電波を介して携帯電話間を行き来する1と0の数は着実に増えていっている。

たとえば、2Gの携帯電話では絵文字が送信できるようになった。3Gではウェブサイトが開設できるようになった。そして4Gではほぼどこにいても動画のストリーミングが可能になった。5Gでも同レベルの飛躍的進歩が起こるだろう。

今や、スマートフォンはほとんどの現代人にとって当たり前の存在になったが、それはどんどん強力になっていく半導体のおかげだ。私たちはもはや絵文字が送れるくらいでは驚かず、むしろ動画のストリーミングがコンマ数秒遅れただけでイライラするようになった。携帯電話のアンテナを介してこれまでよりずっと多くの1と0を電波として送信できるようにしているのは、携帯電話ネットワークとの接続を管理するモデム・チップだ。

携帯電話ネットワークの内部や基地局に潜むチップも、それと同じくらい進化してきた。通話の中断や動画ストリーミングの遅れを最小限に抑えつつ、1と0を空中に送信するのは、恐ろしいほど複雑な作業だ。無線周波数帯のなかで利用できる適切な領域の量は限られている。使える無線周波数には限りがあるし、しかもその多くは大量のデータ送信や長距離の送信に最適とはいえない。

そういうわけで、通信会社は半導体を頼りにして、既存の周波数帯にいっそう多くのデータを詰め込んできたのである。無線送信用の半導体を専門とするアナログ・デバイセズの半導体専門家、デイヴィッド・ロバートソンは、「周波数帯はシリコンよりはるかに貴重だ」と説明する。

つまり、半導体は、より多くのデータを無線送信するうえで不可欠な役割を果たしてきたということだ。実際、クアルコムのような半導体設計会社は、無線周波数帯を介したデータ送信を最適化する新たな方法を発見したし、アナログ・デバイセズのような半導体メーカーは、低消費電力でより高精度に電波を送受信できる無線周波数トランシーバという半導体を開発してきた。[2]

次世代のネットワーク技術である5Gは、いっそう大量のデータの無線送信を可能にするだろう。これはひとつに、周波数帯のいっそう複雑な共有手法を通じて実現すると考えられ、そのためには無線周波数帯のわずかな空き領域に1と0を詰め込めるよう、携帯電話や基地局にいっそう複雑なアルゴリズムや多くの計算能力が必要となる。

また、5Gネットワークでは、これまで利用するのは現実的でないと考えられていた未使用の新たな無線周波数帯を用いて、より大量のデータを送信できるようになる。先進的な半導体は、特定の無線周波数により多くの1と0を詰め込むだけでなく、電波をより遠くまで、しかも狙った方向に空前の精度で送信することも可能にする。ビームフォーミングと呼ばれる手法を使えば、携帯電話の位置を特定し、その携帯電話に向けて直接電波を送信できるようになるのだ。

あなたのカー・ラジオに音楽を届けるような一般的な電波の場合、あなたの自動車の位置が不明なので、あらゆる方向に信号を送信するしかない。これは電力のムダだし、電波の量が増えて混信が生じやすくなる。ビームフォーミングの場合、基地局が相手方の機器の位置を特定し、その方向にのみ必要な信号を送信する。その結果、混信は生じにくくなり、全員にとって信号が強力になる。

より多くのデータを運べる高速ネットワークは、既存の携帯電話の動作を高速にするだけではない。モバイル・コンピューティングに対する私たちの既成概念まで一変させるだろう。1Gネットワークの時代、携帯電話は高価すぎて、ごく一部の人々しか所有できなかった。2Gネットワークになり、携帯電話で音声だけでなくメールまで送信できるという考えが広まった。現在では、携帯電話やタブレットにほとんどPC並みの機能が求められるようになった。

携帯電話ネットワークを通じてより大量のデータが送信できるようになると、ネットワークに接続される機器の数は増える。機器の数が増えれば増えるほど、生み出されるデータも多くなり、より高い処理能力が必要になる。

今よりずっと多くの機器が携帯電話ネットワークにつながり、収集されるデータが増大していくと聞いても、さほど革命的には感じないかもしれない。5Gネットワークがよりおいしいコーヒーを淹《い》れてくれるなんて想像もつかないかもしれないが、淹れるコーヒーの温度や質に関するデータを収集し、処理するコーヒーメーカーが登場するのも、そう遠い未来ではないだろう。

ビジネス界や産業界において、データの増加や接続性の改善をサービス向上やコスト削減に活かす方法はごまんとある。畑におけるトラクタの走行経路の最適化。組立ラインのロボットどうしの連携向上。

より多くの症状を追跡し、診断できる医療機器やセンサー。この世界は、現在の私たちではとうていデジタル化し、通信し、処理することなどできないくらい大量の知覚情報であふれているのだ。

接続性や計算能力が、昔ながらの製品をデジタル機器へと変えてしまうことを証明している最高の実例が、イーロン・マスク創設の自動車会社、テスラだ。テスラの熱狂的な信者や株価の急騰は多くの注目を集めたが、あまり知られていないのは、同社が世界をリードする半導体設計会社である、という事実だ。

同社はジム・ケラーのような一流の半導体設計者を雇い、自動運転のニーズに特化した半導体を設計し、最先端の技術を用いて製造している。

早くも２０１４年に、テスラの自動車は「スマートフォンのようだ」と指摘していたアナリストもいる。[3]テスラは、やはり自社で半導体を設計しているアップルにたとえられることが多い。アップル製品と同じく、テスラのきめ細やかな顧客体験や、先進的なコンピューティングと20世紀の製品（自動車）のスムーズな統合を実現している立役者は、特別に設計された半導体なのだ。

自動車には、１９７０年代から単純な半導体が組み込まれていた。しかし、電力供給を管理する半導体が必要な電気自動車の普及と、自動運転機能への需要の高まりは、一般的な自動車に使われる半導体の数とコストが劇的に増加する未来を予知している。

自動車は、大量のデータを送受信する能力が、ネットワークの〝末端〟にある機器、携帯電話ネットワークそのもの、そして巨大なデータ・センターにおける計算能力への需要を高めることを示す、もっとも顕著な例にすぎない。

２０１７年ごろ、世界中の通信会社が５Ｇネットワークを構築するために機器メーカーと契約を締結し始めたとき、そのトップを走っていたのが中国のファーウェイだった。同社は誰もが高品質で低価格と認める機器を提供していた。[4]

ファーウェイは５Ｇネットワークの構築において、どの企業よりも大きな役割を果たしていくかに見えた。まさに飛ぶ鳥を落とす勢いで、基地局装置の主要メーカーであるスウェーデンのエリクソンやフィンランドのノキアを追い越そうとしていた。

ファーウェイ製の基地局装置の内部には、競合企業と同じく、大量のシリコンが詰まっている。ファーウェイの無線装置を調べた日本の『ＮＩＫＫＥＩ　Ａｓｉａ』紙の調査によると、ラティスセミコンダクター製のフィールド・プログラマブル・ゲート・アレイ（ＦＰＧＡ）など、アメリカ製のチップが大量に使われていることがわかった。[5] ラティスといえば、中国の紫光集団が数年前に少数株を取得したのちに売却した例のオレゴン州の企業だ。

加えて、テキサス・インスツルメンツ、アナログ・デバイセズ、ブロードコム、サイプレス・セミコンダクターが設計・製造したチップも、ファーウェイ製の無線装置に使われていた。この分析によれば、アメリカ製のチップとその他の部品は、ファーウェイ製の各システムのコストの３割近くを占めるという。

一方、メイン・プロセッサ・チップは、ファーウェイの半導体設計部門であるハイシリコンにより国内で設計され、台湾のＴＳＭＣで製造されていた。

つまり、ファーウェイは技術的な自給自足に達してなどいなかった。特殊な半導体の生産を外国の複数の半導体メーカーに頼り、なおかつ自社設計の半導体の製造をＴＳＭＣに頼っていたのである。それでも、ファーウェイが各無線システムに搭載された最高級に複雑な電子機器の一部を自社で生産し、すべての部品をひとつにまとめ上げる方法を詳しく理解していたことはまぎれもない事実だ。

ファーウェイの半導体設計部門が世界水準であることが証明された以上、将来、中国の半導体設計会社がシリコンバレーの大手企業と同じくらい重要なＴＳＭＣの顧客になる日が来るのは目に見えていた。２０１０年代終盤の傾向が続けば、２０３０年までには、中国の半導体産業は影響力という点でシリコンバレーに肩を並べるかもしれない。そうなれば、多くのテクノロジー企業や貿易の流れが破壊されるだけではない。軍事力のバランスまで一変するだろう。

# 第48章 「知能化」する戦争

自律型の無人機の大群から、サイバー空間や電磁波上の見えない闘いまで、未来の戦争を特徴づけるのはまちがいなく計算能力だ。米軍はもはや無敗の王者ではなくなった。米軍が精密誘導ミサイルや万能センサーを武器に、世界の海《かい》と空《くう》を完全に掌握していた時代は、とっくのとうに過ぎ去った。

1991年の湾岸戦争以降、世界各国の国防当局にこだました衝撃波と、サダム・フセインの軍を無力化したピンポイント攻撃が自国の軍に使用されることへの恐怖は、ある記述によれば、まるで「心理的な核攻撃」のように中国政府に衝撃を与えた[1]。その結果、湾岸戦争以降の30年間で、中国は毛沢東のローテクな人民戦争の原理を捨て、未来の戦いの鍵を握るのは先進的なセンサー、通信、計算能力であるという考え方を受け入れ、ハイテク兵器の開発に資金を湯水のごとく注ぎ込んできたのである。その中国は今、先進的な戦闘部隊に必要な計算インフラの開発を進めている。

中国政府の目的は、単純に一つひとつのシステムでアメリカと肩を並べることではなく、アメリカの優位性を〝相殺《オフセット》〟できるだけの力を養うことにあった。つまり、1970年代の国防総省《ペンタゴン》の概念を、アメリカに対して逆用しようというわけだ。

実際、中国はアメリカの優位性を体系的に脅《おびや》かす兵器群を配備してきた。アメリカの水上艦が戦時中に台湾海峡を通過するのを牽制し、アメリカの海軍力に待ったをかけている中国の精密誘導対艦ミサイル。戦闘時のアメリカの制空能力に引けを取らない新たな防空システム。日本からグアムまで広がる米軍基地のネットワークを脅かす長距離対地攻撃ミサイル。通信やGPS網を無効化する力を持つ衛星攻撃兵器。

中国のサイバー戦争の能力はまだ戦時下では実証されていないが、いざ戦争になれば、中国はアメリカの軍事システム全体の機能停止を試みるだろう。一方、電磁波空間では、アメリカの通信を妨害し、監視システムを盲目にさせ、米軍が敵の検知や同盟軍との通信を行なえないようにすることも考えられる。

すべての根底には、戦争には「情報化」だけでなく「知能化」が必要である、という中国軍界隈《かいわい》の信念がある。これは兵器システムに人工知能（AI）を応用することを意味する、なんともぎこちない軍事用語である。

もちろん、計算能力は過去半世紀の戦争においても中心的な役割を果たしてきたのだが、軍事システムの支援に使える1と0の量は、数十年前と比べて桁違いに増加している。しかし、今日のアメリカがかつてとちがうのは、強力な挑戦者が目の前にいる、ということだ。

ソ連はミサイルではアメリカに対抗できたが、バイトでは対抗できなかった。だが、中国はその両方で太刀打ちできると考えている。つまり、中国の半導体産業のたどる運命は、単に商業的な問題にとどまらない。より大量の1と0を生み出せる国が、軍事的にも大きく優位に立つのだ。

この計算競争の命運を分ける要因とはなんなのか？　２０２１年、グーグル元ＣＥＯのエリック・シュミットが委員長を務めるアメリカのテクノロジーおよび外交政策の専門家グループが、「中国はアメリカを抜いて世界のＡＩ大国になる可能性がある」との予測を発表した。[2]

中国指導部もそう考えているようだ。中国軍に関する専門家のエルサ・カニアの指摘によれば、人民解放軍は少なくとも10年前から「ＡＩ兵器」について語っている。これは、「敵の標的を自動的に探し、見極め、破壊するＡＩ」を用いたシステムのことだ。[3] 習近平自身も、国防上の優先課題のひとつとして、「軍の知能化の発展を加速させる」ようしきりに人民解放軍に促し続けている。

軍事ＡＩと聞くと、殺戮《さつりく》ロボットのようなものをイメージしがちだが、機械学習を軍事システムの改善に活かせる分野は数多くある。機械の修理が必要なタイミングを学習する予知保全アルゴリズムは、すでに飛行機や艦船が空や海を航行し続けるのに役立っているし、ＡＩ対応の潜水艦ソナーや衛星画像システムはいっそう正確に脅威を特定できるようになっている。

新しい兵器システムは、よりすばやく設計できるようになり、爆弾やミサイルは特に移動する標的をより正確に狙い撃ちできるようになった。陸海空の自律的な車両、潜水艦、航空機などは、すでに自動で操縦を行ない、敵を特定し、破壊できるようになりつつある。

そのすべてが「ＡＩ兵器」という語句からイメージするほど革命的なわけではない。たとえば、自動誘導式のファイア・アンド・フォーゲット・ミサイル〔自動で標的を追尾する能力を持つため発射《ファイア》すればあとは忘れる《フォーゲット》だけでよいミサイル。撃ちっ放しミサイルとも〕は数十年前からあった。しかし、兵器がどんどんスマートで自律的になるにつれ、計算能力の需要は増加する一方だ。

とはいえ、人工知能によって強化された兵器システムを開発し、配備する競争に、中国が勝利する保証はない。そのひとつの理由は、この〝競争〟が単一の技術をめぐる競争ではなく、複雑なシステムをめぐる競争だからだ。冷戦中の軍拡競争に勝ったのは、最初に人工衛星を宇宙に打ち上げた国ではない、という事実を思い出してほしい。

しかし、AIシステムに関していえば、中国の能力はまぎれもなく驚異的だ。ジョージタウン大学のベン・ブキャナンの指摘によると、AIを活用するには、データ、アルゴリズム、計算能力の「3本柱」が必要になる。[4] 計算能力を除けば、中国の能力はすでにアメリカと並んでいる可能性もある。

まず、AIアルゴリズムに供給できるデータへのアクセスという点では、米中どちらが明白に有利とはいえない。中国政府の提灯持ち《ちょうちん》たちは、優れた監視システムや巨大な人口を抱える中国のほうが大量のデータを収集するのには有利だと主張しているが、中国の一般大衆に関するデータを収集したところで、おそらく軍事の分野ではたいした足しにならないだろう。

13億人の中国人全員のオンラインでの購買習慣や顔の構造に関するデータをどれだけ収集しようと、たとえば台湾海峡に潜む潜水艦の音を認識するようコンピュータを訓練することなどできないからだ。つまり、中国には、軍事システム関連のデータの収集に関して、固有の強みがあるとはいえないのだ。[5]

次に、巧妙なアルゴリズムの開発に関して米中どちらのほうが有利なのかは、さらに甲乙つけがたい。

ＡＩの専門家の数で見れば、中国はアメリカに匹敵するようだ。中国を専門とするシンクタンク、マクロポーロの研究者によれば、世界の有力な人工知能研究者の国籍は、中国が29％を占めるのに対し、アメリカが20％、ヨーロッパが18％となっている。

しかし、最終的にアメリカで働くことになる専門家の割合は驚くほど高く、アメリカは世界の一流ＡＩ研究者の59％を雇用している。[6] ただし、ビザや移動の新たな制限と、研究者の国外流出を食い止める中国側の努力によって、地政学的なライバル国から優秀な頭脳を引き抜くというアメリカの伝統芸が、今後は通用しなくなるかもしれない。

最後に、ブキャナンの提案した「３本柱」の３本目、計算能力では、アメリカのリードは近年大幅に縮まってきたとはいえ、まだ大きな余裕がある。中国は、いまだに複雑な計算を外国の半導体技術、特にアメリカ設計、台湾製造のプロセッサに大きく依存している。

外国製のチップに依存しているのは、中国のスマートフォンやＰＣだけではない。中国の大半のデータ・センターもそうだ。だからこそ、中国はＩＢＭやＡＭＤなどの企業から技術を獲得するために腐心してきたのだ。

たとえば、中国のある調査によると、中国のＡＩ対応サーバに搭載されているＧＰＵの推定95％は、エヌビディアが設計したものだという。[7] インテル、ザイリンクス、ＡＭＤなどのチップも、中国のデータ・センターではきわめて重要な役割を果たしている。

どれだけ楽観的な予測を立てたとしても、中国が他国に劣らぬチップと、それを取り巻くソフトウェア・エコシステムを設計できるようになるまでには５年はかかるし、そうしたチップを国内で製造できるようになるまでには、それよりはるかに長い歳月が必要だろう。

しかし、中国の多くの軍事システムにとって、アメリカ設計、台湾製造のチップを入手するのはそう難しくない。ジョージタウン大学の研究者たちが最近評価した人民解放軍の343件のAI関連の調達契約を見ると、アメリカの輸出規制の対象となる企業が含まれる契約は全体の2割未満だった。[8]

つまり、中国軍は、単にアメリカの最先端の既製チップを購入し、それを軍事システムに組み込むのには、ほとんど苦労していなかったことになる。

それどころか、中国の軍需企業はアメリカ製チップの使用をウェブサイトで堂々と宣伝までしていた。どうやら、物議を醸す中国政府の「軍民融合」政策、つまり民間の先進技術を軍事システムに応用する試みは、うまく機能しているようだ。アメリカの輸出制限に大幅な変更がないかぎり、人民解放軍はシリコンバレーから単純に購入するだけで、必要な計算能力の大部分を手に入れられるだろう。

当然ながら、高度な計算能力を兵器システムに応用しようとしている軍は、人民解放軍だけではない。中国軍の戦闘力が増すにつれ、国防総省は新しい戦略が必要だという認識を強めてきた。

すると、2010年代中盤、チャック・ヘーゲル国防長官ら高官が、新たな「相殺《オフセット》」戦略の必要性を訴え始めた。これは、ソ連の量的な優位性に打ち勝つためのウィリアム・ペリー、ハロルド・ブラウン、アンドリュー・マーシャルの1970年代の活動を引き合いに出したものだが、今日のアメリカも基本的に同じジレンマに直面している。とりわけ台湾海峡のような重要な戦域に配備できる艦船や航空機の数では、中国がアメリカを上回るのだ。

この新相殺戦略の知的な生みの親であるロバート・ワーク元国防副長官は、1970年代のロジックを明確に踏襲し、「戦車の数、航空機の数、兵員の数で、敵国やライバル国と張り合うつもりはない」と宣言した。つまり、米軍が勝つとすれば、それは決定的な技術的優位性によってである、と言っているのだ。[9]

では、その技術的優位性とは、具体的にどういうものなのか？　１９７０年代の相殺戦略の原動力となったのは、「デジタル・マイクロプロセッサ、情報技術、新型センサー、ステルス」だとワークは言う。しかし、今回、その力となるのは、「人工知能（ＡＩ）と自律性の分野における進歩」だろう。

実際、米軍はすでに初代の新型自律ドローン船を配備している。たとえば、セイルドローンという無人の帆船は、潜水艦を追跡したり、敵国の通信を傍受したりしながら、何カ月と海上を漂うことができる。

こうした機器は、海軍の一般的な軍艦と比べてはるかに安上がりなので、多数配備し、世界中の海のセンサーや通信にとってのプラットフォームの役割を果たすことができる。自律型の水上艦、航空機、潜水艦も開発や配備が進んでいる真っ最中だ。

こうした自律型のプラットフォームには、誘導や判断を行なうための人工知能が欠かせない。そして、搭載可能な計算能力が多ければ多いほど、人工知能の下す判断は賢くなるだろう。

１９７０年代の相殺戦略を実現する技術を開発したのはＤＡＲＰＡだ。そのＤＡＲＰＡが今では、計算が実現する戦争の新たな変革を期待させるシステムを開発している。現在、ＤＡＲＰＡ上層部が思い描いているのは、巨大な軍艦から小型のドローンにいたるまで、「互いに通信や連携の可能な、戦場全体に分散したコンピュータ群」である。[10]

何より難しいのは、誘導ミサイルのような単体の兵器に、計算能力を組み込むことではない。戦場全体に散らばる何千という兵器をネットワーク化し、互いにデータを共有して、より多くの判断を下せるようにするという部分だ。

ＤＡＲＰＡは「人間と機械の連携《ヒューマン・マシン・チーミング》」に関する研究プログラムに資金を提供しており、たとえば、人間のパイロットが操縦する戦闘機が、パイロットの目となり耳となる数機の自律型の無人機と並んで飛行する、といった例を思い描いている。[11]

冷戦の命運が、アメリカ製ミサイルの誘導コンピュータの内部を動き回る電子によって決したように、未来の戦争の命運は電磁周波数帯によって決するかもしれない。世界各国の軍が電子的なセンサーや通信にますます頼るようになるにつれ、メッセージの送信や敵の検知・追跡に必要な周波数帯へのアクセスをめぐる戦いがますます激化していくだろう。私たちは、電磁周波数帯を使った軍事作戦がどのようなものになるのか、そのほんの一部を垣間見たことがあるにすぎない。

たとえば、ロシアは、ウクライナとの戦いでレーダーや信号のさまざまな妨害電波を用いた。伝えられるところによると、ロシア政府は、ウラジーミル・プーチン大統領の外遊の際、おそらく安全対策の一環として、彼の周囲のＧＰＳ信号の妨害を行なっているという。[12]

ＤＡＲＰＡがＧＰＳ信号や人工衛星に頼らない代替のナビゲーション・システムについて研究しているのは、決して偶然ではない。ＧＰＳシステムが使用不能になったとしても、アメリカのミサイルを標的に的中させられるようにするためだ。[13]

電磁周波数帯をめぐる戦いは、半導体によって行なわれる見えない争いになるだろう。レーダー、電波妨害、通信はすべて、複雑な無線周波数チップやD－Aコンバータ〔アナログ信号をデジタル信号に変換する機器〕によって管理される。これらは空いている周波数帯を利用するよう信号を変調したり、特定の方向に信号を送信したり、敵のセンサーを妨害しようとしたりする。

と同時に、強力なデジタル・チップは、レーダーや妨害装置の内部で、受信した信号を評価し、送信する信号をものの数ミリ秒のうちに判断する複雑なアルゴリズムを実行する。軍の検知能力、通信能力を左右するのはその部分だ。[14] 実際、自律型の無人機は、自分の現在地や進んでいる方向が判断できなければ、たいして使い物にならないだろう。

未来の戦争は、これまで以上に半導体に依存するようになる。たとえば、ＡＩアルゴリズムを実行する強力なプロセッサ、データを処理する巨大なメモリ・チップ、電波の検知や生成を担う精密なアナログ・チップなどである。

２０１７年、ＤＡＲＰＡは軍事的に重要な次世代の半導体技術の開発を促すため、エレクトロニクス復興イニシアチブ（Electronics Resurgence Initiative）と呼ばれる新規プロジェクトを立ち上げる。[15] ある意味、半導体に対するＤＡＲＰＡの新たな関心は、その歴史から自然と再燃したといっていい。

事実、カリフォルニア工科大学のカーバー・ミードのような先駆的な学者に資金を提供し、半導体設計ソフトウェア、新しいリソグラフィ技術、トランジスタ構造の研究を媒介したのがＤＡＲＰＡだった。[16] それでも、ＤＡＲＰＡとアメリカ政府は、半導体産業の未来を形づくるのが、いまだかつてなく難しくなっていることに気づいている。ＤＡＲＰＡの予算は年間数十億ドルと、半導体業界の大半の大手企業の研究開発予算には及ばないからだ。もちろん、インテルやクアルコムといった企業が、数年で実現できるプロジェクトに予算の大半を割いている一方で、ＤＡＲＰＡは型破りな研究アイデアにずっと多くの予算を投じているという事情もある。

しかし、全般的に、アメリカ政府の購入する半導体は、世界の半導体全体から見て過去最低の割合になっている。１９６０年代初頭、アメリカ政府はフェアチャイルドやテキサス・インスツルメンツの生産した初期の集積回路をほぼ買い占めていたが、１９７０年代になるとその割合は10～15％まで減少した[17]。

現在では、アメリカの半導体市場全体の約２％を占めるにすぎない。つまり、半導体の買い手としては、アップルＣＥＯのティム・クックのほうがどの国防総省当局者よりも、半導体産業に対して大きな影響力を握っているわけだ。

半導体づくりには巨額のコストがかかるため、国防総省でさえ自前で生産する余裕はないのが実情だ。アメリカ国家安全保障局はかつて、メリーランド州のフォート・ミード本部に半導体工場を所有していたこともあるが、２０００年代になり、ムーアの法則のペースに従って工場を更新し続けるのは割に合わない、との結論に至った。今日では、最先端のチップ１枚を設計するのにも、数億ドルの費用がかかることもある。最重要プロジェクトを除けば、とうてい割に合うものではない[18]。

そういうわけで、米軍と政府の諜報機関は、いずれも半導体の製造を「信頼できるファウンドリ」へと外部委託している。これは、アメリカが世界トップクラスの技術を有するアナログ・チップや無線周波数チップの場合は比較的簡単だ。

ところが、ロジック・チップとなると、厄介なジレンマに直面する。インテルの生産能力はほぼ最先端に近いのだが、同社が生産しているのは、主に自社のPC事業やサーバ事業向けのチップだ。一方、TSMCとサムスンは、台湾と韓国に最先端の製造能力を有している。そして、半導体の組立とパッケージングも、かなりの割合がアジアで行なわれている。

したがって、国防総省がコスト削減のために既製部品を利用しようとすればするほど、それだけ機器の購入を海外に頼るはめになるのだ。

そのため、海外で製造や組立が行なわれた半導体は、バック・ドア〔システム内部に不正侵入できる裏口〕がつけ加えられたり、意図的な欠陥が書き込まれたりする危険性が高まるのではないか、と米軍は危惧している。

しかし、国内で設計・製造された半導体にも、予期せぬ脆弱性が存在しないとはかぎらない。2018年、広く利用されているインテルのマイクロプロセッサ・アーキテクチャに、スペクターとメルトダウンという2種類の根本的な欠陥が発見された。これはパスワードなどのデータのコピーを可能にするもので、セキュリティ上の重大な欠陥だった。[19]

ところが、『ウォール・ストリート・ジャーナル』紙によれば、インテルはアメリカ政府に通知する前に、真っ先に中国のテクノロジー企業を含む顧客にこの欠陥を公表したという。この事実は、半導体産業への影響力の低下を嘆く国防総省当局者の懸念をいっそう強めただけだった。[20]

DARPAは現在、半導体の不正な改ざんを防止する技術、または半導体が意図したとおりに製造されていることを検証する技術に投資している。米軍が最先端のアナログ電子機器やデジタル電子機器の国内での設計、製造、組立を、テキサス・インスツルメンツのような企業にまるまる委ねられた時代は、とっくに過ぎ去ってしまった。今日では、製品の一部を海外から、そしてその多くを台湾から購入せずにすませる方法など存在しないのだ。

そこで現在DARPAが賭けているのが、マイクロエレクトロニクスに対する「ゼロ・トラスト」アプローチを実現するための技術である。[21] つまり、何事もいっさい信用《トラスト》せず、すべてを検証するという考え方だ。たとえば、改変の試みを検出できる微細なセンサーをチップに埋め込む、というような技術が考えられる。

しかし、マイクロエレクトロニクスを使って新たな〝相殺〟を促し、中国やロシアに対する決定的な軍事的優位性を確立し直すという試みには、アメリカが今後も半導体分野でリードを保ちつづける、という前提がついて回る。

今となってみると、これはかなり危険な賭けに見えてならない。ライバルより「速く走る」戦略をとっていた時代、アメリカは半導体製造工程の一部分野で後れを取ってしまった。特に顕著なのは、先進的なロジック・チップの製造をますます台湾に依存するようになったことだ。

30年間、アメリカの半導体産業の絶対王者に君臨していたインテルは、今や明らかに足下がふらついており、業界人の多くが同社は決定的な後れを取ってしまったと考えている。

その一方で、中国は自国の半導体産業に何十億ドルと注ぎ込み、外国企業に機密技術を移転するよう圧力をかけている。どの大手半導体メーカーにとっても、中国の消費者市場はアメリカ政府よりはるかに大事な顧客なのだ。

先進技術の獲得を目指す中国政府の活動。米中のエレクトロニクス産業の深い相互関係。台湾での製造に対する両国共通の依存。そのすべてが疑問を生む。アメリカはただでさえ走るスピードが落ちているのに、米軍の未来を、優位性を失いつつある技術に賭けようとしているのだ[22]。

国防総省でこの問題に取り組んだマシュー・ターピンはこう主張する。「中国人がわれわれと同じ車に乗っているというのに、相殺戦略で前に抜け出そうなんて考えは、実現不可能に近い[23]」

「攻撃を開始せよ」——そう習近平は宣言した。中国指導部は、外国の半導体メーカーへの依存が命取りになると気づいたのだ。そこで、外国の半導体メーカーを買収し、技術を盗み出し、国内の半導体メーカーに何十億ドルという補助金を提供することで、世界の半導体産業を再編する計画を打ち出した。

現時点ではまだ、アメリカ製チップの多くを合法的に購入できるものの、「軍の知能化」を目指す人民解放軍は現在、これらの活動を通じてアメリカの規制をかいくぐろうと狙っている。対する国防総省もまた、中国軍の現代化によって、特に中国沖合の係争海域で両大国の軍事力の差が縮まったことを認め、独自の相殺戦略に乗り出した。台湾はもはや、米中両軍が未来を賭けている先進的な半導体の単なる供給国ではない。もっとも有力な未来の戦場でもあるのだ。

# 第VIII部

# 武器化する半導体

第49章

# 半導体の支配という土台

インテルCEOのブライアン・クルザニッチは、世界の半導体産業でシェア拡大を狙う中国の勢いに、不安を隠せずにいた。アメリカ半導体産業の業界団体、米国半導体工業会の2015年の会長を務めていたクルザニッチの仕事は、アメリカの政府関係者たちと親交を深めることだった。ふつうであれば減税や規制緩和を求めるところだが、今回の話題はちがった。中国の巨額の半導体補助金に対して何か手を打つよう、政府を説得しようとしていたのだ。

アメリカの半導体メーカーはどこも同じ苦境に見舞われていた。アメリカのほとんどの半導体メーカーにとって、中国は重要な市場だった。中国の顧客に直接製品を販売しているか、チップを中国の工場でスマートフォンやコンピュータへと組み立てていたからだ。

中国政府はアメリカ企業を自国のサプライ・チェーンから締め出すことを正式な政策として掲げてい

たが、中国政府の強権的な手法に押されたアメリカの半導体メーカーは、中国の補助金に口をつぐむしかなかった。

オバマ政権の高官は、鉄鋼や太陽光パネルといった業界から中国に関する苦情が来るのには慣れきっていた。しかし、ハイテクは本来、アメリカが競争上優位に立つお家芸ともいうべき分野のはずだった。したがって、クルザニッチと面談したとき、「彼の目に恐怖の色が浮かんでいる」ことに気づいたオバマ政権の高官は、たちまち不安になった。[1]

もちろん、インテルのCEOたちは昔からパラノイアの傾向があった。しかし、今はどの時代よりも、インテル、そしてアメリカの半導体産業全体が不安を抱くまっとうな理由があった。

実際、中国はアメリカの太陽光パネル製造を廃業に追いやっていた。同じことが半導体でも起きる可能性は？「この2500億ドルという巨額の出資は、われわれを一発で葬り去ることになるだろう」とあるオバマ政権の当局者は危惧した。その人物が述べていたのは、中国の中央政府や地方政府が国内の半導体メーカーを支援するために拠出を約束した補助金のことだった。[2]

2015年ごろになると、アメリカ政府の奥深くで、歯車が少しずつ変化し始める。政府の貿易交渉者たちは中国の半導体補助金を国際協定への重大な違反とみなし始めた。国防総省《ペンタゴン》は計算能力を新たな兵器システムに応用しようとする中国の活動を慎重に監視し続けた。情報機関や司法省はアメリカの半導体メーカーを締め出そうとする中国政府と産業界の共謀の証拠を次々と発掘していった。

それでも、グローバル化の推進と、相手より「速く走る」、というアメリカのテクノロジー政策の2本柱は、産業界の働きかけだけでなく、アメリカ政府内の知的合意によっても、政府に深く刻み込まれていた。

おまけに、アメリカ政府の関係者の大半は、半導体がなんたるかもほとんど知らない有様だった。そのせいで、半導体に関するオバマ政権の動きは鈍重だった、と関係者のひとりは振り返る。単純に、半導体を重大問題のひとつとしてとらえる政府高官が少なかったからだ。[3]

そういうわけで、政府がようやく重い腰を上げたのは、オバマ政権末期になってからのことだった。2016年終盤、大統領選挙の6日前、ペニー・プリツカー商務長官がワシントンで半導体に関する注目の演説を行ない、「半導体技術がアメリカの創造性の中心的特徴、そして経済成長の原動力であり続けることは不可欠だ。リーダーとしての地位を明け渡すわけにはいかない」と宣言した。[4]

彼女は中国を最大の脅威とみなし、「不公正な貿易慣行や、市場を無視した巨大な国家介入」を非難し、「商業的な目的ではなく政府の思惑に基づいて企業や技術を獲得しようとする中国の新たな試み」を槍玉に挙げた。この告発は、紫光集団による無節操な買収活動に端を発したものだった。

しかし、オバマ政権の寿命が迫るなか、プリツカーにできることなどないに等しかった。代わりに、オバマ政権が掲げたささやかな目標は、対話の種を蒔き、願わくは次期ヒラリー・クリントン政権に対話を前進させてもらう、というものだった。

プリツカーは商務省に半導体サプライ・チェーンの調査を命じ、「半導体産業を私物化するための1500億ドル規模の産業政策を断じて認めるわけにはいかない、とあらゆる機会を通じて中国指導部にはっきりと主張する」ことを約束した。しかし、中国の補助金を口で非難するのは簡単でも、それをやめさせるのははるかに難しかった。

同じころ、ホワイトハウスは半導体分野の経営幹部や学者たちからなるグループに、半導体産業の未来に関する調査を依頼した。同グループは、オバマが大統領を辞する数日前に報告書を発表し、既存の戦略をいっそう強化するよう促した。[5]

その最大の提案は、「相手より速く走り、競争に勝つ」という、まるで1990年代からコピー&ペーストしてきたような助言だった。確かに、イノベーションの灯《ひ》を絶やさないことは明らかに重要だったし、ムーアの法則を継続することは競争上不可欠だった。

しかし、現実を見れば、アメリカ政府が相手より「速く走っている」と思い込んでいた数十年のあいだに、ライバル国が続々と市場シェアを伸ばし、全世界がいくつかの急所に驚くほど依存するようになっていた。台湾はその最たる例だ。

アメリカ政府や半導体産業の内部では、ほとんどの人々がグローバル化を信奉していた。グローバル化は文字どおり「グローバル」な現象であり、技術の拡散は止められない。他国の技術力が進歩することはアメリカの利益になるし、仮にそうでないとしても技術の進歩は続いていく――新聞各紙や学者たちは一様にそう報告した。「一国による単独行動は、半導体産業がグローバル化した世界ではますます効果を失っている」とオバマ政権の半導体報告書は述べた。「原理的には、政策で技術の拡散を遅らせることはできるが、その広がりを止めることは不可能だ」。こうした主張はどれも、裏づけとなる証拠があったわけではなく、金科玉条のごとく扱われていた。

しかし、現実には、半導体製造の〝グローバル化〟など起きていなかった。起きていたのは〝台湾化〟だ。技術は拡散するどころか、替えのきかない少数の企業に独占されていたのである。アメリカのテクノロジー政策は、容易に誤りだとわかるグローバル化に関する妄言にとらわれていたといっていい。競争は企業同士がするべきであり、政府の役目は単に公平な競争の場を提供することだ、と政府が思い込んでいるあいだに、製造、リソグラフィ、その他の分野におけるアメリカの技術的なリードは消失してしまった。自由放任主義的な制度は、すべての国が同意してこそ成り立つ。だが、多くの政府、特にアジアの政府は、半導体産業の支援に深く関与していた。

しかし、半導体産業の貴重な一部をつかみ取ろうとする他国の活動に目をつぶっているほうがラクだと考えたアメリカの当局者たちは、自由貿易や自由競争に関する美辞麗句をただオウムのように繰り返すばかりだった。そうするあいだに、アメリカの地位は後退していった。

ワシントンやシリコンバレーの礼儀正しい社会では、多国間主義、グローバル化、イノベーションといった言葉をただ繰り返しているほうが気楽だった。こうした概念はあまりにも当たり障りがないので、権力ある立場の人間を不快にさせることがないからだ。

中国やTSMCを怒らせるのではないかとビクビクしていた半導体産業自体もまた、ロビー活動に膨大な資源を割いて、半導体産業がどれだけ〝グローバル〟になったのかについて虚言を繰り返した。こうした考え方は、アメリカ一極時代に両党の高官たちを導いていた自由主義や国際主義の精神に、自然となじんだ。

全員がウィン・ウィンの協力関係を装っているあいだは、外国の企業や政府と会うのは楽しかった。だからこそ、アメリカ政府は、自国のほうがライバルより速く走っていると自分に言い聞かせ、自国の地位の悪化や、中国の能力の台頭、そして年々存在感を増していく台湾や韓国への過剰な依存に、見て見ぬふりをし続けたわけだ。

しかし、アメリカ政府の奥深くでは、国家安全保障局が別の見方を採用し始めていた。この政府部門は、パラノイアになることでお給料をもらっている。だから、安全保障当局者が中国のテクノロジー業界をより懐疑的に、政府をより批判的にとらえるのは当然のことなのだ。

当局者の多くは、世界の重要な技術システムに対する中国の影響力が高まっていると危惧していたし、中国が世界有数の電子機器の生産国という地位を利用して、製品にバック・ドアを組み込み、アメリカが何十年も前からしてきたように、より効果的な諜報活動を行なうようになる、とも推測していた。

未来の兵器を開発している国防総省の当局者たちは、今後、半導体依存がどれだけ高まるかに気づき始めた。一方、通信インフラに注目する当局者たちは、アメリカの同盟国が欧米よりもZTE（中興通訊）やファーウェイといった中国企業の通信機器のほうを購入し始めている状況に不安を抱いていた。

アメリカの情報当局は、ファーウェイと中国政府のあいだにあるとされてきた関係に、長年懸念を表明していたが、ファーウェイと、もう少し小ぶりな同業企業のZTEがようやく世間の注目を浴びるようになったのは、2010年代中盤のことだった。

両社とも競合する通信機器を販売していた。ZTEは国有企業であり、ファーウェイは民間企業とはいえ政府と親密な関係にあると噂されていた。両社とも数十年前から、複数の国々の当局者に賄賂を渡して契約を勝ち取ったという疑惑と闘っていた。[6]

そして、2016年、オバマ政権の最後の年、両社はイランや北朝鮮に商品を供給し、アメリカの規制に違反したとして告発される。[7]

オバマ政権は、ＺＴＥに対する金融制裁を検討した。そうなれば、同社は国際銀行システムにアクセスできなくなっていただろうが、２０１６年、オバマ政権はアメリカ企業からＺＴＥへの販売を規制するという形で、ＺＴＥに罰則を与えるほうを選んだ。[8]

かつて、こうした輸出規制は、たとえばイランのミサイル計画に部品を供給する企業への技術移転を食い止めるといったように、軍事的な制裁対象に対して使われるのが主流だった。しかし、商務省は、民間技術の輸出も禁止する強大な権限を握っていた。そのアメリカ製の部品、特にアメリカ製のチップに大きく依存していたのが、ＺＴＥのシステムだったというわけである。

ところが、２０１７年3月、その規制が目前に迫るなか、ＺＴＥはアメリカ政府と司法取引を行ない、罰金を支払った。こうして、輸出規制は土壇場で回避されたのである。[9] 中国のテクノロジー大手に、アメリカ製チップの購入を禁止していたら、どれだけ劇的な展開になっていたか、ほとんどの者は知る由《よし》もなかった。

ＺＴＥの司法取引が署名されたのは、ちょうどトランプが政権を握ったころだ。トランプは中国を繰り返し「盗人」呼ばわりしたが、細かい政策にはほとんど、そしてテクノロジーには皆目関心がなかった。[10] むしろ、彼の注目は貿易と関税にあった。ピーター・ナヴァロやロバート・ライトハイザーといったトランプ政権の幹部たちは、対中貿易赤字を減らし、オフショアリングを鈍化させようとしたが、その試みはおおむね失敗に終わった。

しかし、政治のスポットライトから遠く離れた場所、アメリカ国家安全保障会議では、やがてトランプの国家安全保障問題担当大統領副補佐官までのぼり詰める海兵隊上がりの元ジャーナリスト、マシュー・

ポッティンジャーを中心とする数人の当局者たちが、密かにアメリカの対中政策に変革を巻き起こし、その過程で数十年来のテクノロジー政策から脱却しようと画策していた。国家安全保障会議の対中強硬派が目を向けていたのは、関税ではなく、中国政府の地政学的な思惑や技術的な土台のほうだった。彼らはアメリカの地位が危険水位まで低下した責任は政府の怠慢にある、と考えていた。

トランプの指名を受けたある人物は、政権移行の最中、中国の技術的進歩についてオバマ政権の高官からこう言われたという。「これは非常に重要な問題だ。ただ、君にできることは何もない」[11]

だが、新政権の中国チームはこの意見に同意しなかった。ある政府高官によると、彼らの結論はこうだった。「21世紀のあらゆる競争の対象は、半導体の支配という土台の上に成り立っている」[12]。したがって、怠慢は許されない、と彼らは考えた。ライバルより「速く走る」という戦略も、彼らから見れば怠慢も同然だった。「相手より速く走ればすばらしい」と国家安全保障会議のある関係者は言った。しかし、この戦略は、「技術の移転を強要する中国の絶大な影響力」のせいで有効に機能していなかった。

そこで、新政権下の国家安全保障会議は、ずっと好戦的でゼロサム的なテクノロジー政策を採用した。財務省の投資審査部門の当局者から、国防総省のサプライ・チェーンの管理責任者まで、政府の要人たちが対中戦略の一環として半導体に注目し始めたのである。[13]

この方針に大きな不安を抱いたのが、半導体産業のリーダーたちだ。彼らは政府の支援は求めていたが、中国の報復を恐れていた。減税や規制緩和なら、アメリカでビジネスがしやすくなるので大歓迎だったが、多国籍のビジネスモデルを変更させられるのはごめんだった。

また、シリコンバレーに広がるトランプへの嫌悪感も問題を悪化させた。実際、インテルCEOのブライアン・クルザニッチは、トランプが大統領候補だったとき、彼の資金調達イベントの開催に同意し、世間の反発を浴びた[14]（インテルが女性やマイノリティの雇用支援を掲げていたことなどから、トランプの応援が社の方針に背くとみなされた）。その後、いったんはホワイトハウスの招集した諮問委員会にも参加したが、のちに辞任することになった。

トランプの国内政策には目をつぶっていた産業界の経営幹部たちも、気まぐれな彼を仲間にするのには躊躇した。そして、ツイッターで関税の導入を発表するというのも、CEO受けする戦術とはお世辞にもいえなかった。

しかし、半導体産業から上がってくる声も、トランプのホワイトハウスから漏れ出てくる矛盾した情報と五十歩百歩で、一貫性に欠けていた。表向きには、半導体メーカーのCEOやロビイストたちは、中国と折衝し、なんとか貿易協定に従わせるよう新政権に求めた。ところが内心では、この戦略は期待薄だと認め、国家の支援を受けた中国企業が自分たちから市場シェアを奪い取るのを恐れて戦々恐々としていた。

インテルのような半導体メーカーであれ、クアルコムのようなファブレス設計会社であれ、アプライド・マテリアルズのような装置メーカーであれ、半導体産業全体が事実上、中国への販売に依存していた。アメリカのある半導体メーカーの経営幹部は、ホワイトハウスの関係者のひとりに現状をこう皮肉交じりにまとめた。「われわれの根本的な問題は、最大の顧客が最大の競合相手でもある、という点なのだ[15]」

国家安全保障会議の対中強硬派は、アメリカの半導体産業を自分自身の呪縛から解く必要がある、と結論づけた。株主たちの気まぐれや市場原理のなすがままにされれば、アメリカの半導体メーカーはシリコンバレーが空洞化するまで、じわじわと人材、技術、知的財産を中国に譲り渡し続けるはめになる。

そこで、アメリカにはいっそう厳しい輸出管理体制が必要だ、と対中強硬派は考えた。輸出管理に関する政府の議論が半導体産業に乗っ取られ、中国企業が先進的な半導体設計や製造装置を大量に入手するのをみすみす許してしまったのだ、と。そこで、トランプ政権の高官たちが槍玉に挙げたのが、商務省と、半導体産業を代表して輸出規制反対のロビー活動を行なう法律事務所とのあいだにある天下りの関係だ。

しかし、こうした高官たちは、半導体サプライ・チェーンの複雑さを理解している政府内で数少ない面々でもあった。この天下りのせいで、規制が働かず、大量の技術が漏洩し、中国に対するアメリカの相対的な地位が低下した、というのだ。[16]

トランプ大統領の荒れくるうツイッター・フィードを目にした人々のなかに、議会から、商務省、ホワイトハウス、国防総省まで、政府の各部署が１９８０年代終盤以降見られない形で半導体に再注目しようとしていることに気づいた者は、ほとんどいなかった。実際、メディアの注目は、大衆の関心を最大限に高めるべく発表された、トランプの対中〝貿易戦争〟や関税引き上げへと注がれた。

そんなトランプが関税を課した数々の製品のなかに、半導体がまぎれ込んでいるのに気づいた一部のアナリストは、半導体を主に貿易問題のひとつとしてとらえた。[17]

しかし、政府の国家安全保障局の内部では、大統領の関税や貿易戦争は、水面下で着々と進められている一世一代のテクノロジー闘争からの注意そらしとしてとらえられていた。

2018年4月、トランプと中国の貿易紛争が激化するなか、アメリカ政府はZTEがアメリカの当局者に虚偽の情報を報告し、司法取引の条項に違反したと結論づけた。[18] その前年、ZTEとの交渉で大きな役割を果たしていたトランプ政権のウィルバー・ロス商務長官は、ある補佐官によると「激怒」したそうだ。商務省はアメリカ企業からZTEへの製品販売に再び制限を課したが、ある関係者によれば、この決定は「ほとんど誰にも悟られないまま」粛々と進められたという。[19]

突然規制が復活すると、ZTEは再びアメリカ製の半導体を購入できなくなった。アメリカが政策を転換しないかぎり、ZTEが崩壊に突き進むのは目に見えていた。

しかし、トランプ本人は、テクノロジーよりも貿易に関心があった。彼はZTEの締めつけを、習近平に対して影響力を及ぼす道具としてしか見ていなかった。そういうわけで、習から取引の提案があると、トランプはオファーを喜んで受け入れた。そして、「中国で大量の仕事が失われる」ことへの懸念から、ZTEの事業を存続させるための着地点を見つけた、と自慢げにツイートした。[20]

こうしてすぐに、ZTEはアメリカの供給業者との取引再開を条件に、追加の罰金を支払うことに同意する。トランプは貿易戦争における影響力を手に入れたと思っていたが、蓋を開けてみれば、それは錯覚だった。政府の対中強硬派は、トランプに中国政府への譲歩をしつこく勧めたスティーヴン・ムニューシン財務長官などの高官に、彼がだまされたのだと考えていた。ZTEの物語が何より証明したのは、世界の大手テクノロジー企業がどれだけアメリカ製の半導体に依存しているか、ということだった。

半導体は、前出の政権関係者が言ったような、「あらゆる競争の対象」の単なる「土台」などではなかった。それは破滅的な兵器にもなりうるのだ。

# 第50章 福建省晋華集積回路

「消去　コンピュータ　データ」。ケニー・ワン（王永銘）はグーグルにそう入力し、マイクロンのネットワークから機密ファイルをダウンロードした痕跡を隠すプログラムを検索した。[1]グーグルの検索結果に満足できなかった彼は、別の検索を試した。「消去　コンピュータ　使用履歴」。最終的に彼が見つけ、実行したのは、会社支給のHP製ラップトップからファイルの消去を試みる「シークリーナー」というプログラムだった。

しかし、このプログラムをもってしても、彼が勤め先であるアメリカのメモリ・チップ大手、マイクロンから900個の機密ファイルをダウンロードし、USBメモリに保存して、グーグル・ドライブにアップロードした痕跡を隠すことはできなかった。そのファイルには「マイクロン社外秘／複製禁止」というラベルがつけられていたが、彼が複製したのはファイルだけではなかった。彼はマイクロンの詳細なチップ・レイアウトが記されたファイル、リソグラフィ工程用のマスクの詳しい製造方法、テストや歩留《ぶど》まりの詳細をダウンロードして、マイクロンの最先端のDRAMチップの秘密の製法まで複製しようとしたのだ。それは、マイクロンの推定によれば、一から再現するのに数年の歳月と数億ドルの費用がかかる秘密だった。

現在、DRAMチップの世界市場を支配するのは、マイクロンと、韓国のライバル企業であるサムスンおよびSKハイニックスの3社だ。台湾企業は、1990年代から2000年代にかけてDRAM事業に参入しようとしたが、高利益な事業の確立に失敗した。DRAM市場には規模の経済性が不可欠なので、小規模メーカーが価格面で競争力を保つのは難しいのだ。

台湾は持続可能なメモリ・チップ産業の構築に成功しなかったものの、日本と韓国はいずれも1970年代から1980年代にかけて半導体産業に初めて参入したとき、DRAMチップにいち早く照準を定めた。

DRAMの生産には、専門的なノウハウ、先進的な装置、巨額の設備投資が必要になる。先進的な装置なら、全般的にアメリカ、日本、オランダの大手装置メーカーから既製品を調達できる。難しいのは、ノウハウの部分だ。1980年代終盤にDRAM事業に参入したサムスンは、マイクロンから技術のライセンス供与を受け、シリコンバレーに研究開発施設を開設し、アメリカで教育を受けた何十人という博士たちを雇った。だが、もうひとつ、より手軽なノウハウの入手方法がある。従業員を引き抜き、ファイルを盗むという方法だ。

中国の福建省《ふっけん》は、台湾から見て海峡のすぐ真向かいにある。福建省の歴史的な港町である廈門《アモイ》の港には、台湾が実効支配する金門島《きんもん》（中国大陸から最短6キロメートルほどの距離にある小さな島）があり、冷戦の緊張がもっとも高まった時代に、毛沢東率いる軍が砲撃を繰り返した地として知られる。

台湾と中国福建省の関係は密接だが、常に友好的というわけではない。それでも、福建省が福建省晋華集成電路（ＪＨＩＣＣ、以下「晋華」）というＤＲＡＭチップ・メーカーの開業を決め、50億ドル以上の資金提供を行なったとき、晋華は台湾との提携こそが成功のいちばんの近道だと考えた。[2] 台湾には先進的なメモリ・チップ・メーカーこそなかったが、マイクロンが２０１３年に買収したＤＲＡＭ工場があった。

しかし、マイクロンは晋華を危険なライバルとみなしていたので、手を貸すつもりなどさらさらなかった。まんがいち晋華がＤＲＡＭ技術を身につければ、巨額の政府補助金を追い風に競争で大きく優位に立ち、ＤＲＡＭ市場を安価なチップで満たして、マイクロン、サムスン、ハイニックスの利益を浸食していくだろう。

このＤＲＡＭ市場のビッグ・スリーは、何十年もかけて超専門的な技術工程に投資し、この地球上で最先端のメモリ・チップを生み出すどころか、定期的な改良とコスト削減を重ねてきたのだ。その専門知識は特許で守られていたが、いっそう重要なのは同社の技術者だけが持つノウハウだった。

競争を生き抜くためには、公正な手段か不正な手段かはともかく、その製造のノウハウを入手する必要があった。実際、半導体産業には、あらゆる策を弄してライバル企業の技術を手に入れてきた長い歴史がある。その歴史は、１９８０年代の日本の一連の知的財産侵害訴訟までさかのぼる。

しかし、晋華の手法は、どちらかというとソ連ＫＧＢのＴ局に近かった。まず、晋華は、（メモリ・チップではなく）ロジック・チップを製造する台湾のUMCと契約を結んだ。UMCがDRAMの製造に関する専門知識を提供する見返りとして、7億ドルの報酬を受け取る、というものだ。[3]

ライセンス契約は半導体産業では珍しくもないが、この契約には不可解な点があった。UMCはDRAM技術の提供を約束したが、DRAM事業を営んでなどいなかったのだ。[4]

すると、2015年9月、UMCは、マイクロンの台湾工場から数名の従業員を引き抜く。ひとり目が台湾マイクロン社長のスティーヴン・チェン（陳正坤）であり、UMCのDRAM技術の開発や晋華との関係の管理を任された。翌月、UMCは続いてマイクロンの台湾工場の工程管理責任者、J・T・ホー（何建廷）を雇った。

翌年、彼はまだマイクロンの台湾工場で働いていた元同僚のケニー・ワンから一連の文書を受け取る。結局、ワンはグーグル・ドライブにアップロードされた900個のファイルを携え、マイクロンからUMCに移った。[5]

この共謀についてマイクロンから通告を受けた台湾の検察当局は、ワンの電話を盗聴して証拠固めを始めた。[6]すぐにUMCを告発するに足る証拠が集まったが、すでにUMCはマイクロンから盗み出した技術の一部について、特許申請を行なっていた。

マイクロンがUMCと晋華を特許侵害で訴えると、両社は中国の福建省でマイクロンを訴え返した。福建省の法廷は、マイクロンがUMCと晋華の特許を侵害したという裁定を下した。その特許というのは、マイクロンから盗み出した情報を使って申請されたものだった。

こうした状況の〝是正〟のため、福州市《ふくしゅう》〔福建省の省都〕の中級人民法院は、マイクロンが同社最大の市場である中国で26種類の製品を販売することを禁じた。[7]

これは国家支援による知的財産の窃取の完璧な事例であり、中国で事業を営む外国企業はずっと昔から不満を漏らしていた。当然ながら、台湾人は、中国人が知的財産関連の規則に従わない理由を身にしみて理解していた。

実際、１９６０年代にテキサス・インスツルメンツが初めて台湾にやってきたとき、李國鼎《りこくてい》経済部長は、「知的財産なんてものは帝国主義者が後進国いじめに使う道具だ」と一笑した。[8] それでも、台湾は、知的財産関連の規範を尊重したほうがいい、と結論づけた。台湾企業が独自の技術を開発し始め、守るべき特許を抱えるようになると、いっそうその傾向は強まった。

知的財産の専門家たちの多くは、中国企業がより高度な製品を生産するようになるにつれて、知的財産を窃取することは減っていくだろう、と予測したが、この説を裏づける証拠はあやふやだ。オバマ政権が中国の諜報当局と結んだ協定により、諜報当局は盗み出した秘密を中国企業に提供するのをやめることに合意したが、その努力も虚しく、アメリカ人がこの問題について忘れると、たちまちハッキング活動が再開した。[9]

中国に公正な裁判を期待できる理由など、ないに等しかった。台湾やカリフォルニアで訴訟に勝ったとしても、福建省のいかさま裁判でマイクロンが同社最大の市場から締め出されるなら、なんの意味もなかった。同じころ、アメリカの半導体製造装置メーカーのビーコ・インスツルメンツが、中国の競合企業であるＡＭＥＣ（中微半導体設備）を相手にアメリカの裁判所で知的財産訴訟を起こすと、ＡＭＥＣも福建省の地方裁判所でビーコを訴え返した。マイクロンの競合企業が所在するのと同じ省だ。

ニューヨークの裁判官がビーコに有利な形で仮差し止め命令を出すと、福建省の裁判所も仮差し止め命令で応酬し、ビーコが中国に装置を輸入するのを禁じた。これは、中国の法律の専門家であるカリフォルニア大学バークレー校のマーク・コーエン教授によると、中国の特許侵害訴訟全体の０・01％でしか生じない措置だという。

アメリカの裁判には数カ月がかかったが、福建省の裁判所はわずか９営業日で決断を下した。その裁定の詳細自体がいまだ秘密に覆われている。[10]

マイクロンも同じ運命に直面するのは目に見えていた。マイクロンの機密が晋華の手のなかにある以上、数年後には、晋華がＤＲＡＭチップを量産し始めるのはまちがいない、と考えるアナリストもいた。その時点で、マイクロンが中国市場に復帰できたとしても、まるで意味がない。そのころには、晋華はマイクロンの技術でチップを生産し、補助金頼みの価格でチップを販売していることだろう。これがオバマ政権時代に起きていたら、厳しい声明を出すだけで終わっていたに違いない。

アメリカ政府の本格的な支援は期待できないと悟ったアメリカのＣＥＯたちは、中国市場へのアクセスを取り戻せることを期待し、知的財産を譲り渡すことで中国政府と手を打ったはずだ。せいぜい怒りに満ちたプレスリリースが発表される程度ですむと高をくくった晋華は、マイクロンを精一杯絞り上げ、ほかの外国企業は、自分が次の餌食になるかもしれないと思いつつ、静観を貫いていたことだろう。

この構図を変えると決意したのが、国家安全保障会議の対中強硬派だった。トランプ大統領自身はマイクロンに特別な関心を示さなかったとはいえ、対中強硬派にとって、マイクロンの事例はトランプが是正を約束した不公正な貿易そのものだった。

政権の高官のなかには、オバマ大統領が2015年に署名した、サイバー・スパイ活動に関する大統領令のなかで提起された権限を用いて、晋華に金融制裁を課すべきだと考える者もいたが、中国の大企業に対して実際にその命令が行使されたことはまだなかった[11]。

熟考ののち、トランプ政権はZTEに対して用いたのと同じカードを切ることにした。貿易規制で貿易紛争に対処するほうが賢明だと考えたのだ。こうして、晋華はアメリカ製の半導体製造装置の購入を禁じられた。

アプライド・マテリアルズ、ラムリサーチ、KLAといったアメリカ企業は、シリコン・ウェハー上に超薄膜を形成する装置や、ナノメートル単位の欠陥を識別する装置など、替えのきかない装置を独占的に製造している。いまだアメリカ製が大部分を占めるこれらの装置なくして、先進的な半導体を生産することはできない。これに匹敵する装置を製造する企業は、あとは日本にしか存在しないため、日米政府が結託すれば、どの国のどの企業も、先進的な半導体をつくれなくなるのだ。

日本の強力な行政機関である経済産業省の当局者と綿密な協議を重ねた結果、トランプ政権は、日本政府が晋華に対する厳しい措置を支持し、日本企業が同社に対するアメリカの規制に横槍を入れないよう配慮する、という確証を得た[12]。

こうして、アメリカは、世界のどの国の半導体メーカーでさえも廃業に追い込める新しい強力兵器を手に入れた、というわけだ。

当然ながら、ムニューシン財務長官のようなトランプ政権の穏健派は不安になった。しかし、輸出規制を課す権限を持つウィルバー・ロス商務長官は、ある補佐官によると、「どうしてこいつを使わないんだ?」と考えていたという。[13]

こうして、晋華が重要な半導体製造装置を販売するアメリカ企業に支払いを済ませたあと、アメリカはその輸出を禁止した。数カ月足らずで、晋華の生産はぴたりと停止し、中国最先端のＤＲＡＭメーカーは、あっという間に破壊された。[14]

第51章

# ファーウェイ排除

「あの会社をこう呼ぼう。スパイウェイだ」。トランプ大統領は、お気に入りのテレビ番組のひとつ「フォックス・アンド・フレンズ」の司会者からファーウェイについて訊かれると、そう答えた。「あいつらの装置はアメリカに必要ない。われわれを監視しているからね。やつらはぜんぶ知っている」[1]

技術インフラを使って機密情報を盗めることなど、なんの暴露にもならなかった。国家安全保障局の元局員、エドワード・スノーデンが同局の最高機密の多くを公開し、2013年にロシアへと逃亡すると、アメリカのサイバー探偵たちの能力についての情報が、世界中の新聞でたびたび議論されるようになった。中国の驚異的なハッキング能力もまた、機密とされるアメリカ政府のデータが次々と漏洩して話題になると、一躍有名になった。

国防総省《ペンタゴン》や国家安全保障局の内部では、ファーウェイはスパイ問題というより（とはいえ、アメリカ当局者たちは同社が中国のスパイ技術の向上に手を貸しかねないと確信していたが）、技術的な優位性をめぐる長い戦いにおける第一関門としてとらえられていた。

米軍の新たな相殺《オフセット》戦略に取り組んだ国防総省当局者のマシュー・タービンから見れば、ファーウェイはアメリカのテクノロジー産業にはびこる幅広い問題の表われだった。中国企業がアメリカ製のソフトウェアで半導体を設計し、アメリカ製の装置で半導体を製造し、アメリカの消費者向けにつくられた機器にその半導体の多くを組み込んでいる点を考慮すると、中国企業は「アメリカのシステムの内部に潜り込んでいるも同然だ」と彼は言った。

とすれば、「アメリカがイノベーションで中国を出し抜き、そのイノベーションの成果から中国人を排除する」ことなど不可能だった。[2] ファーウェイやその他の中国企業は、アメリカが軍事と戦略の両面で中国に対して技術的優位に立つうえで支配しなければならないと考える技術分野で、中心的な役割を占めていた。「ファーウェイは、われわれが中国との技術競争で犯してしまったすべての過ちを代弁する生き証人となったのだ」とトランプ政権の別の高官は述べた。[3]

ファーウェイに対する懸念は、トランプ政権やアメリカだけで収まる話ではなかった。オーストラリアの安全保障当局は、たとえファーウェイが自社のソフトウェアのソース・コードやハードウェアへのアクセスを明け渡したとしても、安全保障上のリスクは軽減しえない、と結論づけた。

その結果、オーストラリアはファーウェイを５Ｇネットワークから締め出すことを決めた。オーストラリアのマルコム・ターンブル首相は当初、全面的な排除には懐疑的だった。オーストラリアのジャーナリストのピーター・ハーチャーによると、ターンブルは『５Ｇセキュリティ完全ガイド（Ａ

*Comprehensive Guide to 5G Security*)』と題する全480ページの本を自分で買い、テクノロジー専門家に的確な質問ができるよう5Gのセキュリティについて勉強したという。[4]

結局、彼はファーウェイ製品の禁輸以外に選択肢はないと確信した。こうして、オーストラリアはファーウェイ製の装置を5Gネットワークから正式に締め出した世界初の国となり、すぐに日本、ニュージーランド、ほかの国々も追従した。

しかし、すべての国が脅威を同じように評価したわけではない。中国の近隣諸国の多くは、ファーウェイに対して半信半疑であり、ネットワーク・セキュリティに関してわざわざリスクを冒したくはない、と思っていた。

対照的に、ヨーロッパでは、アメリカの昔ながらの同盟国のいくつかが、ファーウェイ製品を禁輸するよう説得してくるトランプ政権の圧力攻勢に、警戒の眼差しを向けた。東欧にあるアメリカの緊密な同盟国の一部はファーウェイ製品を公然と禁輸し、たとえばポーランドは2019年にファーウェイの元社員をスパイ容疑で逮捕した。[5] フランスもまた、密かに厳しい規制を課した。[6] その他のヨーロッパの大国は、中庸を探ろうとした。大量の自動車や機械類を中国に輸出しているドイツは、ファーウェイ製品を禁輸した場合に待ち受ける「結果」について、中国大使から警告を受けた。「中国政府が黙って見過ごすことはないだろう」とその中国大使は脅しをかけた。[7]

結局、さまざまな問題でドイツをただ乗り国家とみなしていたトランプ政権は、脅しに抵抗するようドイツに求めた。さらに意外だったのは、アメリカと〝特別な関係〟にあるはずのイギリスだ。アメリカはイギリスの5Gネットワークからファーウェイを排除し、スウェーデンのエリクソンやフィンランドのノキアといった代替業者から装置を購入するよう求めたが、イギリスがその要請を突っぱねたのだ。2019年、イギリス政府の国家サイバーセキュリティ・センターは、ファーウェイのシステムのリスクは禁止措置がなくても抑えられる、と結論づけた。

なぜオーストラリアとイギリスのサイバーセキュリティ専門家で、ファーウェイのリスク評価がここまでちがったのだろう？　技術的な面で見解の相違があったという証拠はない。たとえば、イギリスの規制当局は、ファーウェイのサイバーセキュリティ対策の不備についてきわめて批判的だった。[8]

しかし、実際に議論の焦点となったのは、中国が世界の技術インフラにおいていっそう大きな役割を果たすのを阻止するべきか否か、という点だった。イギリスの通信諜報当局の元トップであるロバート・ハニガンは、「中国が将来的に世界の技術大国になるという事実を受け入れ、今すぐそのリスクを管理し始めるべきだ。中国の技術的な躍進が止まるまでやり過ごそう、などと考えてはいけない」と訴えた。[9] 多くのヨーロッパ諸国もまた、中国の技術的進歩は必然であり、したがって阻止しようとしても意味がない、と考えていた。

しかし、アメリカ政府の考えはちがった。ファーウェイの真の問題は、同社が電話の盗聴やデータの窃取に手を貸したのか、という議論のはるか先にあった。ファーウェイの経営幹部がアメリカのイラン制裁に違反したことを認めると、アメリカ政府関係者の多くは憤慨したが、突き詰めれば、そんなことは余興にすぎなかった。[10]

真の問題は、中華人民共和国のひとつの企業が、1980年代終盤のシンプルな電話交換機から、2010年代終盤の最先端の通信機器やネットワーク機器へと、テクノロジーの梯子《はしご》を駆け上がった、という点にあった。今や、同社の年間の研究開発費は、マイクロソフト、グーグル、インテルといったアメリカのテクノロジー大手と肩を並べていた。中国のテクノロジー企業のなかで、もっとも成功した輸出業者であり、その過程で外国市場の詳細な知識を手に入れていた。

同社は基地局向けのハードウェアを生産するのみならず、最先端のスマートフォン向けチップの設計も行ない、ＴＳＭＣにとってアップルに次ぐ第二の顧客にまで成長していた。差し迫った疑問とはこうだ。アメリカにはファーウェイのような中国企業の成功を見過ごす余裕があるのか？

こうした疑問は、アメリカ政府の多くの人たちをそわそわさせた。数十年にわたり、アメリカのエリートたちは中国の経済発展を歓迎し、手を貸してきたからだ。また、アメリカは、日本の高度経済成長時代にソニーなどの日本企業に市場へのアクセスを提供し、その数十年後には韓国のサムスンにも同様の便宜を図って、アジア中のテクノロジー企業を応援してきたのだ。

ファーウェイのビジネスモデルは、世界のテクノロジー・エコシステムのなかで初めて主要な地位を勝ち取ったときのソニーやサムスンとそう変わらなかった。少しばかり競争が活発になるのは、世界にとって歓迎すべきことでは？

しかし、国家安全保障会議では、今や中国との競争はゼロサム・ゲームととらえられていた。つまり、ファーウェイは商業的な脅威というよりは戦略的な脅威とみなされていたのだ。ソニーやサムスンはアメリカの同盟国に拠点を置くテクノロジー企業だったが、ファーウェイはアメリカの主要な地政学的ライバルである中国を代表する企業といってよかった。こうした視点から見れば、ファーウェイの拡大は十分な脅威だったのである。

議会もまた、いっそう厳しく好戦的な政策を求めた。「アメリカはファーウェイを窒息させなければならない」と共和党のベンジャミン・サス上院議員は2020年に述べた。「現代の戦争は半導体を武器にして戦われる。だが、われわれはファーウェイにアメリカの設計をまんまと利用されていたのだ」[11]

つまり、要点は、ファーウェイが中国軍を直接支援しているという点よりも、むしろ同社が中国の半導体設計やマイクロエレクトロニクスのノウハウの全体的な水準を押し上げている、という点にあった。中国がより先進的な電子機器を生産すればするほど、同国はより先進的な半導体を購入することになり、世界の半導体のエコシステムはどんどん中国を中心に回るようになる。そのとばっちりを受けるのはアメリカだ。

さらに、中国でもっとも注目を浴びるテクノロジー企業を狙い撃ちにすることで、世界中の国々に、アメリカを敵に回す覚悟をしておけ、という警告メッセージを送ることにもなる。

こうして、ファーウェイの台頭を妨害することは、トランプ政権の執着となった。

トランプ政権は、初めてファーウェイへの圧力を強化すると決めたとき、同社へのアメリカ製チップの販売を禁止した。インテル製チップがあらゆる場所で使われており、ほかの多くのアメリカ企業がほとんど替えのきかないアナログ・チップを製造していることを踏まえると、この規制だけでも大打撃だった。

しかし、数十年にわたるオフショアリングの末、アメリカで行なわれる半導体の生産工程はかつてと比べてはるかに減少していた。たとえば、ファーウェイは自社で設計したチップを、最新のスマートフォン向けプロセッサを製造できる工場がないアメリカではなく、台湾のTSMCで製造していた。

よって、ファーウェイへのアメリカ製品の輸出を制限しただけでは、TSMCがファーウェイのために先進的なチップを製造するのは食い止められないのだ。

半導体製造のオフショアリングの結果、先進的な半導体製造へのアクセスを制限するアメリカ政府の能力は減退した、と考えてもおかしくはなかった。確かに、全世界の先進的な半導体製造がいまだアメリカ本土で行なわれていれば、ファーウェイを切り離すのは容易だっただろう。

しかし、アメリカにはまだ、とっておきの切り札が残っていた。たとえば、半導体製造のオフショアリングの過程で、半導体産業の急所の独占がますます進んだ。世界の半導体のほとんどは、アメリカに拠点を置くケイデンス、シノプシス、メンター（ドイツのシーメンスの所有だが拠点はオレゴン州にある）の3社のいずれかのソフトウェアを使って設計されている。インテルが自社で製造する半導体を除いて、最先端のロジック・チップはすべてサムスンとTSMCの2社だけで製造されており、両社とも安全保障を米軍に頼る国々に拠点がある。さらに、先進的なプロセッサの製造には、オランダのASMLという1社だけが独占的に生産しているEUVリソグラフィ装置が必要で、ASMLはというと、EUVリソグラフィ装置に不可欠な光源を供給するサンディエゴの子会社、サイマー（2013年に買収）に頼っている。

一握りの企業だけがつくっている装置、材料、ソフトウェアが必要不可欠なステップがこれだけ多くあるとなると、半導体製造工程の急所を押さえるのははるかにやさしくなる。この急所の多くは、いまだアメリカが握っていた。そして、残りの大部分は、アメリカと緊密な同盟関係にある国々が。

そのころ、ヘンリー・ファレルとアブラハム・L・ニューマンのふたりの学者は、国際的な政治経済関係が、ふたりのいう「武器化した相互依存」の影響をますます受けるようになっていることに気づいた。[12] 世界の国々はいまだかつてなく複雑に絡み合っていたが、対立が和らぎ、協力が促されるどころか、相互依存の関係が新たな競争の場を生み出していた。世界の国々を結びつけるネットワークそのものが、紛争の領域になったのだ。

たとえば、金融分野で、アメリカは他国が依存する銀行システムへのアクセスを武器化して、イランに制裁を加えた。前出の学者たちが心配していたのは、アメリカ政府が貿易や資本の流れを政治的な武器として使い、グローバル化を脅《おびや》かし、予期せぬ危険な影響をもたらすリスクについてだった。トランプ政権は、それとは対照的に、半導体サプライ・チェーンを武器化する無二の力が自分たちにある、と結論づけた。

2020年5月、政権はファーウェイに対する規制をいっそう強化する。[13] こんどは商務省が、「ファーウェイがアメリカの技術やソフトウェアを使用して半導体を設計し、海外で製造することができないよう、制限を加え、アメリカの国家安全保障を守る」と宣言した。

しかし、商務省の新たな規則は、アメリカ製品のファーウェイへの販売を禁止しただけではない。アメリカの技術を用いてつくられた全製品のファーウェイへの販売を制限したのである。

急所があちこちにある半導体産業において、それはほとんどすべての半導体を意味した。TSMCはアメリカの製造装置なしではファーウェイのために先進的な半導体は製造できないし、ファーウェイはアメリカ製のソフトウェアなしでは半導体を設計できない。中国最先端のファウンドリであるSMICでさえ、アメリカ製の装置に広く頼っている。ファーウェイは、アメリカ商務省が特別な購入許可を与えた半導体を除き、世界の半導体製造インフラ全体から切り離されたのだ。

世界の半導体産業はすぐさまアメリカの提唱した規則を実行に移し始める。アメリカから世界第二の顧客を引き剝がされようとしていたにもかかわらず、TSMCのマーク・リュウ（劉徳音）会長は、法律の条文だけでなくその精神にまで従うことを約束した。[14]「これは規則の解釈だけで解決できる問題ではない。アメリカ政府の意図とも関係がある」と彼はジャーナリストに語った。[15]以降、ファーウェイはスマートフォン事業とサーバ事業の一部を手放さざるをえなくなった。必要な半導体を入手できなくなったためだ。[16]

中国独自の5G通信ネットワークは、かつては大きな注目を浴びる政府の優先課題のひとつだったが、半導体不足のために展開が遅れている。[17]アメリカの規制を受けて、ほかの国々、特にイギリスも、ファーウェイ製品の禁輸を決めた。アメリカ製のチップがなければ、ファーウェイは製品の提供に苦労するだろう、と考えたのだ。

ファーウェイへの攻撃に続き、中国のほかの複数のテクノロジー企業もブラックリストに載せられた。アメリカとの協議のあと、オランダはASML製のEUVリソグラフィ装置の中国企業への販売を承認しないことを決定する。[18]AMDが2017年に「戦略的パートナー」と述べたスーパーコンピュータ企業のスゴン（曙光）も、2019年にアメリカによってブラックリストに載せられた。[19]『ワシントン・ポスト』紙の報道によると、極超音速ミサイルのテストに用いられるスーパーコンピュータ向けのチップを設計していた企業、天津飛騰《ひとう》信息技術もそうだった。[20]飛騰製のチップはアメリカ製のソフトウェアを使って設計され、台湾のTSMCで製造されていた。

アメリカや同盟国の半導体エコシステムにアクセスできたからこそ、飛騰の成長は実現したといっていい。しかし、同社は外国のソフトウェアや製造に依存しすぎたばかりに、アメリカの規制に対して決定的に脆くなってしまった。

だが、結局のところ、中国のテクノロジー企業に対するアメリカの攻撃は限定的なものにとどまった。テンセント（騰訊）やアリババ（阿里巴巴）といった中国のテクノロジー最大手は、いまだにアメリカ製チップの購入やTSMCによる半導体の製造を特に制限されていない。

中国最先端のロジック・チップ・メーカーであるSMICは、先進的な半導体製造装置の購入に関して新たな制限に直面しているものの、今のところ廃業はしていない。ファーウェイでさえ、4Gネットワークへの接続に使われていたような、古い半導体の購入は認められている。

それでも、中国が国内のもっともグローバルなテクノロジー企業の受難に対して、なんの報復措置も取っていないことは意外だ。アメリカのテクノロジー企業に制裁を加えると何度となく脅してはいるが、結局、引き金を引いてはいない。中国政府は、「信頼できないエンティティ・リスト」、つまり中国の安全保障を脅かす外国企業のリストを作成すると述べたが、まだどの企業もこのリストに追加してはいないようだ[21]。

どうやら、アメリカに反撃するよりも、ファーウェイが二流のテクノロジー企業に落ちぶれるのを黙って受け入れたほうがいい、と計算したのだろう。つまり、サプライ・チェーンの寸断という点では、アメリカ側にエスカレーション・ドミナンス〔敵の犠牲が大きくなる形で一方的に紛争をエスカレートさせる能力〕があるということだ。ファーウェイへの攻撃のあと、アメリカのある元高官はしみじみとこう言った。「武器化した相互依存というやつは、実にすばらしい[22]」

# 第52章 中国版スプートニク・ショック

2020年1月23日、COVID－19の症例が相次いだためにロックダウンされた中国の都市・武漢《ぶかん》は、コロナ・パンデミックのどの時点よりも、そしてどの都市よりも厳しく長い行動制限に見舞われた。新型コロナウイルスと、それによって生じる病気は、まだほとんど理解されていない状態だった。ウイルスが武漢を飛び出し、中国全土や世界に広まるまで、中国政府はウイルスに関する話題を抑え込んでいた。事態が深刻になると、政府はようやく武漢との往来を禁止し、都市の周囲に検問所を設け、企業や店舗を閉鎖し、1000万人の武漢市民のほぼ全員に、ロックダウン中は絶対に自宅を出ないよう命じた。

今まで、これほどの大都市が完全に凍りついたことは前例がなかった。幹線道路はがら空きとなり、歩道は閑散とし、空港や鉄道駅は閉鎖された。こうして、病院やスーパーを除くほとんどが閉まった。

ただし、たったひとつの施設だけは例外だった。武漢に拠点を置くＹＭＴＣ（長江存儲科技、長江メモリ）は、スマートフォンからＵＳＢメモリまで、消費者向け電子機器であまねく使用されているチップの一種、ＮＡＮＤメモリの中国随一のメーカーだ。

現在、競争力のあるＮＡＮＤチップを生産している企業は世界に5社あるが、中国に本社があるものは皆無だ。しかし、業界専門家の多くは、あらゆる種類のチップのうち、中国が世界トップクラスの製造能力を獲得するチャンスがもっとも高いのは、ＮＡＮＤの生産である、と考えている。

世界中の半導体メーカーに投資を繰り返してきた不正なファンド、紫光集団は、中国国家や省政府の半導体補助金と並び、ＹＭＴＣに少なくとも２４０億ドルの出資を行なったとされる。

中国の半導体産業について特に詳しく報じている日本の『ＮＩＫＫＥＩ　Ａｓｉａ』紙によると、中国政府によるＹＭＴＣの支援はあまりに手厚く、ＣＯＶＩＤ－19によるロックダウンの最中でさえＹＭＴＣは営業の継続を認められていたという。

武漢を通る列車には、ＹＭＴＣの従業員専用の特別な客車が設けられ、ロックダウンの最中だというのに、従業員は武漢に立ち入ることが許された。ＹＭＴＣは、国中がいまだ動きを止めていた２０２０年2月下旬から3月上旬にかけて、武漢での求人まで行なっていた。[1] 中国指導部は新型コロナウイルスとの闘いに心血を注いでいたが、それでも半導体産業を築く活動を優先したのだ。

中国政府にとって、アメリカとの激化する技術競争は、「スプートニク・ショック」のようなものだ、とよくいわれる。スプートニク・ショックとは、ソ連による１９５７年の人工衛星スプートニクの打ち上げでアメリカが抱いた恐怖心のことだ。この出来事を機に、アメリカ政府は敵国ソ連に後れを取っているという危機感を抱き、科学技術に資金をつぎ込むようになる。アメリカからファーウェイなどの企業への半導体の販売を禁止された中国は、まちがいなくスプートニク級の衝撃に直面したにちがいない。

中国のテクノロジー政策に関する第一人者であるダン・ワンは、アメリカの規制が、かえって半導体産業を支援する中国の新たな政府政策の呼び水となり、「技術的な優位性を追い求める中国政府の活動に勢いをつけた」と主張した。[2] アメリカによる新たな輸出規制がなければ、中国製造《メイド・イン・チャイナ》2025計画は中国のこれまでの産業政策活動と似たような末路をたどり、巨額の資金がどぶに捨てられていただろう、というのだ。しかし、アメリカの圧力によって、中国政府が国内の半導体メーカーにかえって手厚い支援を行なう可能性が出てきた。

議論すべきなのは、アメリカは急成長を遂げる中国の半導体エコシステムをつぶしにかかるほうがよいのか（そうなれば、猛反発は避けられない）、単純に国内へと投資し、中国の半導体ブームが冷めるのを待つのが賢明なのか、という点だ。

アメリカの規制はまちがいなく、中国国内の半導体メーカーに対する政府支援の新しい波を呼び込んだ。実際、習近平は最近、自身の経済ブレーンである劉鶴《りゅうかく》を、中国の半導体関連活動を統括する「半導体皇帝」に任命した。[3]

中国が半導体メーカーに数十億ドル相当の補助金を拠出しているのは疑いようがないが、[4] その結果として新技術が生まれるのかどうかは依然不明だ。たとえば、武漢市は、ＮＡＮＤチップ分野における中国最大の希望の星であるＹＭＴＣの拠点でもあるが、実は最近起きた中国最大の半導体詐欺の舞台となった地でもある。

ＨＳＭＣ（武漢弘芯半導体製造）の事例は、十分な疑問も持たずに半導体産業へとカネをつぎ込むことのリスクを物語っている。インターネットから削除された中国メディアの報道によれば、ＨＳＭＣを創設した詐欺師集団は、「ＴＳＭＣ副社長」と書かれた偽の名刺を持ち、親戚に共産党の幹部がいるとの噂を流布《るふ》した。そして、武漢政府を言いくるめてＨＳＭＣに投資させ、その資金でＴＳＭＣの元研究開発責任者をＣＥＯに迎え入れる。

彼を仲間にしたＨＳＭＣは、続けてＡＳＭＬから深紫外線リソグラフィ装置を入手し、その実績を口実にさらなる投資を募った。ところが、武漢の工場はＴＳＭＣの旧工場のみすぼらしい二番煎じでしかなく、会社が破綻した時点でもまだ、１枚のチップも生産できずにもがいている状態だった。

失敗したのは地方自治体の実験だけではない。紫光集団は最近、世界的な買収攻勢が祟《たた》って現金不足に陥り、一部債権不履行に陥った。同社の所有する半導体メーカーはその大半がおそらく無傷で生き残るだろうが、趙《ちょう》偉《い》国《こく》ＣＥＯの一流政治家とのコネも、会社を救うのには役立たなかった。

中国政府の国家計画当局の関係者は、自国の半導体産業に「経験もない、技術もない、人材もない」ことを公に嘆いた。[5] これはさすがに誇張だが、中国で何十億ドルという資金が、絶望的なまでに非現実的な半導体プロジェクトか、あるいはＨＳＭＣのような露骨な詐欺プロジェクトに浪費されたのは明白だ。もし、中国版スプートニク・ショックを契機に、こうした国家支援の半導体プログラムが乱立したとしても、中国が技術的な自立に向けて前進できるとは、とうてい思えない。

これほど多国籍なサプライ・チェーンで成り立つ産業において、技術的な自立を実現することは、いまだ世界最大の半導体大国であるアメリカにとってさえ、ずっと絵に描いた餅だった。そう考えると、装置からソフトウェアまで、サプライ・チェーンのあちこちで競争力のある企業を欠く中国にとって、技術的な自立を成し遂げるのはいっそう難しいと言わざるをえない。

完全な自立のためには、特に最先端の設計ソフトウェア、設計能力、先端材料、製造ノウハウを手に入れることが不可欠だろう。中国はまちがいなくこれらの分野で進展を遂げるだろうが、その一部はコストや手間がかかりすぎて、中国国内で複製するのは不可能といっていい。

たとえば、開発と商業化に30年近くを要したASMLのEUVリソグラフィ装置の複製に必要なものを考えてみよう。EUVリソグラフィ装置は複数の部品で成り立っているので、それ自体、つくるのがきわめて難しい。EUVシステムのレーザーだけを複製するにしても、45万7329個の部品を完璧に特定し、組み立てることが必要になる。たったひとつの欠陥が致命的な遅延や信頼性の問題を引き起こしかねない。どうりで、中国政府がASMLの生産工程を探るために一流のスパイを送り込むわけだ。

しかし、仮に中国がすでに関連システムにハッキングし、設計仕様をダウンロードしていたとしても、これほど複雑な装置となると、盗み出したファイルのようにコピー&ペーストすればすむ話ではない。スパイが専門的な情報にアクセスしようとしても、科学的な内容を理解するには光学やレーザーに関する博士号が必要だろう。それでもまだ、EUVリソグラフィ装置を開発してきた技術者たちの培った30年ぶんの経験が足りない。

もしかすると、10年後には、中国が独自のEUVスキャナの開発に成功する可能性は*ある*。そのためには数百億ドルのコストがかかるだろうが、残念なことに、いざ稼働開始の準備が整ったとき、もはやその装置は最先端ではない、という事実に気づかされる運命にある。

そのころには、ASMLは高NA（開口数）EUVと呼ばれる新世代の装置を発売していることだろう。この装置は2020年代半ばに稼働開始予定で、1台当たりの価格は初代EUVリソグラフィ装置の2倍となる3億ドルと見込まれている。[6] 未来の中国製EUVスキャナがASMLの現在の装置と同性能だったとしても（中国が他国の部品を入手できないよう、おそらくアメリカが制限を加えることを考えると、そのこと自体、考えづらいが）、中国の半導体メーカーはその架空のEUVリソグラフィ装置を用いて利益を上げるのに苦労するはずだ。というのも、2030年までには、TSMC、サムスン、インテルは、10年間にわたって独自のEUVスキャナを使用し、そのあいだに活用方法に磨きをかけ、装置の開発費用を完済しているからだ。

したがって、架空の中国製EUVリソグラフィ装置を使う中国企業よりもはるかに安く、EUVリソグラフィ装置で製造した半導体を販売することができるだろう。

おまけに、EUVリソグラフィ装置は、多国籍のサプライ・チェーンを通じてつくられる数多くの装置のうちのひとつにすぎない。サプライ・チェーンをまるまる国産化するのは、コストがかかりすぎて不可能だろう。世界の半導体産業は年間1000億ドル以上を設備投資に費やしているので、中国は現在同国に不足している専門知識や工場といった土台の整備に加えて、同水準の設備投資も行なわなければならない。

そういうわけで、純国産の最先端のサプライ・チェーンを築くには、10年以上の期間と、合計1兆ドル以上のコストが必要になると考えられる。

だからこそ中国は、大言壮語とは裏腹に、本気で純国産のサプライ・チェーンの構築を目指したりなどしていないのだ。そんなことはずばり不可能だ、と中国政府はわかっている。本心ではアメリカ抜きのサプライ・チェーンを望んでいるだろうが、半導体産業に対するアメリカの影響力や、国家の枠組みを超えた輸出規制という奥の手があるために、アメリカ抜きのサプライ・チェーンを築くのは遠い将来でもなければ現実的ではないのだ。

中国にとっては、一部の分野でアメリカ依存を減らし、半導体産業に対する影響力全体を高め、技術的な急所をなるべく取り除いていくのが常道といえる。

今日の中国が抱える中心的な難題のひとつは、多くのチップがx86アーキテクチャ（PCやサーバ向け）またはArmアーキテクチャ（携帯機器向け）を用いていることだ。x86はアメリカのインテルとAMDの2社に独占されているし、他社にアーキテクチャのライセンスを供与しているアームはイギリスに拠点がある。

しかし、現在注目を浴びているRISC-Vという新たな命令セット・アーキテクチャは、オープンソースなので、無料で誰でも利用できる。オープンソース・アーキテクチャは、半導体産業の多くの人々や組織にとって魅力的な概念だ。現在、アームにライセンス料を支払っている業者ならどこでも、フリー・アーキテクチャのほうを使いたがるだろう。

おまけに、セキュリティ上の欠陥が潜んでいるリスクも低くなる。RISC-Vのようなオープンソース・アーキテクチャは公開されているため、より多くの技術者の手で細部を点検し、欠陥を見つけられるからだ。

同じ理由から、イノベーションの速度も向上するかもしれない。DARPAがRISC-Vの開発に関連するさまざまなプロジェクトに資金を提供してきた理由は、このふたつの要因で説明できる。中国企業も、ＲＩＳＣ－Ｖを地政学的に中立な存在とみなして採用してきた経緯がある。２０１９年、このアーキテクチャを管理するＲＩＳＣ－Ｖ財団が、まさにその理由でアメリカからスイスに拠点を移した。[7]アリババなどの企業は、この点を念頭に置き、ＲＩＳＣ－Ｖアーキテクチャに基づくプロセッサを設計している。

最新のアーキテクチャの活用に加えて、中国は旧来のプロセス技術を用いたロジック・チップの開発にも着目している。スマートフォンやデータ・センターには最先端のチップが必要だが、自動車やその他の消費者向け機器には、十分に強力ながらはるかに安価な旧来のプロセス技術が使われることが多い。ＳＭＩＣなどの企業を含めた中国の新工場への投資は、その大半が旧世代のノードの生産能力に対するものだ。ＳＭＩＣは、中国に競争力のある旧世代のロジック・チップをつくるだけの労働力がある、ということをすでに証明している。アメリカの輸出規制が厳しくなっても、数十年前の製造装置の輸出が禁止されるとは考えづらい。

また、中国は炭化ケイ素や窒化ガリウムのような新しい半導体材料にも本格的な投資を行なっている。炭化ケイ素や窒化ガリウムは、ほとんどのチップで高純度シリコンに代わることはないだろうが、電気自動車の電力系統の制御にいっそう大きな役割を果たすと考えられる。

この分野においても、中国はおそらく必要な技術をすでに有しているため、政府補助金が価格競争に勝つ助けになるかもしれない。[8]

他国にとっての不安の種は、中国が巨額の補助金を通じて、特に最先端の技術が不要なサプライ・チェーンの複数の分野で、市場シェアを獲得することだ。外国製のソフトウェアや装置へのアクセスを新たに厳しく制限しないかぎり、今後中国は旧世代のロジック・チップの生産において、ずっと大きな役割を果たすようになるだろう。

加えて、中国は電気自動車向けの電源管理チップの開発に必要な材料へと、資金を投じている最中だ。一方、中国のＹＭＴＣは、ＮＡＮＤメモリ市場で大きなシェアを獲得できるチャンスがおおいにある。半導体産業全体において、中国の製造シェアは、２０２０年代の開始時点で世界の生産能力全体の15％から、２０３０年には24％まで上昇し、量の面で台湾や韓国に追いつくと推定されている。[9]

その時点でも、中国が技術的な遅れを取っていることはほぼまちがいないが、半導体産業のより多くの部分が中国に移転すれば、中国の影響力は増し、いっそう技術移転を要求できるようになる。

アメリカなどの国々が輸出規制を課すのは今以上の痛手となり、中国が抱える労働者のプールはいっそう巨大なものになるだろう。

しかし、中国の半導体メーカーの大半は、政府の支援に頼っているので、当然ながら商業的な目標よりも国家的な目標を重視することになる。「利益を上げ、上場することは二の次だ」とＹＭＴＣのある経営幹部は『ＮＩＫＫＥＩ　Ａｓｉａ』紙に語った。[10]むしろ、同社の目的は、「国産の半導体を開発し、中国の夢《チャイニーズ・ドリーム》を実現すること」にあるのだ。

第53章

# 半導体不足とサプライ・チェーン

「あまりにも長いあいだ、われわれは国家として、世界的な競争に勝つための大規模で大胆な投資を怠ってきた」とバイデン大統領は画面にずらりと顔を並べるCEOたちに宣言した。ホワイトハウスのセオドア・ルーズベルトの肖像画の下に座り、12インチのシリコン・ウェハーを掲げながら、バイデンはビデオ会議の画面の奥を見つめ、「研究開発や製造で遅れを取っている」経営幹部たちを叱責した。「今こそ奮起が必要だ」と彼が言うと、画面に映る19人の経営幹部たちは同意した。[1]

半導体不足に対するアメリカの対応について話し合うため、インテルなどのアメリカの代表的な半導体メーカーと並んで、TSMCなどの外国企業や、深刻な半導体不足にあえぐ主要な半導体の利用企業が招待されていた。ふつうなら、フォードやゼネラルモーターズのCEOが半導体に関する高官レベルの会議に招待されることはなかったし、そういう会議に興味を持つこともなかっただろう。

しかし、2021年、世界の経済とサプライ・チェーンがパンデミックによる混乱に揺れるなか、世界中の人々が、自分たちの生活や暮らしがどれだけ半導体に依存しているのかを痛感し始めた。

2020年、中国有数のテクノロジー企業がアメリカの半導体技術へのアクセスを禁じられ、中国が半導体不足に見舞われ始めたころ、世界経済の一部がもうひとつの半導体不足にもがき始めた。自動車に広く使われる基本的なロジック・チップを筆頭に、一部の種類の半導体がどんどん入手しづらくなっていったのだ。

実は、この2種類の半導体不足は、部分的に絡み合っていた。ファーウェイのような中国企業は、将来的なアメリカの制裁に備えて少なくとも2019年から半導体を備蓄していたし、中国の工場はアメリカが半導体製造装置の輸出規制を強化した場合に備えてなるべく多くの製造装置を買いあさっていた。しかし、中国による備蓄では、COVID-19時代の半導体不足の一部しか説明できない。半導体不足のより大きな原因は、パンデミックが勃発して以降の半導体注文の大きな変動にある。企業や消費者がさまざまな商品の需要を調節したのだ。

たとえば、無数の人々が在宅勤務に備えてコンピュータを新調すると、PCの需要が2020年に急増した。また、生活のオンライン移行が進むと、データ・センターのサーバの需要も上昇した。対して、自動車メーカーは当初、自動車の売上が落ち込むと見込んで、半導体の注文を減らした。需要はすぐに回復したのだが、半導体メーカーはすでに生産能力をほかの顧客へと割り振ってしまっていた。

業界団体の全米自動車政策評議会によると、世界最大手の自動車メーカーともなると、1台あたり1000個以上の半導体が使用されることもある。そのなかのたったひとつが欠けただけで、自動車は出荷できなくなるのだ。
２０２１年の大半の時期を通じて、多くの自動車メーカーが半導体の入手に苦労したばかりか、まったく入手できないことも少なくなかった。業界の推定によれば、自動車メーカーは２０２１年、半導体不足がなかったと仮定した場合と比べ、７７０万台の減産に見舞われ、合計２１００億ドルの収益を失ったとされる。[2]
バイデン政権や大半のメディアは、半導体不足をサプライ・チェーンの問題と誤解した。ホワイトハウスの依頼により、半導体を中心とするサプライ・チェーンの脆弱性について、２５０ページの報告書がまとめられたが、実際には、半導体不足の主な原因は、半導体サプライ・チェーンの問題にあるわけではなかった。確かに、供給の混乱もあるにはあった。たとえば、ＣＯＶＩＤ－19によるマレーシアのロックダウンで、現地の半導体パッケージング業務に支障が生じたのは事実だ。しかし、調査会社のＩＣインサイツによると、２０２１年の世界全体の半導体デバイスの生産量は、１・１兆個以上と過去最高だった。２０２０年比で13％増だ。[3]
つまり、半導体不足は、供給の問題というより、主に需要の増加の問題だったのである。半導体の需要を突き上げていたのは、新型のＰＣ、５Ｇの携帯電話、ＡＩ対応のデータ・センター、そして突き詰めれば、計算能力を求める私たちの飽くなき欲求だった。
こうして、世界中の政治家たちが、半導体サプライ・チェーンのジレンマを見誤った。問題は、広範にわたる半導体産業の生産工程が、ＣＯＶＩＤ－19やロックダウンへの対応を誤った、という点にあるわけではない。

実際には、これほど少ない混乱でパンデミックを切り抜けた産業はほとんどないといっていい。表面化した問題、特に自動車用の半導体不足は、主に自動車メーカーがパンデミックの初期段階で焦って半導体の注文をキャンセルしてしまったことと、些細な誤差も許さないジャストインタイム生産システムに原因があるといっていいだろう。

確かに、数千億ドルの収益を失った自動車産業にとって、これまでのサプライ・チェーン管理の方法を見直すべき理由は数多くある。だが、半導体産業にとってはむしろ豊作の年だった。巨大地震を除けば（そのリスクは低いがゼロにはできない）、半導体産業は2020年初頭以降、平時としてはこれ以上ないくらい厳しいサプライ・チェーンへの衝撃を生き抜いてきたのだ。

2020年と2021年の両年に半導体生産が大幅に増加したのは、多国籍のサプライ・チェーンが機能不全に陥っている証《あかし》などではない。その逆で、有効に機能しているという証なのだ。

それでも、各国政府は半導体サプライ・チェーンについてこれまで以上に本気で考えるべきだ。過去数年で明らかになったサプライ・チェーンに関する真の教訓は、脆弱性ではなく、利益や権力に関するものだ。台湾の目を瞠《みは》る台頭は、ビジョンと政府の資金援助があれば、たったひとつの企業が産業全体をまるまる再編しうる、ということを証明している。一方、アメリカが中国に課した半導体技術へのアクセス制限は、半導体産業の急所がどれだけ大きな鍵を握るのかを物語っている。

しかし、中国の半導体産業の過去10年の急成長は、そうした急所がいつまでも急所のままとはかぎらない、ということを教えてくれる。ときに恐ろしいほどの時間やコストがかかるとはいえ、国や政府がそうした急所の回避策を見つけられることも多い。技術の転換が急所を無力化してしまうこともあるのだ。

こうした急所が有効に機能するのは、その急所を数社の企業、理想的には1社のみが握っている場合だ。バイデン政権は「産業界、同盟国、パートナーとの」協調を約束してきたが、半導体産業の未来に関していえば、アメリカと同盟国の足並みは完全に揃っているとはいいがたい。[4]

アメリカは半導体製造において下落し続けるシェアを取り戻し、半導体の設計や製造装置の分野において支配的な地位を保ちたいと思っている。しかし、ヨーロッパやアジアの国々は、付加価値の高い半導体設計市場でシェアを伸ばしたいと思っている。

一方、台湾と韓国には、先進的なロジック・チップやメモリ・チップの製造における市場リーダーの地位を明け渡すつもりなどさらさらないだろう。中国が国家安全保障上の必須条件として自国の製造能力の拡大を目論むなか、アメリカ、ヨーロッパ、アジアで分け合える将来的な半導体製造事業のパイは限られていると言わざるをえない。

アメリカが市場シェアを伸ばそうと思えば、他国の市場シェアは減少するしかないのだ。アメリカは現代的な半導体工場を抱えるほかの地域からの市場シェアの奪還を虎視眈々《こしたんたん》と狙っているが、中国以外では、世界最先端の半導体工場があるのはアメリカの同盟国か友好国ばかりだ。

しかし、韓国は、メモリ・チップの製造においてトップの地位を保ちつつも、ロジック・チップの製造における役割を拡大しようと企んでいる。「今や、半導体メーカー同士の競争に、多くの国々が引き込まれつつある」と韓国の文在寅《ムンジェイン》大統領は述べた。「韓国が半導体大国であり続けられるよう、政権としてもワンチームでビジネス界と協力していくつもりだ」[5]

韓国政府は、かつて米軍基地があったが、今ではサムスンの巨大工場が立地するピョンテクという都市に、湯水のごとく資金を注ぎ込んできた。アプライド・マテリアルズから東京エレクトロンまで、大手半導体製造装置メーカーはすべてピョンテクに事業所を開設している。サムスンは２０３０年までに、ロジック・チップ事業にメモリ・チップ事業と同規模の１０００億ドル以上の投資を行なう計画だ。

そんななか、２０２１年に、贈賄罪で服役していたサムスン創設者の孫の李在鎔《イジェヨン》が恩赦を受ける。韓国法務部は、「経済的な要因」を挙げて彼の釈放を正当化した。彼がサムスンの半導体投資に関する重要な意思決定に力を貸してくれるという期待があったのではないか、とメディアは報じた。[6]

サムスンと、より小規模な韓国のライバル企業であるＳＫハイニックスは、韓国政府の支援から恩恵を受けているが、両社を丸め込んで自国にもっと製造工場を誘致しようとする米中の板挟みにあい、身動きが取れなくなっている。

たとえば、サムスンは最近、推定１７０億ドルを投じて、テキサス州オースティンにある同社の先進ロジック・チップの製造工場を拡大および更新する計画を発表した。

しかし、サムスンもＳＫハイニックスも、中国工場を更新する提案をめぐって、アメリカから厳しい精査を受けている。中国の都市・無錫《むしゃく》にあるＳＫハイニックスの工場へのＥＵＶリソグラフィ装置の移転を規制するアメリカ側の圧力は、同工場の現代化に遅れを生じさせているという。そして、おそらくは、同社に多大な損害を与えているだろう。[7]

文大統領の言葉を借りるなら、半導体メーカーと政府が「ワンチーム」として協力している国は、韓国だけではない。台湾政府もまた、半導体産業を国際社会に対する最大の影響力の源とみなし、半導体産業の保護に全霊を捧げている。

建前的にはTSMCから完全に引退したモリス・チャンだが、ずっと台湾の貿易特使のような役割を果たしてきた。彼、そして台湾の最大の関心は、TSMCが世界の半導体産業の主役の座を守り抜けるようにすることにある。

TSMCはといえば、同社の技術の更新、半導体製造能力の拡大のため、2022年から2024年にかけて1000億ドル以上を投資する計画だ。その大半は台湾に投資されるが、中国の南京工場の更新や、アリゾナ州の新工場の開設にも使われる予定だ。ただし、いずれの工場でも最先端の半導体は生産されないので、TSMCの最先端技術は台湾に残るだろう。

チャンは半導体産業内の「自由貿易」を求めつづけ、そうしないと「コストが上昇し、技術開発が鈍化するだろう」と警鐘を鳴らしているが、台湾政府はといえば、台湾の通貨を過小評価の状態に保ち、台湾の輸出品の競争力を高めるなどの施策を通じて、繰り返しTSMCの支援に介入を続けてきたのだ。[8]

ほかにも、新たな半導体投資を模索している地域として、ヨーロッパ、日本、シンガポールの3つがある。欧州連合のリーダーたちのなかには、「巨額の投資」を行なって回路線幅3ナノメートルや2ナノメートルのチップを製造すれば、ヨーロッパの工場を最先端に近づけられる、と大言する者もいる。[9]

しかし、ヨーロッパ大陸の先進ロジック・チップの市場シェアの低さを考えると、それは考えにくいだろう。より考えられるのは、ヨーロッパがインテルのような外国の半導体大手を説得して、ヨーロッパの自動車メーカーにとって安定した半導体の供給源となる新工場を建設する、という筋書きだろう。

シンガポールは半導体製造に巨額のインセンティブを提供し続けており、最近、アメリカを拠点とするグローバルファウンドリーズから、新工場の建設に関して40億ドルの投資を獲得した。

一方の日本は、ソニーと共同で新たな半導体製造工場を建設するため、TSMCに巨額の補助金を提供している。[10] 日本は、盛田昭夫などの経営者が第一線を退いてからの数十年間で、半導体製造の大部分を手放してきたが、ソニーは今でも、多くの家電製品のカメラに使われているイメージ・センサー向けチップの製造で、巨額の利益を上げている。

しかし、TSMCの新工場に補助金を拠出するという日本の決断の第一目的は、ソニーに便宜を図ることではなかった。日本政府は、このまま製造のオフショアリングが続けば、工作機械や先端材料といった、日本がサプライ・チェーンのなかで確固たる地位を維持している分野さえもが、海外に移転してしまうのではないか、と心配したのだ。

日本が第二の盛田を求めているのと同様、アメリカは第二のアンディ・グローブを切実に必要としている。確かに、アメリカは今でも、半導体業界で他国がうらやむ地位を保っているし、ソフトウェアや装置といった半導体産業の急所の多くをしっかりと握っている。エヌビディアなどの企業は、人工知能（AI）のような未来のコンピューティングのトレンドにおいて、不可欠な役割を果たしていくように見える。

加えて、2010年代に半導体関連の起業が下火になると、この数年間でシリコンバレーは最新の半導体を設計するファブレス企業に資金を投じ、特に人工知能向けに最適化された新たなアーキテクチャに着目してきた。

しかし、肝心の製造面では、現在アメリカは後れを取っている。そんなアメリカで最大の希望の星はインテルだ。長年の迷走のあと、インテルは2021年にパット・ゲルシンガーをCEOに任命した。ペンシルベニア州の小さな町で生まれた彼は、インテルでキャリアを開始し、グローブの指導を受ける。やがて、同社を去ってふたつのクラウド・コンピューティング会社で上級職に就くが、インテルを再び上昇軌道に乗せるため、古巣に舞い戻った。

彼は3本の柱からなる野心的で採算度外視の戦略を打ち出した。1本目の柱は、製造分野でサムスンやTSMCに追いつき、リーダーの地位を取り戻すというもの。そのために、彼は世界初となる次世代EUVリソグラフィ装置を購入する契約をASMLと結んだ。この装置は2025年に稼働開始予定だ。インテルがライバル企業に先んじてこうした最新の装置の活かし方を学べば、技術的な優位に立てる可能性は十分にある。

ゲルシンガーの戦略の2本目の柱は、サムスンやTSMCと真っ向から競合するファウンドリ事業を開始し、工場を持たないファブレス企業から半導体製造を受託して、市場シェアを伸ばすというもの。インテルは国内やヨーロッパの新工場に巨額の投資を行ない、ファウンドリ事業の将来的な潜在顧客が必要とする生産能力の醸成に向けて取り組んでいる。

しかし、ファウンドリ事業を持続的に営んでいくには、おそらく最先端の技術を用いた半導体を生産しようとしている顧客の獲得が必須になるだろう。つまり、インテルのファウンドリ事業が機能するためには、サムスンやTSMCとの技術的なギャップを縮めることが第一条件なのだ。

インテルがファウンドリ事業へと方向転換しようとしているのは、データ・センター向けチップの市場シェアが減少の一途をたどっているためだ。その原因としては、AMDやエヌビディアとの競争が激化していることと、アマゾン・ウェブ・サービスやグーグルといったクラウド・コンピューティング会社が独自の半導体設計に乗り出していることのふたつが挙げられる。

インテルの成功と失敗は、同社がゲルシンガーの戦略を忠実に実行できるのかどうか、サムスンやTSMCがつまずくかどうかにかかっている。ムーアの法則を継続するには、数年おきに新技術を展開していくことが必要になる。つまり、サムスンとTSMCのどちらかが大幅な遅れに見舞われる可能性は十分にあるのだ。

ところが、インテルの戦略には、気がかりな3本目の柱がある。それは、TSMCの力を借りる、というものだ。表向きには、インテルは半導体をめぐる新たなナショナリズムの波に乗り、アジアでの生産に依存することへの不安を表明している。そして、国内に工場を建設するため、アメリカとヨーロッパの両方の政府から補助金を引き出そうとしている。「世界にはよりバランスの取れたサプライ・チェーンが必要だ」とゲルシンガーは訴える。「石油の埋蔵場所は神が決めた。だが、工場の建設場所はわれわれ自身で決められる」[11]

しかし、インテルは半導体の自社製造の体制を整えようとしている一方で、先進的な設計を持つ半導体の製造を、台湾にあるTSMCの最先端の工場に外部委託しており、その割合は増加の一途をたどっている。

先進的な半導体製造が東アジアに集中していることを重く見たアメリカ政府は、アメリカに新工場を建設するようTSMCとサムスンを説得した。その結果、TSMCはアリゾナ州に新工場の建設を、サムスンはテキサス州オースティン近郊の工場の拡大を計画している。

アメリカの政治家たちをなだめるのがその目的のひとつだが、これらの工場では、アメリカが国内で製造したいと考える国防や重要インフラ向けのチップもつくられる予定だ。

しかし、両社とも、生産能力と最先端技術の圧倒的大部分を国内にとどめる構えを見せている。アメリカ政府が補助金の提供を約束したところで、両社の態度が変わるとは考えにくい。

アメリカの国家安全保障当局者たちのあいだでは、半導体の設計ソフトウェアや製造装置の輸出規制をちらつかせ、TSMCに最新のプロセス技術を米台同時に展開するよう圧力をかけるべきかどうかで、議論が盛り上がっている。あるいは、台湾に1ドルの設備投資を行なうたび、日本、アリゾナ、シンガポールの新工場のいずれかに1ドルの設備投資を行なうよう、TSMCに働きかけるという案もある。

そうすれば、台湾の半導体製造に対する世界の依存度は減少していくかもしれない。しかし、当面、アメリカ政府は必要な圧力をかけることに慎重な姿勢を見せている。とすれば、世界全体の台湾依存は、今後も高まり続けるにちがいない。

第54章

# 台湾のジレンマ

中国がことあるごとに「台湾との戦争」をちらつかせるなか、「顧客に不安は生じていませんか？」とある金融アナリストがＴＳＭＣのマーク・リュウ（劉徳音）会長に訊いた。[1] ＣＥＯたちは四半期決算発表で厳しい質問を浴びるのには慣れていたが、それはたいてい利益目標の不到達や製品発売の失敗に関するものだ。

２０２１年７月15日の決算発表の時点では、ＴＳＭＣの業績は順調に見えた。同社にとって世界第二の顧客であるファーウェイへの規制もほぼ無傷で乗り切り、ＴＳＭＣの株価は上場来高値に迫っていた。世界的な半導体不足は、むしろＴＳＭＣの事業にとって追い風となっていた。

実際、２０２１年のある時期、同社はアジアでもっとも時価総額の高い上場企業となり、世界全体で見ても上位10傑に食い込むほどだった。

それでも、TSMCが不可欠な存在になればなるほど、同社の業績ではなく、工場にとってのリスクは高まっていった。長年、米中関係悪化の深刻さに見て見ぬふりを決め込んでいた投資家たちでさえ、島の西岸の台湾海峡沿いに建ち並ぶTSMCの半導体工場の地図を不安げに眺め始めた。

だが、TSMCの会長は、心配無用だ、と言い切った。「中国による侵攻についていえば、誰もが平和な台湾海峡を望んでいる」と彼は言った。台北で生まれ、カリフォルニア大学バークレー校で教育を受け、ベル研究所で実務経験を積んだ彼は、半導体製造の分野では非の打ち所のない経歴の持ち主だった。しかし、戦争リスクを評価する能力のほうは未知数であった。

世界が「台湾の半導体サプライ・チェーン」に依存していることを考えれば、台湾海峡の平和は「すべての国の利益になる」と彼は主張した。「それをわざわざ破壊したいと思う者などいない」

その翌日の7月16日、人民解放軍の数十両の05式水陸両用装甲車が中国の海岸から海へと飛び出した。一見すると戦車のようだが、砂浜の上を走るのと同じくらい、小さなボートのようにして水上を走行する能力も備えており、人民解放軍による水陸両用攻撃で活躍が期待されている。

海へと進水した数十両の水陸両用装甲車は、沖合で待つ揚陸艦に近づくと、そのまま艦上に乗り上げ、中国国営メディアいわく「長距離渡航」の準備を行なった。揚陸艦は目的地に向けて進んでいった。到着するなり、艦首にある広い扉が開き、水陸両用車が次々と水中になだれ込み、砲撃を繰り返しながら砂浜へと進んでいった。[2]

今回は、ただの演習にすぎなかった。それから数日間、人民解放軍は台湾海峡の北と南の入口付近で別の演習を繰り返した。中国の『環球時報』紙は、「このような実戦的シナリオのもとで厳しい訓練を行ない、いつ何時でも戦闘を行なう準備を整え、断固として国家主権と領土の一体性を守り抜かねばならない」というある大隊長の言葉を引用した。[3] 同紙によると、これらの軍事演習は、香港と台湾から等距離にあり、台湾が実効支配する小さな環礁《かんしょう》、東沙《とうさ》諸島からわずか300キロメートル地点で行なわれたという。

中台戦争勃発のパターンは何通りも考えられるが、もっとも実現性が高いのは、離島である東沙諸島をめぐる紛争の激化ではないか、という考えも出ている。最近、アメリカの国防専門家たちが行なった戦争シミュレーションでは、中国軍が島に上陸し、1発も実弾を発射しないまま、現地の小規模な台湾の駐屯軍を制圧する、というシナリオが想定された。

そうなれば、台湾とアメリカは、些細な環礁をめぐって戦争を開始するべきなのか、それとも中国がサラミのように台湾の領土を少しずつ削り取っていく前例をつくらせてしまうのか、難しい選択を迫られるだろう。[4] 台湾に多数の米軍を駐留させたり、中国にサイバー攻撃をしかけたりするのが「穏健」な対抗策だろうが、いずれも本格的な紛争に発展する可能性は十分にある。

中国の軍事力に関する国防総省《ペンタゴン》の公開報告書では、中国が台湾に対して武力行使を行なうシナリオがいくつか挙げられている。もっとも単純でありながら、もっとも実現性が低いのは、Dデイ〔第二次世界大戦中のノルマンディー上陸作戦の開始日〕風の侵攻だ。何百隻という中国の艦船が台湾海峡を渡り、何千人という人民解放軍の歩兵を台湾島に上陸させるというものだ。

しかし、上陸作戦の歴史は悲劇にまみれており、国防総省はこうした作戦が人民解放軍の軍事力にとって「負担」になる、と見ている。本格的な攻撃を行なわずとも、台湾の飛行場や海軍施設、電力その他の重要インフラを機能停止に追いやるのはわけもないだろうが、それでも厳しい戦いになるのはまちがいない。[5]

ほかの選択肢のほうが人民解放軍にとっては実行しやすい、というのが国防総省の評価だ。空《くう》と海《かい》の部分的な封鎖を、台湾が自力で突破するのは不可能だと見ていい。米軍と日本の自衛隊が台湾と協力し、封鎖を突破しようとしても、きっと難航するだろう。

中国には、海岸沿いに配備した強力な兵器システムがある。台湾の貿易を締めつけるには、完璧な封鎖でなくてもかまわない。逆に、封鎖を解くには、中国領内に配備された何百という中国の軍事システムを台湾と友好国（主にアメリカ）で無力化しなければならない。[6] 封鎖突破作戦が大国間の血みどろの戦争に発展する可能性はおおいにあるのだ。

たとえ封鎖を行なわなくても、中国による空爆やミサイル攻撃だけで、中国軍が一歩も台湾の地を踏むことなく、台湾軍を骨抜きにし、台湾経済を壊滅させることは十分に可能だ。日米の即時の支援がなければ、おそらく数日のうちに、中国の空軍やミサイル兵器は台湾の生産能力に深刻な影響を及ぼすことなく、飛行場、レーダー施設、通信拠点といった台湾の主要な軍事資産を無力化できるだろう。

台湾海峡を縦横無尽に交差する半導体のサプライ・チェーンを「破壊」したいと思う者などいない、というＴＳＭＣ会長の発言は、まぎれもなく正しい。しかし、米中両政府がサプライ・チェーンを今以上に掌握したいと思っている。

中国が腹いせにＴＳＭＣの工場を破壊するとは考えにくい。特に、アメリカと友好国がインテルやサムスンの半導体工場にアクセスできることを考えれば、誰より被害をこうむるのは中国だからだ。

それに、中国軍が台湾に侵攻し、単純にＴＳＭＣの工場を乗っ取るというのも現実的でない。重要な材料や、半導体製造に不可欠な装置の更新ソフトウェアは、アメリカや日本などの国々からしか入手できない、とすぐに思い知るだろう。

さらに、中国が台湾に侵攻したとしても、ＴＳＭＣの全従業員を捕虜にすることは考えづらい。仮にそうなったとしても、何人かの技術者が猛反発しただけで、工場全体の操業が止まってしまう。

人民解放軍はヒマラヤ山脈の国境紛争地帯をインドから奪還できることを証明したが、爆発性のガス、危険な化学薬品、超精密な装置が満載の世界一複雑な工場を奪取するとなると、まったく別次元の問題なのだ。

しかし、空中や海上での衝突といった偶発的な出来事が、どちらも望まない悲惨な戦争へときりもみ降下していくシナリオは、容易に想像できる。

あるいは、本格的な侵攻をともなわない軍事的な圧力によって、アメリカの暗黙の安全保障を決定的に弱体化させ、台湾の士気を致命的なまでに低下させることは可能だ、と中国が結論づけてもまったくおかしくはない。台湾の防衛戦略は、日米が応援に駆けつけるまで抗戦し、ひたすら時間稼ぎをすることしかない、と中国政府は知っている。海峡の反対側の超大国と比べるとあまりにもちっぽけな台湾にとって、友好国に頼る以外の現実的な選択肢はないのだ。

もし、中国政府が海軍を使って、台北を出入りする船舶の一部に関税検査を強制したら、アメリカはどう反応するだろう？　海上封鎖は立派な戦争行為の一種だが、誰も自分から攻撃をしかけたくなどない。アメリカが黙認すれば、台湾の戦意に壊滅的な影響を及ぼしかねない。

そんなとき、中国がファーウェイなどの国内企業のために半導体製造を再開するようＴＳＭＣに要求したり、さらには重要な人材やノウハウを本土に移転するよう求めたりしたら、果たして台湾はノーと言えるだろうか？

こうした一連の動きは中国政府にとってリスキーだが、まったく考えられないことではないだろう。中国共産党の最大の目標は、台湾に対する支配を確立することであり、指導部は絶えずそうすると約束し続けている。

政府は「反分裂国家法」〔台湾が独立の動きを見せた場合の武力行使を合法化した法律〕を議決し、台湾海峡でいわゆる「非平和的手段」を用いる可能性について言及している。[7] 実際、中国は台湾侵攻に必要な水陸両用戦闘車などの軍事システムに本格的な投資を行なっており、定期的な演習も行なっている。

軍事アナリストたちは、台湾海峡の軍事力のバランスが中国側へと一方的に傾いてしまった、と口を揃える。１９９６年の台湾海峡危機のときのように、アメリカの空母戦闘群が台湾海峡を航行し、中国に武力行使を思いとどまらせることができた時代は、とっくに過ぎ去った。

今では、こうした作戦はアメリカの軍艦にとってのリスクが満載だ。現在、中国のミサイルは、台湾周辺のアメリカの艦船のみならず、遠くは日本やグアムの基地にまで睨みをきかせている。人民解放軍が強力になればなるほど、アメリカが台湾防衛のための戦争リスクを冒す可能性は低くなる。

中国が台湾に限定的な軍事的圧力をかけようとした場合、アメリカが力関係を分析し、反撃するほどのリスクを冒す価値はない、と結論づける可能性は、いつになく高まっているのだ。

中国がＴＳＭＣの工場への対等なアクセス、さらには優先的なアクセスを中国政府に与えるよう台湾に圧力をかけることに成功すれば、日米両国とヨーロッパの同盟国はまちがいなく、先進的な装置や材料に新たな輸出規制を課すという形で対抗するだろう。

しかし、台湾が持つ半導体製造能力を他国で再現するのには長い年月がかかる。それまでは、私たちは引き続き台湾に依存することになる。

そうなれば、私たちはｉＰｈｏｎｅの組立を中国に依存するだけではすまなくなる。私たちが依存する半導体を量産するだけの技術力と生産能力を持つ唯一の工場に対して、中国が影響力や支配力を握ることも十分に考えられるのだ。

こうしたシナリオは、アメリカの経済的・地政学的な地位にとって大打撃となるだろう。そして、戦争によってＴＳＭＣの工場が破壊されれば、もっとひどいことになる。

つまり、世界経済や、アジアや台湾海峡を縦横無尽に交差するサプライ・チェーンは、この不安定な平和を大前提として成り立っているわけだ。アップルから、ファーウェイ、ＴＳＭＣまで、台湾海峡の両側に投資を行なってきた企業は、暗黙のうちに、平和が続くことに賭けているといっていい。

こうしているあいだにも、数兆ドルというカネが、香港から新竹《しんちく》（台湾のシリコンバレーと呼ばれる都市）まで、台湾海峡から容易にミサイルが届く範囲にある企業や工場にせっせと投じられている。世界の半導体産業、そして半導体で成り立つあらゆる電子製品の組立が、シリコンバレーを除く世界のどの地域よりも、台湾海峡と中国南岸に依存しているのだ。

カリフォルニア州のテクノロジー中心地は、そこまで日常が危険と背中合わせというわけではない。シリコンバレーの知識の大部分が、戦争や地震の際には容易に移転できるということは、シリコンバレーの大半の労働者が在宅勤務を命じられたパンデミックの最中に実証された。それどころか、大手テクノロジー企業の利益はむしろ上昇したくらいだ。フェイスブックの豪華な本社がサンアンドレアス断層に沈んだとしても、同社はほとんど気づきもしないかもしれない。

しかし、TSMCの工場が、1999年に台湾の最新の巨大地震を引き起こした車籠埔《チェルンプ》断層へとすべり込んだら、その余波は世界経済を揺るがすだろう。故意か事故かはともかく、工場で何度か爆発が起きただけでも、それに匹敵する被害が出る。

その影響は簡単な計算で実証できる。台湾は世界のメモリ・チップの11%、そして何より、世界のロジック・チップの37%を製造している。コンピュータ、携帯電話、データ・センター、その他の電子機器の大半は、こうしたチップなしでは動作しないので、台湾の工場が稼働を停止すれば、翌年に生み出される計算能力は37%減少することになる。

世界経済に及ぼす影響は甚大だ。ポストコロナの半導体不足は、半導体が必要なのは携帯電話やコンピュータだけではない、という事実を教えてくれた。

航空機や自動車、電子レンジや製造装置。あらゆる種類の製品が壊滅的な遅れに見舞われる。アップルやAMDが設計する半導体も含め、PC向けプロセッサの生産の約3分の1が、別の場所に新工場が建設されるまで中断されるだろう。データ・センター容量の増加は劇的に緩やかになると考えられる。特に、エヌビディアやAMDが設計し、台湾が製造したチップに依存するAIアルゴリズム向けのサーバはそうだ。また、その他のデータ・インフラは、さらに大きな打撃を受けるだろう。たとえば、最新の5G無線装置には、数社の設計したチップが不可欠で、その多くが台湾で製造されている。5Gネットワークの展開はほぼ完全に停止してしまうにちがいない。

新型の携帯電話の購入はきわめて難しくなるので、携帯電話ネットワークのアップグレードは中断するのが賢明だろう。スマートフォン向けプロセッサの大半は台湾製だし、一般的な携帯電話に搭載される10枚以上のチップの多くも台湾製だからだ。

自動車が機能するには、数百枚のチップが必要になることも多いので、２０２１年の半導体不足よりもはるかに深刻な遅れが生じると思われる。もちろん、ひとたび戦争が勃発すれば、チップ以外にも考えなければならないことが山ほどある。

まんがいち、中国の広大な電子機器の組立インフラが寸断されれば、私たちの提供する部品を使って携帯電話やコンピュータを組み立ててくれる代わりの労働者を探さなければならない。

とはいえ、新たな組立作業員を探すのは、どんなに難しいといっても、台湾の半導体製造工場を複製するのに比べればはるかに朝飯前といえる。難しいのは、単に新工場を建設すること自体ではない。ＴＳＭＣのスタッフの多くをなんとか台湾から引き抜かないかぎり、工場には訓練を受けた人材が不足することになる。

人材をうまく引き抜いたとしても、次はＡＳＭＬやアプライド・マテリアルズなどの製造装置が必要だ。２０２１年から２０２２年にかけての半導体不足では、必要な半導体を十分に入手できなかったために、ＡＳＭＬとアプライド・マテリアルズの両方が装置の生産遅延に見舞われた。[8] 台湾危機の際にも、同様の遅延に見舞われるのは目に見えている。

総合すると、台湾有事による経済損失は数兆ドル規模になるだろう。計算能力の年間生産が37％失われれば、コロナ・パンデミックや、経済に壊滅的な影響を及ぼしたロックダウンよりも、ずっと甚大な損失が生じる可能性があるのだ。しかも、失われた半導体製造能力の再建には、少なくとも5年はかかる。最近では、5年後に5Gネットワークやメタバースが完成すると期待されているが、台湾の工場が稼働を停止すれば、皿洗い機ひとつ入手するのにも苦労するようになるかもしれない。

台湾の蔡英文《さいえいぶん》総統は最近、『フォーリン・アフェアーズ』誌で、台湾の半導体産業は、「世界的なサプライ・チェーンを破壊しようとする独裁政権の攻撃的な試みから台湾や他国を守る〝シリコンの盾〟である」と訴えた。[9]

これはひどく楽観的な現状認識だと言わざるをえない。確かに、台湾の半導体産業は、アメリカに台湾防衛をより真剣にとらえるよう促している。しかし、この〝シリコンの盾〟がまんがいち中国に対する抑止力として働かなかった場合、半導体製造の台湾への集中が、世界経済を危険にさらすこともまた事実なのだ。

2021年の世論調査で、台湾人の過半数が中台戦争は考えにくい（45％）またはありえない（17％）と回答した。[10] しかし、ロシアのウクライナ侵攻を見てほしい。この出来事は、過去数十年にわたって台湾海峡がおおむね平和だったからといって、侵略戦争が起こりえないわけではない、ということを思い出させてくれる。

また、ロシアとウクライナの戦争は、半導体サプライ・チェーンにおける国家的な地位が、大規模な戦争の行方をどれだけ握っているかも物語っている。それによって、軍事力や経済力を行使する能力が決まるからだ。

ソ連のショーキン大臣の時代やゼレノグラードの建設以降、シリコンバレーに後れを取ってきたロシアの半導体産業は、冷戦終結とともにすっかり朽ち果てた。ロシアの顧客の大半が国内の半導体メーカーから半導体を購入するのをやめ、製造をＴＳＭＣに外部委託するようになったからだ。残りの唯一の顧客といえば、ロシアの防衛・宇宙航空産業だが、国内の先進的な半導体製造を金銭的にバックアップできるほど巨大な買い手とはいえない。その結果、優先度の高いロシアの防衛プロジェクトまでもが、必要な半導体の入手に苦しんだ。たとえば、ロシア版のＧＰＳ衛星は、半導体調達の問題により、ひどい遅延に見舞われている。[11]

ロシアが半導体の製造や調達に苦労し続けているからこそ、ウクライナ上空で撃墜されたロシアの無人機は外国製のマイクロエレクトロニクスが満載なのだし、[12]ロシア軍は非精密誘導兵器に大きく頼り続けているのだ。

ロシアによるシリア空爆に関する最近の分析によれば、投下された兵器の95％が無誘導式だったことが判明した。[13]ロシアがウクライナ侵攻開始から数週間足らずで誘導巡航ミサイルの不足に見舞われたのも、同国の半導体産業の残念な状況に一因がある。一方、ウクライナは、１発当たり２００個以上の半導体を駆使して敵の戦車を狙い撃ちするジャベリン対戦車ミサイルなど、西側諸国から大量の誘導兵器の供与を受けている。[14]

外国の半導体技術に依存することで、ロシアは奇《く》しくも強力な「てこの支点」をアメリカやその同盟国に与えてしまったといえる。ロシアによるウクライナ侵攻後、アメリカはヨーロッパ、日本、韓国、台湾のパートナーと協力し、ロシアのテクノロジー、防衛、通信部門に対して、特定の種類の半導体の販売を徹底的に制限した。

今では、アメリカのインテルから台湾のＴＳＭＣまで、世界の主要な半導体メーカーが、続々とロシア政府を締め出しにかかっている。[15] ロシアの製造部門は身がよじれるような混乱に見舞われ、ロシアの自動車生産の大部分が機能を停止した。

国防のような機密性の高い部門でさえ、アメリカの情報機関によれば、ロシアの工場は皿洗い機向けのチップをミサイル・システムに転用するなどの苦肉の策に頼っているという。[16] 今やロシアには、半導体の消費を節約する程度の策しか残されていない。ロシアの現在の半導体製造能力は、宇宙開発競争の全盛期にすら劣るからだ。

しかし、来《きた》る米中冷戦では、半導体に関してはここまでのワンサイド・ゲームにはならないだろう。中国政府が半導体産業に巨額の投資を行なっていること、アメリカの依存する半導体製造能力の大部分がゆうに人民解放軍のミサイル射程圏内にあることを踏まえれば、ウクライナの惨事が東アジアで起こらないと決めつけるのは、浅慮というものだろう。ロシアとウクライナの戦争において半導体が果たした役割を分析した中国政府のアナリストたちは、米中の緊張が高まれば、「われわれはＴＳＭＣを奪取するしかない」と公言している。[17]

第一次冷戦時代にも、１９５４年と、１９５８年に再び〔それぞれ第一次および第二次台湾海峡危機のこと〕、毛沢東の軍が台湾人の領有する島々に嵐のような砲撃を加えたあと、台湾をめぐる膠着状態があった。しかし、現在の台湾は、当時よりもはるかに破壊力のある中国軍の目と鼻の先にある。

脅威は一連の短距離ミサイルや中距離ミサイルにとどまらない。台湾海峡の中国側、龍田空軍基地と恵安《けいあん》空軍基地を飛び立った航空機は、わずか7分で台湾に到達する。実際、２０２１年に、両空軍基地は掩体壕《えんたいごう》の新造、滑走路の拡張などの、ミサイル防衛の強化のための改良が行なわれた。[18]

よって、新たな台湾海峡危機は、１９５０年代の危機よりもはるかに危険なものになるだろう。特に、中国の核備蓄が増加していっている現状を考えれば、核戦争のリスクまである。

しかし、今回は貧しい島をめぐる睨み合いではない。その戦場となるのは、デジタル世界が激しく脈動する場所なのだ。さらに不吉なのは、１９５０年代とはちがい、人民解放軍が最終的に撤退するのかどうかが不明な点だ。こんどこそは楽勝だ――中国政府がそう考えてもなんら不思議ではない。

# 最後に

1958年、台湾の領有する金門島《きんもん》に、人民解放軍が一斉砲撃を開始してからわずか5日後、蒸し暑い夏を迎えたダラスでは、ジャック・キルビーがトランジスタ、抵抗器、コンデンサといった電子回路の部品のすべてを半導体材料からつくれることを同僚たちに実証した。[1]

その4日後、ジェイ・ラスロップが初めてテキサス・インスツルメンツの駐車場に車を入れた。彼はすでにフォトリソグラフィを通じてトランジスタをつくる工程の特許を申請していたが、陸軍の賞を受け取り、新型のステーション・ワゴンを購入するのはまだ先の話だった。

その数カ月前、モリス・チャンはマサチューセッツの電機メーカーからテキサス・インスツルメンツに転職し、同社の半導体製造工程から欠陥を取り除く魔法のような能力で評判を得ていた。

同年、パトリック・ハガティがテキサス・インスツルメンツ社長に任命されると、取締役会は、軍事システム向けの電子機器を開発するという彼のビジョンのほうが、会社創設の目的である石油探査機器の製造よりよい商売になりそうだ、と考えた。彼はすでに、〝スマート〟兵器や精密センサーに必要な電子機器をつくる、ウェルドン・ワードなどの有能な技術者チームを築いていた。[2]

テキサス州は台湾から見て世界の反対側にあったが、キルビーが米中危機の真っ只中に集積回路を発明したのは、決して偶然ではなかった。防衛予算が電機メーカーへと流れ込み、米軍は優位性の維持をテクノロジーに頼っていた。ソビエト・ロシアと共産中国が産業規模の軍を築くなか、アメリカは軍隊の規模や戦車の数で勝負するわけにはいかなかった。しかし、トランジスタ、精密センサー、効果的な通信機器の数で上回ることなら可能だった。そのすべてが、いずれはアメリカの兵器をはるかに強力なものにすることになる。

さらに、チャンがたとえば天津《てんしん》ではなくテキサス州で仕事を探していたのも、これまた偶然ではなかった。野心的な上流階級家庭の息子にとって、中国に残ることは、迫害や、ひどくすれば死のリスクまであった。

冷戦の混沌、そして世界を席巻した非植民地化の混乱のなかで、多くの国の秀才や天才たちがアメリカを目指した。世界初のトランジスタを発明したのはジョン・バーディーンとウォルター・ブラッテンだが、量産可能なトランジスタ構造を考案したのはベル研究所の同僚のモハメド・アタラとダウォン・カーンだった。

ロバート・ノイスとともにフェアチャイルドセミコンダクターを創設した、「8人の反逆者」のうちのふたりは、アメリカ国外で生まれた技術者だ。その数年後、フェアチャイルドの半導体製造工程における化学薬品の利用方法を最適化し、同社のCEOへの道を歩み始めたのは、かつてグローフ・アンドラーシュを名乗っていた辣腕《らつわん》のハンガリー人移民だった。

シリコン・チップという単語自体がまだ無名で、その仕組みを理解している者は輪をかけて少なかった時代に、世界の一流の頭脳が、アメリカの半導体製造の中心地であるテキサス州、マサチューセッツ州、そして何よりカリフォルニア州へと惹き寄せられていった。そうした技術者や物理学者たちは、トランジスタの微細化が未来を文字どおり変える、と信じてやまなかった。

そうして実現したのは、彼らのもっとも壮大な夢をもはるかに超越する未来だった。ゴードン・ムーアやカリフォルニア工科大学教授のカーバー・ミードのような先見の明の持ち主たちは、数十年先を見据えていたが、「家庭用コンピュータ」「個人用の携帯通信機器」に関する１９６５年のムーアの予言は、現代生活における半導体の重要性のほんの一角をとらえたものにすぎない。[3] 半導体産業がやがて人体内の細胞より多くのトランジスタを日々量産しつづけるなど、シリコンバレーの創設者たちにはとうてい想像できなかっただろう。[4]

半導体産業が拡大し、トランジスタが微細化するにつれ、世界規模の巨大な市場の重要性が一段と高まっていっている。今日では、国防総省《ペンタゴン》の７０００億ドルという潤沢な予算でさえ、国防目的の最先端の半導体製造工場をアメリカ本土に建設するには足りないのが現状だ。

国防総省には、10億ドルの潜水艦や１００億ドルの空母専用の造船所があるが、使用される半導体の多くは台湾を主とした民間業者から購入している。最先端の半導体を設計するだけでも、コストは1億ドルを超えることもあり、国防総省にとっては手に余る状態になりつつある。最先端のロジック・チップの製造工場を建設するには、空母の2倍の費用がかかるが、そこまでしても数年で時代遅れになってしまうのだ。

このように、計算能力を生み出すプロセスは驚くほど複雑であり、シリコンバレーの歴史が単なる科学や技術の物語ではないことを証明している。テクノロジーは、市場が見つかってこそ前進するものなのだ。半導体の歴史は、販売、マーケティング、サプライ・チェーン管理、コスト削減の物語でもある。

シリコンバレーは、それを築き上げた起業家たちがいなければ、今ごろ存在していないだろう。ノイスはマサチューセッツ工科大学（ＭＩＴ）で教育を受けた物理学者だったが、いまだ存在しない製品の巨大な市場を見出し、実業家として立身出世した。ムーアが１９６５年の有名な論文で用いた言葉を使うなら、フェアチャイルドセミコンダクターが「集積回路により多くの部品を詰め込む」ことができたのは、同社の物理学者や化学者たちだけでなく、製造の鬼といわれたチャールズ・スポークのような上司たちのおかげでもあった。

彼は労働組合のない工場を求め、大半の従業員に自社株購入権《ストック・オプション》を与えたことで、生産性をどこまでも押し上げた。現在、トランジスタの単価が１９５８年当時の１００万分の1未満になったのは、退職者アンケートで「金・持ち・に・なり・たい」と書いた無名のフェアチャイルド従業員の言葉に表われているハングリー精神の賜物なのだ。[5]

振り返ると、半導体が現代世界をつくったという言い方はあまりにも単純すぎる。半導体の研究、設計、製造、組立、活用のしかたを形づくってきたのは、私たちの社会、私たちの政治だからだ。たとえば、国防総省の研究開発部門であるＤＡＲＰＡは、最先端のロジック・チップで使われているＦｉｎＦＥＴ《フィンフェット》と呼ばれる３次元トランジスタ構造の重要な研究を助成し、半導体を文字どおり形づくってきた。そして今後、中国が半導体の支配という目標を成し遂げるかどうかはともかく、中国の巨額の補助金は半導体のサプライ・チェーンを大きく形成し直すことだろう。

もちろん、半導体がこれまでどおり重要であり続ける、という保証はない。計算能力への需要が減少するとは考えにくいが、供給のほうが尽きてしまう可能性はある。ムーアの有名な法則は、あくまで予測であって、物理的事実ではない。エヌビディアＣＥＯのジェンスン・ファンから、スタンフォード大学元学長でアルファベット現会長のジョン・ヘネシーまで、業界の名だたる名士たちがムーアの法則は死んだと断言している。[6]

ある時点で、トランジスタをそれ以上微細化するのは物理学的に不可能になるだろう。その前に、コスト面で製造が不可能になることも考えられなくはない。実際、製造原価の減少スピードはすでに大きく緩まっている。微細化し続ける半導体の製造に必要な装置は目が回るほど高額で、1台1億ドル以上にもなるEUVリソグラフィ装置はその最たる例だ。

ムーアの法則の終焉《しゅうえん》は、半導体産業、そして世界に壊滅的な影響を及ぼすだろう。世界のトランジスタの生産が年々増加していっているのは、それで採算が取れるからにほかならない。しかし、ムーアの法則が死にかけていると宣告されたのは、実は今回が初ではない。1988年、IBMの著名な専門家であり、のちのアメリカ国立科学財団理事長であるエーリヒ・ブロッホは、トランジスタが4分の1ミクロン〔250ナノメートル〕まで微細化した段階で、ムーアの法則は成り立たなくなると述べたが、その10年後、半導体産業はその壁を打ち破った。[7]

ムーアは2003年のプレゼンテーションで、「これまでどおりのやり方では、今後10年くらいでまちがいなく障壁にぶち当たるだろう」と懸念を示したが、こうした潜在的な障壁はすべて克服がなされた。

当時、彼は3次元トランジスタ構造を「過激なアイデア」だと思っていたが、それから20年足らずで、すでに何兆個という3次元のFinFETトランジスタが製造されている。[8]

半世紀前、「ムーアの法則」という言葉の生みの親であるカリフォルニア工科大学教授のミードは、やがて1平方センチメートル当たり1億個のトランジスタを搭載したチップが誕生すると予測して、世界の半導体科学者たちに衝撃を与えた。現在、最先端の工場では、彼の予測の実に100倍ものトランジスタを1枚のチップ上に詰め込むことが可能になった。[9]

つまり、ムーアの法則の耐久性は、その名の由来になった人物や、その名付け親でさえ驚かせてきたということになる。そして、現在の悲観論者たちをも驚かせる可能性が高い。アップル、テスラ、AMD、インテルで革新的な半導体研究を行なったことで広く知られる著名な半導体設計者のジム・ケラーは、チップ上のトランジスタの集積密度を50倍にする道筋がはっきりと見えてきた、と語った。[10]

彼によれば、まず、既存のフィン型トランジスタをより薄くプリントすることで、集積密度を3倍にできるという。次に、フィン型トランジスタを、「全周ゲート型（Gate-All-Around）」と呼ばれる新たなチューブ型のトランジスタで置き換える。このワイヤー状のチューブは、上下左右から電圧をかけられるので、「スイッチ」をより精密に制御し、トランジスタの微細化にともなう課題に対処できる。この微細なワイヤーによって、トランジスタの集積密度が2倍になる、と彼は言う。これらのワイヤーを縦に積み上げることで、集積密度をさらに8倍にできる、と彼は予測している。

これらを掛け合わせると、1枚のチップに詰め込めるトランジスタの数は、約50倍になる。「原子が尽きることはない」と彼は言う。「それに、原子の厚みでプリントする方法もすでにわかっている」

実際、ムーアの法則の終わりがさんざん囁かれながらも、半導体産業に流れ込む金はどんどん増えている。AIアルゴリズム向けに最適化されたチップを設計する新興企業《スタートアップ》は、次世代のエヌビディアになるのを夢見て、過去数年で数十億ドルを調達してきた。グーグル、アマゾン、マイクロソフト、アップル、フェイスブック、アリババなどのテクノロジー大手は今、独自の半導体設計に湯水のごとく資金を注ぎ込んでいる。イノベーションに不足がないのは明らかだ。

ムーアの法則の終焉説を裏づけるもっとも有力な論拠とは、特定用途向け半導体や特定企業向け半導体の分野で行なわれている新たな活動が、インテルの強力なマイクロプロセッサが過去半世紀にわたって実現してきた「汎用」コンピューティングの改善に取って代わろうとしている、というものだ。

ニール・トンプソンとスヴェンヤ・シュパヌートの両研究者は、「汎用技術としてのコンピュータの衰退」が起きている、とまで主張している。ふたりは、未来のコンピューティングが、特注の強力なチップを用いた「高速レーン」と、進化の止まった汎用チップを用いた「低速レーン」のふたつの用途に二《に》分《ぶん》される、と考えている。[11]

現代のコンピューティングの役馬《えきば》ともいえるマイクロプロセッサが、特定用途向け半導体に一部置き換えられつつある、という事実は否定できない。しかし、よりあいまいなのは、それが問題といえるのかどうかだ。エヌビディアのＧＰＵは、グラフィックスや、近年ではますますＡＩに特化しているという意味では、インテルのマイクロプロセッサのように汎用的ではない。

しかし、エヌビディアなどのように、ＡＩ向けに最適化されたチップを供給している企業は、人工知能をこれまでよりはるかに安価に実装し、ずっと広く利用できるようにしてきた。強力になった最新のチップのおかげで、今やＡＩは10年前では考えられないくらい「汎用的」なものになったのだ。

アマゾンやグーグルといった巨大テクノロジー企業が半導体を自社設計するという近年の傾向も、過去数十年とのちがいを示す例だ。両社が半導体設計事業に参入したのは、誰もが利用できる同社のクラウドを実行するサーバの効率を改善するためだった。一定料金を支払えば、誰でもグーグル・クラウド上の同社のTPUチップにアクセスできる。悲観的な見方をするなら、これはコンピューティングの「低速レーン」と「高速レーン」への二極化ともとらえられよう。

しかし、驚きなのは、エヌビディア製のチップを購入するか、AI向けに最適化されたクラウドの利用料を支払えば、ほとんど誰でも簡単に高速レーンを走れる、という点だ。

さらに、さまざまな種類のチップを組み合わせるのは、いまだかつてなく簡単になっている。[12]かつては、ひとつの機器に1枚のプロセッサ・チップ、が当たり前だった。それが今では、演算全般を担うプロセッサ、カメラなどの特定の機能の制御に特化したプロセッサ、というように、複数のプロセッサが搭載されていることもある。それが可能になったのは、新たなパッケージング技術によってチップ同士を効率的に接続することが容易になり、処理要件やコスト条件の変化に応じて一部のチップを手軽に入れ替えられるようになったためだ。

現在、大手の半導体メーカーは今まで以上に、チップが機能するシステムのほうに知恵を絞っている。つまり、本当に重要な疑問とは、チップ1枚当たりのトランジスタの集積密度が指数関数的に増加するという、ムーアが初めて定義したムーアの法則の限界がついにやってきたのか、という点ではない。1枚のチップがコスト効率よく生み出せる計算能力の量が限界に達したのかどうか、なのだ。何千人という技術者、そして何十億ドルという投資が、その逆に賭けている。

1958年12月、チャン、ハガティ、ウェルドン・ワード、ラスロップ、キルビーが全員テキサス・インスツルメンツに集結した年、冬のワシントンDCでエレクトロニクス会議が開かれた。その日の参加者だった若きチャン、ムーア、ノイスは、全員でビールを飲みに繰り出し、夜も更《ふ》けたころ、雪の吹きだまりのなかで興奮気味に歌いながら、千鳥足でホテルに帰った。[13] 路上ですれちがった人々のなかに、3人がまさか未来のテクノロジー業界の巨人になると思った者はいなかっただろう。それでも彼らは、数十億枚のシリコン・ウェハーのみならず、私たち全員の生活に、深い刻印を残した。彼らが発明したチップと、築き上げた産業こそが、人類の歴史を構築し、人類の未来を形づくる見えない回路なのだ。

# 謝辞

最先端の半導体の製造には、何百段階という工程と、いくつもの国々にまたがるサプライ・チェーンがかかわっている。本書の執筆は、そんな半導体の製造に迫るくらい複雑な作業だった。途中で手を貸してくれた多くの国々の多くの人たちに感謝したい。

まず、パンデミックで制約の多いなか、記録資料の閲覧を可能にしてくれたワシントンＤＣのアメリカ議会図書館、南メソジスト大学、スタンフォード大学、フーヴァー研究所、ロシア科学アカデミー文書館、台湾の中央研究院の司書やアーキビストの方々にお礼を申し上げる。

また、産業界、学界、政府の半導体専門家の方々に、１００回をゆうに超えるインタビューを行なう機会に恵まれたことにも、同じくらい感謝している。自身の研究について自由に話せるよう、匿名を条件にインタビューに応じてくれた人々も何十人といた。ただし、貴重な意見を寄せてくれたり、インタビューの手配に協力してくれたりした次の方々には、この場をお借りしてお礼を申し上げたい。ボブ・アダムス、リチャード・アンダーソン、スージー・アームストロング、ジェフ・アーノルド、デイヴィッド・アトウッド、ヴィヴェック・バクシ、ジョン・バスゲート、ピーター・ベアロ、ダグ・ベッティンジャー、マイケル・ブラック、ラルフ・カルヴィン、ゴードン・キャンベル、ウォルター・カードウェル、ジョン・カラザース、リック・キャシディ、アナンド・チャンドラシーカ、モリス・チャン、シャンイー・ジャン、ブライアン・クラーク、リン・コンウェイ、バリー・クーチャー、アンドレア・クオモ、アート・デ・ゲウス、セス・デイヴィス、アニルード・デヴガン、スティーヴ・ディレクター、グレッグ・ダン、マーク・ダーカン、ジョン・イースト、ケネス・フラム、イーゴリ・フォメンコフ、ジーン・フランツ、アディ・フークス、マイク・ゲセロウィッツ、ランス・グラッサー、ジェイ・ゴールドバーグ、ピーター・ゴードン、ジョン・ガウディ、ジョン・グラウス、チャック・グウィン、レネ・ハース、ウェスリー・ホールマン、デイヴィッド・ハンキ、ビル・ヘイ、クリス・ヒル、デイヴィッド・ホッジズ、サンダー・ホフマン、トリスタン・ホルタム、エリック・ホスラー、ジーン・イリサリ、ニーナ・カオ、ジョン・キバリアン、ヴァレリー・コトキン、マイケル・クレイマー、レヴ・ラプキス、スティーヴ・ライビガー、クリス・マック、クリス・マラコウスキー、デイヴ・マークル、クリストファー・マグワイア、マーシャル・マクマラン、カーバー・ミード、ブルーノ・ムラーリ、ボブ・ニース、ダニエル・ニンニ、ジム・ネローダ、ロン・ノリス、テッド・オデル、セルゲイ・オソキン、ウォード・パーキソン、ジム・パートリッジ、マルコム・ペン、ウィリアム・ペリー、パスクワレ・ピストリオ、メアリー・アン・ポッター、ステイシー・ラスゴン、グリフ・リーザー、ウォーリー・ラインズ、デイヴ・ロバートソン、スティーヴ・ロウマーマン、アルド・ロマーノ、ジャンヌ・ルーセル、ロブ・ルーテンバー、ザイン・サイディン、アルベルト・サンジョヴァンニ＝ヴィンチェンテッリ、ロビン・サクスビー、ブライアン・シャーリー、ピーター・シモーン、マルコ・シルサルチュク、ランディ・ステック、セルゲイ・スジン、ウィル・スウォープ、ジョン・テイラー、ビル・トビー、ロジャー・ヴァン・アート、ディック・ヴァン・アッタ、ギル・ヴァーネル、マイケル・フォン・ボルステル、スティーヴン・ウェルビー、ロイド・ウィットマン、パット・ウィンダム、アラン・ウォルフ、シュテファン・ウーム、トニー・イエン、ロス・ヤング、ヴィクトル・ジルノフ、アニー・チョウ、本当にありがとう。なお、当然のことながら、本書で述べられている結論は私個人の見解であり、上記の方々はなんら責任を負うものではない。

ＳＥＭＩの社長兼ＣＥＯのアジット・マノチャには、多くの貴重な紹介をいただいた。米国半導体工業会のジョン・ニューファー、ジミー・グッドリッチ、ミーガン・ビアリーは、半導体産業に関する彼らの視点をわかりやすく教えてくれた。業界の古株であるテリー・デイリーは、惜しみなく時間を割き、助言をくれた。マサチューセッツ工科大学リンカーン研究所のボブ・ロインドとクレイグ・キーストは、同研究所のマイクロエレクトロニクス施設を案内してくれた。また、ある匿名希望の技術評論家の方からは、ＦｉｎＦＥＴ《フィンフェット》や高誘電率材料など、半導体の基礎をなすさまざまな科学について詳しく指導をいただいた。感謝を申し上げる。

ダニー・クライトンとジョーダン・シュナイダーは、楽しい会話を通じて、半導体と政治の交わりについての私の考えを形づくってくれた。ジョーダンとドン・ヤンは、原稿を読み、私の主張に磨きをかける手助けをしてくれた。ケヴィン・シューと彼の貴重なニュースレターがなければ、モリス・チャンに関する重要な逸話の一部を見落としていただろう。サヒール・マタニとフィリップ・ソーンダースのチームは、数々の会話を通じて、中国の半導体の問題についての私の考えを形づくってくれた。ありがとう。

本書の研究の一部は、イェール大学の国際安全保障研究（International Security Studies）プログラムにて発表させていただいた。その機会を設けてくださったポール・ケネディとアルネ・ウェスタッドに感謝したい。また、海軍大学校で初期段階の研究を発表する機会にも恵まれた。招待してくれたレベッカ・リスナーにお礼を申し上げる。加えて、フーヴァー研究所の歴史ワークショップとアメリカン・エンタープライズ公共政策研究所は、厳しい質問が飛び交う討論の場を提供してくれた。おかげで、私の主張に磨きをかけるよい機会になった。

本書は、シリコンバレーの起源やコンピューティングの歴史に関する既存の研究やジャーナリズムに大きく頼っている。この話題についてさまざまな角度から分析している学者やジャーナリストの方々からは、多くのことを学んだ。こうした人々の研究は巻末の注に引用してある。特に、研究結果や専門知識を共有してくれたレスリー・バーリン、ジェフリー・ケイン、ダグ・フラー、スラヴァ・ゲローヴィッチ、ポール・ガレスピー、フィリップ・ハンソン、ジェームズ・ラーソン、デイヴィッド・ローズ、ウェンイー・リー、ウィリー・シー、デニス・フレッド・サイモン、ポール・スネル、デイヴィッド・スタンプ、デイヴィッド・タルボット、ザカリー・ワッサーマン、デビー・ウーには、たいへん感謝している。ジョージ・レオポルドは、ずっと現代の半導体産業やエレクトロニクス産業の案内役になってくれている。ホセ・モウラは、執筆活動の早い段階で同僚たちを紹介してくれた。マレー・スコットは、たびたびアイデアや励ましを寄せてくれた。

ダニー・ゴットフリード、ジェイコブ・クレメンテ、ガーティ・ロビンソン、ベン・クーパー、クラウス・スン、ウェイティン・チェン、ミンディ・トゥー、フレディ・リン、ウィル・バウムガートナー、オ・ソヨン、松山みいな、マティアス・キシデイ、ゾイ・ホアン、チヒロ・アイタ、サラ・アシュボーは、資料の収集や翻訳に協力してくれた。アシュリー・シースには、全般的にたいへんお世話になった。

また、スミス・リチャードソン財団とスローン財団の支援なしには、今回の調査は不可能だっただろう。お礼を申し上げる。

フレッチャー・スクールの私の同僚や学生たちは、本書の多くの内容に関して、よき意見交換の相手になってくれた。特に、ダニエル・ドレズナーの「武器化した相互依存」に関する2019年のワークショップはためになった。FPRIのローリー・フリン、マイア・オタラシュビリ、アーロン・スタインは、初期の段階から今回の調査を支えてくれた。コリ・シェイク、ダニー・プレトカ、ハル・ブランズは、アメリカン・エンタープライズ公共政策研究所を、原稿に最後の仕上げをしようとしていた私にとっての知的なよりどころにしてくれた。グリーンマントルの同僚たちは、テクノロジー、金融、マクロ経済学、政治の交わりについて考察するための刺激的な環境を提供してくれている。また、早くから今回のプロジェクトを熱狂的に応援してくれたニーアル・ファーガソン、数々の貴重な紹介をくださったピエルパオロ・バルビエリ、中国の技術政策を理解する手助けをしてくれたアリス・ハン、プロジェクトの初期の段階で鋭い批評を寄せてくれたステファニー・ペトレッラにも感謝を申し上げる。

リック・ホーガンをはじめ、出版社スクリブナーのチームのみなさんと仕事ができたことは本当に光栄だ。また、本書に早い段階から信頼を寄せてくれたトビー・マンディがいなければ、本書が世に出ることはなかっただろう。ジョン・ヒルマンには、今回のプロジェクトが始動する最初のきっかけとなった紹介をいただいた。お礼を言いたい。

最後に、私の家族は、執筆活動の最中、ずっと私を支えてくれた。両親は誰より厳しい評論家だ。ルーシーとヴラッドは誰もが安心して頼める最高のベビーシッターだ。リヤ、アントン、イーヴィーは、本書のせいで数々の朝、夜、週末、休暇、育児休暇が台無しになっても、嫌な顔ひとつしないでいてくれた。そんな彼らに、この本を捧げたい。

9 Hoeneisen and Mead, "Fundamental Limitations on Microelectronics," pp. 819-829; Scotten Jones, "TSMC and Samsung 5nm Comparison," *SemiWiki*, May 3, 2019, https://semiwiki.com/semiconductor-manufacturers/samsung-foundry/8157-tsmc-and-samsung-5nm-comparison/.

10 "Jim Keller: Moore's Law Is Not Dead," UC Berkeley EECS Events, YouTube Video, September 18, 2019, 22:00, https://www.youtube.com/watch?v=oIG9ztQw2Gc.

11 Neil C. Thompson and Svenja Spanuth, "The Decline of Computers as a General Purpose Technology: Why Deep Learning and the End of Moore's Law Are Fragmenting Computing," working paper, MIT, November 2018, https://ide.mit.edu/wp-content/uploads/2018/11/SSRN-id3287769.pdf.

12 "Heterogeneous Compute: The Paradigm Shift No One Is Talking About," Fabricated Knowledge, February 19, 2020, https://www.fabricatedknowledge.com/p/heterogeneous-compute-the-paradigm.

13 Kevin Xu, "Morris Chang's Last Speech," *Interconnected*, September 12, 2021, https://interconnected.blog/morris-changs-last-speech/.

Data Center Dynamics, February 28, 2022, https://www.datacenterdynamics.com/en/news/intel-and-amd-halt-chip-sales-to-russia-tsmc-joins-in-on-sanctions/.

16 Jeanne Whalen, "Sanctions Forcing Russia to Use Appliance Parts in Military Gear," *Washington Post*, May 11, 2022.

17 "Top Economist Urges China to Seize TSMC if US Ramps Up Sanctions," *Bloomberg News*, June 7, 2022.

18 Keoni Everington, "China Expands Its 2 Air Force Bases Closest to Taiwan," *Taiwan News*, March 8, 2021; Minnie Chan, "Upgrades for Chinese Military Airbases Facing Taiwan Hint at War Plans," *South China Morning Post*, October 15, 2021; "Major Construction Underway at Three of China's Airbases Closest to Taiwan," *Drive*, October 13, 2021.

## 最後に

1 Jack Kilby, "Invention of the Integrated Circuit," *IEEE Transactions on Electron Devices* 23, No. 7 (July 1976): 650.

2 Paul G. Gillespie, "Precision Guided Munitions: Constructing a Bomb More Potent Than the A-Bomb," PhD dissertation, Lehigh University, p. 115. ワードの死後に公開されているLinkedInページによれば、彼は1953年にテキサス・インスツルメンツに入社したようだが、裏づけは取れなかった。

3 Gordon E. Moore, "Cramming More Components onto Integrated Circuits," *Electronics* 38, No. 8 (April 19, 1965).

4 Dan Hutcheson, "Graphic: Transistor Production Has Reached Astronomical Scales," *IEEE Spectrum*, April 2, 2015.

5 Michael Malone, *The Intel Trinity* (Michael Collins, 2014), p. 31［邦訳：マローン『インテル』57ページ］.

6 John Hennessy, "The End of Moore's Law and Faster General-Purpose Processors, and a New Path Forward," National Science Foundation, CISE Distinguished Lecture, November 22, 2019, https://www.nsf.gov/events/event_summ.jsp?cntn_id=299531&org=NSF.

7 Andrey Ovsyannikov, "Update from Intel: Insights into Intel Innovations for HPC and AI," Intel, September 26, 2019, https://www2.cisl.ucar.edu/sites/default/files/Ovsyannikov%20-%20MC9%20-%20Presentation%20Slides.pdf.

8 Gordon E. Moore, "No Exponential Is Forever: But 'Forever' Can Be Delayed!" IEEE International Solid-State Circuits Conference, 2003.

## 第54章　台湾のジレンマ


1 "Edited Transcript: 2330.TW - Q2 2021 Taiwan Semiconductor Manufacturing Co Ltd Earnings Call," *Refinitiv*, July 15, 2021, https://investor.tsmc.com/english/encrypt/files/encrypt_file/reports/2021-10/44ec4960f6771366a2b992ace4ae47566d7206a6/TSMC%20 2Q21%20transcript.pdf.

2 Liu Xuanzun, "PLA Holds Beach Assault Drills After US Military Aircraft's Taiwan Island Landing," *Global Times*, July 18, 2021.

3 Liu Xuanzun, "PLA Holds Drills in All Major Chinese Sea Areas Amid Consecutive US Military Provocations," *Global Times*, July 20, 2021.

4 Chris Dougherty, Jennie Matuschak, and Ripley Hunter, "The Poison Frog Strategy," Center for a New American Security, October 26, 2021.

5 "Military and Security Developments Involving the People's Republic of China," Annual Report to Congress, Office of the Secretary of Defense, 2020, p. 114.

6 Lonnie Henley, "PLA Operational Concepts and Centers of Gravity in a Taiwan Conflict," testimony before the U.S.-China Economic and Security Review Commission Hearing on Cross-Strait Deterrence, February 18, 2021.

7 Michael J. Green, "What Is the U.S. 'One China' Policy, and Why Does it Matter?" Center for Strategic and International Studies, January 13, 2017.

8 Debby Wu, "Chip Linchpin ASML Joins Carmakers Warning of Vicious Cycle," *Bloomberg*, January 19, 2022.

9 Tsai Ing-wen, "Taiwan and the Fight for Democracy," *Foreign Affairs*, November–December 2021.

10 Sherry Hsiao, "Most Say Cross-Strait War Unlikely: Poll," *Taipei Times*, October 21, 2020.

11 Ivan Cheberko, "Kosmicheskii Mashtab Importozameshcheniia," *Vedomosti*, September 27, 2020.

12 Jack Watling and Nick Reynolds, "Operation Z: The Death Throes of an Imperial Delusion," Royal United Services Institute, April 22, 2022, pp. 10－12.

13 Michael Simpson et al., "Road to Damascus: The Russian Air Campaign in Syria," Rand Corporation, RR-A1170-1, 2022, p. 80.

14 Rebecca Shabad, "Biden Emphasizes the Need to Keep Arming Ukraine in Tour of Alabama Weapons Plant," CNBC, May 3, 2022.

15 Sebastian Moss, "Intel and AMD Halt Chip Sales to Russia, TSMC Joins in on Sanctions,"

## 第53章　半導体不足とサプライ・チェーン

1 "Remarks by President Biden at a Virtual CEO Summit on Semiconductor and Supply Chain Resilience," The White House, April 12, 2021; Alex Fang and Yifan Yu, "US to Lead World Again, Biden Tells CEOs at Semiconductor Summit," *Nikkei Asia*, April 13, 2021.

2 AAPC Submission to the BIS Commerce Department Semiconductor Supply Chain Review, April 5, 2021; Michael Wayland, "Chip Shortage Expected to Cost Auto Industry $210 Billion in Revenue in 2021," CNBC, September 23, 2021.

3 "Semiconductor Units Forecast to Exceed 1 Trillion Devices Again in 2021," *IC Insights*, April 7, 2021, https://www.icinsights.com/news/bulletins/Semiconductor-Units-Forecast-To-Exceed-1-Trillion-Devices-Again-In-2021/.

4 "Fact Sheet: Biden-Harris Administration Announces Supply Chain Disruptions Task Force," June 8, 2021, https://www.whitehouse.gov/briefing-room/statements-releases/2021/06/08/fact-sheet-biden-harris-administration-announces-supply-chain-disruptions-task-force-to-address-short-term-supply-chain-discontinuities/.

5 Kotaro Hosokawa, "Samsung Turns South Korea Garrison City into Chipmaking Boom Town," *Nikkei Asia*, June 20, 2021.

6 Jiyoung Sohn, "Samsung to Invest $205 Billion in Chip, Biotech Expansion," *Wall Street Journal*, August 24, 2021; Song Jung-a and Edward White, "South Korean PM Backs Early Return to Work for Paroled Samsung Chief Lee Jae-yong," Financial Times, August 30, 2021.

7 Stephen Nellis, Joyce Lee, and Toby Sterling, "Exclusive: U.S.-China Tech War Clouds SK Hynix's Plans for a Key Chip Factory," Reuters, November 17, 2021.

8 Brad W. Setser, "Shadow FX Intervention in Taiwan: Solving a 100+ Billion Dollar Enigma (Part 1)," Council on Foreign Relations, October 3, 2019.

9 "Speech by Commissioner Thierry Breton at Hannover Messe Digital Days," European Commission, July 15, 2020.

10 Cheng Ting-Fang and Lauly Li, "TSMC Says It Will Build First Japan Chip Plant with Sony," *Nikkei Asia*, November 9, 2021.

11 Christiaan Hetzner, "Intel CEO Says 'Big, Honkin' Fab' Planned for Europe Will Be World's Most Advanced," *Fortune*, September 10, 2021; Leo Kelion, "Intel Chief Pat Gelsinger: Too Many Chips Made in Asia," BBC News, March 24, 2021.

3 "Xi Jinping Picks Top Lieutenant to Lead China's Chip Battle Against U.S.," *Bloomberg*, June 16, 2021.

4 中国がテクノロジー産業に1兆4000億ドルの補助金を提供する準備ができている、というニュースの見出しを鵜呑みにするべきではない。中国政府は、地方当局が主に調達および消費する額面にして約1兆5000億ドルもの政府主導の産業基金を承認したが、これらの基金はテクノロジーだけに集中しているわけではない。正式なガイドラインによると、これらの基金は「戦略的に重要な新規産業」だけでなく、インフラや公営住宅にも利用できることになっている。つまり、中国の多くの投資プロジェクトと同じく、基金の一部が半導体の支援ではなく不動産開発の補助に回される可能性はおおいにあるのだ。Tianlei Huang, "Government-Guided Funds in China: Financing Vehicles for State Industrial Policy," *PIIE*, June 17, 2019, https://www.piie.com/blogs/china-economic-watch/government-guided-funds-china-financing-vehicles-state-industrial-policy; Tang Ziyi and Xue Xiaoli, "Four Things to Know About China's $670 Billion Government Guidance Funds," *Caixin Global*, February 25, 2020.

5 HSMC investigation by Qiu Xiaofen and Su Jianxun, Yang Xuan, ed., tr. Alexander Boyd, in Jordan Schneider, "Billion Dollar Heist: How Scammers Rode China's Chip Boom to Riches," *ChinaTalk*, March 30, 2021, https://chinatalk.substack.com/p/billion-dollar-heist-how-scammers; Luo Guoping and Mo Yelin, "Wuhan's Troubled $18.5 Billion Chipmaking Project Isn't as Special as Local Officials Claimed," *Caixin Global*, September 4, 2020.

6 Toby Sterling, "Intel Orders ASML System for Well Over $340 mln in Quest for Chipmaking Edge," Reuters, January 19, 2022.

7 David Manners, "RISC-V Foundation Moves to Switzerland," *Electronics Weekly*, November 26, 2019.

8 Dylan Patel, "China Has Built the World's Most Expensive Silicon Carbide Fab, but Numbers Don't Add Up," SemiAnalysis, September 30, 2021, https://semianalysis.com/china-has-built-the-worlds-most-expensive-silicon-carbide-fab-but-numbers-dont-add-up/.

9 Varas et al., "Government Incentives and US Competitiveness in Semiconductor Manufacturing."

10 Cheng Ting-Fang and Lauly Li, "How China's Chip Industry Defied the Coronavirus Lockdown," *Nikkei Asia*, March 18, 2020.

12 Henry Farrell and Abraham L. Newman, "Weaponized Interdependence: How Global Economic Networks Shape State Coercion," *International Security* 44, No. 1 (2019): 42-79.

13 "Commerce Addresses Huawei's Efforts to Undermine Entity List, Restricts Products Designed and Produced with U.S. Technologies," U.S. Department of Commerce, May 15, 2020, https:/2017-2021.commerce.gov/news/press-releases/2020/05/commerce-addresses-huaweis-efforts-undermine-entity-list-restricts.html.

14 Kathrin Hille and Kiran Stacey, "TSMC Falls into Line with US Export Controls on Huawei," *Financial Times*, June 9, 2020.

15 "Huawei Said to Sell Key Server Division Due to U.S. Blacklisting," *Bloomberg*, November 2, 2021.

16 Craig S. Smith, "How the Huawei Fight Is Changing the Face of 5G," *IEEE Spectrum*, September 29, 2021.

17 Lauly Li and Kenji Kawase, "Huawei and ZTE Slow Down China 5G Rollout as US Curbs Start to Bite," *Nikkei Asia*, August 19, 2020.

18 Alexandra Alper, Toby Sterling, and Stephen Nellis, "Trump Administration Pressed Dutch Hard to Cancel China Chip-Equipment Sale: Sources," Reuters, January 6, 2020.

19 Industry and Security Bureau, "Addition of Entities to the Entity List and Revision of an Entry on the Entity List," Federal Register, June 24, 2019, https://www.federalregister.gov/documents/2019/06/24/2019-13245/addition-of-entities-to-the-entity-list-and-revision-of-an-entry-on-the-entity-list.

20 Ellen Nakashima and Gerry Shih, "China Builds Advanced Weapons Systems Using American Chip Technology," *Washington Post*, April 9, 2021.

21 Zhong Shan, "MOFCOM Order No. 4 of 2020 on Provisions on the Unreliable Entity List," Order of the Ministry of Commerce of the People's Republic of China, September 19, 2020, http://english.mofcom.gov.cn/article/policyrelease/questions/202009/20200903002580.shtml.

22 アメリカの元高官への2021年のインタビューより。

## 第52章　中国版スプートニク・ショック

1 Cheng Ting-Fang and Lauly Li, "How China's Chip Industry Defied the Coronavirus Lockdown," *Nikkei Asia*, March 18, 2020.

2 Dan Wang, "China's Sputnik Moment?" *Foreign Affairs*, July 29, 2021.

igation-part-2-nationalism-transparency-and-rule-of-law/; "Veeco Instruments Inc., Plaintiff, against SGL Carbon, LLC, and SGL Group SE, Defendants," United States District Court Eastern District of New York, https://chinaipr2.files.wordpress.com/2018/07/us-courts-nyed-1_17-cv-02217-0.pdf.

11 Kate O'Keeffe, "U.S. Adopts New Battle Plan to Fight China's Theft of Trade Secrets," *Wall Street Journal*, November 12, 2018.

12 5人の日米政府高官への2019年から2021年にかけてのインタビューより。

13 元高官への2021年のインタビューより。

14 James Politi, Emily Feng, and Kathrin Hille, "US Targets China Chipmaker over Security Concerns," *Financial Times*, October 30, 2018.

## 第51章　ファーウェイ排除

1 Dan Strumpf and Katy Stech Ferek, "U.S. Tightens Restrictions on Huawei's Access to Chips," *Wall Street Journal*, August 17, 2020.

2 Turpin quoted in Elizabeth C. Economy, *The World According to China* (Wiley, 2021).

3 トランプ政権のふたりの高官への2021年のインタビューより。

4 Peter Hartcher, *Red Zone: China's Challenge and Australia's Future* (Black Inc., 2021), pp. 18-19.

5 Alicja Ptak and Justyna Pawlak, "Polish Trial Begins in Huawei-Linked China Espionage Case," Reuters, June 1, 2021.

6 Mathieu Rosemain and Gwenaelle Barzic, "Exclusive: French Limits on Huawei 5G Equipment Amount to De Facto Ban by 2028," Reuters, July 22, 2020.

7 Katrin Bennhold and Jack Ewing, "In Huawei Battle, China Threatens Germany 'Where It Hurts': Automakers," *New York Times*, January 16, 2020.

8 Gordon Corera, "Huawei 'Failed to Improve UK Security Standards,'" BBC News, October 1, 2020.

9 Robert Hannigan, "Blanket Bans on Chinese Tech Companies like Huawei Make No Sense," *Financial Times*, February 12, 2019.

10 Shayna Jacobs and Amanda Coletta, "Meng Wanzhou Can Return to China, Admits Helping Huawei Conceal Dealings in Iran," *Washington Post*, September 24, 2021.

11 James Politi and Kiran Stacey, "US Escalates China Tensions with Tighter Huawei Controls," *Financial Times*, May 15, 2020.

## 第50章　福建省晋華集積回路

1　この記述については、"United States of America v. United Microelectronics Corporation, et al., Defendant(s)," United States District Court for the Northern District of California, September 27, 2018, https://www.justice.gov/opa/press-release/file/1107251/downloadおよび"MICRON TECHNOLOGY, INC.'S COMPLAINT"より。UMCはアメリカ政府との和解の一環として罪状を認めた。当該のUMC従業員は、台湾の裁判所により刑事責任を問われ、罰金と実刑を言い渡された。Office of Public Affairs, "Taiwan Company Pleads Guilty to Trade Secret Theft in Criminal Case Involving PRC State-Owned Company," U.S. Department of Justice, October 28, 2020, https://www.justice.gov/opa/pr/taiwan-company-pleads-guilty-trade-secret-theft-criminal-case-involving-prc-state-owned.

2　Chuin-Wei Yap and Yoko Kubota, "U.S. Ban Threatens Beijing's Ambitions as Tech Power," Wall Street Journal, October 30, 2018.

3　Chuin-Wei Yap, "Micron Barred from Selling Some Products in China," *Wall Street Journal*, July 4, 2018.

4　裁判の答弁で、UMCはもともとメモリ・チップの専門知識があったことを訴えたが、2016年の年次報告書では、「DRAM事業に参入するつもりはない」と強調している。UMC Form 20-F, filed with the U.S. Securities and Exchanges Commission, 2016, p. 27を参照。

5　Paul Mozur, "Inside a Heist of American Chip Designs, as China Bids for Tech Power," *New York Times*, June 22, 2018.

6　同上。

7　Yap, "Micron Barred from Selling Some Products in China."

8　https://www.storm.mg/article/1358975? mode=whole, tr. Wei-Ting Chen.

9　David E. Sanger and Steven Lee Meyers, "After a Hiatus, China Accelerates Cyberspying Efforts to Obtain U.S. Technology," *New York Times*, November 29, 2018.

10　Advanced Micro-Fabrication Equipment Inc., "AMEC Wins Injunction in Patent Infringement Dispute Involving Veeco Instruments (Shanghai) Co. Ltd.," *PR Newswire*, December 8, 2017, https://www.prnewswire.com/news-releases/amec-wins-injunction-in-patent-infringement-dispute-involving-veeco-instruments-shanghai-co-ltd-300569295.html; Mark Cohen, "Semiconductor Patent Litigation Part 2: Nationalism, Transparency and Rule of Law," *China IPR*, July 4, 2018, https://chinaipr.com/2018/07/04/semiconductor-patent-lit-

CDMA Market," CIOL Bureau, https://web.archive.org/web/20070927230100/http://www.ciol.com/ciol-techportal/Content/Mobility/News/2007/20703081355.asp.

7 Juro Osawa and Eva Dou, "U.S. to Place Trade Restrictions on China's ZTE," *Wall Street Journal*, March 7, 2016; Paul Mozur, "U.S. Subpoenas Huawei Over Its Dealings in Iran and North Korea," *New York Times*, June 2, 2016.

8 オバマ政権のふたりの当局者への2021年のインタビューより。Osawa and Dou, "U.S. to Place Trade Restrictions on China's ZTE."

9 Industry and Security Bureau, "Removal of Certain Persons from the Entity List; Addition of a Person to the Entity List; and EAR Conforming Change," Federal Register, March 29, 2017, https://www.federalregister.gov/documents/2017/03/29/2017-06227/removal-of-certain-persons-from-the-entity-list-addition-of-a-person-to-the-entity-list-and-ear; Brian Heater, "ZTE Pleads Guilty to Violating Iran Sanctions, Agrees to $892 Million Fine," *TechCrunch*, March 7, 2017.

10 Veronica Stracqualursi, "10 Times Trump Attacked China and Its Trade Relations with the US," ABC News, November 9, 2017.

11 4人の元高官への2021年のインタビューより。

12 元高官への2021年のインタビューより。

13 同上。

14 Lucinda Shen, "Donald Trump's Tweets Triggered Intel CEO's Exit from Business Council," *Fortune*, November 9, 2017; Dawn Chmielewski and Ina Fried, "Intel's CEO Planned, Then Scrapped, a Donald Trump Fundraiser," CNBC, June 1, 2016.

15 元政権幹部への2021年のインタビューより。

16 3人の元高官への2021年のインタビューより。

17 Chad Bown, Euijin Jung, and Zhiyao Lu, "Trump, China, and Tariffs: From Soybeans to Semiconductors," *Vox EU*, June 19, 2018.

18 Steve Stecklow, Karen Freifeld, and Sijia Jiang, "U.S. Ban on Sales to China's ZTE Opens Fresh Front as Tensions Escalate," Reuters, April 16, 2018.

19 政権幹部への2021年のインタビューより。

20 Dan Strumpf and John D. McKinnon, "Trump Extends Lifeline to Sanctioned Tech Company ZTE," *Wall Street Journal*, May 13, 2018; Scott Horsley and Scott Neuman, "President Trump Puts 'America First' on Hold to Save Chinese Jobs," NPR, May 14, 2018.

2014.

19 Cade Metz and Nicole Perlroth, “Researchers Discover Two Major Flaws in the World's Computers,” *New York Times*, January 3, 2018.

20 Robert McMillan and Liza Lin, “Intel Warned Chinese Companies of Chip Flaws Before U.S. Government,” *Wall Street Journal*, January 28, 2018.

21 Serge Leef, “Supply Chain Hardware Integrity for Electronics Defense (SHIELD) (Archived),” Defense Advanced Research Projects Agency, https://www.darpa.mil/program/supply-chain-hardware-integrity-for-electronics-defense#:~:text=The%20goal%20of%20DARPA's%20SHIELD,consuming%20to%20be%20cost%20effective; “A DARPA Approach to Trusted Microelectronics,” https://www.darpa.mil/attachments/ATrustthroughTechnologyApproach_FINAL.PDF.

22 “Remarks by Deputy Secretary Work on Third Offset Strategy.”

23 アメリカの元高官への2021年のインタビューより。Gian Gentile, Michael Shurkin, Alexandra T. Evans, Michelle Grise, Mark Hvizda, and Rebecca Jensen, “A History of the Third Offset, 2014–2018.”

## 第49章　半導体の支配という土台

1 アメリカ政府の元高官への2021年のインタビューより。

2 同上。

3 同上。

4 “U.S. Secretary of Commerce Penny Pritzker Delivers Major Policy Address on Semiconductors at Center for Strategic and International Studies,” speech by Penny Pritzker, U.S. Department of Commerce, November 2, 2016.

5 “Ensuring Long-Term U.S. Leadership in Semiconductors,” report to the president, President's Council of Advisors on Science and Technology, January 2017.

6 Mike Rogers and Dutch Ruppersberger, “Investigative Report on the U.S. National Security Issues Posed by Chinese Telecommunications Companies Huawei and ZTE,” U.S. House of Representatives, October 8, 2012; Kenji Kawase, “ZTE's Less-Known Roots: Chinese Tech Company Falls from Grace,” *Nikkei Asia*, April 27, 2018; Nick McKenzie and Angus Grigg, “China's ZTE Was Built to Spy and Bribe, Court Documents Allege,” *Sydney Morning Herald*, May 31, 2018; Nick McKenzie and Angus Grigg, “Corrupt Chinese Company on Telstra Shortlist,” *Sydney Morning Herald*, May 13, 2018; “ZTE Tops 2006 International

7 "White Paper on China's Computing Power Development Index," tr. Jeffrey Ding, China Academy of Information and Communications Technology, September 2021, https://docs.google.com/document/d/1Mq5vpZQe7nrKgkYJA2-yZNV1Eo8swh_w36TUEzFWIWs/edit#, original Chinese source: http://www.caict.ac.cn/kxyj/qwfb/bps/202109/t20210918_390058.htm.

8 Ryan Fedasiuk, Jennifer Melot, and Ben Murphy, "Harnessed Lightning: How the Chinese Military Is Adopting Artificial Intelligence," CSET, October 2021, https://cset.georgetown.edu/publication/harnessed-lightning/, esp. fn 84. 軍民融合については、Elsa B. Kania and Lorand Laskai, "Myths and Realities of China's Military-Civil Fusion Strategy," Center for a New American Security, January 28, 2021を参照。

9 Gian Gentile, Michael Shurkin, Alexandra T. Evans, Michelle Grise, Mark Hvizda, and Rebecca Jensen, "A History of the Third Offset, 2014–2018," Rand Corporation, 2021; "Remarks by Deputy Secretary Work on Third Offset Strategy," U.S. Department of Defense, April 28, 2016.

10 "DARPA Tiles Together a Vision of Mosaic Warfare," Defense Advanced Research Projects Agency, https://www.darpa.mil/work-with-us/darpa-tiles-together-a-vision-of-mosiac-warfare.

11 "Designing Agile Human-Machine Teams," Defense Advanced Research Projects Agency, November 28, 2016, https://www.darpa.mil/program/2016-11-28.

12 Roger N. McDermott, "Russia's Electronic Warfare Capabilities to 2025," International Centre for Defence and Security, September 2017; "Study Maps 'Extensive Russian GPS Spoofing,'" BBC News, April 2, 2019.

13 "Adaptable Navigation Systems (ANS) (Archived)," Defense Advanced Research Projects Agency, https://www.darpa.mil/program/adaptable-navigation-systems.

14 Bryan Clark and Dan Patt, "The US Needs a Strategy to Secure Microelectronics—Not Just Funding," Hudson Institute, March 15, 2021.

15 "DARPA Electronics Resurgence Initiative," Defense Advanced Research Projects Agency, June 28, 2021, https://www.darpa.mil/work-with-us/electronics-resurgence-initiative.

16 FinFETについては、Tekla S. Perry, "How the Father of FinFETs Helped Save Moore's Law," *IEEE Spectrum*, April 21, 2020を参照。

17 Norman J. Asher and Leland D. Strom, "The Role of the Department of Defense in the Development of Integrated Circuits," *Institute for Defense Analyses*, May 1977, p. 74.

18 Ed Sperling, "How Much Will That Chip Cost?" *Semiconductor Engineering*, March 27,

stacks.stanford.edu/file/druid:rm226yb7473/Huawei-ZTE%20Investigative%20Report%20(FINAL).pdf.

14 のちにファーウェイの従業員となった元IBMコンサルタントへの2021年のインタビューより。

15 Cheng Ting-Fang and Lauly Li, "TSMC Halts New Huawei Orders After US Tightens Restrictions," *Nikkei Asia*, May 18, 2020.

## 第47章　５Ｇの未来

1 ケン・ハンクラーへの2021年のインタビューより。

2 デイヴィッド・ロバートソンへの2021年のインタビューより。

3 Spencer Chin, "Teardown Reveals the Tesla S Resembles a Smartphone," *Power Electronics*, October 28, 2014.

4 Ray Le Maistre, "BT's McRae: Huawei Is 'the Only True 5G Supplier Right Now,' " *Light Reading*, November 21, 2018.

5 Norio Matsumoto and Naoki Watanabe, "Huawei's Base Station Teardown Shows Dependence on US-Made Parts," *Nikkei Asia*, October 12, 2020.

## 第48章　「知能化」する戦争

1 Liu Zhen, "China-US Rivalry: How the Gulf War Sparked Beijing's Military Revolution," *South China Morning Post*, January 18, 2021. また、Harlan W. Jencks, "Chinese Evaluations of 'Desert Storm': Implications for PRC Security," *Journal of East Asian Affairs* 6, No. 2 (Summer/ Fall 1992): 447-477も参照。

2 "Final Report," National Security Commission on Artificial Intelligence, p. 25.

3 Elsa B. Kania, " 'AI Weapons' in China's Military Innovation," Global China, Brookings Institution, April 2020.

4 Ben Buchanan, "The AI Triad and What It Means for National Security Strategy," Center for Security and Emerging Technology, August 2020.

5 Matt Sheehan, "Much Ado About Data: How America and China Stack Up," MacroPolo, July 16, 2019, https://macropolo.org/ai-data-us-china/?rp=e.

6 "The Global AI Talent Tracker," MacroPolo, https://macropolo.org/digital-projects/the-global-ai-talent-tracker/.

## 第46章　ファーウェイの隆盛

1 Chairman Mike Rogers and Ranking Member C. A. Dutch Ruppersberger, "Investigative Report on the U.S. National Security Issues Posed by Chinese Telecommunications Companies Huawei and ZTE," Permanent Select Committee on Intelligence, U.S. House of Representatives, October 8, 2012, https://republicans-intelligence.house.gov/sites/intelligence.house.gov/files/documents/huawei-zte%20investigative%20report%20(final).pdf, pp. 11–25.

2 William Kirby et al., "Huawei: A Global Tech Giant in the Cross-fire of a Digital Cold War," Harvard Business School Case N-1-320-089, p. 2.

3 Kirby et al., "Huawei"; Jeff Black, Allen Wan, and Zhu Lin, "Xi Jinping's Tech Wonderland Runs into Headwinds," *Bloomberg*, September 29, 2020.

4 Scott Thurm, "Huawei Admits Copying Code from Cisco in Router Software," *Wall Street Journal*, March 24, 2003.

5 Tom Blackwell, "Exclusive: Did Huawei Bring Down Nortel? Corporate Espionage, Theft, and the Parallel Rise and Fall of Two Telecom Giants," *National Post*, February 20, 2020.

6 Nathaniel Ahrens, "China's Competitiveness," Center for Strategic and International Studies, February 2013, https://csis-website-prod.s3.amazonaws.com/s3fs-public/legacy_files/files/publication/130215_competitiveness_Huawei_casestudy_Web.pdf.

7 Tian Tao and Wu Chunbo, *The Huawei Story* (Sage Publications Pvt. Ltd., 2016), p. 53.

8 のちにファーウェイの従業員となった元IBMコンサルタントへの2021年のインタビューより。

9 Raymond Zhong, "Huawei's 'Wolf Culture' Helped It Grow, and Got It into Trouble," *New York Times*, December 18, 2018.

10 "Stanford Engineering Hero Lecture: Morris Chang in Conversation with President John L. Hennessy," Stanford Online, YouTube Video, April 25, 2014, https://www.youtube.com/watch?v=wEh3ZgbvBrE.

11 Chuin-Wei Yap, "State Support Helped Fuel Huawei's Global Rise," *Wall Street Journal*, December 25, 2019.

12 Ahrens, "China's Competitiveness."

13 Tao and Chunbo, *The Huawei Story*, p. 58; Mike Rogers and Dutch Ruppersberger, "Investigative Report on the U.S. National Security Issues Posed by Chinese Telecommunications Companies Huawei and ZTE," U.S. House of Representatives, October 8, 2012, https://

Chief," Reuters, June 7, 2016.
20 J. R. Wu, "Taiwan's Mediatek Says Open to Cooperation with China in Chip Sector," Reuters, November 2, 2015.
21 Ben Bland and Simon Mundy, "Taiwan Considers Lifting China Semiconductor Ban," *Financial Times*, November 22, 2015.
22 Eva Dou and Don Clark, "State-Owned Chinese Chip Maker Tsinghua Unigroup Makes $23 Billion Bid for Micron," *Wall Street Journal*, July 14, 2015.
23 ふたりの元上級幹部への2021年のインタビューより。
24 Eva Dou and Don Clark, "Arm of China-Controlled Tsinghua to Buy 15% Stake in Western Digital," *Wall Street Journal*, September 30, 2015.
25 Eva Dou and Robert McMillan, "China's Tsinghua Unigroup Buys Small Stake in U.S. Chip Maker Lattice," *Wall Street Journal*, April 14, 2016.
26 Ed Lin, "China Inc. Retreats from Lattice Semiconductor," *Barron's*, October 7, 2016.
27 Liana Baker, Koh Gui Qing, and Julie Zhu, "Chinese Government Money Backs Buyout Firm's Deal for U.S. Chipmaker," Reuters, November 28, 2016. キャニオン・ブリッジへの主要な投資家のなかに、中国政府が所有する投資ファンド、チャイナ・リフォーム・ホールディングス（中国国新控股）の名があった。Junko Yoshida, "Does China Have Imagination? *EE Times*, April 14, 2020を参照。
28 Nick Fletcher, "Imagination Technologies Jumps 13% as Chinese Firm Takes 3% Stake," *Guardian*, May 9, 2016.
29 "Canyon Bridge Confident Imagination Deal Satisfies UK Government," *Financial Times*, September 25, 2017; Turner et al., "Canyon Bridge Is Said to Ready Imagination Bid Minus U.S. Unit," *Bloomberg*, September 7, 2017.
30 Nic Fides, "Chinese Move to Take Control of Imagination Technologies Stalls," *Financial Times*, April 7, 2020.
31 "USA v. Chow," https://www.corporatedefensedisputes.com/wp-content/uploads/sites/19/2021/04/United-States-v.-Chow-2d-Cir.-Apr.-6-2021.pdf; "United States of America v. Benjamin Chow," https://www.justice.gov/usao-sdny/press-release/file/1007536/download; Jennifer Bennett, "Canyon Bridge Founder's Insider Trading Conviction Upheld," *Bloomberg Law*, April 6, 2021.
32 Wang, "Meet Tsinghua's Zhao Weiguo."
33 Sijia Jang, "China's Tsinghua Unigroup Signs Financing Deal for Up to 150 Bln Yuan," Reuters, March 28, 2017.

7 Zijing Wu and Jonathan Browning, "China University Deal Spree Exposes Zhao as Chip Billionaire," *Bloomberg*, March 23, 2015.

8 Saabira Chaudhuri, "Spreadtrum Communications Agrees to $1.78 Billion Takeover," *Wall Street Journal*, July 12, 2013.

9 "Intel and Tsinghua Unigroup Collaborate to Accelerate Development and Adoption of Intel-Based Mobile Devices," news release, Intel Newsroom, September 25, 2014, https://newsroom.intel.com/news-releases/intel-and-tsinghua-unigroup-collaborate-to-accelerate-development-and-adoption-of-intel-based-mobile-devices/#gs.7y1hjm.

10 Eva Dou and Wayne Ma, "Intel Invests $1.5 Billion for State in Chinese Chip Maker," *Wall Street Journal*, September 26, 2014; Cheng Ting-Fang, "Intel's 5G Modem Alliance with Beijing-Backed Chipmaker Ends," *Nikkei Asia*, February 26, 2019.

11 Paul McLellan, "Memory in China: XMC," *Cadence*, April 15, 2016, https://community.cadence.com/cadence_blogs_8/b/breakfast-bytes/posts/china-memory-2; "China's Tsinghua Unigroup to Build $30 Billion Nanjing Chip Plant," Reuters, January 19, 2017; Eva Dou, "Tsinghua Unigroup Acquires Control of XMC in Chinese-Chip Deal," *Wall Street Journal*, July 26, 2016.

12 Josh Horwitz, "Analysis: China's Would-Be Chip Darling Tsinghua Unigroup Bedevilled by Debt and Bad Bets," Reuters, January 19, 2021.

13 Dou, "China's Biggest Chip Maker's Possible Tie-Up with H-P Values Unit at Up to $5 Billion."

14 Josephine Lien and Jessie Shen, "Former UMC CEO to Join Tsinghua Unigroup," Digitimes Asia, January 10, 2017; Matthew Fulco, "Taiwan Chipmakers Eye China Market," *Taiwan Business Topics*, February 8, 2017, https://topics.amcham.com.tw/2017/02/taiwan-chipmakers-eye-china-market/.

15 Debby Wu and Cheng Ting-Fang, "Tsinghua Unigroup-SPIL Deal Axed on Policy Worries," *Nikkei Asia*, April 28, 2016.

16 Peter Clarke, "China's Tsinghua Interested in MediaTek," EE News, November 3, 2015.

17 Simon Mundy, "Taiwan's Chipmakers Push for China Thaw," *Financial Times*, December 6, 2015; Zou Chi, TNL Media Group, November 3, 2015, https://www.thenewslens.com/article/30138.

18 Cheng Ting-Fang, "Chipmaker Would Sell Stake to China 'If the Price Is Right,'" *Nikkei Asia*, November 7, 2015.

19 J. R. Wu, "Chinese Investors Should Not Get Board Seats on Taiwan Chip Firms—TSMC

sites/default/files/2019-10/June%207,%202019%20Hearing%20Transcript.pdf.
23 Anton Shilov, "Chinese Server Maker Sugon Has Its Own Radeon Instinct MI50 Compute Cards (Updated)," *Tom's Hardware*, October 15, 2020, https://www.tomshardware.com/news/chinese-server-maker-sugon-has-its-own-radeon-instinct-mi50-compute-cards. AMDの代表者に同社とスゴンの関係について情報を求めたが、返答はなかった。
24 Alexandra Alper and Greg Roumeliotis, "Exclusive: U.S. Clears SoftBank's $2.25 Billion Investment in GM-Backed Cruise," Reuters, July 5, 2019; Dan Primack, "SoftBank's CFIUS Workaround," Axios, November 29, 2018; Heather Somerville, "SoftBank Picking Its Battles with U.S. National Security Committee," Reuters, April 11, 2019.
25 Cheng Ting-Fang, Lauly Li, and Michelle Chan, "How SoftBank's Sale of Arm China Sowed the Seeds of Discord," Nikkei Asia, June 16, 2020; "Inside the Battle for Arm China," *Financial Times*, June 26, 2020.
26 Cheng Ting-Fang and Debby Wu, "ARM in China Joint Venture to Help Foster 'Secure' Chip Technology," *Nikkei Asia*, May 30, 2017.

## 第45章　台湾の秘宝

1 Nobutaka Hirooka, "Inside Tsinghua Unigroup, a Key Player in China's Chip Strategy," Nikkei Asia, November 12, 2020; "University's Deal Spree Exposes Zhao as Chip Billionaire," *China Daily*, March 25, 2015.
2 Hirooka, "Inside Tsinghua Unigroup"; Yue Wang, "Meet Tsinghua's Zhao Weiguo, the Man Spearheading China's Chip Ambition," *Forbes*, July 29, 2015.
3 Kenji Kawase, "Was Tsinghua Unigroup's Bond Default a Surprise?" *Nikkei Asia*, December 4, 2020; Eva Dou, "China's Biggest Chip Maker's Possible Tie-Up with H-P Values Unit at Up to $5 Billion," *Wall Street Journal*, April 15, 2015; Wang, "Meet Tsinghua's Zhao Weiguo"; Yue Wang, "Tsinghua Spearheads China's Chip Drive," Nikkei Asia, July 29, 2015.
4 Dieter Ernst, "China's Bold Strategy for Semiconductors—Zero-Sum Game or Catalyst for Cooperation?" East-West Center, September 2016; Willy Wo-Lap Lam, "Members of the Xi Jinping Clique Revealed," The Jamestown Foundation, February 7, 2014. 陳希は2008年末に清華大学の学長の座を降りた。
5 Wang, "Meet Tsinghua's Zhao Weiguo."
6 Dou, "China's Biggest Chip Maker's Possible Tie-Up with H-P Values Unit at Up to $5 Billion."

13 以下を参照。"Wei Li," LinkedIn, https://www.linkedin.com/in/wei-li-8b0490b/?originalSubdomain=cn; Ellen Nakashima and Gerry Shih, "China Builds Advanced Weapons Systems Using American Chip Technology," *Washington Post*, April 9, 2021.

14 "AMD and Nantong Fujitsu Microelectronics Co., Ltd. Close on Semiconductor Assembly and Test Joint Venture," AMD, April 29, 2016,

15 中国国家の一部である中国科学院も、このAMDとの合弁事業に投資していた。Ian Cutress and Wendell Wilson, "Testing a Chinese x86 CPU: A Deep Dive into Zen-Based Hygon Dhyana Processors," *AnandTech*, February 27, 2020を参照。

16 半導体産業の内部関係者への2021年のインタビューより。

17 ステイシー・ラスゴンへの2021年のインタビューより。

18 ある業界関係者とアメリカの元高官への2021年のインタビューより。Don Clark, "AMD to License Chip Technology to China Chip Venture," *Wall Street Journal*, April 21, 2016; Usman Pirzada, "No, AMD Did Not Sell the Keys to the x86 Kingdom—Here's How the Chinese Joint Venture Works," Wccftech, June 29, 2019; Cutress and Wilson, "Testing a Chinese x86 CPU"; Stewart Randall, "Did AMD Really Give Away 'Keys to the Kingdom'?" *TechNode*, July 10, 2019.

19 Kate O'Keeffe and Brian Spegele, "How a Big U.S. Chip Maker Gave China the 'Keys to the Kingdom,'" *Wall Street Journal*, June 27, 2019.

20 "AMD EPYC Momentum Grows with Datacenter Commitments from Tencent and JD.com, New Product Details from Sugon and Lenovo," press release, AMD, August 23, 2017, https://ir.amd.com/news-events/press-releases/detail/788/amd-epyc-momentum-grows-with-datacenter-commitments-from. アメリカの元高官への2021年のインタビューより。

21 Craig Timberg and Ellen Nakashima, "Supercomputing Is Latest Front in U.S.-China High-Tech Battle," *Washington Post*, June 21, 2019; Industry and Security Bureau, "Addition of Entities to the Entity List and Revision of an Entry on the Entity List," Federal Register, June 24, 2019, https://www.federalregister.gov/documents/2019/06/24/2019-13245/addition-of-entities-to-the-entity-list-and-revision-of-an-entry-on-the-entity-list; Michael Kan, "US Tries to Thwart China's Work on Exascale Supercomputer by Blocking Exports," *PC Mag*, April 8, 2021.

22 "Statement of Elsa Kania," in "Hearing on Technology, Trade, and Military-Civil Fusion: China's Pursuit of Artificial Intelligence, New Materials, and New Energy," U.S.-China Economic and Security Review Commission, June 7, 2019, p. 69, https://www.uscc.gov/

ンに感謝する。

## 第44章　サーバ向けチップを攻略せよ

1 David Wolf, "Why Buy the Hardware When China Is Getting the IP for Free?" *Foreign Policy*, April 24, 2015.

2 IBMは国家安全保障局（NSA）にクライアントのデータを提供したことを否定した。Claire Cain Miller, "Revelations of N.S.A. Spying Cost U.S. Tech Companies," *New York Times*, March 21, 2014; Sam Gustin, "IBM: We Haven't Given the NSA Any Client Data," *Time*, March 14, 2014.

3 Matthew Miller, "IBM's CEO Visits China for Trust-Building Talks with Govt Leaders: Sources," Reuters, February 12, 2014.

4 2014年7月の北京市長との面会については、IBM News, "Today, #IBM CEO Ginni Rometty met with Beijing Mayor Wang Anshun at the Beijing Convention Center in #China.[PHOTO]," Twitter, July 9, 2014, https://mobile.twitter.com/ibmnews/status/486873143911669760を参照。2016年の李克強との面会については、"Ginni Rometty of IBM Meets Chinese Premier Li Keqiang," Forbes, October 22, 2016を参照。

5 Miller, "IBM's CEO Visits China for Trust-Building Talks with Govt Leaders: Sources."

6 "Chinese Vice Premier Meets IBM President," English.People.CN, November 13, 2014, http://en.people.cn/n/2014/1113/c90883-8808371.html.

7 Timothy Prickett Morgan, "X86 Servers Dominate the Datacenter—for Now," *Next Platform*, June 4, 2015.

8 Paul Mozur, "IBM Venture with China Stirs Concerns," *New York Times*, April 19, 2015.

9 同上。

10 "China Deal Squeezes Royalty Cuts from Qualcomm," *EE Times*, February 10, 2015.

11 Chen Qingqing, "Qualcomm's Failed JV Reveals Poor Chipset Strategy Amid Rising Competition: Insiders," *Global Times*, April 22, 2019; Aaron Tilley, Wayne Ma, and Juro Osawa, "Qualcomm's China Venture Shows Risks of Beijing's Tech Ambition," *Information*, April 3, 2019; Li Tao, "Qualcomm Said to End Chip Partnership with Local Government in China's Rural Guizhou Province," *South China Morning Post*, April 19, 2019.

12 "Server and Cloud Leaders Collaborate to Create China-Based Green Computing Consortium," Arm, April 15, 2016, https://www.arm.com/company/news/2016/04/server-and-cloud-leaders-collaborate-to-create-china-based-green-computing-consortium.

Revolt," *Washington Post*, January 17, 2017.

6 Isaac Stone Fish, "A Communist Party Man at Davos," *Atlantic*, January 18, 2017.

7 http://politics.people.com.cn/n1/2016/0420/c1001-28291806.html; Creemers, ed., Xi Jinping, "Speech at the Work Conference for Cybersecurity and Informatization."

8 習の現状打破の失敗については、Daniel H. Rosen, "China's Economic Reckoning," *Foreign Affairs*, July–August 2021を参照。

9 China's State Council report, "Outline for Promoting the Development of the National Integrated Circuit Industry," http://www.csia.net.cn/Article/ShowInfo.asp?InfoID=88343.

10 Saif M. Khan, Alexander Mann, and Dahlia Peterson, "The Semiconductor Supply Chain: Assessing National Competitiveness," Center for Security and Emerging Technology, January 2021, p. 8, https://cset.georgetown.edu/wp-content/uploads/The-Semiconductor-Supply-Chain-Issue-Brief.pdf.

11 Saif M. Khan and Alexander Mann, "AI Chips: What They Are and Why They Matter," Center for Security and Emerging Technology, April 2020, pp. 29-31, https://cset.georgetown.edu/publication/ai-chips-what-they-are-and-why-they-matter/.

12 "China Forecast to Fall Far Short of Its 'Made in China 2025' Goals for ICs," *IC Insights*, January 6, 2021, https://www.icinsights.com/news/bulletins/China-Forecast-To-Fall-Far-Short-Of-Its-Made-In-China-2025-Goals-For-ICs/.

13 "Dr. Zixue Zhou Appointed as Chairman of SMIC," press release, SMIC, March 6, 2015, http://www.smics.com/en/site/news_read/4539; Doug Fuller, *Paper Tigers, Hidden Dragons* (Oxford University Press, 2016)に、政府の影響力増大の初期段階が描かれている。

14 中国のあるファウンドリの元CEOへの2021年のインタビューより。Fuller, *Paper Tigers, Hidden Dragons.*

15 ヨーロッパの半導体産業の経営幹部への2020年のインタビューより。

16 Barry Naughton, *Rise of China's Industrial Policy, 1978 to 2020* (Academic Network of Latin America and the Caribbean on China, 2021), p. 114.

17 Arthur Kroeber, "The Venture Capitalist State," *GaveKal Dragonomics*, March 2021.

18 Dieter Ernest, *From Catching Up to Forging Ahead: China's Policies for Semiconductors* (East West Center, 2015), p 19.

19 Luffy Liu, "Countdown: How Close Is China to 40% Chip Self-Sufficiency?" *EE Times*, April 11, 2019.

20 https://www.cw.com.tw/article/5053334; https://www.twse.com.tw/ch/products/publication/download/0003000156.pdf. 文書の翻訳に協力してくれたウェイティン・チェ

2 Evan Osnos, "Xi's American Journey," *New Yorker*, February 15, 2012.

3 Katie Hunt and CY Xu, "China Employs 2 Million to Police Internet,'" CNN, October 7, 2013.

4 Rogier Creemers, ed., Xi Jinping, "Speech at the Work Conference for Cybersecurity and Informatization," *China Copyright and Media*, April 19, 2016, https://chinacopyrightandmedia.wordpress.com/2016/04/19/speech-at-the-work-conference-for-cybersecurity-and-informatization/. 翻訳を一部修正。

5 同上。

6 同上。

7 製造は他国で行なわれているとはいえ、PC搭載のCPUチップの大半は、アメリカのインテルかAMDの設計だ。

8 UN Comtrade（国際連合の国際貿易統計データベース）の集積回路（8542）および石油（2709）のデータを参照。

9 Drew Harwell and Eva Dou, "Huawei Tested AI Software That Could Recognize Uighur Minorities and Alert Police, Report Says," *Washington Post*, December 8, 2020.

10 Paul Mozur and Don Clark, "China's Surveillance State Sucks Up Data. U.S. Tech Is Key to Sorting It," *New York Times*, November 22, 2020.

11 Oral History of Morris Chang, Computer History Museum.

## 第43章　半導体の自給自足

1 Anna Bruce-Lockhart, "Top Quotes by China President Xi Jinping at Davos 2017," World Economic Forum, January 17, 2017, https://www.weforum.org/agenda/2017/01/chinas-xi-jinping-at-davos-2017-top-quotes/.

2 "Full Text: 2017 Donald Trump Inauguration Speech Transcript," *Politico*, January 20, 2017.

3 Ian Bremmer, "Xi sounding rather more presidential than US president-elect. #Davos," Twitter, January 17, 2017, https://twitter.com/ianbremmer/status/821304485226119169.

4 Jamil Anderlini, Wang Feng, and Tom Mitchell, "Xi Jinping Delivers Robust Defence of Globalisation at Davos," *Financial Times*, January 17, 2017; Xi Jinping, "Full Text of Xi Jinping Keynote at the World Economic Forum," CGTN, January 17, 2017, https://america.cgtn.com/2017/01/17/full-text-of-xi-jinping-keynote-at-the-world-economic-forum.

5 Max Ehrenfreund, "World Leaders Find Hope for Globalization in Davos Amid Populist

gov/Archives/edgar/data/0001709048/000119312521290644/d192411df1.htmを参照。また、Mark Gilbert, "Q4 Hiring Remains Strong Outlook for Q1 2019," *SemiWiki*, November 4, 2018, https://semiwiki.com/semiconductor-manufacturers/globalfoundries/7749-globalfoundries-pivot-explained/qも参照。

## 第41章　イノベーションを忘れたインテル

1 Nick Flaherty, "Top Five Chip Makers Dominate Global Wafer Capacity," *eeNews*, February 11, 2021.

2 Or Sharir, Barak Peleg, and Yoav Shoham, "The Cost of Training NLP Models: A Concise Overview," *AI21 Labs*, April 2020.

3 Wallace Witkowski, "Nvidia Surpasses Intel as Largest U.S. Chip Maker by Market Cap," *MarketWatch*, July 8, 2020.

4 "Cloud TPU Pricing," Google Cloud, https://cloud.google.com/tpu/pricing. 料金は2021年11月5日時点のもの。

5 Chris Nuttall, "Chip Off the Old Block Takes Helm at Intel," *Financial Times*, May 2, 2013.

6 インテルのファウンドリ部門の元幹部への2021年のインタビューより。

7 Dylan McGrath, "Intel Confirmed as Foundry for Second FPGA Startup," *EE Times*, February 21, 2012.

8 Joel Hruska, "Intel Acknowledges It Was 'Too Aggressive' with Its 10nm Plans," *Extreme Tech*, July 18, 2019.

9 Interview with Pat Gelsinger, *Bloomberg*, January 19, 2021, https://www.bloomberg.com/news/videos/2022-01-19/intel-ceo-gelsinger-on-year-ahead-for-global-business-video.

10 Ian Cutress, "TSMC: We Have 50% of All EUV Installations, 60% Wafer Capacity," *AnandTech*, August 27, 2020.

## 第42章　中国指導部の方針転換

1 Rogier Creemers, ed., "Central Leading Group for Internet Security and Informatization Established," *China Copyright and Media, March* 1, 2014, https://chinacopyrightandmedia.wordpress.com/2014/03/01/central-leading-group-for-internet-security-and-informatization-established/.

11 Igor Fomenkov et al., "Light Sources for High-Volume Manufacturing EUV Lithography: Technology, Performance, and Power Scaling," *Advanced Optical Technologies* 6, Issue 3-4 (June 8, 2017).

12 この計算機リソグラフィの説明は、Jim Keller, "Moore's Law Is Not Dead," UC Berkeley EECS Events, YouTube Video, September 18, 2019, https://www.youtube.com/watch?v=oIG9ztQw2Gcより。

13 "Trumpf Consolidates EUV Lithography Supply Chain with Access Laser Deal," Optics.org, October 4, 2017, https://optics.org/news/8/10/6.

## 第40章　7ナノメートル・プロセス

1 Anthony Yen, "Developing EUV Lithography for High Volume Manufacturing—A Personal Journey," *IEEE Technical Briefs*, https://www.ieee.org/ns/periodicals/EDS/EDS-APRIL-2021-HTML-V2/InnerFiles/LandPage.html.

2 シャンイー・ジャンへの2021年のインタビューより。

3 Lisa Wang, "TSMC Stalwart Takes SMIC Role," *Taipei Times*, December 22, 2016; Jimmy Hsiung, "Shang-yi Chiang: Rallying the Troops," *CommonWealth*, December 5, 2007. シャンイー・ジャンとアンソニー・イェンへの2021年のインタビューより。

4 Timothy Prickett Morgan, "AMD's GlobalFoundries Consumes Chartered Semi Rival," *Register*, January 14, 2010.

5 IBMの元経営幹部への2021年のインタビューより。

6 半導体メーカーのふたりの経営幹部への2021年のインタビューより。

7 "Apple Drove Entire Foundry Sales Increase at TSMC in 2015," *IC Insights*, April 26, 2016.

8 "Samsung, TSMC Remain Tops in Available Wafer Fab Capacity," *IC Insights*, January 6, 2016. この数値は、200mmウェハー換算の月間生産枚数。当時、業界の最先端は300mmウェハーに移行しつつあった。300mmの場合、ウェハー当たりのチップ数は200mmと比べて約2倍になる。よって、300mmウェハーに換算した場合、月間生産枚数はより低くなる。

9 Peter Bright, "AMD Completes Exit from Chip Manufacturing Biz," *Wired*, March 5, 2012.

10 グローバルファウンドリーズの3人の元経営幹部（うちひとりはEUVに関与）への2021年のインタビューより。研究開発費については、GlobalFoundries' IPO prospectus, Security and Exchange Commission, October 4, 2021, p. 81, https://www.sec.

the World's iPhones Are Produced," *Business Insider*, May 7, 2018.

7 Yu Nakamura, "Foxconn Set to Make iPhone 12 in India, Shifting from China," *Nikkei Asia*, March 11, 2021.

## 第39章　EUVリソグラフィ

1 Dylan McGrath, "Intel Again Cuts Stake in ASML," *EE Times*, October 12, 2018.

2 ジョン・テイラーへの2021年のインタビューより。

3 トルンプの経営幹部への2021年のインタビューより。

4 "TRUMPF Laser Amplifier," Trumpf, https://www.trumpf.com/en_US/products/laser/euv-drive-laser/.

5 トルンプの経営幹部への2021年のインタビューより。Mark Lourie, "II-VI Incorporated Expands Manufacturing Capacity of Diamond Windows for TRUMPF High Power CO2 Lasers in EUV Lithography," GlobeNewswire, December 19, 2018, https://www.globenewswire.com/news-release/2018/12/19/1669962/11543/en/II-VI-Incorporated-Expands-Manufacturing-Capacity-of-Diamond-Windows-for-TRUMPF-High-Power-CO2-Lasers-in-EUV-Lithography.html.

6 C. Montcalm, "Multilayer Reflective Coatings for Extreme-Ultraviolet Lithography," Department of Energy Office of Scientific and Technical Information, March 10, 1998, https://www.osti.gov/servlets/purl/310916.

7 "Interview with Dr. Peter Kurz: 'Hitting a Golf Ball on the Moon,'" *World of Photonics*, https://world-of-photonics.com/en/newsroom/photonics-industry-portal/photonics-interview/dr-peter-kuerz/; "ZEISS—Breaking New Ground for the Microchips of Tomorrow," ZEISS Group, YouTube Video, August 2, 2019, https://www.youtube.com/watch?v=XeDCrlxBtTw.

8 "Responsible Supply Chain: Setting the Bar Higher for the High-Tech Industry," ASML, https://www.asml.com/en/company/sustainability/responsible-supply-chain. フリッツ・ファン・ハウトへの2021年のインタビューより。

9 "Press Release: ZEISS and ASML Strengthen Partnership for Next Generation of EUV Lithography Due in Early 2020s," ASML, November 3, 2016, https://www.asml.com/en/news/press-releases/2016/zeiss-and-asml-strengthen-partnership-for-next-generation-of-euv-lithography.

10 ASMLの供給業者の経営幹部への2021年のインタビューより。

4 Claire Sung and Jessie Shen, "TSMC 40nm Yield Issues Resurface, CEO Promises Fix by Year-End," *Digitimes*, October 30, 2009; Mark LaPedus, "TSMC Confirms 40-nm Yield Issues, Gives Predictions," *EE Times*, April 30, 2009.

5 リック・キャシディへの2022年のインタビューより。

6 Russell Flannery, "Ageless and Peerless in an Era of Fabless," Forbes, December 9, 2012; Hsiao-Wen Wang, "TSMC Takes on Samsung," *CommonWealth*, May 9, 2013.

7 Wang, "TSMC Takes on Samsung."

8 Flannery, "Ageless and Peerless in an Era of Fabless."

9 Lisa Wang, "TSMC Reshuffie Stuns Analysts," *Taipei Times*, June 12, 2009; Yin-chuen Wu and Jimmy Hsiung, "I'm Willing to Start from Scratch," *CommonWealth*, June 18, 2009.

10 Robin Kwong, "Too Much Capacity Better Than Too Little for TSMC," *Financial Times*, June 24, 2010.

11 Flannery, "Ageless and Peerless in an Era of Fabless."

## 第38章　アップルの半導体

1 Dag Spicer, "Steve Jobs: From Garage to World's Most Valuable Company," Computer History Museum, December 2, 2011; Steve Cheney, "1980: Steve Jobs on Hardware and Software Convergence," *Steve Cheney—Technology, Business, and Strategy*, August 18, 2013.

2 こうした初代iPhoneの内部構成について詳しくは、以下を参照。Jonathan Zdziarski, "Chapter 2. Understanding the iPhone," O'Reilly, https://www.oreilly.com/library/view/iphone-forensics/9780596153588/ch02.html; "iPhone 1st Generation Teardown," *IFIXIT*, June 29, 2007.

3 Bryan Gardiner, "Four Reasons Apple Bought PA Semi," *Wired*, April 23, 2000; Brad Stone, Adam Satariano, and Gwen Ackerman, "The Most Important Apple Executive You've Never Heard Of," *Bloomberg*, February 18, 2016.

4 Ben Thompson, "Apple's Shifting Differentiation," Stratechery, November 11, 2020; Andrei Frumusanu, "Apple Announces the Apple Silicon M1: Ditching x86—What to Expect, Based on A14," *AnandTech*, November 10, 2020.

5 Harald Bauer, Felix Grawert, and Sebastian Schink, "Semiconductors for Wireless Communications: Growth Engine of the Industry," McKinsey & Company (Autumn 2012): Exhibit 2.

6 Harrison Jacobs, "Inside 'iPhone City,' the Massive Chinese Factory Town Where Half of

https://semiwiki.com/eda/2152-a-brief-history-of-chips-and-technologies/. ゴードン・キャンベルへの2021年のインタビューより。

2 クリス・マラコウスキーへの2021年のインタビューより。

3 Steve Henn, "Tech Pioneer Channels Hard Lessons into Silicon Valley Success," NPR, February 20, 2012, https://www.npr.org/sections/alltechconsidered/2012/02/20/147162496/tech-pioneer-channels-hard-lessons-into-silicon-valley-success.

4 "Jen-Hsun Huang," StanfordOnline, YouTube Video, June 23, 2011, https://www.youtube.com/watch?v=Xn1EsFe7snQ.

5 Ian Buck, "The Evolution of GPUs for General Purpose Computing," September 20-23, 2010, https://www.nvidia.com/content/GTC-2010/pdfs/2275_GTC2010.pdf; Don Clark, "Why a 24-Year-Old Chipmaker Is One of Tech's Hot Prospects," New York Times, September 1, 2017; Pradeep Gupta, "CUDA Refresher: Reviewing the Origins of GPU Computing," Nvidia, April 23, 2020, https://developer.nvidia.com/blog/cuda-refresher-reviewing-the-origins-of-gpu-computing/.

6 Ben Thompson, "Apple to Build Own GPU, the Evolution of GPUs, Apple and the General-Purpose GPU," *Stratechery Newsletter*, April 12, 2017; Ben Thompson, "Nvidia's Integration Dreams," Stratechery Newsletter, September 15, 2020.

7 Hsiao-Wen Wang, "TSMC Takes on Samsung," *CommonWealth*, May 9, 2013; Timothy B. Lee, "How Qualcomm Shook Down the Cell Phone Industry for Almost 20 years," *Ars Technica*, May 30, 2019.

8 スージー・アームストロングへの2021年のインタビューより。

9 Daniel Nenni, "A Detailed History of Qualcomm," SemiWiki, March 9, 2018; Joel West, "Before Qualcomm: Linkabit and the Origins of San Diego's Telecom Industry," *Journal of San Diego History*, https://sandiegohistory.org/journal/v55-1/pdf/v55-1west.pdf.

10 クアルコムの経営幹部2名への2021年のインタビューより。

## 第37章　モリス・チャンの大同盟

1 Michael Kanellos, "End of Era as AMD's Sanders Steps Aside," CNET, April 24, 2002; Peter Bright, "AMD Completes Exit from Chip Manufacturing Biz," *Wired*, March 5, 2012.

2 シャンイー・ジャンへの2021年のインタビューより。

3 Mark LaPedus, "Will GlobalFoundries Succeed or Fail?" *EE Times*, September 21, 2010, https://www.eetimes.com/will-globalfoundries-succeed-or-fail/.

sponsibility," National Committee on U.S. China Relations.
10 Adam Segal, "Practical Engagement: Drawing a Fine Line for U.S.-China Trade," *Washington Quarterly* 27, No. 3 (January 7, 2010): 162.
11 "SMIC Attains Validated End-User Status for U.S. Government," SMIC, October 19, 2007, https://www.smics.com/en/site/news_read/4294.
12 このコンセンサスの生まれた経緯については、Hugo Meijer, *Trading with the Enemy* (Oxford University Press, 2016)に詳しくまとめられている。
13 Van Atta et al., "Globalization and the US Semiconductor Industry," Institute for Defense Analyses, November 20, 2007, pp. 2-3.

## 第35章　工場を持つべきか

1 Craig Addison, *Silicon Shield* (Fusion PR, 2001), p. 77.
2 Peter J. Schuyten, "The Metamorphosis of a Salesman," *New York Times*, February 25, 1979.
3 Varas et al., "Strengthening the Global Semiconductor Supply Chain in an Uncertain Era," p. 18.
4 同p. 17.
5 Peter Clarke, "Top Ten Analog Chip Makers in 2020," *eeNews*, June 3, 2021.
6 Joonkyu Kang, "A Study of the DRAM Industry," Master's thesis, Massachusetts Institute of Technology, 2010, p. 13.
7 Hiroko Tabuchi, "In Japan, Bankruptcy for a Builder of PC Chips," *New York Times*, February 27, 2012.
8 Varas et al., "Strengthening the Global Semiconductor Supply Chain in an Uncertain Era," p. 18.
9 Ken Koyanagi, "SK-Intel NAND Deal Points to Wider Shake-Up of Chip Sector," *Nikkei Asia*, October 23, 2020; "Samsung Electronics Adds NAND Flash Memory Line in Pyeongtaek," Pulse, June 1, 2020.
10 John East, "Real Men Have Fabs. Jerry Sanders, TJ Rodgers, and AMD," *SemiWiki*, July 29, 2019.

## 第36章　ファブレス革命

1 Paul McLellan, "A Brief History of Chips and Technologies," *SemiWiki*, March 19, 2013,

*Mobile Unleashed: The Origin and Evolution of ARM Processors in Our Devices* (SemiWiki LLC, 2015), esp. p. 42; "Alumnus Receives Top Honour from Institute of Electrical and Electronics Engineers (IEEE)," University of Liverpool, May 17, 2019.

7 インテルの元従業員への2021年のインタビューより。

8 テッド・オデルへの2020年のインタビューと、ウィル・スウォープへの2021年のインタビューより。

9 Alexis C. Madrigal, "Paul Otellini's Intel."

10 Joel Hruska, "How Intel Lost the Mobile Market, Part 2: The Rise and Neglect of Atom," *Extreme Tech*, December 3, 2020; Joel Hruska, "How Intel Lost $10 Billion and the Mobile Market," Extreme Tech, December 3, 2020; Mark Lipacis et al., "Semiconductors: The 4th Tectonic Shift in Computing: To a Parallel Processing / IoT Model," *Jeffries Research Note*, July 10, 2017. マイケル・ブラックおよびウィル・スウォープとの会話は、この点を具体化するのに役立った。Varas et al., "Strengthening the Global Semiconductor Supply Chain in an Uncertain Area."

11 インテルの元財務幹部への2021年のインタビューより。

## 第34章　アメリカの驕り

1 Andy Grove, "Andy Grove: How America Can Create Jobs," *Businessweek*, July 1, 2010.

2 同上。

3 Jon Stokes, "Two Billion-Transistor Beasts: POWER7 and Niagara 3," *Ars Technica*, February 8, 2010.

4 Wally Rhines, "Competitive Dynamics in the Electronic Design Automation Industry," *SemiWiki*, August 23, 2019.

5 Mark Veverka, "Taiwan Quake Sends a Wakeup Call, But Effects May Be Short Lived," Barron's, September 27, 1999.

6 Jonathan Moore, "Fast Chips, Faster Cleanup," *BusinessWeek*, October 11, 1999.

7 Baker Li, Dow Jones Newswires, "Shortage in Parts Appears to Fade Following Earthquake in Taiwan," *Wall Street Journal*, November 9, 1999.

8 ファブレス企業の経営幹部への2021年のインタビューより。"20 Largest Earthquakes in the World," USGS, https://www.usgs.gov/natural-hazards/earthquake-hazards/science/20-largest-earthquakes-world?qt-science_center_objects=0#qt-science_center_objects.

9 Robert Zoellick speech, September 21, 2005, "Whither China? From Membership to Re-

13 David Lammers, "U.S. Gives Ok to ASML on EUV," *EE Times*, February 24, 1999. このメディア報告書は、ASMLが同社の装置の一部をアメリカで生産することをアメリカ政府に約束した、と報告している。私がアメリカの当局者やASMLにインタビューしたかぎりでは、そうした約束の存在は確かめられなかったが、複数の元当局者は、そういう約束があったことは十分にありえるし、あったとすれば公式ではなく非公式のものだっただろう、と述べている。現在、ASMLはEUVリソグラフィ装置の一部をコネチカット州の製造工場で生産している。よって、アメリカ政府との約束を忠実に守っているようだ（そんな約束が実際にあったとすれば、だが）。

14 私のインタビュー相手はひとりとして、外交政策的な考慮事項がこの決断において重要だったとは考えていなかったし、多くの者はこの話題が議論されたという記憶もなかった。

15 Don Clark and Glenn Simpson, "Opponents of SVG Sale to Dutch Worry About Foreign Competition," *Wall Street Journal*, April 26, 2001. リソグラフィ産業の専門家や、リチャード・ヴァン・アッタ、商務省の元高官への2021年のインタビューより。

16 Clark and Simpson, "Opponents of SVG Sale to Dutch Worry About Foreign Competition."

17 ジョン・テイラーへの2021年のインタビューより。

## 第33章　携帯機器の市場規模

1 "First Intel Mac (10 Jan 2006)," all about Steve Jobs.com, YouTube Video, September 18, 2009, https://www.youtube.com/watch?v=cp49Tmmtmf8.

2 インテルのベテラン従業員への2021年のインタビューより。

3 Alexis C. Madrigal, "Paul Otellini's Intel: Can the Company That Built the Future Survive It?" Atlantic, May 16, 2013. インテルの4人の元従業員への2021年のインタビューより。

4 マイケル・ブラックへの2021年のインタビューより。

5 Kurt Shuler, "Semiconductor Slowdown? Invest!" *Semiconductor Engineering*, January 26, 2012.

6 ロビン・サクスビーへの2021年のインタビューより。"Sir Robin Saxby: The ARM Architecture Was Invented Inside Acorn Computers," Anu Partha, YouTube Video, June 1, 2017, https://www.youtube.com/watch?v=jxUT3wE5Kwg; Don Dingee and Daniel Nenni,

20 Yin Li, "From Classic Failures to Global Competitors," pp. 45-48.

21 Fuller, *Paper Tigers, Hidden Dragons*, pp. 132, 136; "Semiconductor Manufacturing International Corporation Announces Proposed Dual Listing on SEHK and NYSE," SMIC, March 7, 2004, https://www.smics.com/en/site/news_read/4212; "Chip maker SMIC falls on debut," CNN, Mar 18, 2004.

## 第32章　リソグラフィ戦争

1 ジョン・カラザースへの2021年のインタビューより。本章の内容は、ヴィヴェック・バクシ、クリス・マック、チャック・グウィン、デイヴィッド・アトウッド、フリッツ・ファン・ハウト、ジョン・テイラー、ジョン・カラザース、ビル・シーグル、シュテファン・ウーム、トニー・イェン、シャンイー・ジャンのほか、匿名希望のリソグラフィ専門家たちへのインタビューを参考にした。ただし、本章の結論に関する責任は、すべて私にあることをお断りしておく。

2 Mark L. Schattenburg, "History of the 'Three Beams' Conference, the Birth of the Information and the Era of Lithography Wars," https://eipbn.org/2020/wp-content/uploads/2015/01/EIPBN_history.pdf.

3 Peter Van Den Hurk, "Farewell to a 'Big Family of Top Class People,'" ASML, April 23, 2021, https://www.asml.com/en/news/stories/2021/frits-van-hout-retires-from-asml.

4 フリッツ・ファン・ハウトへの2021年のインタビューより。

5 Rene Raiijmakers, "Technology Ownership Is No Birthright," *Bits & Chips*, June 24, 2021.

6 フリッツ・ファン・ハウトへの2021年のインタビューより。"Lithography Wars (Middle): How Did TSMC's Fire Save the Lithography Giant ASML?" *iNews*, February 5, 2022, https://inf.news/en/news/5620365e89323be681610733c6a32d22.html.

7 Charles Krauthammer, "The Unipolar Moment," *Foreign Affairs*, September 18, 1990.

8 Kenichi Ohmae, "Managing in a Borderless World," *Harvard Business Review* (May–June 1989).

9 ブルームバーグのデータによる。

10 ジョン・テイラーへの2021年のインタビューより。

11 Chuck Gwyn and Stefan Wurm, "EUV LLC: A Historical Perspective," in Bakshi, ed., *EUV Lithography* (SPIE, 2008). ジョン・カラザースとジョン・テイラーへの2021年のインタビューより。

12 ケネス・フラムとリチャード・ヴァン・アッタへの2021年のインタビューより。

2019): 11.

10 これは中国の半導体産業に関する第一人者、ダグ・フラーの評価による。Fuller, *Paper Tigers, Hidden Dragons*, p. 122.

11 Fuller, *Paper Tigers, Hidden Dragons*, p. 125; Yin Li, "From Classic Failures to Global Competitors: Business Organization and Economic Development in the Chinese Semiconductor Industry," Master's thesis, University of Massachusetts, Lowell, pp. 32-33.

12 Lee Chyen Yee and David Lin, "Hua Hong NEC, Grace Close to Merger," Reuters, December 1, 2011.

13 "China's Shanghai Grace Semiconductor Breaks Ground on New Fab, Report Says," EE Times, November 20, 2000; Warren Vieth and Lianne Hart, "Bush's Brother Has Contract to Help Chinese Chip Maker," *Los Angeles Times*, November 27, 2003.

14 Ming-chin Monique Chu, *The East Asian Computer Chip War* (Routledge, 2013), pp. 212-213; "Fast-Track Success of Jiang Zemin's Eldest Son, Jiang Mianheng, Questioned by Chinese Academics for Years," *South China Morning Post*, January 9, 2015. グレースの受難については、Fuller, *Paper Tigers, Hidden Dragons*, ch. 5を参照。Michael S. Chase, Kevin L. Pollpeter, and James C. Mulvenon, "Shanghaied: The Economic and Political Implications for the Flow of Information Technology and Investment Across the Taiwan Strait (Technical Report)," RAND Corporation, July 26, 2004, pp. 127-135.

15 "Richard Chang: Taiwan's Silicon Invasion," *Bloomberg Businessweek*, December 9, 2002; Ross, *Fast Boat to China*, p. 250.

16 Chase et al., "Shanghaied," p. 149.

17 "Richard Chang and His SMIC Team," *Cheers Magazine*, April 1, 2000, https://www.cheers.com.tw/article/article.action?id=5053843.

18 Fuller, *Paper Tigers, Hidden Dragons*, pp. 132, 134-135; VerWey, "Chinese Semiconductor Industrial Policy," pp. 11-12; Yin Li, "From Classic Failures to Global Competitors," pp. 45-48; Er Hao Lu, *The Developmental Model of China's Semiconductor Industry*, 2000–2005 (Zhongguo bandaoti chanye fazhan moshi), Doctoral dissertation, National Chengchi University, Taipei, Taiwan, 2008, pp. 33–35. 翻訳してくれたクラウス・ソンに感謝したい。Ross, *Fast Boat to China*, p. 248.

19 Yin-Yin Chen, "The Political Economy of the Development of the Semiconductor Industry in Shanghai,1956–2006," Thesis, National Taiwan University, 2007, pp. 71－72; Lu, *The Developmental Model of China's Semiconductor Industry*, pp. 75-77. これらの資料を翻訳してくれたクラウス・ソンに感謝したい。

hals, *Mao's Last Revolution* (Belknap Press, 2008), pp. 400-401［邦訳：ロデリック・マクファーカー&マイケル・シェーンハルス『毛沢東 最後の革命』朝倉和子訳、青灯社、2010年、下巻228ページ］.

8 National Research Council, "Solid State Physics in the People's Republic of China," p. 151.

9 Hoddeson and Daitch, *True Genius*, p. 277.

10 Baum, "DOS ex Machina," pp. 347-348; National Research Council, "Solid State Physics in the People's Republic of China," pp. 52-53.

11 Simon and Rehn, *Technological Innovation in China*, pp. 15, 59, 66; Baum, "DOS ex Machina," pp. 347-348.

12 Simon and Rehn, *Technological Innovation in China*, pp. 17, 27, 48.

## 第31章　中国に半導体を届ける

1 Evelyn Iritani, "China's Next Challenge: Mastering the Microchip," *Los Angeles Times*, October 22, 2002.

2 Andrew Ross, *Fast Boat to China* (Vintage Books, 2007), p. 250.

3 Antonio Varas, Raj Varadarajan, Jimmy Goodrich, and Falan Yinug, "Government Incentives and US Competitiveness in Semiconductor Manufacturing," Boston Consulting Group and Semiconductor Industry Association (September 2020), p. 7.

4 John A. Matthews, "A Silicon Valley of the East," *California Management Review* (1997).

5 サムスンの経営幹部への2021年のインタビューより。

6 信用補助については、S. Ran Kim, "The Korean System of Innovation and the Semiconductor Industry," *Industrial and Corporate Change* 7, No. 2 (June 1, 1998): 297-298を参照。

7 中国のテクノロジー・アナリストへの2021年のインタビューより。

8 Peter Clarke, "ST Process Technology Is Base for Chang's Next Chinese Foundry," tr. Claus Soong, *EE News Analog*, February 24, 2020; "Business Figures Weekly: the Father of Chinese Semiconductors—Richard Chang," CCTV, YouTube Video, April 29, 2010, https://www.youtube.com/watch?v=NVHAyrGRM2E; http://magazine.sina.com/bg/southernpeopleweekly/2009045/2009-12-09/ba80442.html; https://www.coolloud.org.tw/node/6695.

9 Douglas B. Fuller, *Paper Tigers, Hidden Dragons* (Oxford University Press, 2016), pp. 122-126; John VerWey, "Chinese Semiconductor Industrial Policy: Past and Present," *United States International Trade Commission Journal of International Commerce and Economics* (July

ary 8, 2000, 1:45, https://exhibits.stanford.edu/silicongenesis/catalog/cj789gh7170.

12 "TSMC Announces Resignation of Don Brooks," *EE Times*, March 7, 1997; Donald Brooks interview by Rob Walker, 1:44; "1995 Annual Report," Taiwan Semiconductor Manufacturing, Ltd, 1995. 教育面のつながりについては、Douglas B. Fuller, "The Increasing Irrelevance of Industrial Policy in Taiwan, 2016-2020," in Gunter Schubert and Chun-Yi Lee, eds., *Taiwan During the First Administration of Tsai Ing-wen: Navigating Stormy Waters* (Routledge, 2020), p. 15を参照。

13 AnnaLee Saxenian, *Regional Advantage: Culture and Competition in Silicon Valley and Route 128* (Harvard University Press, 1994); AnnaLee Saxenian, *The New Argonauts: Regional Advantage in a Global Economy* (Harvard University Press, 2006).

## 第30章　全員で半導体をつくるべし

1 Jonathan Pollack, "The Chinese Electronics Industry in Transition," Rand Corporation, N-2306, May 1985; David Dorman, "The Military Imperative in Chinese Economic Reform: The Politics of Electronics, 1949-1999," PhD dissertation, University of Maryland, College Park, 2002. 1KB DRAMについては、Richard Baum, "DOS ex Machina," in Denis Fred Simon and Merle Goldman, eds., *Science and Technology in Post-Mao China* (Harvard University Asia Center, 1989), p. 357を参照。

2 Yiwei Zhu, *Essays on China's IC Industry Development*, tr. Zoe Huang (2006), pp. 140–144.

3 National Research Council, "Solid State Physics in the People's Republic of China: A Trip Report of the American Solid State Physics Delegation," 1976, p. 89.

4 "Shanghai Workers Vigorously Develop Electronics Industry," October 9, 1969, translation of *Renmin Ribao article in Survey of the Chinese Mainland Press*, No. 4520, October 21, 1969, pp. 11-13.

5 Denis Fred Simon and Detlef Rehn, *Technological Innovation in China: The Case of Shanghai Semiconductor Industry* (Ballinger Publishing Company, 1988), pp. 47, 50; Lowell Dittmer, "Death and Transfiguration," *Journal of Asian Studies* 40, No. 3 (May 1981): 463.

6 Lan You Hang, "The Construction of Commercial Electron Microscopes in China," *Advances in Imaging and Electron Physics* 96 (1996): 821; Sungho Rho, Keun Lee, and Seong Hee Kim, "Limited Catch Up in China's Semiconductor Industry: A Sectoral Innovation System Perspective," *Millennial Asia* (August 19, 2015): 159.

7 Hua Guafeng, September 26, 1975, quoted in Roderick MacFarquhar and Michael Schoen-

## 第29章　TSMCの隆盛

1 Wang, *K.T. Li and the Taiwan Experience*, p. 217; Oral History of Morris Chang, taken by Alan Patterson, August 24, 2007, Computer History Museum.

2 Tekla S. Perry, "Morris Chang: Foundry Father," *IEEE Spectrum*, April 19, 2011; "Stanford Engineering Hero Lecture: Morris Chang in conversation with President John L. Hennessy," Stanford Online, YouTube Video, April 25, 2004, https://www.youtube.com/watch?v=wEh3ZgbvBrE（36分あたり）.

3 "TI Board Visit to Taiwan 1978," Texas Instruments Special Collection, 90-69 TI Board Visit to Taiwan, DeGolyer Library, Southern Methodist University.

4 Oral History of Morris Chang, Computer History Museum.

5 "Morris Chang's Last Speech," tr. Kevin Xu, *Interconnected Newsletter*, September 12, 2021, https://interconnected.blog/morris-changs-last-speech. 仕事のオファーを断った件については、L. Sophia Wang, ed., *K. T. Li Oral History* (2nd edition, 2001), pp. 239-40を参照。翻訳してくれたミンディ・トゥーに感謝したい。"Stanford Engineering Hero Lecture: Morris Chang in conversation with President John L. Hennessy," https://www.youtube.com/watch?v=wEh3ZgbvBrE（34分あたり）. チャンのテキサス人のアイデンティティについては、モリス・チャンへの2022年のインタビューより。

6 Oral History of Morris Chang, Computer History Museum.

7 "1976 Morris Chang Planning Doc," Texas Instruments Special Collection, Fred Bucy Papers, DeGolyer Library, Southern Methodist University.

8 Chintay Shih interview by Ling-Fei Lin, Computer History Museum, February 21, 2011; National Research Council, "Appendix A3: Taiwan's Industrial Technology Research Institute," in *21st Century Manufacturing* (The National Academies Press, 2013); Oral History of Morris Chang, Computer History Museum.

9 Douglas B. Fuller, "Globalization for Nation Building: Industrial Policy for High-Technology Products in Taiwan," working paper, Massachusetts Institute of Technology, 2002.

10 Rene Raaijmakers, *ASML's Architects* (Techwatch Books, 2018), ch. 57. フィリップスの知的財産の移転については、John A. Mathews, "A Silicon Valley of the East," *California Management Review* (1997): 36およびDaniel Nenni, "A Brief History of TSMC," *SemiWiki*, August 2, 2012を参照。

11 "Stanford Engineering Hero Lecture: Morris Chang in conversation with President John L. Hennessy"; Donald Brooks interview by Rob Walker, Stanford University Libraries, Febru-

## 第28章　日本経済の奇跡が止まる

1 Michael Pettis, *The Great Rebalancing* (Princeton University Press, 2013).

2 Yoshitaka Okada, "Decline of the Japanese Semiconductor Industry," in Yoshitaka Okada, ed., *Struggles for Survival* (Springer, 2006), p. 72.

3 Marie Anchordoguy, *Reprogramming Japan* (Cornell University Press, 2005), p. 192.

4 Sumio Saruyama and Peng Xu, *Excess Capacity and the Difficulty of Exit: Evidence from Japan's Electronics Industry* (Springer Singapore, 2021); "Determination Drove the Development of the CCD 'Electric Eye,' " Sony, https://www.sony.com/en/SonyInfo/CorporateInfo/History/SonyHistory/2-11.html.

5 Kenji Hall, "Fujio Masuoka: Thanks for the Memory," *Bloomberg*, April 3, 2006; Falan Yinung, "The Rise of the Flash Memory Market: Its Impact on Firm Behavior and Global Semiconductor Trade Patterns," *Journal of International Commerce and Economics* (July 2007).

6 Andrew Pollack, "U.S. Chips' Gain Is Japan's Loss," *New York Times*, January 3, 1991; Okada, "Decline of the Japanese Semiconductor Industry," p. 41; "Trends in the Semiconductor Industry," Semiconductor History Museum of Japan, https://www.shmj.or.jp/english/trends/trd90s.html.

7 Japan Ministry of Foreign Affairs, "How the Gulf Crisis Began and Ended," in *Diplomatic Bluebook 1991*, https://www.mofa.go.jp/policy/other/bluebook/1991/1991-2-1.htm; Japan Ministry of Foreign Affairs, "Japan's Response to the Gulf Crisis," in *Diplomatic Bluebook* 1991, https://www.mofa.go.jp/policy/other/bluebook/1991/1991-2-2.htm; Kent E. Calder, "The United States, Japan, and the Gulf Region," The Sasakawa Peace Foundation, August 2015, p. 31; T. R. Reid, "Japan's New Frustration," *Washington Post*, March 17, 1991.

8 "G-Day: Soviet President Gorbachev Visits Stanford Business School," Stanford Graduate School of Business, September 1990, https://www.gsb.stanford.edu/experience/news-history/history/g-day-soviet-president-gorbachev-visits-stanford-business-school; David Remnick, "In U.S., Gorbachev Tried to Sell a Dream," *Washington Post*, June 6, 1990.

9 ゲルブは1992年に初めてこのエピソードを語った。引用は、この話題に関する彼の2011年初出の記事より。Leslie H. Gelb, "Foreign Affairs; Who Won the Cold War?" *New York Times*, August 20, 1992; Leslie H. Gelb, "The Forgotten Cold War: 20 Years Later, Myths About U.S. Victory Persist," *Daily Beast*, July 14, 2017.

10 ピーター・ゴードンへの2021年のインタビューより。

*cations of the ACM* (January 1991): 32.

15 V. V. Zhurkin, "*Ispolzovanie Ssha Noveishhikh Dostizhenii Nauki i Tekhniki v Sfere Vneshnei Politiki*," Academy of Sciences Archive, August 7, 1987.

16 Charles S. Maier, *Dissolution* (Princeton University Press, 1999), pp. 74-75.

## 第27章　湾岸戦争の英雄

1 Robert D. McFadden, "Gen. H. Norman Schwarzkopf, U.S. Commander in Gulf War, Dies at 78," *New York Times*, December 27, 2012.

2 Rick Aktinson, *Crusade: The Untold Story of the Persian Gulf War* (Mariner Books, 1994), pp. 35-37.

3 "The Theater's Opening Act," *Washington Post*, 1998; Aktinson, *Crusade*, p. 37.

4 ペイブウェイ搭載の電子機器の詳細は、スティーヴ・ロウマーマンへの2021年のインタビューより。

5 Stephen P. Rosen, "The Impact of the Office of Net Assessment on the American Military in the Matter of the Revolution of Military Affairs," *Journal of Strategic Studies* 33, No. 4 (2010): 480.

6 スティーヴ・ロウマーマンへの2021年のインタビューより。

7 Bobby R. Inman, Joseph S. Nye Jr., William J. Perry, and Roger K. Smith, "Lessons from the Gulf War," *Washington Quarterly* 15, No. 1 (1992): 68; Benjamin S. Lambeth, *Desert Storm and Its Meaning* (RAND Corporation, 1992).

8 William J. Broad, "War in the Gulf: High Tech; War Hero Status Possible for the Computer Chip," *New York Times*, January 21, 1991; Barry D. Watts, *Six Decades of Guided Munitions and Battle Networks: Progress and Prospects* (Center for Strategic and Budgetary Assessments, 2007), p. 146. スティーヴ・ロウマーマンへのインタビューより。

9 Mary C. Fitzgerald, "The Soviet Military and the New 'Technological Operation' in the Gulf," *Naval War College Review* 44, No. 4 (Fall 1991): 16-43, https://www.jstor.org/stable/44638558; Stuart Kaufman, "Lessons from the 1991 Gulf War and Military Doctrine," *Journal of Slavic Military Studies* 6, No. 3 (1993); Graham E. Fuller, "Moscow and the Gulf War," *Foreign Affairs* (Summer 1991); Gilberto Villahermosa, "Desert Storm: The Soviet View," Foreign Military Studies Office, May 25, 2005, p. 4.

7, 2017)を参照。

9 Owen R. Cote, Jr., "The Third Battle: Innovation in the U.S. Navy's Silent Cold War Struggle with Soviet Submarines," Newport Papers, Naval War College, 2003; Joel S. Wit, "Advances in Antisubmarine Warfare," *Scientific American* 244, No. 2 (February 1981): 31–41; D. L. Slotnick, "The Conception and Development of Parallel Processors: A Personal Memoir," *Annals of the History of Computing* 4, No. 1 (January-March 1982); Van Atta et al., DARPA *Technical Accomplishments II*; Christopher A. Ford and David A. Rosenberg, "The Naval Intelligence Underpinnings of Reagan's Maritime Strategy," *Journal of Strategic Studies* 28, No. 2 (April 2005): 398; John G. Hines, Ellis M. Mishulovich, and John F. Shull, *Soviet Intentions 1965-1985*, Vol. 1 (BDM Federal, Inc., 1995), p. 75; Green and Long, "The MAD Who Wasn't There," pp. 607, 639. また、1980年代のSSBNミサイルの信頼性にも大きな問題があった。Steven J. Zaloga, *The Kremlin's Nuclear Sword: The Rise and Fall of Russia's Strategic Nuclear Forces 1945-2000* (Smithsonian Books, 2014), p. 188を参照。

10 Green and Long, "The MAD Who Wasn't There," p. 617.

11 Danilevich quoted in Hines, Mishulovich, and Shull, *Soviet Intentions 1965-1985*, Vol. 1, p. 57; Dale R. Herspring, "Nikolay Ogarkov and the Scientific-Technical Revolution in Soviet Military Affairs," *Comparative Strategy* 6, No. 1 (1987); Mary C. Fitzgerald, "Soviet Views on Future War: The Impact of New Technologies," *Defense Analysis* 7, Nos. 2-3 (1991). ソ連当局者たちは、指揮統制や通信システムの残存性に深い懸念を表明した。Hines, Mishulovich, and Shull, *Soviet Intentions 1965-1985*, Vol. 1, p. 90を参照。ヴァシーリイ・ペトロフ元帥は、1983年に、「[通常兵器による]"武装解除型"先制攻撃の可能性を生み出し、利用する」NATOの計画を認識していたという。詳しくは、Thomas M. Nichols, *The Sacred Cause: Civil-Military Conflict over Soviet National Security, 1917-1992* (NCROL, 1993), p. 117を参照。また、Mary C. Fitzgerald, "Marshal Ogarkov on the Modern Theater Operation," *Naval War College Review* 39, No. 4 (1986); Mary C. Fitzgerald, "Marshal Ogarkov and the New Revolution in Soviet Military Affairs," *Defense Analysis* 3, No. 1 (1987)も参照。

12 Mikhail Gorbachev, "*Zasedanie Politbyuro Tsk Kpss 30 Iiulia Goda*," in *Sobranie Sochinenii*, Book 9 (Ves' Mir, 2008), pp. 339–343. これは私自身の意訳。

13 セルゲイ・オソキンへの2021年のインタビューより。

14 Simonov, *Nesostoyavshayasya Informatsionnaya Revolutsiya*, p. 70; Seymour Goodman and William K. McHenry, "The Soviet Computer Industry: A Tale of Two Sectors," *Communi-*

NSAEBB428/docs/1.US%20and%20Soviet%20Strategic%20Forces%20Joint%20Net%20Assessment.pdf.

4 Center for Naval Analyses, *Marshal Ogarkov on Modern War*: 1977-1985, AD-A176 138, p. 27; Dima P. Adamsky, "Through the Looking Glass: The Soviet Military-Technical Revolution and the American Revolution in Military Affairs," *Journal of Strategic Studies* 31, No. 2 (2008).

5 半導体に決定的に依存する相殺《オフセット》戦略の技術の数々について、見事にまとめたものとして、以下がある。David Burbach, Brendan Rittenhouse Green, and Benjamin Friedman, "The Technology of the Revolution in Military Affairs," in Harvey Sapolsky, Benjamin Friedman, and Brendan Green, eds., *U.S. Military Innovation Since the Cold War: Creation Without Destruction* (Routledge, 2012), pp. 14-42; CIA, "Soviet Defense Industry: Coping with the Military-Technological Challenge," CIA Historical Review Program, July 1987, p. 17, https://www.cia.gov/readingroom/docs/DOC_0000499526.pdf; Adamsky, "Through the Looking Glass," p. 260.

6 Anatoly Krivonosov, "Khartron: Computers for Rocket Guidance Systems," in Boris Malinovsky, "History of Computer Science and Technology in Ukraine," tr. Slava Gerovitch, *Computing in the Soviet Space Program*, December 16, 2002, https://web.mit.edu/slava/space/essays/essay-krivonosov.htm; Donald MacKenzie, "The Soviet Union and Strategic Missile Guidance," *International Security* 13, No. 2 (Fall 1988); Georgii Priss interview by Slava Gerovitch, *Computing in the Soviet Space Program*, May 23, 2002, https://web.mit.edu/slava/space/interview/interview-priss.htm#q3.

7 MacKenzie, "The Soviet Union and Strategic Missile Guidance," pp. 30-32, 35.

8 MacKenzie, "The Soviet Union and Strategic Missile Guidance," p. 52は111メートルという半数必中界、Pavel Podvig, "The Window of Opportunity That Wasn't: Soviet Military Buildup in the 1970s," *International Security* (Summer 2008): 129は350〜430メートルという半数必中界を挙げている。ミサイルの比較に使われるほかの変数としては、弾頭の大きさや数、発射や目標変更の速度などがある。しかし、アメリカの精度のほうが優位であるという基本的な傾向は変わらない。98%という数値 は、John G. Hines, Ellis M. Mishulovich, and John F. Shull, *Soviet Intentions, 1965-1985*, Vol. 2 (BDM Federal, Inc., 1995), pp. 46, 90より。この98%という数値は、おそらくアメリカの能力を大幅に過大評価したものだが、それでもソ連が抱える恐怖の表われといえる。Brendan R. Green and Austin Long, "The MAD Who Wasn't There: Soviet Reactions to Late Cold War Nuclear Balance," *Security Studies* 26, No. 4 (July

2 CIA, "The Technology Acquisition Efforts of the Soviet Intelligence Services," June 18, 1982, p. 15, https://www.cia.gov/readingroom/docs/DOC_0000261337.pdf; Philip Hanson, *Soviet Industrial Espionage* (Royal Institute of International Affairs, 1987).

3 Sergey Chertoprud, *Naucho-Tekhnicheskaia Razvedka* (Olma Press, 2002), p. 283; Daniela Iacono, "A British Banker Who Plunged to His Death," United Press International, May 15, 1984; Michael S. Malone, "Going Underground in Silicon Valley," *New York Times*, May 30, 1982.

4 Jay Tuck, High-Tech Espionage (St. Martin's Press, 1986), p. 107; Simonov, *Nesostoyavshayasya Informatsionnaya Revolyutsiya*, p. 34.

5 Edgar Ulsamer, "Moscow's Technology Parasites," *Air Force Magazine*, December 1, 1984.

6 Central Intelligence Agency, "Soviet Acquisition of Militarily Significant Western Technology: An Update," September 1985, p. 25, http://insidethecoldwar.org/sites/default/files/documents/CIA%20Report%20on%20Soviet%20Acquisition%20of%20Militarily%20Significant%20Western%20Technology%20September%201985.pdf.

7 Kostin and Raynaud, *Farewell*.

8 Hanson, *Soviet Industrial Espionage*; Central Intelligence Agency, "Soviet Acquisition of Militarily Significant Western Technology: An Update"; Kostin and Raynaud, *Farewell*; Thierry Wolton, *Le KGB en France* (Club Express, 1986).

9 Central Intelligence Agency, "Soviet Computer Technology: Little Prospect of Catching Up," National Security Archive, March 1985, p. 4, https://nsarchive.gwu.edu/document/22579-document-02-central-intelligence-agency-soviet; Bruce B. Weyrauch, "Operation Exodus," *Computer/Law Journal* 7, No. 2 (Fall 1986); Hanson, *Soviet Industrial Espionage*; Jon Zonderman, "Policing High-Tech Exports," *New York Times*, November 27, 1983.

## 第26章　思考する兵器VS無能

1 Dale Roy Herspring, *The Soviet High Command*, 1967-1989 (Princeton University Press, 2016), p. 175.

2 Christopher Andrew and Oleg Gordievsky, "1983 Downing of KAL Flight Showed Soviets Lacked Skill of the Fictional 007," *Los Angeles Times*, November 11, 1990.

3 Brian A Davenport, "The Ogarkov Ouster," *Journal of Strategic Studies* 14, No. 2 (1991): 133; CIA and Defense Department, "US and Soviet Strategic Forces: Joint Net Assessment," Secretary of Defense, November 14, 1983, https://nsarchive2.gwu.edu/NSAEBB/

著書『歴史の風景——歴史家はどのように過去を描くのか』の詳細について話し合いたいと言われたときは、本当に驚いた。

4 Dianne Lynch, "Wired Women: Engineer Lynn Conway's Secret," ABC News, January 7, 2006.

5 リン・コンウェイへの2021年のインタビューより。

6 "Lambda Magazine Lights the Way for VLSI Design," IEEE Silicon Valley History Videos, YouTube Video, July 27, 2015, 00:01:40, https://www.youtube.com/watch?v=DEYbQiX-vbnc; "History of VLSI – C. Mead – 2/1/2011," California Institute of Technology, YouTube Video, May 29, 2018, https://www.youtube.com/watch?v=okZBhJ-KvaY.

7 "1981 *Electronics* AWARD FOR ACHIEVEMENT," University of Michigan, https://ai.eecs.umich.edu/people/conway/Awards/Electronics/ElectAchiev.html. リン・コンウェイとカーバー・ミードへの2021年のインタビューより。

8 Van Atta et al., DARPA *Technical Accomplishments: An Historical Review of Selected DARPA Projects II*, February 1990, AD-A239 925, p. 17-5.

9 ポール・ロスレーベンへの2021年のインタビューより。Van Atta et al., DARPA *Technical Accomplishments*, p. 17-1.

10 デイヴィッド・ホッジズ、スティーヴ・ディレクター、アート・デ・ゲウス、アルベルト・サンジョヴァンニ＝ヴィンチェンテッリ、ロブ・ルーテンバーへのインタビューより。"1984 Annual Report," Semiconductor Research Corporation, 1984, https://www.src.org/src/story/timeline.

11 Irwin Jacobs interview by David Morton, IEEE History Center, October 29, 1999.

12 Daniel J. Costello, Jr., and David Forney, Jr., "Channel Coding: The Road to Channel Capacity," Proceedings of the IEEE 95, No. 6 (June 2007); O. Aftab, P. Cheung, A. Kim, S. Thakkar, and N. Yeddanapudi, "Information Theory and the Digital Age," 6.933 Project History, MIT, https://web.mit.edu/6.933/www/Fall2001/Shannon2.pdf; David Forney Jr. interview by Andrew Goldstein, Center for the History of Electrical Engineering, May 10, 1995; Daniel Nenni, "A Detailed History of Qualcomm," SemiWiki, March 19, 2018, https://semiwiki.com/general/7353-a-detailed-history-of-qualcomm/.

## 第25章　コピー戦略の末路

1 ヴェトロフの人生の詳細については、Sergei Kostin and Eric Raynaud, *Farewell: The Greatest Spy Story of the Twentieth Century* (Amazon Crossing, 2011)をかなり参考にした。

ment of the Korea Advanced Institute of Science," prepared for US Agency for International Development, December 1970, http://large.stanford.edu/history/kaist/docs/terman/summary/. サムスンの初期の苦労については、Hankook Semiconductorを参照。Samsung Newsroom, "Semiconductor Will Be My Last Business," *Samsung*, March 30, 2010, https://news.samsung.com/kr/91.

5 Park Si-on, *Like Lee Byung-chul*, pp. 399, 436.

6 Myung Oh and James F. Larson, *Digital Development in Korea: Building an Information Society* (Routledge, 2011), p. 54; Park Si-on, *Like Lee Byung-chul*, p. 386; Cho and Mathews, *Tiger Technology*, pp. 105, 119, 125; Lee Jae-goo, "Why Should We Do the Semiconductor Industry," tr. Soyoung Oh, *ZDNET Korea*, Mar 15, 1983, https://zdnet.co.kr/view/?no=20110328005714.

7 Tedlow, *Andy Grove*, p. 218［邦訳：テドロー『アンディ・グローブ』上巻332ページ］; Robert W. Crandall and Kenneth Flamm, *Changing the Rules* (Brookings Institution Press, 1989), p. 315; Susan Chira, "Korea's Chip Makers Race to Catch Up," *New York Times*, July 15, 1985; "Company News: Intel Chip Pact," *New York Times*, June 26, 1987.

8 Richard E. Baldwin, "The Impact of the 1986 US-Japan Semiconductor Agreement," *Japan and the World Economy* 6, No. 2 (June 1994): 136-137; Douglas A. Irwin, "Trade Policies and the Semiconductor Industry," in Anne O. Krueger, ed., *The Political Economy of American Trade Policy* (University of Chicago Press, 1994), pp. 46-47.

9 Linsu Kim, "Imitation to Innovation: The Dynamics of Korea's Technological Learning," Columbia University East Asian Center, 1997, p. 89には、Zyrtekが高度な生産の知識を210万ドルで移転した例が挙げられている。ウォード・パーキンソンへの2021年のインタビューより。Andrew Pollack, "U.S.-Korea Chip Ties Grow," New York Times, July 15, 1985.

## 第24章　ミードとコンウェイの革命

1 Federico Faggin, "The Making of the First Microprocessor," IEEE, 2009; Federico Faggin, *Silicon* (Waterline, 2021), esp. ch. 3.

2 B. Hoeneisen and C. A. Mead, "Fundamental Limitations in Microelectronics—I. MOS Technology," *Solid State Electronics* 15, No. 7 (July 1972), https://authors.library.caltech.edu/54798/.

3 リン・コンウェイへの2021年のインタビューより。ジョン・L・ギャディスの

fornia, December 14, 2005 and March 23, 2006.

8 Grove, *Only the Paranoid Survive*, pp. 88-92［邦訳：グローブ『パラノイアだけが生き残る』117～121ページ］.

9 Elizabeth Corcoran, "Intel CEO Andy Grove Steps Aside," *Washington Post*, March 27, 1998. また、インテルの元従業員への2021年のインタビューより。

10 Christophe Lecuyer, "Confronting the Japanese Challenge: The Revival of Manufacturing at Intel," Business History Review (July 2019); Berlin, *The Man Behind the Microchip*, p. 180.

11 Lecuyer, "Confronting the Japanese Challenge," pp. 363-364; Craig R. Barrett, interviews by Arnold Thackray and David C. Brock at Santa Clara, California, December 14, 2005 and March 23, 2006. Richard S. Tedlow, *Andy Grove: The Life and Times of an American Business Icon* (Penguin, 2007), p. 203［邦訳：リチャード・S・テドロー『アンディ・グローブ――修羅場がつくった経営の巨人』有賀裕子訳、ダイヤモンド社、2008年、318ページ］.

12 Lecuyer, "Confronting the Japanese Challenge," pp. 363, 364, 369, 370; Craig R. Barrett, interviews by Arnold Thackray and David C. Brock at Santa Clara, California, December 14, 2005 and March 23, 2006. pp. 65, 79.

13 Therese Poletti, "Crucial Mistakes: IBM's Stumbles Opened Door for Microsoft, Intel," *Chicago Tribune*, August 13, 2001.

## 第23章　敵の敵は友――韓国の台頭

1 Geoffrey Cain, *Samsung Rising* (Currency Press, 2020), p. 33.

2 Cain, *Samsung Rising*, pp. 33-41.

3 Dong-Sung Cho and John A. Mathews, *Tiger Technology* (Cambridge University Press, 2007), pp. 105-106; Cain, *Samsung Rising*, pp. 40, 41, 46. 李の財産については、"Half a Century of Rise and Fall of the Korean Chaebol in Terms of Income and Stock Price," Yohap News Agency, November 7, 2006, https://www.yna.co.kr/view/AKR20110708154800008を参照。

4 Si-on Park, *Like Lee Byung-chul*, p. 71; Cho and Mathews, *Tiger Technology*, p. 112; Daniel Nenni and Don Dingee, *Mobile Unleashed* (Semi Wiki, 2015); Kim Dong-Won and Stuart W. Leslie, "Winning Markets or Winning Nobel Prizes? KAIST and the Challenges of Late Industrialization," Osiris 13 (1998): 167-170; Donald L. Benedict, KunMo Chung, Franklin A. Long, Thomas L. Martin, and Frederick E. Terman, "Survey Report on the Establish-

9 ウォード・パーキンソン、ブライアン・シャーリー、マーク・ダーカンへの2021年のインタビューより。Woutat, "Maverick Chip Maker Shifts Stance."

10 ブライアン・シャーリーとマーク・ダーカンへの2021年のインタビューより。Yoshitaka Okada, "Decline of the Japanese Semiconductor Industry," *Development of Japanese Semiconductor Industry* (January 2006): 41; Bauer and Wilder, *The Microchip Revolution*, pp. 301-302.

11 Bauer and Wilder, *The Microchip Revolution*, pp. 286, 302.

12 マーク・ダーカン、ウォード・パーキンソン、ブライアン・シャーリーへの2021年のインタビューより。

## 第22章　インテル再興

1 James Allworth, "Intel's Disruption Is Now Complete," *Medium*, November 11, 2020, https://jamesallworth.medium.com/intels-disruption-is-now-complete-d4fa771f0f2c.

2 Craig R. Barrett, interviews by Arnold Thackray and David C. Brock at Santa Clara, California, December 14, 2005 and March 23, 2006 (Philadelphia: Chemical Heritage Foundation, Oral History Transcript 0324).

3 Andrew S. Grove, *Only the Paranoid Survive: How to Exploit the Crisis Points That Challenge Every Company* (Currency Press, 1999), pp. 117-118［邦訳：アンドリュー・S・グローブ『パラノイアだけが生き残る――時代の転換点をきみはどう見極め、乗り切るのか』佐々木かをり訳、日経BP、2017年、152ページ］.

4 Grove, *Only the Paranoid Survive*, pp. 88-90［邦訳：グローブ『パラノイアだけが生き残る』117～118ページ］; Robert A. Burgelman, "Fading Memories: A Process Theory of Strategic Business Exist in Dynamic Environments," *Administrative Science Quarterly* 39, No. 1 (March 1994): 41.

5 Gerry Parker, "Intel's IBM PC Design Win," *Gerry Parker's Word Press Blog*, July 20, 2014, https://gerrythetravelhund.wordpress.com/tag/ibm-pc/; Jimmy Maher, "The Complete History of the IBM PC, Part One: The Deal of the Century," *ars TECHNICA*, June 30, crash 2017, https://arstechnica.com/gadgets/2017/06/ibm-pc-history-part-1/.

6 "The Birth of the IBM PC," IBM Debut Reference Room, https://www.ibm.com/ibm/history/exhibits/pc25/pc25_birth.html; "IBM Personal Computer Launch," Waldorf Astoria, January 23, 2019.

7 Craig R. Barrett, interviews by Arnold Thackray and David C. Brock at Santa Clara, Cali-

1996)［原書：盛田昭夫&石原慎太郎『「Ｎ《ノ》Ｏ《ー》」と言える日本』光文社、1989年］.

7 Samuel Huntington, "Why International Primacy Matters," *International Security* (January 2009): 75-76.

8 Steven L. Herman, "Bootleg Translation of Japanese Book Hot Item in Congress," Associated Press, November 11, 1989.

9 James Flanigan, "U.S. Bashing Book by Sony's Chief Costs Him Credibility," *Los Angeles Times*, October 11, 1989.

10 Harold Brown, "The United States and Japan: High Tech Is Foreign Policy," *SAIS Review* 9, No. 2 (Fall 1989).

11 Central Intelligence Agency, "East Asia's Economic Potential for the 1990s: A Speculative Essay," CREST Database, 1987.

## 第21章　アイダホ州のハイテク企業

1 マイクロンの従業員への2021年のインタビューより。George Anders, "At Potato Empire, an Heir Peels Away Years of Tradition," *Wall Street Journal*, October 7, 2004; Laurence Zuckerman, "From Mr. Spud to Mr. Chips; The Potato Tycoon Who Is the Force Behind Micron," *New York Times*, February 8, 1996; Andrew E. Serwer, "The Simplot Saga: How America's French Fry King Made Billions More in Semiconductors," *Fortune*, February 12, 2012.

2 ウォード・パーキンソンへの2021年のインタビューより。Luc Olivier Bauer and E. Marshall Wilder, *Microchip Revolution* (Independently published, 2020), pp. 279-280.

3 エルマーズのスタッフへの2021年のインタビューと、ウォード・パーキンソンへの2021年のインタビューより。

4 Donald Woutat, "Maverick Chip Maker Shifts Stance: Micron Backs Protectionism After Launching Price War," *Los Angeles Times*, December 16, 1985; Peter Burrows, "Micron's Comeback Kid," *Business Week*, June 14, 1997.

5 David E. Sanger, "Prospects Appear Grim for U.S. Chip Makers," *New York Times*, October 29, 1985.

6 David Staats, "How an Executive's Hair Dryer Saved the Memory Chips—Tales of Micron's 40 Years," *Idaho Statesman*, July 21, 2021.

7 Woutat, "Maverick Chip Maker Shifts Stance."

8 David E. Sanger, "Japan Chip 'Dumping' Is Found," *New York Times*, August 3, 1985.

112〜113ページ〕. アラン・ウルフへの2021年のインタビューより。Berlin, *The Man Behind the Microchip*, p. 270.

6 Doug Irwin, “Trade Politics and the Semiconductor Industry,” NBER working paper W4745, May 1994.

7 Young, *Silicon Sumo*, pp. 262-263.

8 同pp. 268-269. セマテックに出向していたインテル従業員への2021年のインタビューより。Larry D. Browning and Judy C. Shetler, *Sematech: Saving the U.S. Semiconductor Industry* (Texas A&M Press, 2000).

9 セマテックに出向していたインテル従業員への2021年のインタビューより。

10 1989年11月8日の議会の委員会におけるロバート・ノイスの証言より。Peter N. Dunn, “GCA: A Lesson in Industrial Policy,” *Solid State Technology* 36, No. 2 (December 1993); Young, *Silicon Sumo*, pp. 270-276.

11 ピーター・シモーンへの2021年のインタビューより。

12 ピーター・シモーンへの2021年のインタビューより。

13 トニー・イェンへの2021年のインタビューおよびピーター・シモーンへの2021年のインタビューより。Young, *Silicon Sumo*, pp. 262, 285.

14 Young, *Silicon Sumo*, p. 286.

15 Berlin, *The Man Behind the Microchip*, p. 304; Young, *Silicon Sumo*, pp. 294-295; Jonathan Weber, “Chip Making Pioneer GCA Corp. Closes Factory: Technology: $60 Million in Government Funds Has Failed to Restore Massachusetts Firm to Financial Health,” *Los Angeles Times*, May 22, 1993.

## 第20章　パックス・ニッポニカ

1 Morita, *Made in Japan*, pp. 73, 110-120, 134〔邦訳：盛田『〔新版〕MADE IN JAPAN』102、149〜162、177〜178ページ〕.

2 Nathan, Sony, p. 73〔邦訳：ネイスン『ソニー』109〜110ページ〕.

3 Morita, *Made in Japan*, pp. 193, 199, 205〔邦訳：盛田『〔新版〕MADE IN JAPAN』247、255、261ページ〕.

4 Ann Sherif, “The Aesthetics of Speed and the Illogicality of Politics: Ishihara Shintaro’s Literary Debut,” *Japan Forum* 17, No. 2 (2005): 185-211.

5 Wolf, The Japanese Conspiracy, p. 16〔邦訳：ウルフ『日本の陰謀』14ページ〕.

6 Akio Morita and Shintaro Ishihara, *The Japan That Can Say No* (Konbusha Publishing Ltd.,

Limits to International Trade," working paper, University of California, Berkeley, September 1987, p. 2.

16 Arthur W. Zafiropoulo interview by Craig Addison, SEMI, May 25, 2006. ピーター・ベアロおよびジム・ネローダへの2021年のインタビューより。

## 第18章 「1980年代の原油」と化した半導体

1 Skornia, *Sanders and Advanced Micro Devices*, p. 138; Daryl Savage, "Palo Alto: Ming's Restaurant to Close Dec. 28," Palo Alto Online, December 18, 2014, https://www.paloaltoonline.com/news/2014/12/18/mings-restaurant-to-close-dec-28.

2 Arthur L. Robinson, "Perilous Times for U.S. Microcircuit Makers," Science 208, No. 4444 (May 9, 1980): 582; Skornia, *Sanders and Advanced Micro Devices*, p. 140.

3 Marvin J. Wolf, *The Japanese Conspiracy: The Plot to Dominate Industry Worldwide* (New English Library, 1984), p. 83［邦訳：マービン・J・ウルフ『日本の陰謀――官民一体で狙う世界制覇』竹村健一訳、光文社、1986年、101ページ］.

4 David E. Sanger, "Big Worries Over Small GCA," *New York Times*, January 19, 1987.

5 リチャード・ヴァン・アッタへの2021年のインタビューより。

6 Defense Science Board, *Report on Defense Semiconductor Dependency—February 1987*, pp. 1-2.

7 Oral History of Charlie Sporck, Computer History Museum.

## 第19章 シリコンバレーとロビイング

1 Berlin, *The Man Behind the Microchip*, p. 264.

2 Richard Langlois and Edward Steinmueller, "Strategy and Circumstance," working paper, University of Connecticut, 1999, p. 1166.

3 Clyde V. Prestowitz, Jr., "Beyond Laissez Faire," *Foreign Policy*, No. 87 (Summer 1992): 71. マイケル・ボスキンとの2021年のメールのやり取りより。この言葉は各所で繰り返し引用されているが、彼が実際にそう述べたとの証拠は見当たらなかった。

4 Berlin, *The Man Behind the Microchip*, p. 262; John G. Rauch, "The Realities of Our Times," *Fordham Intellectual Property, Media and Entertainment Law Journal* 3, No. 2 (1993): 412.

5 Wolf, *The Japanese Conspiracy*, pp. 5, 91［邦訳：ウルフ『日本の陰謀』16〜17ページ、

5 グリフ・リーザーへの2021年のインタビューより。Griff Resor on Photolithography," Semi-History, YouTube video, January 30, 2009, 2:30, https://www.youtube.com/watch?v=OKfdHZCEfmY.

6 "Griff Resor on Photolithography," SemiHistory, YouTube video, January 30, 2009, 2:30, https://www.youtube.com/watch?v=OKfdHZCEfmY; Chris Mack, "Milestones in Optical Lithography Tool Suppliers," http://www.lithoguru.com/scientist/litho_history/milestones_tools.pdf; "GCA Burlington Division Shipment History of All 4800 DSW's as of September 1980," p. 1, in the possession of the author.

7 売上データは、Rebecca Marta Henderson, "The Failure of Established Firms in the Face of Technical Change," PhD dissertation, Harvard University, 1988, p. 217による。Jones, "Computerized Laser Swiftly Carves Circuits for Microchips."

8 ピーター・ベアロ、ロス・ヤング、ビル・トビーへの2021年のインタビューより。James E. Gallagher interview by Craig Addison, SEMI, March 9, 2005.

9 ビル・トビー、ジム・ネローダ、ピーター・ベアロへの2021年のインタビューより。Ross Young, *Silicon Sumo* (Semiconductor Services, 1994), p. 279; Charles N. Pieczulewski, "Benchmarking Semiconductor Lithography Equipment Development & Sourcing Practices Among Leading Edge Manufacturers," Master's thesis, MIT, 1995, p. 54.

10 グリフ・リーザー、ビル・トビー、ジム・ネローダ、ピーター・ベアロへの2021年のインタビューより。Young, *Silicon Sumo*, p. 279.

11 グリフ・リーザーへの2021年のインタビューより。

12 Robert Reich, The Next *American Frontier* (Crown, 1983), p. 159［邦訳：ロバート・B・ライシュ『ネクスト・フロンティア』竹村健一訳、三笠書房、1983年、176〜177ページ］.

13 ギル・ヴァーネルへの2021年のインタビューより。Rebecca Marta Henderson, "The Failure of Established Firms in the Face of Technical Change," p. 225; U.S. Department of Commerce, Bureau of Export Administration, Office of Strategic Industries and Economic Security, Strategic Analysis Division, *National Security Assessment of the U.S. Semiconductor Wafer Processing Industry Equipment* (1991), pp. 4-10.

14 Henderson, "The Failure of Established Firms in the Face of Technical Change," pp. 220-222, 227. また、AMDの元経営幹部への2021年のインタビューより。

15 ピーター・ベアロおよびビル・トビーへの2021年のインタビューより。Henderson, "The Failure of Established Firms in the Face of Technical Change," pp. 222-225; Jay Stowsky, "The Weakest Link: Semiconductor Production Equipment, Linkages, and the

10 *The Effect of Government Targeting on World Semiconductor Competition*, p. 67.

11 Jeffrey A. Frankel, "Japanese Finance in the 1980s: A Survey," National Bureau of Economic Research, 1991. GDPに対する割合で見た家計貯蓄、家計消費、銀行貸出のデータについては、data.worldbank.orgより。

12 P. R. Morris, *A History of the World Semiconductor Industry* (Institute of Electrical Engineers, 1990), p. 104; Robert Burgelman and Andrew S. Grove, *Strategy Is Destiny: How Strategy-Making Shapes a Company's Future* (Free Press, 2002), p. 35［邦訳：ロバート・A・バーゲルマン『インテルの戦略――企業変貌を実現した戦略形成プロセス』石橋善一郎・宇田理監訳、ダイヤモンド社、2006年、41ページ］.

13 Scott Callan, "Japan, Disincorporated: Competition and Conflict, Success and Failure in Japanese High-Technology Consortia," PhD dissertation, Stanford University, 1993, p. 188, Table 7.14; Clair Brown and Greg Linden, *Chips and Change: How Crisis Reshapes the Semiconductor Industry* (MIT Press, 2009).

## 第17章　「最高に熱いハイテク企業」、日本に敗れる

1 Clayton Jones, "Computerized Laser Swiftly Carves Circuits for Microchips," *Christian Science Monitor*, March 10, 1981; David E. Sanger, "Big Worries Over Small GCA," New York Times, January 19, 1987.

2 Berlin, *The Man Behind the Microchip*, pp. 94, 119. この文献を紹介してくれたクリス・マックに感謝する。

3 クリス・マックへの2021年のインタビューとデイヴ・マークルへの2021年のインタビューより。Perkin Elmer, "Micralign Projection Mask Alignment System," The Chip History Center, https://www.chiphistory.org/154-perkin-elmer-micralign-projection-mask-alignment-system; Daniel P. Burbank, "The Near Impossibility of Making a Microchip," *Invention and Technology* (Fall 1999); Alexis C. Madrigal, "TOP SECRET: Your Briefing on the CIA's Cold-War Spy Satellite, 'Big Bird,' " *Atlantic*, December 29, 2011; Chris Mack, "Milestones in Optical Lithography Tool Suppliers," http://www.lithoguru.com/scientist/litho_history/milestones_tools.pdf.

4 James E. Gallagher interview by Craig Addison, SEMI, March 9, 2005; Arthur W. Zafiropoulo interview by Craig Addison, SEMI, May 25, 2006; Geophysics Corporation of America, "About Our Corporation Members," *Bulletin American Meteorological Society*, December 12, 1962; Jones, "Computerized Laser Swiftly Carves Circuits for Microchips."

3 Rosen Electronics Newsletter, March 31, 1980.

4 Malone, *The Intel Trinity*, p. 284［邦訳：マローン『インテル』324〜325ページ］; Fred Warshofsky, *Chip War: The Battle for the World of Tomorrow* (Scribner, 1989), p. 101［邦訳：フレッド・ウォーショフスキー『日米半導体素子戦争　チップウォーー—技術巨人の覇権をかけて』青木榮一訳、経済界、1991年、71ページ］.

5 *TPS-L2: User Manual* (Sony Corporation, 1981), p. 24.

6 "Vol. 20: Walkman Finds Its Way into the Global Vocabulary," Sony, https://www.sony.com/en/SonyInfo/CorporateInfo/History/capsule/20/.

7 Oral History of Charlie Sporck, Computer History Museum.

## 第16章　日米経済戦争

1 Mark Simon, "Jerry Sanders/Silicon Valley's Tough Guy," *San Francisco Chronicle*, October 4, 2001; Thomas Skornia, *A Case Study in Realizing the American Dream: Sanders and Advanced Micro Devices: The First Fifteen Years, 1969-1984* (1984), https://archive.computerhistory.org/resources/access/text/2019/01/102721657-05-01-acc.pdf.

2 Oral History of Charlie Sporck, Computer History Museum.

3 Michael S. Malone, "Tokyo, Calif," *New York Times*, November 1, 1981; Oral History of Charlie Sporck, Computer History Museum.

4 Thomas C. Hayes, "American Posts Bail as Details of Operation by F.B.I. Unfold," *New York Times*, June 25, 1982.

5 Wende A. Wrubel, "The Toshiba-Kongsberg Incident: Shortcomings of Cocom, and Recommendations for Increased Effectiveness of Export Controls to the East Bloc," *American University International Law Review* 4, No. 1 (2011).

6 Stuart Auerbach, "CIA Says Toshiba Sold More to Soviet Bloc," *Washington Post*, March 15, 1988.

7 Michael E. Porter and Mariko Sakakibara, "Competition in Japan," *Journal of Economic Perspectives* 18, No. 1 (Winter 2004): 36; *The Effect of Government Targeting on World Semiconductor Competition* (Semiconductor Industry Association, 1983), pp. 69-74.

8 Kiyonari Sakakibara, "From Imitation to Innovation: The Very Large Scale Integrated (VLSI) Semiconductor Project in Japan," Working Paper, MIT Sloan School of Management, October 1983, https://dspace.mit.edu/handle/1721.1/47985.

9 Reid, *The Chip*, p. 224［邦訳：リード『チップに組み込め！』238ページ］.

4 A. W. Marshall, “Long-Term Competition with the Soviets: A Framework for Strategic Analysis,” Rand Corporation, R-862-PR, April 1972, https://www.rand.org/pubs/reports/R862.html.

5 Testimony of William Perry, Senate Committee on Armed Services, Department of Defense, Authorization for Appropriations for FY 79, Part 8: Research and Development, 96th United States Congress, 1979, pp. 5506-5937; Kenneth P. Werrell, *The Evolution of the Cruise Missile* (Air University Press, 1985), p. 180.

6 Richard H. Van Atta, Sidney Reed, and Seymour J. Deitchman, DARPA *Technical Accomplishments Volume II* (Institute for Defense Analyses, 1991), p. “12-2.”

7 Werrell, *Evolution of the Cruise Missile*, p. 136.

8 “Van Atta et al., DARPA *Technical Accomplishments Volume II*, pp. 5-10.

9 スティーヴ・ロウマーマンへの2021年のインタビューより。William J. Perry interview by Alfred Goldberg, Office of the Secretary of Defense, January 9, 1981.

10 Fred Kaplan, “Cruise Missiles: Wonder Weapon or Dud?” *High Technology*, February 1983; James Fallows, *National Defense* (Random House, 1981), p. 55〔邦訳：ジェイムズ・ファローズ『ナショナル・ディフェンス——アメリカの国防と政策を裸にする』赤羽龍夫訳、早川書房、1982年、103ページ〕; William Perry, “Fallows’ Fallacies: A Review Essay,” *International Security* 6, No. 4 (Spring 1982): 179.

11 William Perry interview by Russell Riley, University of Virginia’s The Miller Center, February 21, 2006.

## 第15章　成功しすぎた日本

1 リチャード・アンダーソンへの2021年のインタビューより。Michael Malone, *Bill and Dave: How Hewlett and Packard Built the World’s Greatest Company* (Portfolio Hardcover, 2006); “Market Conditions and International Trade in Semiconductors,” Field Hearing Before the Subcommittee on Trade of the Committee of Ways and Means, House of Representatives, 96th Congress, April 28, 1980.

2 Michael Malone, *The Big Score* (Stripe Press, 2021), p. 248〔邦訳：マイケル・S・マローン『ビッグスコア——ハイテク大儲け』中村定訳、パーソナルメディア、1987年、355～356ページ〕; Jorge Contreras, Laura Handley, and Terrence Yang, “Breaking New Ground in the Law of Copyright,” *Harvard Law Journal of Technology* 3 (Spring 1990).

IBM, November 7, 2019, https://www.ibm.com/blogs/think/2019/11/ibms-robert-h-dennard-and-the-chip-that-changed-the-world/.

3 Emma Neiman, "A Look at Stanford Computer Science, Part I: Past and Present," *Stanford Daily*, April 15, 2015; "Interview with Marcian E. Hoff, Jr., 1995 March 03," Stanford Libraries, March 3, 1995, https://exhibits.stanford.edu/silicongenesis/catalog/jj158jn5943.

4 Robert N. Noyce and Marcian E. Hoff, "A History of Microprocessor Development at Intel," *IEEE Micro* 1, No. 1 (February 1981); Ted Hoff and Stan Mazor interview by David Laws, Computer History Museum, September 20, 2006; "Ted Hoff: The Birth of the Microprocessor and Beyond," *Stanford Engineering*, November 2006.

5 Sarah Fallon, "The Secret History of the First Microprocessor," Wired, December 23, 2020; Ken Shirriff, "The Surprising Story of the First Microprocessors," *IEEE Spectrum*, August 30, 2016.

6 Berlin, *The Man Behind the Microchip*, p. 205; Gordon Moore, "On Microprocessors," *IEEE*, 1976; Ross Knox Bassett, *To the Digital Age* (Johns Hopkins University Press, 2002), p. 281; Malone, *The Intel Trinity*, pp. 177-178［邦訳：マローン『インテル』第17章］; Gene Bylinsky, "How Intel Won Its Bet on Memory Chips," *Fortune*, November 1973; Fallon, "The Secret History of the First Microprocessor."

7 カーバー・ミードへの2021年のインタビューより。

8 Carver Mead, "Computers That Put the Power Where It Belongs," *Engineering and Science* XXXVI, No. 4 (February 1972).

9 Gene Bylinsky, "How Intel Won Its Bet on Memory Chips."

## 第14章　チップを載せたスマート兵器

1 William Perry interview by Russell Riley, University of Virginia's The Miller Center, February 21, 2006; William J. Perry, *My Journey at the Nuclear Brink* (Stanford Security Studies, 2015), ch. 1-2.

2 ウィリアム・ペリーへの2021年のインタビューより。Zachary Wasserman, "Inventing Startup Capitalism," PhD dissertation, Yale University, 2015.

3 Andrew Krepinevich and Barry Watts, *The Last Warrior: Andrew Marshall and the Shaping of Modern American Defense Strategy* (Basic Books, 2015), pp. 4, 9, 95［邦訳：アンドリュー・クレピネヴィッチ＆バリー・ワッツ『帝国の参謀――アンドリュー・マーシャルと米国の軍事戦略』北川知子訳、日経BP、2016年、32～33、40、178ページ］.

5 Wolfgang Saxon, "Li Kwoh-ting, 91, of Taiwan Dies; Led Effort to Transform Economy," *New York Times*, June 2, 2001.

6 "Taiwan's Development of Semiconductors was not Smooth Sailing."

7 L. Sophia Wang, *K.T. LI and the Taiwan Experience* (National Tsing Hua University Press, 2006), p. 216; "TI Taiwan Chronology," in *Far East Briefing Book*, Texas Instruments Papers, Southern Methodist University Library, October 18, 1989.

8 Henry Kissinger, "Memorandum of Conversation, Washington, April 10, 1973, 11:13 a.m.-12:18 p.m.," in Bradley Lynn Coleman, David Goldman, and David Nickles, eds., *Foreign Relations of the United States, 1969–1976, Volume E–12, Documents on East and Southeast Asia, 1973–1976* (Government Printing Office, 2010), https://history.state.gov/historicaldocuments/frus1969-76ve12/d293; Linda Lim and Pang Eng Fong, *Trade, Employment and Industrialisation in Singapore* (International Labour Office, 1986), p. 156.

9 Joseph Grunwald and Kenneth Flamm, *The Global Factory: Foreign Assembly in International Trade* (Brookings Institution Press, 1994), p. 100.

10 Kenneth Flamm, "Internationalization in the Semiconductor Industry," in Grunwald and Flamm, *The Global Factory*, p. 110; Lim and Pang Eng Fong, *Trade, Employment and Industrialisation in Singapore*, p. 156; *Hong Kong Annual Digest of Statistics* (Census and Statistics Department, 1984), table 3.12, https://www.censtatd.gov.hk/en/data/stat_report/product/B1010003/att/B10100031984AN84E0100.pdf; G. T. Harris and Tai Shzee Yew, "Unemployment Trends in Peninsular Malaysia During the 1970s," *ASEAN Economic Bulletin* 2, No. 2 (November 1985): 118-132.

11 *Meeting with Prime Minister Li, Taipei, September 23, 1977, and Reception/Buffett—Taipei. September 23, 1977. Mark Shepherd Remarks*, in Mark Shepherd Papers, Correspondence, Reports, Speeches, 1977, Southern Methodist University Library, folder 90-69; Associated Press, "Mark Shepherd Jr.; led Texas Instruments," *Boston Globe*, February 9, 2009.

## 第13章　インテルの革命

1 Marge Scandling, "2 of Founders Leave Fairchild; Form Own Electronics Firm," *Palo Alto Times*, August 2, 1968.

2 Lucien V. Auletta, Herbert J. Hallstead, and Denis J. Sullivan, "Ferrite Core Planes and Arrays: IBM's Manufacturing Evolution," *IEEE Transactions on Magnetics* 5, No. 4 (December 1969); John Markoff, "IBM's Robert H. Dennard and the Chip That Changed the World,"

tion-history/ault-report.html; Watts, *Six Decades of Guided Munitions*, p. 140.

5 James E. Hickey, *Precision-Guided Munitions and Human Suffering in War* (Routledge, 2016), p. 98.

6 スティーヴ・ロウマーマンへの2021年のインタビューより。Paul G. Gillespie, "Precision Guided Munitions: Constructing a Bomb More Potent Than the A-Bomb," PhD dissertation, Lehigh University, 2002.

7 スティーヴ・ロウマーマンへの2021年のインタビューより。

8 スティーヴ・ロウマーマンへの2021年のインタビューより。

9 "Obituary of Colonel Joseph Davis Jr.," *Northwest Florida Daily News*, August 24-26, 2014; Gillespie, "Precision Guided Munitions," pp. 117-118; Walter J. Boyne, "Breaking the Dragon's Jaw," *Air Force Magazine*, August 2011, pp. 58-60, https://www.airforcemag.com/PDF/MagazineArchive/Documents/2011/August%202011/0811jaw.pdf; Vernon Loeb, "Bursts of Brilliance," *Washington Post*, December 15, 2002.

10 Gillespie, "Precision Guided Munitions," p. 116.

11 同pp. 125, 172.

12 William Beecher, "Automated Warfare Is Foreseen by Westmoreland After Vietnam," New York Times, October 14, 1969. しかし、国防の専門家たちは、すでに精密誘導兵器が戦争を変革すると気づいていた。James F. Digby, *Precision-Guided Munitions: Capabilities and Consequences*, RAND Paper P-5257, June 1974および*The Technology of Precision Guidance: Changing Weapon Priorities, New Risks, New Opportunities*, RAND Paper P-5537, November 1975を参照。

## 第12章　太平洋を超えたサプライ・チェーン

1 "Taiwan's Development of Semiconductors Was Not Smooth Sailing," tr. Claus Soong, Storm Media, June 5, 2019, https://www.storm.mg/article/1358975?mode=whole.000.

2 "Mark Shepherd Jr. Obituary," *Dallas Morning News*, February 6-8, 2009; Ashlee Vance, "Mark Shepherd, a Force in Electronics, Dies at 86," *New York Times*, February 9, 2009.

3 "Taiwan's Development of Semiconductors was not Smooth Sailing". また、モリス・チャンへの2022年のインタビューより。

4 David W. Chang, "U.S. Aid and Economic Progress in Taiwan," *Asian Survey* 5, No. 3 (March 1965): 156; Nick Cullather, "'Fuel for the Good Dragon': The United States and Industrial Policy in Taiwan, 1950-1960," *Diplomatic History* 20, No. 1 (Winter 1996): 1.

Computer History Museum.

5 Glenna Matthew, *Silicon Valley, Women, and the California Dream: Gender, Class, and Opportunity in the Twentieth Century* (Stanford University Press, 2002), ch. 1-3.

6 Sporck and Molay, *Spinoff*, pp. 87-88.

7 Sporck and Molay, *Spinoff*, pp. 91-93; William F. Finan, *Matching Japan in Quality: How the Leading U.S. Semiconductor Firms Caught Up with the Best in Japan* (MIT Japan Program, 1993), p. 61; Julius Blank interview by David C. Brock, Science History Institute, March 20, 2006, p. 10; Oral History of Julius Blank, interviewed by Craig Addison, Computer History Museum, January 25, 2008.

8 John Henderson, *The Globalisation of High Technology Production* (Routledge, 1989), p. 110; Sporck and Molay, *Spinoff*, p. 94; Harry Sello Oral History interview by Craig Addison, SEMI, April 2, 2004.

9 Sporck and Molay, *Spinoff*, p. 95; Oral History of Charlie Sporck, Computer History Museum.

10 William F. Finan, "The International Transfer of Semiconductor Technology Through U.S.-Based Firms," NBER Working Paper no. 118, December 1975, pp. 61-62.

11 Craig Addison, Oral History Interview with Clements E. Pausa, June 17, 2004.

12 Oral History of Charlie Sporck, Computer History Museum. 労働組合の結成、賃金交渉、国際労働機関の規制に関する詳しい議論は、Computer History Museum, "Fairchild Oral History Panel: Manufacturing and Support Services," October 5, 2007も参照。

## 第11章　ベトナム戦争の誘導爆弾

1 ビル・ヘイへの2021年のインタビューより。

2 Samuel J. Cox, "H-017-2: Rolling Thunder—A Short Overview," Naval History and Heritage Command, March 27, 2018, https://www.history.navy.mil/about-us/leadership/director/directors-corner/h-grams/h-gram-017/h-017-2.html#:~:text=These%20U.S.%20strikes%20dropped%20864%2C000,years%20of%20World%20War%20II.

3 Barry Watts, *Six Decades of Guided Munitions and Battle Networks: Progress and Prospects* (Center for Strategic and Budgetary Assessments, 2007), p. 133.

4 US Government Naval Air Systems Command, "Report of the Air-to-Air Missile System Capability Review July-November 1968," AD-A955-143, Naval History and Heritage Command, April 23, 2021, https://www.history.navy.mil/research/histories/naval-avia-

et," *American Heritage* 20, No. 2 (Fall 2004).

12 John E. Tilton, *International Diffusion of Technology: The Case of Semiconductors* (Brookings Institution, 1971), pp. 57, 141, 148; "Leo Esaki Facts," The Nobel Foundation, https://www.nobelprize.org/prizes/physics/1973/esaki/facts/.

13 Johnstone, *We Were Burning*, ch. 1 and pp. 40-41［邦訳：ボブ・ジョンストン『チップに賭けた男たち』第1章および63～64ページ］.

14 Kenneth Flamm, "Internationalization in the Semiconductor Industry," in Joseph Grunwald and Kenneth Flamm, eds., *The Global Factory: Foreign Assembly in International Trade* (Brookings Institution, 1985), p. 70; Bundo Yamada, "Internationalization Strategies of Japanese Electronics Companies: Implications for Asian Newly Industrializing Economies (NIEs)," OECD Development Centre, October 1990, https://www.oecd.org/japan/33750058.pdf.

15 Choi, *Manufacturing Knowledge in Transit*, pp. 191-192.

16 "Marketing and Export: Status of Electronics Business," *Electronics*, May 27, 1960, p. 95.

17 Henry Kissinger, "Memorandum of Conversation, Washington, April 10, 1973, 11:13 a.m.-12:18 p.m.," in Bradley Lynn Coleman, David Goldman, and David Nickles, eds., *Foreign Relations of the United States, 1969–1976, Volume E–12, Documents on East and Southeast Asia, 1973–1976* (Government Printing Office, 2010), https://history.state.gov/historicaldocuments/frus1969-76ve12/d293.

18 ビル・ヘイへの2021年のインタビューとモリス・チャンへの2022年のインタビューより。J. Fred Bucy, *Dodging Elephants: The Autobiography of J. Fred Bucy* (Dog Ear Publishing, 2014), pp. 92-93.

19 Johnstone, *We Were Burning*, p. 364［邦訳：ボブ・ジョンストン『チップに賭けた男たち』］.

## 第10章　どこで半導体を組み立てるか

1 Paul Daniels, *The Transistor Girls* (Stag, 1964).

2 Eugene J. Flath interview by David C. Brock, Science History Institute, February 28, 2007.

3 Oral History of Charlie Sporck, Computer History Museum; Sporck and Molay, *Spinoff: A Personal History of the Industry That Changed the World.*

4 Andrew Pollack, "In the Trenches of the Chip Wars, a Struggle for Survival," *New York Times*, July 2, 1989; Sporck and Molay, *Spinoff*, p. 63; Oral History of Charlie Sporck,

2 Office of the Historian, U.S. Department of State, "National Security Council Report," in David W. Mabon, ed., *Foreign Relations of the United States, 1955-1957, Japan, Volume XXIII, Part 1* (United States Government Printing Office, 1991), https://history.state.gov/historicaldocuments/frus1955-57v23p1/d28; Office of the Historian, U.S. Department of State, "No. 588 Note by the Executive Secretary (Lay) to the National Security Council," in David W. Mabon and Harriet D. Schwar, eds., *Foreign Relations of the United States, 1952-1954, China and Japan, Volume XIV, Part 2* (United States Government Printing Office, 1985), https://history.state.gov/historicaldocuments/frus1952-54v14p2/d588.

3 Office of the Historian, U.S. Department of State, "National Security Council Report."

4 Bob Johnstone, *We Were Burning: Japanese Entrepreneurs and the Forging of the Electronic Age* (Basic Books, 1999), p. 16［邦訳：ボブ・ジョンストン『チップに賭けた男たち』安原和見訳、講談社、1998年、37〜38ページ］; Makoto Kikuchi, an oral history conducted in 1994 by William Aspray, IEEE History Center, Piscataway, NJ, USA.

5 Makoto Kikuchi, "How a Physicist Fell in Love with Silicon in the Early Years of Japanese R&D," in H. R. Huff, H. Tsuya, and U. Gosele, eds., *Silicon Materials Science and Technology*, v. 1 (The Electrochemical Society, Inc., 1998), p. 126; Makoto Kikuchi, an oral history conducted in 1994 by William Aspray, IEEE History Center, Piscataway, NJ, USA; Johnstone, *We Were Burning*, p. 15［邦訳：ジョンストン『チップに賭けた男たち』37ページ］.

6 Vicki Daitch and Lillian Hoddeson, *True Genius: The Life and Science of John Bardeen: The Only Winner of Two Nobel Prizes in Physics* (Joseph Henry Press, 2002), pp. 173-174.

7 Nathan, Sony, p. 13［邦訳：ネイスン『ソニー』28〜29ページ］; Morita, *Made in Japan*, pp. 70-71［邦訳：盛田『〔新版〕MADE IN JAPAN』98〜99ページ］.

8 Morita, *Made in Japan*, p. 1［邦訳：盛田『〔新版〕MADE IN JAPAN』101ページ］.

9 Hyungsub Choi, "Manufacturing Knowledge in Transit: Technical Practice, Organizational Change, and the Rise of the Semiconductor Industry in the United States and Japan, 1948-1960," PhD dissertation, Johns Hopkins University, 2007, p. 113; Johnstone, *We Were Burning*, p. xv［邦訳：ボブ・ジョンストン『チップに賭けた男たち』12ページ］.

10 Simon Christopher Partner, "Manufacturing Desire: The Japanese Electrical Goods Industry in the 1950s," PhD dissertation, Columbia University, 1997, p. 296; Andrew Pollack, "Akio Morita, Co-Founder of Sony and Japanese Business Leader, Dies at 78," *New York Times*, October 4, 1999.

11 Pirtle, *Engineering the World*, pp. 73-74; Robert J. Simcoe, "The Revolution in Your Pock-

*Revolyutsiya*, p. 212. バーとサラントの影響の大きさについては、ロシアのマイクロエレクトロニクス専門家たちのあいだでも議論がある。ふたりはソ連のコンピュータ産業を一手に築いたわけではないものの、大きな役割を果たしたことは明らかだ。

8 Usdin, *Engineering Communism*, pp. 203-209.

9 Shokin, *Ocherki Istorii Rossiiskoi Elektroniki*, v. 6, pp. 522-523, 531.

## 第8章　コピー戦略

1 Simonov, *Nesostoyavshayasya Informatsionnaya Revolyutsiya*, p. 210. また、以下も参照。A. A. Vasenkov, *"Nekotorye Sobytiya iz Istorii Mikroelekroniki," Virtualnyi Kompyuternyi Muzei*, 2010, https://computer-museum.ru/books/vasenkov/vasenkov_3-1.htm; Boris Malin file, IREX Papers, Library of Congress, Washington, D.C; Shokin, *Ocherki Istorii Rossiiskoi Elektroniki* v. 6, p. 543.

2 B. Malashevich, *"Pervie Integralnie Shemi," Virtualnyi Kompyuternyi Muzei*, 2008, https://www.computer-museum.ru/histekb/integral_1.htm; Simonov, *Nesostoyavshayasya Informatsionnaya Revolyutsiya*, p. 65; Oral History of Yury R. Nosov, interviewed by Rosemary Remackle, Computer History Museum, May 17, 2012, pp. 22-23.

3 Ronald Amann et al., *The Technological Level of Soviet Industry* (Yale University Press, 1977).

4 A. A. Vasenkov, *"Nekotorye Sobytiya iz Istorii Mikroelekroniki," Virtualnyi Kompyuternyi Muzei*, 2010, https://computer-museum.ru/books/vasenkov/vasenkov_3-1.htm; B. V. *Malin, "Sozdanie Pervoi Otechestvennoi Mikroshemy," Virtualnyi Kompyuternyi Muzei*, 2000, https://www.computer-museum.ru/technlgy/su_chip.htm.

5 セルゲイ・オソキンへの2021年のインタビューより。

## 第9章　日本の経済復興

1 この池田の訪問に関する記述は、松山みいなが翻訳した日本の情報源より。詳しくは、Nick Kapur, *Japan at the Crossroads After Anpo* (Harvard University Press, 2018), p. 84; 塩田潮『東京は燃えたか――黄金の'60年代』講談社、1988年; Shintaro Ikeda, "The Ikeda Administration's Diplomacy Toward Europe and the 'Three-Pillar' Theory," *Hiroshima Journal of International Studies* 13 (2007); Kawamura Kazuhiko, *Recollections of Postwar Japan*, S25 (History Study Group, 2020) を参照。

ed Circuits," p. 64; Berlin, *The Man Behind the Microchip*, p. 138; Lecuyer, "Silicon for Industry": 180, 188.

11 "Oral History of Charlie Sporck," Computer History Museum, YouTube Video, March 2, 2017, 1:11:48, https://www.youtube.com/watch?v=duMUvoKP-pk; Asher and Strom, "The Role of the Department of Defense in the Development of Integrated Circuits," p. 73; Berlin, *The Man Behind the Microchip*, p. 138.

12 Berlin, *The Man Behind the Microchip*, p. 120.

13 Michael Malone, *The Intel Trinity* (Michael Collins, 2014), p. 31［邦訳：マイケル・マローン『インテル――世界で最も重要な会社の産業史』土方奈美訳、文藝春秋、2015年、57ページ］.

## 第７章　ソ連版シリコンバレー

1 Y. Nosov, *"Tranzistor—Nashe Vse. K Istorii Velikogo Otkrytiya," Elektronika*, 2008, https://www.electronics.ru/journal/article/363; A. F. Trutko, IREX Papers, Library of Congress, Washington, D.C.「クロサーズ記念館」については、Stanford 1960 Yearbookを参照。

2 CIA, "Production of Semiconductor Devices in the USSR," CIA /*RR*, November 1959, 59-44.

3 レヴ・ラプキス、ヴァレリー・コトキン、セルゲイ・オソキン、セルゲイ・スジンへの2021年のインタビューより。アメリカの出版物に関するソ連の研究については、以下を参照。N. S. Simonov, *Nesostoyavshayasya Informatsionnaya Revolyutsiya* (Universitet Dmitriya Pozharskogo, 2013), pp. 206-207; "Automate the Boss' Office," *Business Week*, April 1956, p. 59; A. A. Vasenkov, "*Nekotorye Sobytiya iz Istorii Mikroelekroniki," Virtualnyi Kompyuternyi Muzei*, 2010, https://computer-museum.ru/books/vasenkov/vasenkov_3-1.htm; B. Malashevich, *"Pervie Integralnie Skhemi," Virtualnyi Kompyuternyi Muzei*, 2008, https://www.computer-museum.ru/histekb/integral_1.htm.

4 レヴ・ラプキス、ヴァレリー・コトキン、セルゲイ・スジンへのインタビューより。

5 A. A. Shokin, Ocherki Istorii Rossiiskoi Elektroniki, v. 6 (Tehnosfera, 2014), p. 520.

6 ソ連では、サラントはフィリップ・スタロス、バーはジョセフ・バーグの名前で通っていた。ふたりの活動について詳しくは、Steven T. Usdin, Engineering Communism (Yale University Press, 2005)を参照。

7 Usdin, *Engineering Communism*, p. 175; Simonov, *Nesostoyavshayasya Informatsionnaya*

8 Tekla S. Perry, "Morris Chang: Foundry Father," *Institute of Electrical and Electronics Engineers Spectrum*, April 19, 2011, https://spectrum.ieee.org/at-work/tech-careers/morris-chang-foundry-father.
9 David Laws, "A Company of Legend: The Legacy of Fairchild Semiconductor," *IEEE Annals of the History of Computing* 32, No. 1 (January 2010): 64.
10 Charles E. Sporck and Richard Molay, *Spinoff: A Personal History of the Industry That Changed the World* (Saranac Lake Publishing, 2001), pp. 71-72; Christophe Lecuyer, "Silicon for Industry": 45.

## 第6章　民間市場は存在するか

1 Asher and Strom, "The Role of the Department of Defense in the Development of Integrated Circuits," p. 74.
2 Robert Noyce, "Integrated Circuits in Military Equipment," *IEEE Spectrum* (June 1964): 71.
3 Thomas Heinrich, "Cold War Armory: Military Contracting in Silicon Valley," *Enterprise & Society* 3, No. 2 (June 2002): 269; Lecuyer, "Silicon for Industry": 186.
4 Reid, *The Chip*, p. 151［邦訳：リード『チップに組み込め！』164ページ］.
5 Dirk Hanson, *The New Alchemists: Silicon Valley and the Microelectronics Revolution* (Avon Books, 1983), p. 93［邦訳：ダーク・ハンソン『シリコンバレーの錬金術師たち』北野邦彦訳、講談社、1983年、33ページ］.
6 US Government Armed Services Technical Information Agency, *Survey of Microminiaturization of Electronic Equipment*, P. V. Horton and T. D. Smith, AD269 300, Arlington, VA: Air Force Ballistic Missile Division Air Research Development Command, United States Air Force, 1961, pp. 23, 37, 39, https://apps.dtic.mil/sti/citations/AD0269300.
7 Moore, "Cramming More Computers onto Integrated Circuits."
8 Asher and Strom, "The Role of the Department of Defense in the Development of Integrated Circuits," p. 73; Herbert Kleiman, *The Integrated Circuit: A Case Study of Product Innovation in the Electronics Industry* (George Washington University Press, 1966), p. 57.
9 Lecuyer, "Silicon for Industry": esp. 189, 194, 222; Kleiman, *The Integrated Circuit*, p. 212; Ernest Braun and Stuart Macdonald, *Revolution in Miniature: The History and Impact of Semiconductor Electronics* (Cambridge University Press, 1982), p. 114.
10 Asher and Strom, "The Role of the Department of Defense in the Development of Integrat-

年のインタビューより。David K. Stumpf, *Minuteman: A Technical History of the Missile That Defined American Nuclear Warfare* (University of Arkansas Press, 2020), p. 214; Patrick E. Haggerty, "Strategies, Tactics, and Research," *Research Management* 9, No. 3 (May 1966): 152-153. また、Bob Nease and D. C. Hendrickson, *A Brief History of Minuteman Guidance and Control* (Rockwell Autonetics Defense Electronics, 1995) も参照。McMurran, Achieving Accuracy, ch. 12. ニースとヘンダーソンの論文を共有してくれたデイヴィッド・スタンプにお礼を言いたい。

14 Asher and Strom, "The Role of the Department of Defense in the Development of Integrated Circuits," p. 83; Hall, *Journey to the Moon*, p. 19; "Minuteman Is Top Semiconductor User," *Aviation Week & Space Technology*, July 26, 1965, p. 83.

## 第5章　半導体を量産せよ

1 ジェイ・ラスロップとの2021年のやり取り、ウォルター・カードウェルへの2021年のインタビュー、ジョン・ガウディへの2021年のインタビューより。Jay Lathrop and James R. Nall, Semiconductor Construction, USA, 2890395A, filed October 31, 1957, and issued June 9, 1959, https://patentimages.storage.googleapis.com/e2/4d/4b/8d90caa48db31b/US2890395.pdf; Jay Lathrop, "The Diamond Ordinance Fuze Laboratory's Photolithographic Approach to Microcircuits," *IEEE Annals of the History of Computing* 35, No. 1 (2013): 48-55.

2 ジェイ・ラスロップとの2021年のやり取りとメアリー・アン・ポッターへの2021年のインタビューより。

3 メアリー・アン・ポッターへの2021年のインタビューより。Mary Anne Potter, "Oral History," *Transistor Museum*, September 2001, http://www.semiconductormuseum.com/Transistors/TexasInstruments/OralHistories/Potter/Potter_Page2.htm.

4 Chang, *Autobiography of Morris Chang*; "Stanford Engineering Hero Lecture: Morris Chang in Conversation with President John L. Hennessy," Stanford Online, YouTube Video, April 25, 2014, https://www.youtube.com/watch?v=wEh3ZgbvBrE.

5 Oral History of Morris Chang, interviewed by Alan Patterson, Computer History Museum, August 24, 2007. モリス・チャンへの2022年のインタビューより。

6 ビル・ヘイとギル・ヴァーネルへの2021年のインタビューより。

7 Oral History of Morris Chang, interviewed by Alan Patterson, Computer History Museum, August 24, 2007.

2 Robert Divine, *The Sputnik Challenge* (Oxford, 1993). 冷戦がアメリカの科学に及ぼした影響については、以下を参考にした。Margaret O'Mara, *Cities of Knowledge: Cold War Science and the Search for the Next Silicon Valley* (Princeton University Press, 2015); Audra J. Wolfe, *Competing with the Soviets: Science, Technology, and the State in Cold War America* (Johns Hopkins University Press, 2013); Steve Blank, "Secret History of Silicon Valley," Lecture at the Computer History Museum, November 20, 2008, https://www.youtube.com/watch?v=ZTC_RxWN_xo.

3 Eldon C. Hall, *Journey to the Moon: The History of the Apollo Guidance Computer* (American Institute of Aeronautics, 1996), pp. xxi, 2; Paul Cerruzi, "The Other Side of Moore's Law: The Apollo Guidance Computer, the Integrated Circuit, and the Microelectronics Revolution, 1962–1975," in R. Lanius and H. McCurdy, *NASA Spaceflight* (Palgrave Macmillan, 2018).

4 Hall, *Journey to the Moon*, p. 80.

5 Hall, *Journey to the Moon*, pp. xxi, 2, 4, 19, 80, 82; Tom Wolfe, "The Tinkerings of Robert Noyce," *Esquire*, December 1983.

6 Robert N. Noyce, "Integrated Circuits in Military Equipment," *Institute of Electrical and Electronics Engineers Spectrum*, June 1964; Christophe Lecuyer, "Silicon for Industry: Component Design, Mass Production, and the Move to Commercial Markets at Fairchild Semiconductor, 1960-1967," *History and Technology* 16 (1999): 183; Michael Riordan, "The Silicon Dioxide Solution," *IEEE Spectrum*, December 1, 2007, https://spectrum.ieee.org/the-silicon-dioxide-solution.

7 Hall, *Journey to the Moon*, p. 83.

8 Charles Phipps, "The Early History of ICs at Texas Instruments: A Personal View," *IEEE Annals of the History of Computing* 34, No. 1 (January 2012): 37-47.

9 Norman J. Asher and Leland D. Strom, "The Role of the Department of Defense in the Development of Integrated Circuits," *Institute for Defense Analyses*, May 1, 1977, p. 54.

10 ビル・ヘイへの2021年のインタビューと、モリス・チャンへの2022年のインタビューより。

11 Patrick E. Haggerty, "Strategies, Tactics, and Research," *Research Management* 9, No. 3 (May 1966): 152-153.

12 Marshall William McMurran, *Achieving Accuracy: A Legacy of Computers and Missiles* (Xlibris US, 2008), p. 281.

13 ボブ・ニース、マーシャル・マクマラン、スティーヴ・ロウマーマンへの2021

## 第3章　シリコンバレーの始祖と集積回路

1　Cheung and Brach, *Conquering the Electron*, p. 228.

2　同p. 214.

3　ラルフ・カルヴィンへの2021年のインタビューより。Jay W. Lathrop, an oral history conducted in 1996 by David Morton, IEEE History Center, Piscataway, NJ, USA.

4　Jack Kilby interview by Arthur L. Norberg, Charles Babbage Institute, June 21, 1984, pp. 11-19, https://conservancy.umn.edu/bitstream/handle/11299/107410/oh074jk.pdf?sequence=1&isAllowed=y.

5　Caleb III Pirtle, *Engineering the World: Stories from the First 75 Years of Texas Instruments* (Southern Methodist University Press, 2005), p. 29.

6　David Brock and David Laws, "The Early History of Microcircuitry," *IEEE Annals of the History of Computing* 34, No. 1 (January 2012), https://ieeexplore.ieee.org/document/6109206; T. R. Reid, *The Chip* (Random House, 2001)［邦訳：リード『チップに組み込め！』］.

7　Shurkin, Broken Genius, p. 173; "Gordon Moore," PBS, 1999, https://www.pbs.org/transistor/album1/moore/index.html. フェアチャイルドに関するほかの主要書としては、Arnold Thackray, David C. Brock, and Rachel Jones, *Moore's Law: The Life of Gordon Moore, Silicon Valley's Quiet Revolutionary* (Basic, 2015)やLeslie Berlin, *The Man Behind the Microchip: Robert Noyce and the Invention of Silicon Valley* (Oxford University Press, 2005)がある。

8　"1959: Practical Monolithic Integrated Circuit Concept Patented," Computer History Museum, https://www.computerhistory.org/siliconengine/practical-monolithic-integrated-circuit-concept-patented/; Christophe Lecuyer and David Brock, *Makers of the Microchip* (MIT Press, 2010); Robert N. Noyce, Semiconductor Device-and-Lead Structure, USA, 2981877, filed Jul 30, 1959 and issued Apr 25, 1961, https://patentimages.storage.googleapis.com/e1/73/1e/7404cd5ad6325c/US2981877.pdf; Michael Riordan, "The Silicon Dioxide Solution," *IEEE Spectrum*, December 1, 2007, https://spectrum.ieee.org/the-silicon-dioxide-solution; Berlin, *The Man Behind the Microchip*, pp. 53–81.

9　Berlin, The Man *Behind the Microchip*, p. 112.

## 第4章　軍に半導体を売りつける

1　"Satellite Reported Seen over S.F.," *San Francisco Chronicle*, October 5, 1957, p. 1.

32ページ].

5 Chang, *Autobiography of Morris C. M. Chang.*

6 Morita, *Made in Japan*, p. 1［邦訳：盛田『〔新版〕MADE IN JAPAN』16ページ].

7 David Alan Grier, *When Computers Were Human* (Princeton University Press, 2005), ch. 13; Mathematical Tables Project, *Table of Reciprocals of the Integers from 100,000 through 200,009* (Columbia University Press, 1943).

8 Robert P. Patterson, *The United States Strategic Bombing Survey: Summary Report* (United States Department of War, 1945), p. 15, in *The United States Strategic Bombing Surveys* (Air University Press, 1987), https://www.airuniversity.af.edu/Portals/10/AUPress/Books/B_0020_SPANGRUD_STRATEGIC_BOMBING_SURVEYS.pdf.

9 T. R. Reid, *The Chip* (Random House, 2001), p. 11［邦訳：T・R・リード『チップに組み込め！』鈴木主税・石川渉訳、草思社、1986年、13ページ].

10 Derek Cheung and Eric Brach, *Conquering the Electron: The Geniuses, Visionaries, Egomaniacs, and Scoundrels Who Built Our Electronic Age* (Roman & Littlefield, 2011), p. 173.

## 第2章　トランジスタの誕生

1 Joel Shurkin, *Broken Genius: The Rise and Fall of William Shockley, Creator of the Electronic Age* (Macmillan, 2006)は、ショックレーに関する最高の記述だ。また、Michael Riordan and Lillian Hoddeson, *Crystal Fire: The Birth of the Information Age* (Norton, 1997)［邦訳：マイケル・リオーダン&リリアン・ホーデスン『電子の巨人たち』鶴岡雄二・ディーン・マツシゲ訳、ソフトバンククリエイティブ、1998年］も参照。

2 Gino Del Guercio and Ira Flatow, "Transistorized!" PBS, 1999, https://www.pbs.org/transistor/tv/script1.html.

3 Riordan and Hoddeson, *Crystal Fire*, esp. pp. 112-114［邦訳：リオーダン&ホーデスン『電子の巨人たち』上巻236〜239ページ].

4 このトランジスタの記述については、Riordan and Hoddeson, *Crystal Fire*［邦訳：リオーダン&ホーデスン『電子の巨人たち』］およびCheung and Brach, *Conquering the Electron*をおおいに参考にした。

5 Cheung and Brach, *Conquering the Electron*, pp. 206-207.

6 Riordan and Hoddeson, *Crystal Fire*, p. 165［邦訳：リオーダン&ホーデスン『電子の巨人たち』下巻56ページ］; "SCIENCE 1948: Little Brain Cell," *Time*, 1948, http://content.time.com/time/subscriber/article/0,33009,952095,00.html.

lion Transistors," WCCFTech, September 15, 2020.

8 Isy Haas, Jay Last, Lionel Kattner, and Bob Norman moderated by David Laws, "Oral History of Panel on the Development and Promotion of Fairchild Micrologic Integrated Circuits," Computer History Museum, October 6, 2007, https://archive.computerhistory.org/resources/access/text/2013/05/102658200-05-01-acc.pdf. また、デイヴィッド・ローズへの2022年のインタビューより。

9 Gordon E. Moore, "Cramming More Components onto Integrated Circuits," *Electronics* 38, No. 8 (April 19, 1965), https://newsroom.intel.com/wp-content/uploads/sites/11/2018/05/moores-law-electronics.pdf; Intel 1103 data from "Memory Lane," *Nature Electronics* 1 (June 13, 2018), https://www.nature.com/articles/s41928-018-0098-9.

10 米国半導体工業会のデータによると、2019年のロジック・チップの37%が台湾で製造された。Varas et al., "Strengthening the Global Semiconductor Supply Chain in an Uncertain Era."

11 Varas et al., "Strengthening the Global Semiconductor Supply Chain in an Uncertain Era," p. 35.

12 Mark Fulthorpe and Phil Amsrud, "Global Light Vehicle Production Impacts Now Expected Well into 2022," *IHS Market*, August 19, 2021, https://ihsmarkit.com/research-analysis/global-light-vehicle-production-impacts-now-expected-well-into.html.

13 Varas et al., "Strengthening the Global Semiconductor Supply Chain in an Uncertain Era."

14 モリス・チャンへの2022年のインタビューより。

## 第1章　戦後の技術者たち

1 盛田の人生の詳細は、Akio Morita, *Made in Japan: Akio Morita and Sony* (HarperCollins, 1987)［邦訳：盛田昭夫『〔新版〕MADE IN JAPAN――わが体験的国際戦略』下村満子訳、PHP研究所、2012年］より。

2 Morris C. M. Chang, *The Autobiography of Morris C. M. Chang* (Commonwealth Publishing, 2018). 翻訳に協力してくれたミンディ・トゥーにお礼を申し上げる。

3 Andrew Grove, *Swimming Across* (Warner Books, 2002), p. 52［邦訳：アンドリュー・S・グローブ『僕の起業は亡命から始まった！――アンドリュー・グローブ半生の自伝』樫村志保訳、日経BP、2002年、72ページ］.

4 John Nathan, *Sony: A Private Life* (Houghton Mifflin, 2001), p. 16［邦訳：ジョン・ネイスン『ソニー――ドリーム・キッズの伝説』山崎淳訳、文藝春秋、2000年、

# 注

## 序章　原油を超える世界最重要資源

1 “USS Mustin Transits the Taiwan Strait,” *Navy Press Releases*, August 19, 2020, https://www.navy.mil/Press-Office/Press-Releases/display-pressreleases/Article/2317449/uss-mustin-transits-thc-taiwan-strait/#images-3; Sam LaGrone, “Destroyer USS Mustin Transits Taiwan Strait Following Operations with Japanese Warship,” *USNI News*, August 18, 2020, https://news.usni.org/2020/08/18/destroyer-uss-mustin-transits-taiwan-strait-following-operations-with-japanese-warship.

2 “China Says Latest US Navy Sailing Near Taiwan ‘Extremely Dangerous,’” *Straits Times*, August 20, 2020, https://www.straits times.com/asia/east-asia/china-says-latest-us-navy-sailing-near-taiwan-extremely-dangerous; Liu Xuanzun, “PLA Holds Concentrated Military Drills to Deter Taiwan Secessionists, US,” *Global Times*, August 23, 2020, https://www.globaltimes.cn/page/202008/1198593.shtml.

3 マレー・スコットはこの状況を「チップ・チョーク（半導体の窒息）」と名づけた。彼のニュースレター*Zen on Tech*は、半導体の地政学に関する私の考えを形づくってくれた。

4 Antonio Varas, Raj Varadarajan, Jimmy Goodrich, and Falan Yinug, “Strengthening the Global Semiconductor Supply Chain in an Uncertain Era,” *Semiconductor Industry Association*, April 2021, exhibit 2, https://www.semiconductors.org/wp-content/uploads/2021/05/BCG-x-SIA-Strengthening-the-Global-Semiconductor-Value-Chain-April-2021_1.pdf. 携帯電話は半導体の売上（ドル換算）の26%を占める。

5 “iPhone 12 and 12 Pro Teardown,” *IFixit, October* 20, 2020, https://www.ifixit.com/Teardown/iPhone+12+and+12+Pro+ Teardown/137669.

6 “A Look Inside the Factory Around Which the Modern World Turns,” *Economist*, December 21, 2019.

7 Angelique Chatman, “Apple iPhone 12 Has Reached 100 Million Sales, Analyst Says,” CNET, June 30, 2021; Omar Sohail, “Apple A14 Bionic Gets Highlighted with 11.8 Bil-

## わ行

## ま行



## や行



## ら行

## な行



## は行

## た行

## さ行

## あ行



## か行

# 索引

## 数字・アルファベット

［著者］

**クリス・ミラー**（Chris Miller）

1987年米国イリノイ州生まれ、マサチューセッツ州ベルモント在住。タフツ大学フレッチャー法律外交大学院国際歴史学准教授。フィラデルフィアのシンクタンク、FPRI（外交政策研究所）のユーラシア地域所長、ニューヨークおよびロンドンを拠点とするマクロ経済および地政学のコンサルタント会社、グリーンマントルのディレクターでもある。ニューヨーク・タイムズ、ウォール・ストリート・ジャーナル、フォーリン・アフェアーズ、フォーリン・ポリシー、アメリカン・インタレストなどに寄稿し、新鮮な視点を提供している気鋭の経済史家。ハーバード大学にて歴史学学士号、イェール大学にて歴史学博士号取得。

［訳者］

**千葉敏生**（ちば・としお）

翻訳家。訳書にタレブ『反脆弱性』（ダイヤモンド社、2017）、サンプター『サッカーマティクス』（光文社、2017）、ニール『素数の未解決問題がもうすぐ解けるかもしれない。』（岩波書店、2018）、ワインバーガー『DARPA秘史』（光文社、2018）、クレオン『クリエイティブと日課』（実務教育出版、2019）、マッカスキル『〈効果的な利他主義〉宣言！』（2018）、ホワイト『キッチンの悪魔』（以上みすず書房、2019）、ワークマンパブリッシング『アメリカの中学生が学んでいる14歳からの世界史』『アメリカの中学生が学んでいる14歳からのプログラミング』（以上ダイヤモンド社、2022）、バーネット＆エヴァンス『スタンフォード式人生デザイン講座　仕事篇』（早川書房、2022）ほか。

**半導体戦争**

——世界最重要テクノロジーをめぐる国家間の攻防

2023年２月14日　第１刷発行
2024年３月８日　第９刷発行

著　者——クリス・ミラー
訳　者——千葉敏生
発行所——ダイヤモンド社
〒150-8409　東京都渋谷区神宮前6-12-17
https://www.diamond.co.jp/
電話／03-5778-7233（編集）　03-5778-7240（販売）
装丁——竹内雄二
装丁画像——michalz86/iStock、dzika_mrowka/iStock、urbazon/iStock、kitsana pankhuanoi/iStock、cherezoff/iStock
本文デザイン・DTP——一企画
校正——鷗来堂
製作進行——ダイヤモンド・グラフィック社
印刷——勇進印刷（本文）・新藤慶昌堂（カバー）
製本——ブックアート
編集担当——上村晃大


ISBN 978-4-478-11546-6